高等学校规划教材

热工实验原理和技术

邢桂菊　黄素逸　编著
刘　伟　　　　　主审

北　京
冶金工业出版社
2007

内 容 提 要

热工实验原理和技术是热科学和热能工程学的重要组成部分，也是测量科学和技术的一个重要分支。本书全面介绍了热工实验原理和技术的各个方面，包括测量和数据处理的基本知识、温度测量技术、压力和速度的测量、热物理性质的测量、相似理论和模化实验、表面传热系数和传热系数的测定、气体的成分分析原理和方法以及流动显示技术。为了便于读者对书中的内容有更深入的了解，书中每章的后面都有小结，并附有思考题。全书取材新颖，内容丰富，既介绍了应用众多的传统测量方法，也给读者展示了各种测量技术的最新进展。本书既可作为高等院校能源、动力、冶金、建材、宇航等相关专业的教材，也可以作为上述专业研究生的教学参考书，对从事测试的科学工作者和工程技术人员也有一定的参考价值。

图书在版编目(CIP)数据

热工实验原理和技术/邢桂菊、黄素逸编著．—北京：冶金工业出版社，2007.9

高等学校规划教材

ISBN 978-7-5024-4341-2

Ⅰ.热…　Ⅱ.①邢…　②黄…　Ⅲ.热工实验—高等学校—教材　Ⅳ.TK122-33

中国版本图书馆 CIP 数据核字(2007)第 127274 号

出版人　曹胜利（北京沙滩嵩祝院北巷 39 号，邮编 100009）

责任编辑　宋　良　美术编辑　李　心　版面设计　张　青

责任校对　符燕蓉　李文彦　责任印制　丁小晶

ISBN 978-7-5024-4341-2

北京虎彩文化传播有限公司印刷；冶金工业出版社发行；各地新华书店经销

2007 年 9 月第 1 版，2007 年 9 月第 1 次印刷

148mm×210mm；　11.5 印张；　338 千字；　352 页；1-3000 册

25.00 元

冶金工业出版社发行部　电话：(010)64044283　传真：(010)64027893

冶金书店　地址：北京东四西大街 46 号(100711)　电话：(010)65289081

（本社图书如有印装质量问题，本社发行部负责退换）

前　言

热能是能量最普遍的表现形式之一。凡是有温差的地方，就有热量的传递，就必定涉及到热工基础理论和与热能相关的应用问题。因此无论是能源、动力、冶金、化工、建材、机械、交通、制冷、空调等传统工业部门，还是发展迅速的高新技术领域，如宇航、信息、生物等，都与热工问题息息相关。

人们对热科学，特别是热工基础理论的研究主要依靠理论分析、实验研究和数值模拟。对于某些简单的热工问题，通过对问题的理想化的简化，可以依靠理论分析求解；而对于较为复杂的工程问题，单纯依靠理论分析常常无能为力。此时就只有依靠实验研究和数值模拟。现在由于计算机和计算技术的发展，在求解各种复杂热工问题时，数值模拟方法得到越来越广泛的应用。但值得注意的是，在采用数值模拟方法时，一方面实际工程问题的边界条件或某些物性参数常常需要通过实验来确定，另一方面数值模拟的结果也需要通过实验来验证。正因为如此，热科学目前仍然是一门以实验为基础的科学。因此热工实验原理和技术就成为与热有关专业的大学生和工程技术人员必须具备的知识。

鉴于热工实验原理和技术的重要性，以及国内目前还缺少这方面相应的教材和教学参考书，我们根据多年在热工实验原理和技术方面的教学经验以及在科研工作中的体会编写了本书。书中内容包括测量和数据处理的基本知识，温度的测量技术，压力和速度的测量，热物理性质的测量，表面传热系数和传热系数的测定，气体成分分析原理与方法，以及与实验技术密切相关的相似理论与模化方法，还有流动显示技术。

由于热工测试技术发展极其迅速，本书除了介绍目前在工程测量中仍广泛应用的传统测量方法(如热电偶、电阻温度计测温)外,还用一定的篇幅介绍了迅速发展的现代测试技术(如红外热成像测温技术、干涉测温技术等)。这样安排有利于读者对热工测试技术有一个更全面的了解。

为了便于读者学习本书,我们在每一章后面都附有该章小结及若干思考题。其初衷是使《热工实验原理和技术》一书能作为热工基础理论联结其他学科和实践环节的知识纽带,可以使读者从知识交叉的角度去理解、思考工程问题。书中涉及一些有关设计工艺、实验装置、研究方法的介绍,将起到这方面的作用。

作者的同事和研究生为本书的编写做了许多具体的工作,特别是华中科技大学的黄晓明副教授为本书第 4 章,辽宁科技大学的赵巍副教授、中南民族大学的王献副教授为本书的第 7 章做了部分编写工作,日本埼玉工业大学巨东英教授为编写第 8 章振动管流的流动显示方面的内容提供了先进的设备条件并给予热情指导,辽宁科技大学的硕士研究生武永刚等收集了很多资料,使本书增色不少。在此,作者对他们的工作表示衷心的感谢!

作者还要特别感谢华中科技大学副校长刘伟教授对本书进行了认真的审阅,提出了不少宝贵的建议,使本书得以顺利出版。

本书既可作为高等院校能源、动力、冶金、建材、宇航等相关专业的教材,也可以作为上述专业研究生的教学参考书,对从事测试的科学工作者和工程技术人员也有一定的参考价值。

因限于作者的学识和水平,书中如有疏漏和不妥之处,敬请读者指正。

辽宁科技大学　邢桂菊

华中科技大学　黄素逸

2007 年 4 月

目　　录

1 测量和数据处理的基本知识

1.1 测量系统

热工测量技术是在热工基础理论的指导下，涉及很多知识领域的一门特殊学科。因为不论是自然界还是各项工程技术行业，都涉及到与热和能相关的许多参数，如温度、热流、热焓、流量、速度、压力、浓度、功率、转速、扭矩、噪声、振动、位移、粒度等。要了解、利用和控制这些参数，离不开对它们的测量。

测量就是用实验的方法，将被测量的物理量与选取单位的同类量进行比较，确定被测参数的过程。一般的测量过程都需要通过测量系统来实现。当打算测量一个物体的温度时，首先需要一种感受元件。感受元件称为一次仪表，能够接收到被测物质所反映出的物理信号，并且将这种物理信号传递出来。在多数情况下，感受元件所反映出来的物理信号很微弱，需要进一步放大或者变换处理，才能更好地传递给能表达这种信号的仪表(即所谓的二次仪表)。许多现代的二次仪表都具有指示或显示、记录及打印功能。

在现代化的测量系统中，还应该包括控制功能，由控制功能对输入信号进行分析，然后发出指令执行下一步操作。上述的测量系统可以用图 1-1 来描述。

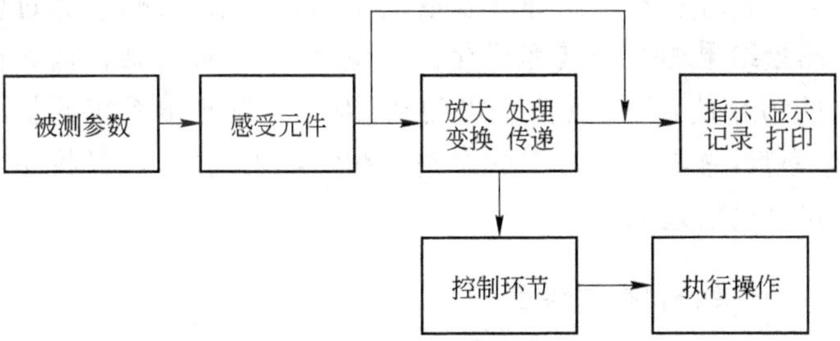

图 1-1　测量系统框图

1.2 测量方法

按照测量参数结果的获得途径来区分,测量可以分为直接测量和间接测量两种。直接测量是指被测量参数的数值可以直接在测量仪器上指示或者显示出来。如用玻璃柱温度计或者数字显示温度计测量温度,用压力表测量压力或者压差,用数字万用表测量电流、电压和电阻等。间接测量是指被测量参数的数值不能直接由测量仪器提供,而是将直接测得的相关参数值,用某种函数关系计算间接获得最终的被测参数数值。如测量电路中一段输出功率的大小,往往分别测量电路中的电压和电流,通过两者的乘积计算出功率的大小;又如,测量一段管路的阻力损失系数,首先要测量出管路的特征速度和阻力损失(压差),然后由相关的公式计算阻力损失系数。

按照测量方法来区分,测量又可以分为接触式测量和非接触式测量两种。接触式测量是指一次仪表要与被测物体接触,如用皮托管测量管道中的速度,就必须将皮托管伸进管路当中;非接触测量是指一次仪表可以远离被测物体,测量中不破坏它的固有状态,如用红外线热像仪测量物体的温度。

1.3 测量误差

被测量的某个物理量在某一时刻的数值可以分为静态参数和动态参数。静态参数指在测量过程中不随时间变化,或者说受时间变化的影响非常小。动态参数与之相反,随时间不断变化,呈非稳态过程特性。如开始加热和冷却过程的温度就是如此。

对某一物理量不论是静态参数还是动态参数的测量,通过仪器所得到的测量结果相对于其客观存在来说,都是一种近似。假设实际客观存在的为真值,但是真值难以测到,因为不论测量系统的精度有多高,多么完善,总是存在一定的误差。在实际测量中,一般将相对高一级的仪器测量值近似为真值。

1.3.1 绝对误差和相对误差

某一物理量的测量值与其真值之差定义为绝对误差,记为 δ,它可以是正值也可以是负值。

$$\delta = X - X_0 \tag{1-1}$$

式中 X——测量值；

X_0——真值。

定义相对误差是绝对误差与真值之比，记为 η，

$$\eta = \frac{\delta}{X_0} \times 100\% \tag{1-2}$$

1.3.2 误差的分类

首先要弄清楚等精度测量的概念。所谓等精度测量，是指用同一仪器设备，按照同一方法，由同一观测者在同一环境条件下所进行的测量。

在等精度测量过程中，根据误差的来源，可以将误差分为系统误差、随机误差和粗大误差。

1.3.2.1 系统误差

系统误差也称为工具误差或者方法误差，是测量系统不完善或工作原理不完善所引起的。如仪器的设计不完善或制造加工过程有缺陷，仪器的原材料或附件性能不能满足工艺上的要求；测量工作条件和周围环境发生变化，读数装置有问题，仪器的动态响应跟不上等。系统误差值呈某一确定的规律，可能是线性的、周期性的，或者呈复杂规律变化。

系统误差表明测量结果的正确度，系统误差越小，测量结果越接近被测量的实际值。系统误差是可以采取措施减小的。

1.3.2.2 随机误差

随机误差是指在等精度测量条件下，由于大量的偶然因素，多次测量同一物理量时的测量误差。其结果或大或小，而且符号都不固定，具有随机变量的特点。但测量结果总体上服从一定的统计规律，如服从正态分布，可以通过数理统计的方法处理。随机误差越大，表明测量精度越差。

1.3.2.3 粗大误差

粗大误差是指测量结果中有非常明显的误差，也称为过失误差。例如给错测量物理量、读错数据、写错记录等。这种误差没有任何规律可循，必须从测量结果中剔除。但是这类测量出来的数据，由于开始并不知道它的误差性质，不能轻易剔除，需要先怀疑它，然后按照下述方

法来处理:(1)将可疑值放在一边,先将其余测量值计算出算术平均值和平均绝对误差;(2)计算该可疑值与算术平均值的差值,如果这个差值大于平均绝对误差的4倍,则可以将该可疑值剔除掉。

1.4 测量误差的计算方法和测量精度的判断标准

除了粗大误差以外,系统误差和随机误差往往不容易辨别,二者多数同时存在,没有绝对的界限。在直接测量中,一般重视对随机误差进行估计。根据随机误差的性质,确定实际误差的大小、极限误差及概率分布,用平均误差或均方误差作为测量精度的判断标准。

1.4.1 平均误差

平均误差$\bar{\delta}$的定义记为

$$\bar{\delta}=\frac{\sum_{i=1}^{n}|\delta_i|}{n}=\frac{\sum_{i=1}^{n}|X_i-X_0|}{n} \tag{1-3}$$

式中 δ_i——各测点的绝对误差,$i=1,2,3,\cdots,n$。

设测量精度为h,此时平均误差与测量精度的关系为

$$\bar{\delta}=\frac{0.5642}{h} \tag{1-4}$$

平均误差的计算比较简单,但是用它判断测量精度尚有不足之处。

1.4.2 均方误差

均方误差也称为标准误差,定义为

$$\sigma=\sqrt{\frac{\sum_{i=1}^{n}\delta_i^2}{n}} \tag{1-5}$$

此时,均方误差与测量精度的关系为

$$\sigma=\frac{1}{\sqrt{2}h} \tag{1-6}$$

1.4.3 随机误差的性质

大量的测量实践证明,当测量的次数无限多时,测量值的随机误差的

概率密度分布服从正态分布，也称为高斯误差分布，它有以下几个特点：

(1)偏析性。绝对值小的误差比绝对值大的误差出现的概率大；

(2)对称性。绝对值相等的正负误差出现的概率相等；

(3)极限性。有极大误差的上限；

(4)相消性。各次测量的随机误差的代数和随 $n \to \infty$ 而趋于零，即

$$\lim_{n\to\infty}\sum_{i=1}^{n}\delta_{\mathrm{i}}=0,\text{或者}\sum_{i=1}^{n}\delta_{\mathrm{i}}=0 \tag{1-7}$$

高斯于 1795 年提出随机误差的概率密度分布规律，表达式如式(1-8)所示，其曲线如图 1-2 所示。

$$y=\frac{1}{\sigma\sqrt{2\pi}}\mathrm{e}^{-\frac{\delta^2}{2\sigma^2}} \tag{1-8}$$

式中 δ——测量值的绝对误差；

σ——均方误差或标准误差，或标准偏差；

y——随机误差的概率密度。

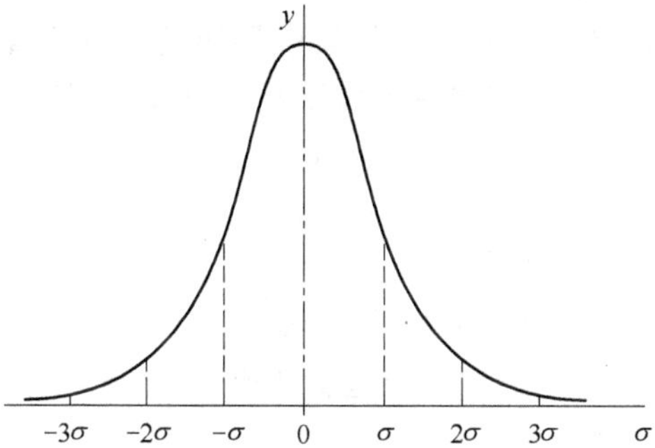

图 1-2 概率密度分布规律

概率密度分布规律说明，σ 越小，曲线越尖锐，随机误差的离散性越小，或者说小误差出现的概率越大，表明测量的精度越高。反过来，σ 越大，曲线越平坦，随机误差的离散性越大，测量精度越低。这恰恰是常用 σ 作为判断测量精度标准的原因。利用这种分布规律，确定测量值的最可信值，并给出该结果的高概率存在范围。

为方便表示，将绝对误差 δ 出现的区间取为标准误差的若干倍，记为

$|\delta|<k\sigma$

称 $k\sigma$ 为测量值的随机不确定度，测量结果落在这个不确定度范围的概

率称为该不确定度的置信概率。

$|\delta|\leqslant 0.6745\sigma$ 的概率的范围为 50%；

$|\delta|\leqslant\sigma$ 的概率的范围为 68.27%；

$|\delta|\leqslant 2\sigma$ 的概率的范围为 95.45%；

$|\delta|\leqslant 3\sigma$ 的概率的范围为 99.73%。

根据上述关系，绝对误差值介于 $\pm 0.6745\sigma$ 之间的概率是 50%，介于 $\pm 2\sigma$ 和 $\pm 3\sigma$ 之间的概率分别是 95.45%和 99.73%；而介于 $\pm 3\sigma$ 时，它出现的概率仅为 0.27%。由此可以断定，这是一个不可能的事件，通常将 $\delta=\pm 3\sigma$ 作为极限误差。

1.5　标准偏差的计算方法

1.5.1　测量的最佳值

在实际的测量中，真值无法测量到，除了用上一级高精度的仪器测量结果代替以外，还可以用一个与真值最接近的最佳值。这个值就是测量次数无限大时等精度测量下的算术平均值，记为

$$\overline{X}=\frac{1}{n}\sum_{i=1}^{n}X_i \tag{1-9}$$

式中　X_i——各测量值，$i=1,2,3,\cdots,n$；

$\overline{X}$——等精度测量算术平均值。

这样一来，式(1-3)的平均误差就变成

$$\overline{\delta}=\frac{\sum\limits_{i=1}^{n}|X_i-\overline{X}|}{n} \tag{1-10}$$

1.5.2　标准法——贝塞尔公式

设 $v_i=X_i-\overline{X}$ 为各测量值的残余误差。残余误差也称为残差，实际上相当于没有取绝对值的平均误差。对某个物理量进行 n 次测量，其残差和为

$$\sum_{i=1}^{n}v_i=\sum_{i=1}^{n}X_i-n\overline{X}$$

即

$$\frac{1}{n}\sum_{i=1}^{n} v_i = \frac{1}{n}\sum_{i=1}^{n} X_i - \overline{X}$$
$$= \overline{X} - \overline{X}$$
$$= 0$$

这里，$n \neq 0$，只有 $\sum\limits_{i=1}^{n} v_i = 0$，这一点正好符合随机误差的相消性质。

各测量值与真值的绝对误差为

$$\delta_i = X_i - X_0 \tag{1-11}$$

对式(1-11)两边求和，$\sum\limits_{i=1}^{n} \delta_i = \sum\limits_{i=1}^{n} X_i - nX_0$

$$\Rightarrow \frac{1}{n}\sum_{i=1}^{n} \delta_i = \overline{X} - X_0$$

便有绝对误差

$$\delta = \overline{X} - X_0 \tag{1-12}$$

式(1-12)与定义式(1-1)并不相违背，这里的测量值用 $\overline{X}$ 来代替。

式(1-11)可以写成 $\delta_i = X_i - \overline{X} + \overline{X} - X_0$，即

$$\delta_i = v_i + \delta \tag{1-13}$$

对于 n 次测量，存在

$$\delta_1 = v_1 + \delta$$
$$\delta_2 = v_2 + \delta$$
$$\vdots$$
$$\delta_n = v_n + \delta$$

将上式两边相加得到，$\sum\limits_{i=1}^{n} \delta_i - \sum\limits_{i=1}^{n} v_i + n\delta$

根据随机误差的相消性，$\sum\limits_{i=1}^{n} v_i = 0$，上式便成为

$$\sum_{i=1}^{n} \delta_i = n\delta \tag{1-14}$$

将式(1-14)两边平方得

$$\delta^2 = \frac{1}{n^2}\left(\sum_{i=1}^{n} \delta_i\right)^2 \tag{1-15}$$

将式(1-13)两边平方后再相加

$$\begin{aligned} \delta_i^2 &= (v_i+\delta)^2 \\ \Rightarrow \delta_1^2 &= (v_1+\delta)^2 \\ \delta_2^2 &= (v_2+\delta)^2 \\ &\vdots \\ \delta_n^2 &= (v_n+\delta)^2 \end{aligned}$$

$$\Rightarrow \sum_{i=1}^{n}\delta_i^2 = \sum_{i=1}^{n}(v_i+\delta)^2 \Rightarrow \sum_{i=1}^{n}\delta_i^2 = \sum_{i=1}^{n}v_i^2 + 2n^2\delta\sum_{i=1}^{n}v_i + n\delta^2$$

再由 $\sum_{i=1}^{n}v_i=0$,得到

$$\sum_{i=1}^{n}\delta_i^2 = \sum_{i=1}^{n}v_i^2 + n\delta^2 \tag{1-16}$$

将式(1-15)带入式(1-16),可得

$$\sum_{i=1}^{n}\delta_i^2 = \sum_{i=1}^{n}v_i^2 + \frac{1}{n}\left(\sum_{i=1}^{n}\delta_i\right)^2 \tag{1-17}$$

由随机误差的对称性,$\sum_{i=1}^{n}\delta_i^2 \approx \left(\sum_{i=1}^{n}\delta_i\right)^2$,将其带入式(1-17)

$$\sum_{i=1}^{n}\delta_i^2 = \sum_{i=1}^{n}v_i^2 + \frac{1}{n}\sum_{i=1}^{n}\delta_i^2 \tag{1-18}$$

由式(1-5)标准偏差的定义,可得 $\sigma^2=\frac{1}{n}\sum_{i=1}^{n}\delta_i^2$,再将其代入式(1-18),成为

$$n\sigma^2 = \sum_{i=1}^{n}v_i^2 + \sigma^2$$

于是可以整理出

$$\sigma = \sqrt{\frac{\sum_{i=1}^{n}v_i^2}{n-1}} = \sqrt{\frac{\sum_{i=1}^{n}(X_i-\overline{X})^2}{n-1}} \tag{1-19}$$

式(1-19)就是贝塞尔(Bessel)公式,可以用来计算均方误差或标准误差或标准偏差。

1.5.3 最大残差法

最大残差法是一种估算标准偏差的快速方法,即指在一系列的残

差值中取其最大值，用下式表示：

$$\sigma = k_n |v_i|_{\max} \tag{1-20}$$

式中 k_n——极差系数，与测量次数 n 值有关，如表 1-1 所示。

表 1-1 极差法系数

n	2	3	4	5	6	7	8	9	10	15	20	25	30
k_n	1.77	1.02	0.83	0.74	0.68	0.64	0.61	0.59	0.57	0.51	0.48	0.46	0.44

1.5.4 算术平均值的计算法

用 σ_a 表示算术平均值计算的标准偏差，它是标准法计算的标准偏差的 $\frac{1}{\sqrt{n}}$。由此可见，增加测量次数可以提高测量精度，但当测量次数超过 10 次以上时，提高的作用便不明显了。

算术平均值计算的标准偏差为

$$\sigma_a = \frac{\sigma}{\sqrt{n}} = \sqrt{\frac{\sum_{i=1}^{n} v_i^2}{n(n-1)}} = \sqrt{\frac{\sum_{i=1}^{n}(X_i - \overline{X})^2}{n(n-1)}} \tag{1-21}$$

其余方法不在此赘述，用时可参考其他资料。

1.6 测量结果的置信区间和置信概率

$\overline{X}$ 是与真值接近的最佳值，但是它也是一个随机变量。它究竟与真值近似到何等程度？可以信赖的波动区间是多少？这是令人十分关心的问题。

通常设测量值的算术平均值在一个给定的小量范围内波动，记为 $\overline{X} \pm k_t\sigma$，这就是所谓的置信区间。那么 n 次测量可信赖的结果就表示为

$$X = \overline{X} \pm k_t\sigma \tag{1-22}$$

它的置信概率可以用 P_a 表示

$$P_a = \{|\overline{X} - X_0| < k_t\sigma\} \tag{1-23a}$$

或者

$$P\{(X_0 - k_t\sigma) < \overline{X} < (X_0 + k_t\sigma)\} \tag{1-23b}$$

式中 X_0——真值；

$\overline{X}$——n 次测量的平均值；

k_t——置信概率系数，可以由置信概率和测量次数查表 1-2。

σ——标准误差。

表 1-2　置信概率系数 k_t

测量次数	置信概率			测量次数	置信概率		
	90%	95%	99%		90%	95%	99%
2	6.314	12.706	63.657	18	1.740	2.110	2.898
3	2.920	4.303	9.925	20	1.729	2.093	2.864
4	2.353	3.182	5.841	22	1.721	2.080	2.831
5	2.132	2.770	4.604	24	1.714	2.069	2.807
6	2.015	2.571	4.032	26	1.708	2.060	2.787
7	1.943	2.447	3.707	28	1.703	2.052	2.771
8	1.895	2.365	3.499	30	1.699	2.045	2.756
9	1.860	2.306	3.355	40	1.684	2.021	2.704
10	1.833	2.262	3.250	60	1.671	2.000	2.660
12	1.796	2.201	3.106	120	1.658	1.980	2.617
14	1.771	2.160	3.012	∞	1.645	1.960	2.576

1.7　等精度测量结果的数据处理

1.7.1　有效数字的概念

1.7.1.1　有效数字的位数

首先要明确有效数字的概念。有效数字的位数是由最左面第一个非零数字开始到全部数字的结尾。如 0.013257 和 1.3257，它们的有效数字都是 5 位。测量记录数据时，通常只保留有效数字；表示误差时，一般取 1～2 位有效数字。“0”很特殊，它既是无效数字，又是有效数字。当它在非“0”数据中间时，为有效数字，如 28.05 为 4 位有效数字。

在测量中采集的数据并不都是整数，通常取到最末一位不准确的估计数值，这些数字称为有效数字。如体重计的读数为 55.4kg，它的有效数字为 3 位，最后一位是估计值，不是准确可靠的。

1.7.1.2 有效数字的四舍五入

有效数字的位数确定以后，就可以将后面的数字舍去。当舍去的那位数字大于5时，则向前进1；当舍去的正好是5时，前一位数是奇数，则进1，将前一位凑成偶数；前一位已经是偶数时，则不进1；当要舍去的数小于5时，就干脆去掉。

1.7.1.3 测量结果的有效数字表示

当测量误差已知时，要注意测量结果的有效数字与测量误差保持一致性。如测量某压力值为200.626kPa，测量误差为±0.25kPa，这时测量结果应该写成(200.63±0.25)kPa。

1.7.1.4 运算规则

在有效数字的加减法中，要注意各数保留的小数点后的位数，应与计算中的各数小数点后的位数最少的相一致。

在乘除法中，各因子保留的位数及计算结果的位数，要以有效数字位数最少的为准，不能多于精度最小的那个因子。如 $1.205\times24.32\times2.6936$ 应该处理成 $1.205\times24.32\times2.694=78.95$。

在乘方和开方运算中，运算结果要比原数据多保留一位有效数字。如 $13.7^2=187.7$，$\sqrt[3]{7.93}=1.994$。

在对数运算中，所取数的有效数字要与真数的有效数字位数相等。如 $\lg 5.37=0.730$。

1.7.2 测量结果的数据处理

(1) 首先对测量的数据进行初步检查，看一下是否存在不可忽视的粗大误差可疑值，如果有，将此数据放置一边。

(2) 将其他所测量的数据按照顺序排列成表。

(3) 由式(1-9)计算算术平均值 $\overline{X}=\frac{1}{n}\sum_{i=1}^{n}X_i$。

(4) 由 $v_i=X_i-\overline{X}$ 计算残差值 v_i、残差的平方 v_i^2，由式(1-3)计算平均误差 $\overline{\delta}$，$\overline{\delta}=\frac{\sum_{i=1}^{n}|\delta_i|}{n}=\frac{\sum_{i=1}^{n}|X_i-X_0|}{n}$，其中 $X_0=\overline{X}$。此时要注意观察残差值的变化规律，如果残差的符号不存在(++++−−−

一)或者(－－－－＋＋＋＋)的情况，而是变化不规则，不是沿着一个方向变化，或当 n 很大时，存在 $\sum_{i=1}^{n} v_i = 0$，可以判断不存在系统误差，继续往下计算；否则，必须修正测量。

(5) 将可疑点 $|v_i|$ 与 $4\bar{\delta}$ 相比较，若 $|v_i| \geqslant 4\bar{\delta}$，则将可疑点剔除掉。

(6) 用标准法计算标准偏差 σ，或者用快速的最大残差法计算；同时根据式(1-21)求出算术平均值的标准偏差 $\sigma_a = \dfrac{\sigma}{\sqrt{n}} = \sqrt{\dfrac{\sum_{i=1}^{n} v_i^2}{n(n-1)}}$。

(7) 写出测量结果的最后表达式，置信概率写在括号内，一般取置信概率 95%。则测量结果的表达式按照式(1-22)为

$X = \overline{X} \pm k_t \sigma$(置信概率)

[例 1-1]　某一气体流通断面的速度 u_i 测量值如表 1-3 所示。

表 1-3　速度 u_i 测量值

测次 i	1	2	3	4	5	6	7	8	9	10
u_i/m/s	21.5	21.3	20.9	21.4	25.3	21.7	21.6	21.4	21.8	22.2

求：(1) 测量速度的最佳值和标准偏差；

(2) 置信区间，置信概率按 90% 和 95% 计算；

(3) 测量精度。

解：(1) 第 5 次测量数据 25.3 属于可疑点，暂时先不考虑。取其他 9 次所测数据求出测量速度的最佳值。由式(1-9) $\bar{u} = \dfrac{1}{n}\sum_{i=1}^{n} u_i$，于是

$$\bar{u} = \frac{(21.5+21.3+20.9+21.4+21.7+21.6+21.4+21.8+22.2)}{9}$$

$$= 21.53(\text{m/s})$$

计算各次测量速度值的残差，列于表 1-4。

表 1-4　速度值的残差

i	1	2	3	4	5
u_i	21.5	21.3	20.9	21.4	25.3
v_i	−0.03	−0.23	−0.63	−0.13	3.77
v_i^2	0.0009	0.0529	0.397	0.0169	14.2

续表 1-4

i	6	7	8	9	10
u_i	21.7	21.6	21.4	21.8	22.2
v_i	0.17	0.07	−0.13	0.27	0.67
v_i^2	0.0289	0.0049	0.0169	0.0729	0.449

观察残差值 v_i，变化并不规则，估计不存在系统误差。由式(1-3)平均误差的定义，求出平均误差 $\bar{\delta}=0.259$，可疑点 $|v_5|=3.77>4\bar{\delta}=1.036$，故将第 5 次测量值剔除掉。用标准法计算标准偏差，由贝塞尔公式

$$\sigma=\sqrt{\frac{\sum_{i=1}^{n}v_i^2}{n-1}}=\sqrt{\frac{\sum_{i=1}^{n}(u_i-\bar{u})^2}{n-1}}=0.36$$

用最大残差法计算标准误差，当 $n=9$ 时，查表 1-1，$k_n=0.59$，

$$\sigma=k_n|v_i|_{\max}=0.59\times 0.67=0.3953$$

算术平均值的标准偏差 $\sigma_a=\frac{\sigma}{\sqrt{n}}$，取 $\sigma=0.36$ 时，$\sigma_a=0.12$；取 $\sigma=0.3953$ 时，$\sigma_a=0.13$。

(2) 写出测量表达式，按照 $u=\bar{u}\pm k_t\sigma_a$，根据式(1-22)和式(1-23)，查表 1-2，置信概率在 90%、95%时，置信概率系数 k_t 分别为 1.860、2.306。其结果如表 1-5 所示。

表 1-5 置信区间计算

计算方法	置信概率	
	90%	95%
标准法	$u=21.53\pm 0.22$ [21.31,21.75]	$u=21.53\pm 0.28$ [21.25,21.81]
最大残差法	$u=21.53\pm 0.24$ [21.29,21.77]	$u=21.53\pm 0.30$ [21.23,21.83]

(3) 由式(1-4)，测量精度为

$$h=\frac{0.5642}{\bar{\delta}}=\frac{0.5642}{0.259}=2.17$$

可见平均绝对误差越小，测量精度越高。

1.8 仪器的性能指标

仪器本身的性能指标是测量系统误差的影响因素之一。测量系统中仪器性能可以用以下三个指标来鉴别：

(1) 灵敏度。灵敏度是指仪器对测量参数的反应程度。它以测量参数的变化值与被测物理量变化值的比值来表示。比如用两块压力表来测量压力，一块表指针移动 2rad，表示压力为 100Pa，另一块指针移动 10rad，表示压力为 100Pa，后者具有较高的灵敏度。

(2) 分辨率。分辨率是指可以使仪器显示出最小的测量变化量，它也表征仪器的灵敏度限。一般仪器的分辨率应小于仪器允许绝对误差的一半。

(3) 精确度。精确度也叫精度，它由准确度和精密度综合决定。准确度是指仪器显示值与被测量物理量真值的偏离程度，它反映了测量装置的系统误差大小。而精密度是指仪器测量结果的分散程度。应该指出，一个测量系统准确度高，未必精密度就高；而精密度才能真正反映仪器的综合性能。这个概念可以借用子弹射击的事件来加深理解，如图 1-3 所示。

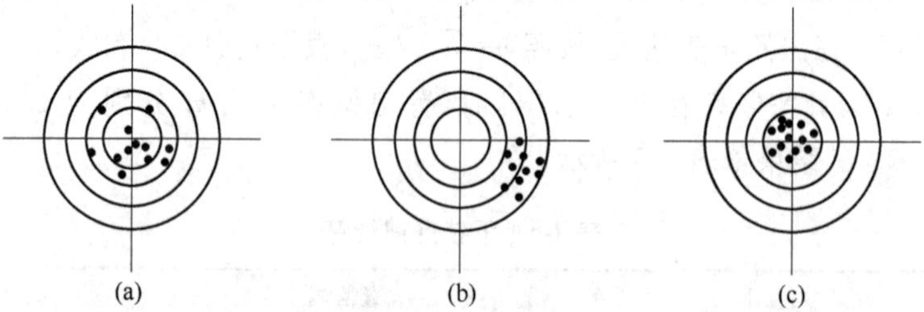

图 1-3 子弹射击中靶的准确度、精密度和精确度示意图

图 1-3 中，图(a)说明子弹射击中靶准确度高，但是精密度低；图(b)说明子弹中靶准确度低，但是精密度高；图(c)说明子弹中靶准确度高，精密度也高，综合起来精度高。

一般仪器设备都要标出它的精度等级，普通热工仪表的精度分为 0.1，0.2，0.5，1.0，1.5，2.5，5.0 共 7 级。

显然，精度等级级数越低，档次越高。精度大小反映了该仪器所能允许的误差大小。例如精度等级为 1.0 的仪表，表示了该仪器的允许误差值不超过满量程的±1%。

在精度相同的条件下，选择仪器的量程不宜过大。因为量程越大，其绝对误差也越大。估计最大测量值在满量程的三分之二左右较为合适[1~3]。

1.9 测量数据的曲线绘制和拟合

1.9.1 用科学计算软件绘制曲线

对测量数据的分析一般都借助曲线趋势或图形摸索出一定的规律，或者整理出经验公式、半经验公式。用一些科学计算软件可以将测量出的数据绘制成各种形式的图形。常用的科学计算绘图软件有Origin，Matlab等，特别是Matlab的图形功能更加强大。

［例 1-2］ 考察一组压差与时间的关系，其测量数据如表1-6所示。

表 1-6 压差与时间的测量数据

时间/s	1.0	1.5	2.0	3.0	3.5	4.0	4.5	5.0	5.5	6.0	6.5	7.0	7.5
压差/Pa	0.4	0.4	0.5	0.8	1.2	2.7	2.9	3.5	4.1	3.9	4.4	5.2	4.8
时间/s	9.0	10	12	13	14	15	16	17	18	19	20	21	22
压差/Pa	7.4	8.9	10.5	18.7	30.8	57.2	95.4	118	149	161	162	162	163

用Origin6.0软件绘制曲线图，并且拟合出经验公式，即压力与时间的关系符合e指数函数变化，如图1-4所示。

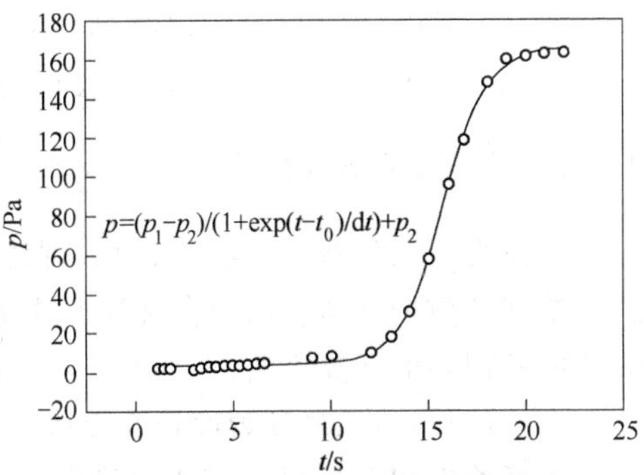

图 1-4 压力与时间的数据处理结果

［例 1-3］ 在一个圆柱形断面燃烧室不同高度的6个断面上（从下部到上部），沿径向（5点为燃烧室中心，1和9点为燃烧室边缘）测得各温度如表1-7所示。画出它在燃烧过程的三维温度图谱。

表 1-7　温度测量值

燃烧室各断面	第一工况(炉膛无预热)各测点温度/℃ 测点								
	1	2	3	4	5	6	7	8	9
1(下部)	33	36	35	39	36	39	38	38	38
2	36	43	39	41	38	41	39	40	39
3	87	63	38	40	34	38	35	131	41
4	809	825	650	373	611	878	478	792	876
5	885	961	1004	1009	976	987	986	1002	952
6(上部)	913	1000	978	1031	1027	981	993	1017	961
燃烧室各断面	第二工况(炉膛预热)各测点温度/℃ 测点								
	1	2	3	4	5	6	7	8	9
1(下部)	533	400	337	365	386	531	301	480	599
2	853	884	840	947	850	885	891	821	820
3	852	907	978	986	953	945	947	940	892
4	897	914	969	1000	1008	996	981	965	923
5	873	921	974	981	952	952	957	939	880
6(上部)	872	900	954	984	967	973	956	932	880

解：用 Matlab 软件就可以绘制出非常直观的三维温度图谱(如图 1-5 所示)，从而为燃烧室内的燃烧状况提供最得力的分析资料。

1.9.2　拟合公式计算方法

当测得一系列数后，也可以用数理统计的方法拟合成一个经验公式来描述该数据所体现的内在规律。这里主要介绍一元线性回归和一元非线性回归的计算方法。

1.9.2.1　一元线性回归计算方法

一元线性回归是讨论两个变量之间的线性关系，设有 n 组测量结果 $x_i, y_i (i=1,2,3,\cdots,n)$，$y$ 是因变量(随机变量)，x 为自变量(非随机变量)。

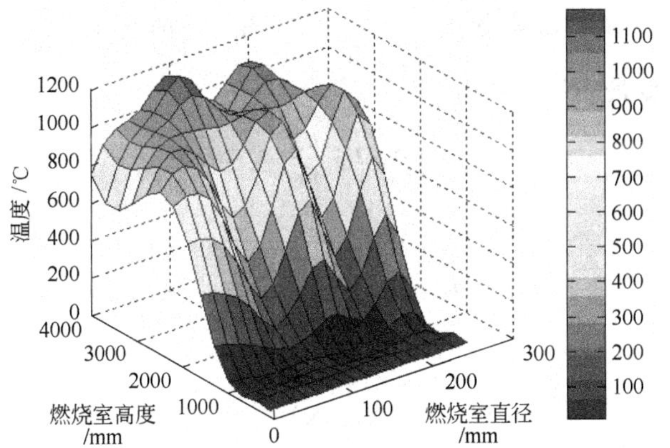

(a)

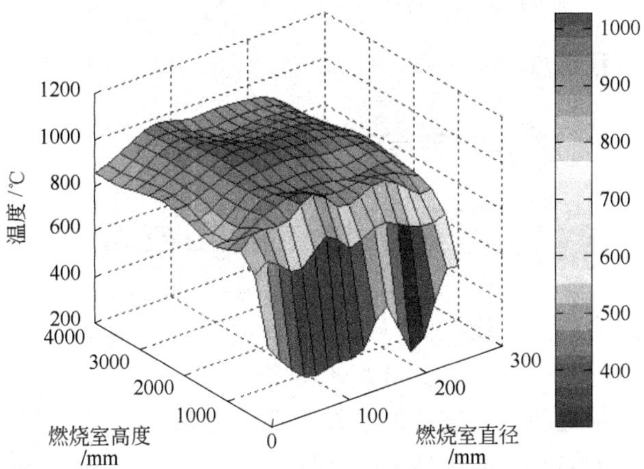

(b)

图 1-5 三维温度图谱

(a) 炉膛无预热工况；(b) 炉膛有预热工况

令最佳拟合直线为 $y=ax+b$，其中 a、b 为待定系数（回归系数）。最小二乘法的原理是，当 $y=ax+b$ 为最佳拟合直线时，各因变量的残差平方和为最小，即满足各测量值(x_i, y_i)在 y 方向上对回归直线的偏差 $y-y_i$ 的平方和为最小。

设拟合直线方程相对于测量的残差平方和为 Q，则

$$Q=\sum_{i=1}^{n} v_i^2=\sum_{i=1}^{n}[y_i-(ax_i+b)]^2 \tag{1-24}$$

满足 Q 最小的条件为

$$\frac{\partial Q}{\partial a}=0,\frac{\partial Q}{\partial b}=0$$

即

$$\frac{\partial Q}{\partial a}=-2\sum_{i=1}^{n}[x_iy_i-ax_i^2-bx_i]=0,\frac{\partial Q}{\partial b}=-2\sum_{i=1}^{n}[y_i-ax_i-b]=0$$

整理得

$$a\sum_{i=1}^{n}x_i+nb=\sum_{i=1}^{n}y_i$$

$$a\sum_{i=1}^{n}x_i^2+b\sum_{i=1}^{n}x_i=\sum_{i=1}^{n}x_i\sum_{i=1}^{n}y_i$$

联立方程解得

$$a=\frac{\sum x_i\sum y_i-n\sum x_i\sum y_i}{(\sum x_i)^2-n\sum x_i^2}$$

$$b=\frac{\sum x_i\sum x_iy_i-\sum x_i^2\sum y_i}{(\sum x_i)^2-n\sum x_i^2} \tag{1-25}$$

从而可得拟合的一元线性回归方程 $y=ax+b$。

1.9.2.2. 一元非线性回归计算方法

当两变量之间呈现复杂的非线性关系时,最小二乘法也可以求出非线性回归方程。若非线性问题为

$y=a_0+a_1x+a_2x^2+\cdots+a_nx^n$

首先将非线性问题化解为线性问题,这样可以使复杂的问题变得容易解决。典型的非线性方程变换如表 1-8 所示。

表 1-8 一元线性化变换

非线性方程	线性化方程	线性化变量
$y=a+b\ln x$	$y'=a+bx'$	$y'=y$, $x'=\ln x$
$y=1-e^{-ax}$	$y'=\ln\frac{1}{1-y}=ax'$	$y'=\ln\frac{1}{1-y}$, $x'=x$
$y=e^{(a+bx)}$	$y'=\ln y=a+bx'$	$y'=\ln y$, $x'=x$

1.9.2.3 回归方程的显著性检验

回归方程的显著性检验可以用以下 3 种方法：

(1) 相关系数检验法；

(2) 方差分析法；

(3) t 检验法。

这里主要介绍相关系数检验法。

将描述两个变量之间线性相关密切程度以及拟合方程是否为显著性的指标，称为相关系数 R，记为

$$R=\frac{\sum_{i=1}^{n}(x_i-\bar{x})(y_i-\bar{y})}{\sqrt{\sum_{i=1}^{n}(x_i-\bar{x})^2\sum_{i=1}^{n}(y_i-\bar{y})^2}} \tag{1-26}$$

式中 x_i、y_i——分别为自变量和因变量实验值；

$\bar{x}$、$\bar{y}$——算术平均值，$\bar{x}=\frac{1}{n}\sum_{i=1}^{n}x_i$，$\bar{y}=\frac{1}{n}\sum_{i=1}^{n}y_i$。

一般，相关系数 R 与测量次数 n 及回归直线拟合的置信概率 P_a 有关。表 1-9 所示了不同的测量次数 n，在两种置信概率（$P_a=95\%$，$P_a=99\%$）或者说是两种显著水平（当 $\alpha=0.05$，$\alpha=0.01$，($\alpha=1-P_a$)）的条件下，使相关系数 R 达到显著时的最小相关系数值 R_0（临界相关系数）。对于给定的置信概率 P_a 或显著水平 α，查出临界相关系数 R_0，用测量计算出的 R 值与之比较，若 $|R|\leqslant R_0$，则说明 y 与 x 之间线性关系不显著；若 $|R|\geqslant R_0$，则可以认为 y 与 x 之间线性关系显著，即回归方程是显著的。

表 1-9 相关系数 R 显著性检验对应表

自由度 $n-2$	R_0		自由度 $n-2$	R_0	
	$P_a=95\%$	$P_a=99\%$		$P_a=95\%$	$P_a=99\%$
3	0.878	0.959	7	0.666	0.798
4	0.811	0.917	8	0.632	0.765
5	0.754	0.874	9	0.602	0.735
6	0.707	0.834	10	0.576	0.708

续表 1-9

自由度 $n-2$	R_0		自由度 $n-2$	R_0	
	$P_a=95\%$	$P_a=99\%$		$P_a=95\%$	$P_a=99\%$
11	0.553	0.684	25	0.381	0.487
12	0.532	0.661	26	0.374	0.478
13	0.514	0.641	27	0.367	0.470
14	0.497	0.623	28	0.361	0.463
15	0.482	0.606	29	0.355	0.456
16	0.468	0.590	30	0.349	0.449
17	0.456	0.575	35	0.325	0.418
18	0.444	0.561	40	0.304	0.393
19	0.433	0.549	45	0.288	0.372
20	0.423	0.537	50	0.273	0.354
21	0.413	0.526	60	0.250	0.325
22	0.404	0.515	70	0.232	0.302
23	0.396	0.505	80	0.217	0.283
24	0.388	0.496	90	0.205	0.267

如做一项 $n=20$ 次的实验测量，计算出的相关系数 $R \geqslant R_0(=0.444)$，就可以认为回归直线拟合的可靠程度为95%，或者说回归直线在0.05的水平上显著；当相关系数 $R \geqslant R_0(=0.561)$，则可以认为回归直线拟合的可靠程度为99%，或者说回归直线在0.01的水平上显著。

[例 1-4]　测得一组金属丝碳的质量分数与电阻之间的关系如表1-10所示。

表 1-10　金属丝碳的质量分数与电阻的关系

金属丝 $w(C)(x)/\%$	0.100	0.300	0.400	0.550	0.700	0.800	0.950
电阻$(y)/\Omega$	15.0	18.0	19.0	21.0	22.6	23.6	26.0

求：y 对 x 的线性回归方程，并且回归方程的显著性。

解：(1) 用最小二乘法确定已知实验测定值及计算值如表1-11所示。

2 温度测量技术

2.1 温度和测温的基本概念

温度是我们在日常生活中最熟悉的参数了，也是热能与动力工程系统必须测量和控制的重要参数。温度的宏观概念是建立在热平衡基础之上的，它表征两个物体或系统冷热的程度，并通过互相接触进行比较。若二者存在温差，则热量从高温载体向低温载体传递；若二者的冷热程度都不发生变化，说明它们具有相同的温度。温度的微观概念是建立在统计物理学的基础之上的，物体内部微粒无规则运动能量将反映出温度的高低。

热力学第零定律很好地揭示了温度测量的基本原理，即“如果两个系统中每一个系统都与第三个系统处于热平衡，则该两个系统彼此也处于热平衡。”就是说，通过一种感温物质可以测量物体或系统的温度。感温物质的物理特性随着温度的变化而发生相应的变化。如气体的体积或压强、液体的体积、金属的电阻和热电势等。可以利用这些感温物质的特性及随温度变化的函数关系，来确定被测物体或系统的温度。

2.2 各种温标

衡量温度大小的尺度称为温标。有史以来国际上共推出了 4 种温标，即经验温标、理想气体温标、热力学温标和国际温标。

2.2.1 经验温标

经验温标包括华氏温标（Fahrenheit **scale**）、列氏温标（Reaumur **scale**）、摄氏温标（Celsius **scale**）三种。历史上最早出现的是华氏温标，是德国人华伦海特（D. G. Fahrenheit）大约在 1710 年提出的，将冰水混合物的温度到水的沸点温度分为 180 等份，每一等份称为 1 华氏度，用 ℉表示，规定水的冰点为 32 ℉，水的沸点为 212 ℉。华氏温度至今还在英、美等国民间流行。列氏温标出现于1730年，是法国博物学家列奥米尔(R. A. F. Reaumur)建议把结冰与沸腾之间的温度分成80等份，每一等份称为1列氏度，用°Re表示，规定冰点为0°Re，水的沸点为80°Re。这一温标在德国曾一度很流行。1742年瑞典天文学家安德·摄尔修斯(Ander　Celsius)提议把结冰与沸腾之间的温度分成100等份，这就是摄氏温标，用℃表示。18世纪末法国国民公会采用摄氏刻度作为公制的一部分，现在大多数国家都使用这种刻度的温度计。

2.2.2　理想气体温标

理想气体温标建立的初衷是希望不与测温物质特性发生关系。根据玻意耳-马略特定律(Boyle-Mariotte's Law)，当理想气体的体积不变时，由气体压强的变化可以度量温度；或者压强不变，由体积的变化来度量温度。这样利用趋近于理想气体的性质所建立的温标，就可以作为一种标准经验温标。但是这种温标也并没有摆脱实际气体的约束。

2.2.3　热力学温标

热力学温标是在热力学第二定律的基础上引入的一种与测温物质特性无关的更为科学而严密的温度标尺，是1848年英国著名的科学家开尔文(Kelvin，Lord William Thomson)提出的。用该温标规定的温度称为热力学温度，其单位为K。热力学温标规定水的三相点(水的固相、液相和气相三相平衡状态)热力学温度为273.16K。

2.2.4　国际温标

国际温标是以一些物质可复现平衡状态的指定温度值，及其在这些温度值上分度的标准仪器和相应的插值公式为基础制定的。国际温标是在国际实用温标的基础上不断修改订制出来的。由于气体温度计的复现性较差，国际间便协议制定国际实用温标，以统一国际间的温度量值，并使之尽可能接近热力学温度。

早在1887年，国际计量委员会就曾决定采用定容氢气体温度计作为国际实用温标的基础。40年后，在1927年第7届国际计量大会上，决定采用铂电阻温度计等作为温标的内插仪器，并规定在氧的凝固点(−182.97℃)到金凝固点(1063℃)之间确定一系列可重复的温度或固定点。到了1948年第11届国际计量大会召开时，国际间对国际实用温标又做了若干重要修改。如以金融点代替金凝固点，以普朗克黑体辐射定律代替维恩定律，引用更精确的常数值，计算公式更为精确，光测高温计的测量限值扩大等。

1960年又增加了一条重要修改，即把水的三相点作为唯一的定义点，规定其热力学温度值为273.16K(精确)，以代替原来水冰点温度为0.00℃(精确)的规定。由多次实测，水的冰点应为(273.1500±0.0001)K。采用水的三相点作为唯一的定义点是温度计量的一大进步，因为这可以避免世界各地因冰点变动而出现温度计量的差异。

1968年对国际实用温标又做了一次修改，代号为IPTS-68。其特点是采用了有关热力学的最新成就，使国际实用温标更接近热力学温标。这一次还规定以符号K表示热力学温度，取消原来的符号(K)，并规定摄氏温度与热力学温标的热力学温度单位精确相等，摄氏温度t=热力学温度T−273.15K(精确)。

1975年和1976年国际上又分别对IPTS-68做了修订和补充，把温度范围的下限由13.8K扩大到0.5K。但还是出现不足之处，主要是在实验中不断发现IPTS-68在某些温区与国际单位制定义的热力学温度偏差甚大[1]。

1988年由国际度量衡委员会推荐，第18届国际计量大会及第77届国际计量委员会做出决议，从1990年1月1日起开始在全世界范围内采用重新修订的国际温标，这一次取名为1990年国际温标，代号为ITS-90，取消了“实用”二字，因为随着科学技术水平的提高，这一温标已经相当接近于热力学温标。和IPTS-68相比较，100℃时偏低0.026℃，即标准状态下水的沸点已不再是100℃，而是99.974℃。

2.3 各种温标之间的变换公式

华氏温标、摄氏温标、列氏温标、国际温标之间的温度变换公式如表2-1所示。

表 2-1 各种温标下的温度之间的换算关系

待求温度	已知温度	变换公式
华氏 **Fahrenheit**	摄氏 Celsius	°F=9/5℃+32
摄氏 Celsius	华氏 **Fahrenheit**	℃=5/9(°F - 32)
热力学 **Kelvin**	摄氏 Celsius	K=℃+273.15
摄氏 Celsius	热力学 **Kelvin**	℃=K - 273.15
列氏 Reaumur	摄氏 Celsius	°Re=℃×0.8
摄氏 Celsius	列氏 **Reaumur**	℃=°Re×1.25

2.4 接触式测温仪表的测温原理和应用

按测量时感温元件与被测量物体或系统的接触方式可以分为接触式、非接触式以及二者兼有的混合式测温，对应的测温方式和仪表分类见表 2-2。本节主要介绍接触式测温中最常用的玻璃管式温度计、电阻温度计、热电偶及新型测温探头。

表 2-2 测温方式和仪表的分类

测温方式	温度计与传感器	测温范围/℃	测温属性、原理和主要特点
接触式	热膨胀式 ①液体膨胀式 ②固体膨胀式	 −100～600 −80～500	利用液体或固体热胀冷缩的性质测温，结构简单，价廉，一般直接读数
	压力表式 ①气体式 ②液体式	−200～600	利用封闭在固体容积中的液体、气体及蒸汽受热压力的变化测温，抗振，价廉，可转换成电信号，准确度不高，惰性大，信号滞后
	热电阻 ①金属热电阻 ②半导体电阻	 −260～600 −260～350	利用半导体受热后电阻率变化性质测温，体积小，响应快，灵敏度高，广泛应用于电测
	热电偶	−200～1700	利用金属导体产生温差电势测温，种类多，感温部位大小可酌情处理，结构简单，广泛应用于电测
非接触式	辐射式 ①光学高温计 ②比色高温计 ③红外光电计 ④红外热像仪	−20～3500	不干扰被测温度场，可对运动体测温，响应较快。测温仪器结构复杂，价格昂贵
混合式	光纤辐射式 ①黑体光纤红外辐射 ②消耗型光纤辐射	300～3000	利用光纤技术、接触和非接触式测温技术的结合，具有中高温测温范围宽、响应速度快、抗干扰能力强、寿命长的特点，可以控制和监测

注：电测是指被测物体信号通过采集和处理，变成温度信号直接显示、存储或打印出来的测量方式。

2.4.1 玻璃管式温度计

玻璃管式温度计是日常生活中常见的、热能与动力工程系统中应用最广泛的一种液体膨胀式温度计。它简单适用、方便直观、准确度高、价格便宜。不足之处是其易损坏,有较大的热惯性,不能远传,不能多点测量。

2.4.1.1 结构特点:

由一个测温泡和与之相连接的毛细管组成,感温液体充装其内。在毛细管的两旁有温度刻度。当感温液体接受到冷热物体时,由于里边的液体与玻璃的膨胀系数不同,液体的体积变化很大,毛细管中的液体高度发生变化,与两旁的刻度相对应,便可以测量物体的温度。

2.4.1.2 感温液体:

通常液体温度计使用酒精和水银,也有用甲苯、二甲苯、戊烷等有机液体。性能最稳定的是水银,其膨胀系数接近于常数,在100kPa的压力、−38.68~356.7℃的温度范围内为液体状,在200℃以内刻度很均匀。由于水银膨胀系数小,所以灵敏度较低。

2.4.1.3 测温范围:

感温液体属性不同,测温范围也不同。充装戊烷的玻璃温度计,测温范围较低,一般为−200~30℃;测温范围最广的是水银,可测−38~500℃。酒精温度计可测−80~80℃。

2.4.1.4 分辨率:

常用的酒精温度计分辨率较低,一般为0.1℃;水银温度计分度值为0.05~0.1℃,甚至达到0.01℃,可作为精密测量或校验其他温度计之用。

2.4.1.5 测量误差:

主要有两种误差。一是由玻璃管的热惯性引起,因为温包内液体受热膨胀后,不能马上恢复到常态,然后再测量就会产生误差。二是插入误差。校对玻璃管温度计时,是将它的全部液柱浸没到被测介质中,而通常使用情况下人们只注意仅将它的感温包插入到介质中,这样就使得温度计的显示值与真值存在一定的绝对误差。对于这种情况,必须进行插入误差的修正。设误差温度为Δt,即

$$\Delta t = n\beta(t - t_1) \tag{2-1}$$

式中　n——露出液柱占总刻度的百分数；

β——感温液体相对膨胀系数，℃$^{-1}$；对于酒精：$\beta=0.001031$℃$^{-1}$；对于水银：$\beta=0.000161$℃$^{-1}$；

t——温度计的指示值；

t_1——环境温度。

另外容易产生的误差就是人为读数，解决这个问题只要注意观测视线与刻度标尺垂直并同所读液面在同一水平面，就可消除。

固体膨胀式温度计有双金属温度计，它是把两种膨胀系数不同的金属薄片焊接在一起制成感温元件。这种温度计可将温度变化转换成机械量变化换算成刻度直接读取。如将双金属片制成螺旋管状，则灵敏度会更高。还有一种称之为热套式双金属温度计。它们适用于－80～500℃的气体、液体和蒸汽的温度测量，广泛用于石油、化工、发电、纺织、印染、酿酒等行业。

2.4.2　电阻温度计

电阻温度计在许多工程技术领域里都有应用，它主要是利用金属导体受热后电阻率随温度变化的热敏性质来测量温度的。它的特点是感温部位较大，精度高，种类多，输出电信号可以远传和多点切换测量。

结构特点：不论是金属还是半导体的电阻温度计实际上是由一次和二次仪表组成。电阻感温元件为一次仪表，由金属导体和半导体制成，它不能直观显示温度。二次仪表则弥补了电阻温度计的显示功能。

感温电阻材质：金属类的有铂、铜、铁、镍、铟、锰、碳等。我国主要生产铂电阻和铜电阻。半导体类的主要以铁、镍、锰、钼、钛、镁、铜等一些金属氧化物为原料。在低温测量中用锗、硅、砷化镓等掺杂后做成半导体。

电阻特性和测温能力：大部分金属导体的电阻变化率为0.004～0.006℃$^{-1}$，半导体的电阻变化率为－0.003～0.006℃$^{-1}$。它们各自有着较敏感的应用区域。

金属电阻随温度的变化特征，常用电阻温度系数α℃$^{-1}$来表示，记为

$$\alpha=\frac{R_t-R_{t_0}}{R_{t_0}(t-t_0)} \tag{2-2}$$

式中　R_t——温度为t时的电阻值，Ω；

R_{t0}——温度为 t_0 时的电阻值，Ω。

金属电阻的 α 值一般为 0.38%～0.68%。

半导体电阻特性与金属的大不相同。不仅电阻值高，电阻温度系数稳定，而且在一定的温度范围内呈负的电阻温度系数，说明温度降低，电阻增大。一般 $\alpha \approx -3\% \sim -6\%$，较灵敏。

大部分半导体电阻与温度可以用一个经验公式来描述，记为

$$R_T = A e^{-B/T} \tag{2-3}$$

式中 R_T——热力学温度 T 时的电阻值，Ω；

T——被测物体的热力学温度，K；

A, B——与半导体材质相关的常数，可查相关资料。

金属电阻温度计中铂电阻温度计测温范围最大，为－200～850℃。不过一定的电阻值与温度变化呈非线性的，要分成两个阶段来处理。

－200～0℃时，

$$R_t = R_0[1 + At + Bt^2 + Ct^3(t - 100)] \tag{2-4a}$$

0～850℃时，

$$R_t = R_0(1 + At + Bt^2) \tag{2-4b}$$

式中 R_t、R_0——分别为温度为 t 和 0℃时的电阻值，Ω。

铜的电阻与温度之间呈线性关系，电阻温度系数比较大。一般的测温范围为－50～150℃，测温在上限时，铜电阻容易氧化。由于它价格比铂电阻低很多，适用于测量那些精度不高、温度又较低的场合。

半导体温度计的测温范围为－100～300℃。半导体温度计的主要优点是体积小，电阻率大，这样可以把它放到一个较小的测量局部。另外它的热惯性较小。它的缺点是互换性差，非线性严重，且电阻性能不稳定，需要很好改善。

用电阻温度计测量温度，主要在三个方面容易产生误差。一是电阻自热效应导致误差。所谓电阻自热效应，就是当一定电流通过电阻时，产生焦耳热效应，从而导致电阻温度升高带来误差。为此，电阻温度计必须在额定电流范围内工作，一般为 2～10mA。二是引线误差，这里包含导线电阻和接触电阻都会产生附加热电势。因此，在测量电路中，为了保证测量精度，要求选用纯度高、电阻小、抗氧化的引线等。三是安装深度误差。电阻温度计插入深度不够时，传导热损失会使测量温度偏低。一般感温电阻

的插入深度为保护管直径的15～20倍[2,3]。

2.4.3 热电偶

热电偶是工业上应用最为广泛的一种接触式测温元件。它的结构简单、测温范围广，准确度高，可以电测和远传。

2.4.3.1 热电偶的测温原理

1821年，塞贝克发现了一个热电现象，当两种金属A和B组成闭合回路，两个接触点具有不同的温度 T_1、T_2 时，回路中就有温差电动势 $E=E_{ab}(T_1, T_2)$ 存在，并有电流通过，这种将热能转化为电能的现象称为塞贝克效应(热电效应)，如图2-1所示。

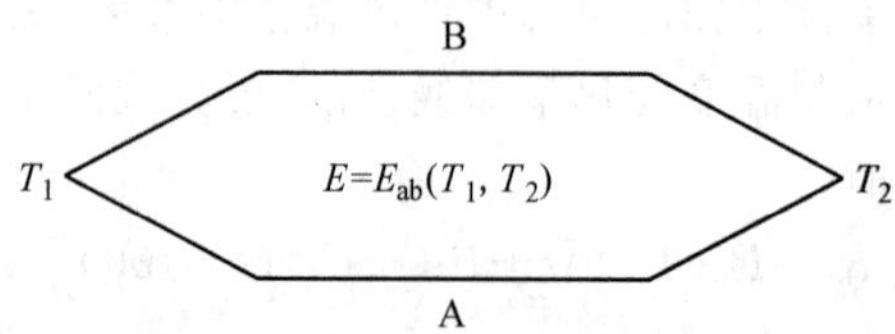

图 2-1 热力偶测温原理图

设 N_a、N_b 分别为A和B金属导体的自由电子密度，$N_a>N_b$。当A和B金属导体接触的时候，由于它们的自由电子密度不同，电子密度大的导体中的电子就向电子密度小的导体内扩散，从而失去了电子的A导体具有正电位，接收到扩散来的电子的B导体具有负电位。这样通过扩散达到动态平衡时，A和B之间就形成了一个电位差。这个电位差称为接触电动势。

对单一金属导体，如果两端的温度不同，则两端的自由电子就具有不同的动能。温度高则动能大，动能大的自由电子就会向温度低的一端扩散。失去了电子的这一端就处于正电位，而低温端由于得到电子处于负电位。这样两端就形成了电位差，称为温差电动势。

在整个闭合回路中产生的总电动势 $E_{ab}(T_1, T_2)$ 可表示为A、B之间的接触电动势和温差电动势之代数和。

如果 T_1 为已知，原则上就可以由 T_2 决定 $E=E_{ab}(T_1, T_2)$ 的大小，反之也可以由 $E=E_{ab}(T_1, T_2)$ 的大小决定 T_2。只要在回路中接入测量仪器和连接导线，就可以确定 E 和 T_2。这个回路称为温差电偶或热电偶，金属 A 和 B 称为热电极。

2.4.3.2　热电偶的基本性质

(1) 同种材料组成的闭合回路虽然有温度梯度，但是不能形成温差电势。

(2) 如果整个电路的所有接点温度相同，则任何几种不同的材料组成的闭合回路的热电势都为零。

由此可以得出：把第三种均匀材料加入到电路中，只要它的两端处于同样的温度，就不会改变回路的总电势，如图 2-2 所示，可以在 T_3 等温区中加入第三种均匀材料。如果已知任何两种金属 A 和 B 相对于金属 C 的热电势已知，则 A 和 B 组合的温差热电势可以叠加得到，如图 2-3 所示。即

$$E_{ab}(T_1, T_2) = E_{ac}(T_1, T_2) + E_{cb}(T_1, T_2) \tag{2-5}$$

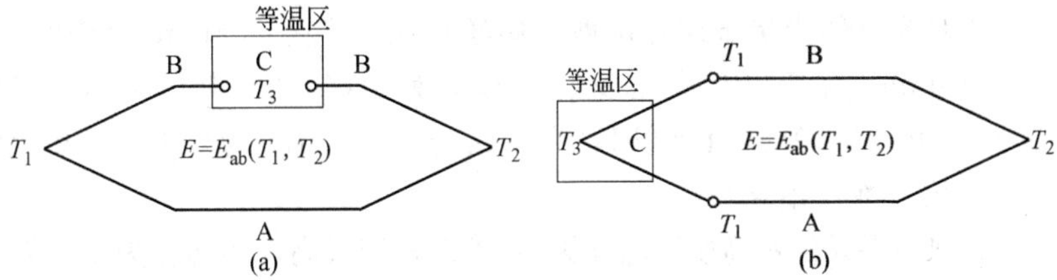

图 2-2　电路中加入第三种均匀材料不改变热电势

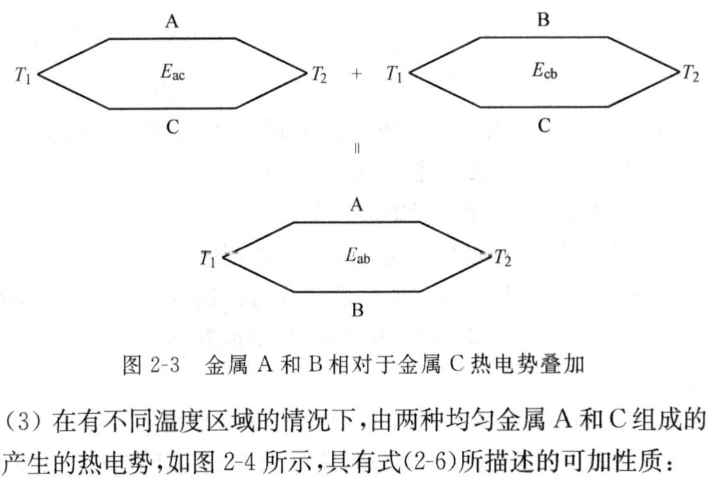

图 2-3　金属 A 和 B 相对于金属 C 热电势叠加

(3) 在有不同温度区域的情况下，由两种均匀金属 A 和 C 组成的多回路所产生的热电势，如图 2-4 所示，具有式(2-6)所描述的可加性质：

$$E_{ac1}(T_1, T_2) + E_{ac2}(T_2, T_3) = E_{ac3}(T_1, T_3) \tag{2-6}$$

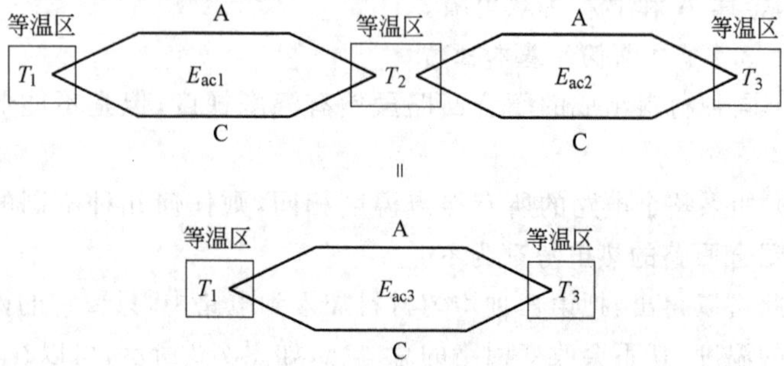

图 2-4 不同温度区域热电势的相加性

2.4.3.3 热电偶的分类、适用范围和主要结构型式

A 热电偶的分类和适用范围

a B 型热电偶(铂铑 30-铂铑 6 热电偶)

B 型热电偶为贵金属热电偶。偶丝直径规定为 0.5mm,允许偏差 −0.015mm。正极(BP)的名义化学成分为铂铑合金,其中 w(Rh)为 30%,w(Pt)为 70%;负极(BN)为铂铑合金,w(Rh)为 6%,w(Pt)为 94%。故俗称双铂铑热电偶。

该热电偶长期最高使用温度为 1600℃,短期最高使用温度为 1800℃。B 型热电偶在热电偶系列中具有准确度最高,稳定性最好,测温区宽,使用寿命长,测温上限高等优点。适用于氧化性和惰性气氛中,也可短期用于真空中,但不适用于还原性气氛或含有金属或非金属蒸气的气氛中。B 型热电偶一个明显的优点是不用补偿导线进行补偿,因为在 0~50℃ 内热电势小于 3μV。其不足之处是热电势值小,灵敏度低,高温下机械强度下降,对污染非常敏感,价格昂贵,工程一次性投资较大。

b R 型热电偶(铂铑 13-铂热电偶)

R 型热电偶为贵金属热电偶。偶丝直径规定为 0.5mm,允许偏差 −0.015mm,其正极(RP)的名义化学成分为铂铑合金,其中 w(Rh)为 13%,w(Pt)为 87%,负极(RN)为纯铂,长期最高使用温度为 1300℃,短期最高使用温度为 1600℃。

R 型热电偶也具有准确度很高,稳定性好,测温区宽,使用寿命长等优点。其物理化学性能、热电势稳定性及在高温下抗氧化性能都很好,适用于氧化性和惰性气氛中。由于 R 型热电偶的综合性能与 S 型热电偶相当，在我国一直难于推广研究，除在进口设备上的测温有所应用外，国内测温很少采用。1967～1971 年，英国 NPL、美国 NBS 和加拿大 NRC 三大研究机构进行了一项合作研究，其结果表明，R 型热电偶的稳定性和复现性比 S 型热电偶均好。

它的不足之处与 B 型热电偶相当。

c S 型热电偶（铂铑 10-铂热电偶）

S 型热电偶属于贵金属热电偶。偶丝直径规定为 0.5mm，允许偏差−0.015mm，其正极（SP）的名义化学成分为铂铑合金，其中 $w(Rh)$ 为 10%，$w(Pt)$ 为 90%，负极（SN）为纯铂，故俗称单铂铑热电偶。该热电偶长期最高使用温度为 1300℃，短期最高使用温度为 1600℃。适用于氧化性气氛中测温，不推荐在还原性气氛中工作，短期可以在真空中使用。参考点在 0～100℃不用补偿导线。

d K 型热电偶（镍铬-镍硅热电偶或者镍铬-镍铝）

K 型热电偶以前分度号为 EU-2，是目前用量最大的廉金属热电偶。正极镍铬（KP）的名义化学成分为：$w(Ni):w(Cr)=90:10$，负极镍硅（KN）的名义化学成分为：$w(Ni):w(Si)=97:3$，其使用温度为−200～1300℃。K 型热电偶具有线性度好，热电动势较大，灵敏度高，稳定性和均匀性较好，抗氧化性能强，价格便宜等优点。在 1000℃以下可以长期使用，在 500℃以下可以应用于各类气氛中，短期可以应用于真空，不宜在 500℃以上的还原性气氛及含硫气氛中使用。需要说明，我国已经基本上用镍铬-镍硅热电偶取代了镍铬-镍铝热电偶。国外仍然使用镍铬-镍铝热电偶。两种热电偶的化学成分虽然不同，但其热电特性相同，使用同一分度表。

e N 型热电偶（镍铬硅-镍硅热电偶）

N 型热电偶为廉金属热电偶，是一种最新国际标准化的热电偶，在 20 世纪 70 年代初由澳大利亚国防部实验室研制成功。它克服了 K 型热电偶在 300～500℃由于镍铬合金的晶格短程有序而引起的热电势不稳定以及在 800℃左右由于镍铬合金发生择优氧化引起的热电势不稳定问题。正极（NP）的名义化学成分为：$w(Ni):w(Cr):w(Si)=84.4:14.2:1.4$，负极（NN）的名义化学成分为：$w(Ni):w(Si):w(Mg)=95.5:4.4:0.1$，其使用温度为−200～1300℃。N 型热电偶不能直接在高温下用于硫，还原性或还原、氧化交替的气氛中和真空中，也不推荐用于弱氧化气氛中。

由于N型热电偶综合性能优于K型热电偶，在国内并有部分取代S型热电偶的趋势，是一种很有应用前途广阔的热电偶。

f E型热电偶(镍铬-铜镍热电偶)

E型热电偶又称镍铬-康铜热电偶，也是一种廉金属的热电偶，正极(EP)为：镍铬10合金，化学成分与KP相同；负极(EN)为铜镍合金，名义化学成分为：w(Cu)为55%，w(Ni)为45%以及少量的锰、钴、铁等元素。该热电偶的使用温度为－200～900℃。

E型热电偶热电动势之大，灵敏度之高属所有热电偶之最，宜制成热电堆，测量微小的温度变化。对于高湿度气氛的腐蚀不太敏感，可用于湿度较高的环境。它还具有稳定性好，抗氧化性能优于铜-康铜、铁-康铜热电偶，价格便宜等优点，能用于氧化性和惰性气氛中。缺点是不能直接在高温下用于含硫、还原性气氛中，热电势均匀性较差。

g J型热电偶(铁-铜镍热电偶)

J型热电偶又称铁-康铜热电偶，也是一种价格低廉的廉金属的热电偶。它的正极(JP)的名义化学成分为纯铁，负极(JN)为铜镍合金，常被含糊地称之为康铜，其名义化学成分为：w(Cu)为55%和w(Ni)为45%以及少量却十分重要的锰、钴、铁等元素，尽管它叫康铜，但不同于镍铬-康铜和铜-康铜的康铜，故不能用EN和TN来替换。铁-康铜热电偶的覆盖测量温区为－200～1200℃，但通常使用的温度为0～750℃。

J型热电偶具有线性度好，热电动势较大，灵敏度较高，稳定性和均匀性较好，价格便宜等优点。可用于真空、氧化、还原和惰性气氛中，但正极铁在高温下氧化较快，故使用温度受到限制，也不能直接无保护地在高温下用于硫化气氛中。

h T型热电偶 (铜-铜镍热电偶)

T型热电偶又称铜-康铜热电偶，是一种测量低温的最佳的廉金属热电偶。它的正极(TP)是w(Cu)为100%，负极(TN)为铜镍合金，w(Cu)为55%，w(Ni)为45%。正名为康铜，它与镍铬-康铜的康铜EN通用，与铁-康铜的康铜JN不能通用，尽管它们都叫康铜，铜-铜镍热电偶的测量温区为－200～350℃。

T 型热电偶具有线性度好，热电动势较大，灵敏度较高，稳定性和均匀性较好，价格便宜等优点。特别在 $-200\sim0$℃温区内使用，稳定性更好，年稳定性可小于 $\pm3\mu V$，经低温检定可作为二等标准进行低温量值传递。

T 型热电偶的正极铜在高温下抗氧化性能差，故使用温度上限受到限制。

B 热电偶主要结构型式

铠装式热电偶由热电偶丝、绝缘材料、保护套管（金属或陶瓷）上部接线盒构成，如图 2-5 所示。感温形式主要分成不露头型、露头型、绝缘型（也叫戴帽型）。不露头型反应速度较快，机械强度高，耐压达 30MPa以上，可以做成各种形状，用于各种复杂的测温场合，但不适用于有电磁干扰的场合。露头型铠装热电偶的时间常数仅为 0.05s，适于测量发动机排气等要求响应快的温度测量或动态测温，但机械强度较低。绝缘型反应速度较前两种慢，使用寿命长，抗电磁干扰，对无特殊快速响应要求的场合多采用此种形式。见图 2-6。另外还有一种叫分离式绝缘型，可避免两支热电偶之间的信号干扰，其特点同于绝缘型。

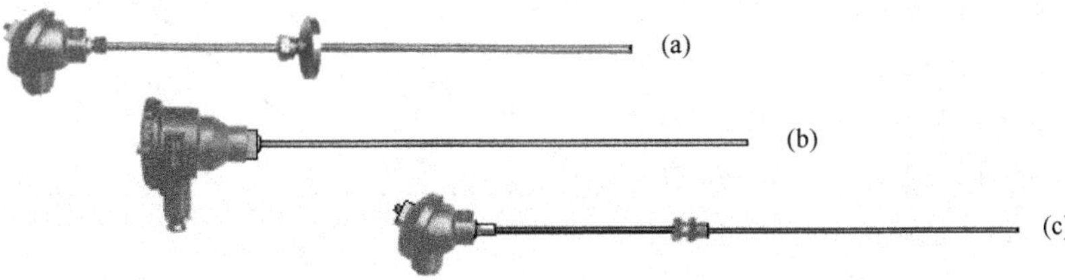

图 2-5 工业用热电偶结构示意图

(a) 铠装固定卡套法兰热电偶；(b) 铠装防爆热电偶；(c) 铠装可动卡套螺纹热电偶

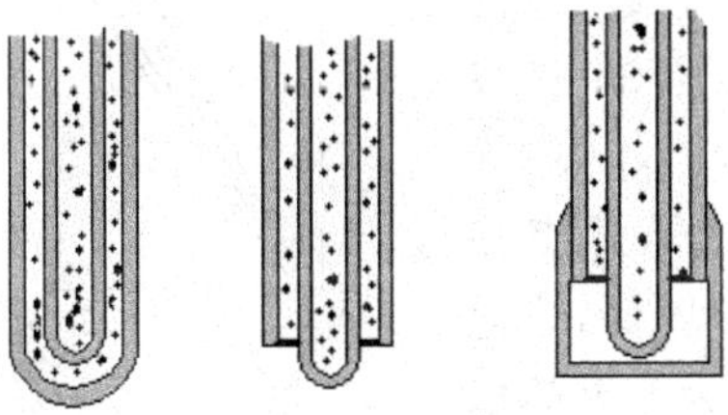

(a) 不露头型 (b) 露头型 (c) 戴帽型

图 2-6 铠装式热电偶结构示意图

2.4.3.4　高温和特殊热电偶

A　抗氧化钨铼热电偶

钨铼热电偶属于高温难熔贵金属热电偶。主要应用于冶金、化工、耐火材料等炉窑、煤气化炉或硫磺回收装置的温度测量，也适用于高温真空及热处理等各种真空炉的温度测量。随着高温热处理炉和超高温领域的研究获得的惊人发展，使得对高温测量元件的要求也加大力度。美国的研究跃领先地位，Hoskins公司的C型高温热电偶（W5％Re/W26％Re）测温范围是0～2319℃[4,5]。原来靠进口钨铼原料生产高温热电偶的日本一些厂商，经过强力合作研究后，近年来不仅可以自行生产出售，且热电势值的偏差小于其他先进国家，见图2-7和图2-8。他们的钨铼热电偶可测到2300℃。其特点是：①电极丝具有高熔点高强度（对于W5％Re的热电偶，熔点为3375℃；对于W26％Re的热电偶，熔点为3021℃）[6]；②灵敏度高，热电势大，热电势率约为S型热电偶的2倍；③价格便宜，钨铼热电极丝价格仅为S型热电

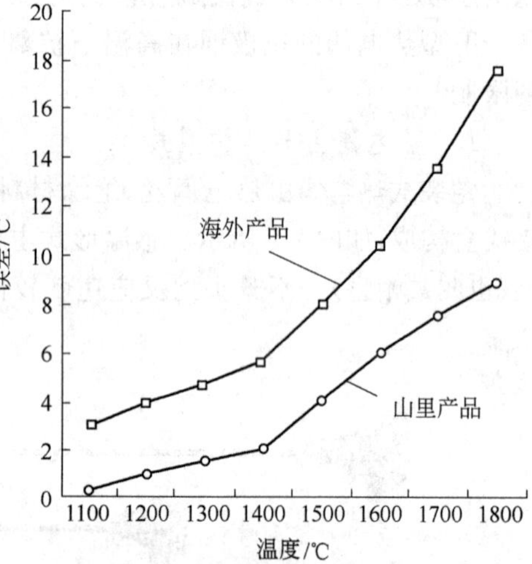

图2-7　美国国家标准与技术研究院（NIST）校正的W-Re热电偶与山里公司W-Re热电偶的误差对比

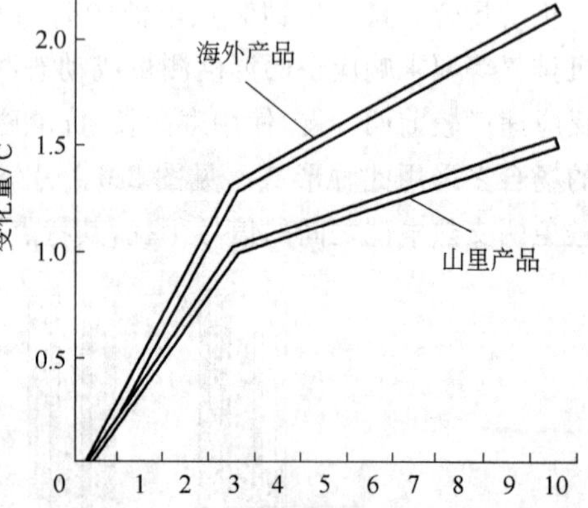

图2-8　在1600℃ Ar气氛中3h、10h连续加热后Cu凝固点（1084.62℃）时误差的变化量

偶的 1/6,B 型热电偶的 1/8[7];④但在高温下极易氧化。

为了克服钨铼热电偶极易氧化缺点,研究者认为在热电偶保护管内构造出非氧化性气氛是个好方法。我国张锡九于 1988 年提出铠装式钨铼热电偶实用新型国家专利申请[8],至今有十多人先后获得国家专利[9~11]。王魁汉等人多年来一直研制各种特殊热电偶[12~16],铝电解液温度测量用浸入式热电偶已获得国家发明专利[17],这些研究在冶金、化工等行业已取得满意应用结果。既可用于氧化、还原气氛,又可以在两者交替的气氛中使用。其使用寿命是铂铑系热电偶的 1~2 倍,价格却不足铂铑偶的一半。目前我国的高温贵金属热电偶最高可测到 1800℃[18],如表 2-3 所示,为国产快速热电偶(消耗式热电偶)的规格参数,它们可直接测量各种金属熔体温度。由此可见,具有自主产权的更高性能的高温热电偶正待开发。

表 2-3 包头永华仪器仪表有限公司快速热电偶型号参数

名 称	型 号	分度号	允差/℃	使用温度/℃		测量时间/s
				最佳	上限	
铂铑 30-铂铑 6	KB-602P	B	±5	1500~1700	1750	4~6
铂铑 10-铂	KS-602P	S	±5	1400~1600	1650	4~6
铂铑 13-铂	KR-602P	R	±5	1400~1600	1650	4~6
钨铼 3-钨铼 25	KW-602P	W	±7	1500~1700	1800	4~6

B 微细微型热电偶

这种热电偶适用于狭小且需弯曲场所的温度测量与控制,是化工、化纤、制药等行业不可缺少的测温装置。1987 年何启楦、荣淑芹、王树铎开发的快响应微型热电偶是用 0.1~0.01mm 热电偶丝绞成麻花样在 40~60V 电压下、含有草酸的氯化钠水溶液中焊接而成[19]。周一欣、刘静新近发明了超微型热电偶电化学制作方法。具体做法是,将一对热偶丝长度为 1~100 mm 的测温段作为阳极放入流动电解液中进行电化学腐蚀,使热偶丝直径被电解腐蚀至 10^{-5}~0.05mm;然后将其端部加热键合成测温结点。该制作装置包括一玻璃基座,其内设置供电解液流动的横向流道和与之垂向相交的纵向孔道,横向流道底面内壁上贴有与电源阴极相连的阴极石墨棒,阴极石墨棒与横向流道上表面之间留有间隙;可加工制成直径在数十微米到数纳米范围的超微型热电偶[20],如图 2-9 所示。目前日本可以生产极细的热电偶,裸径为 0.06mm,端头外径大约只有 1mm[21]。

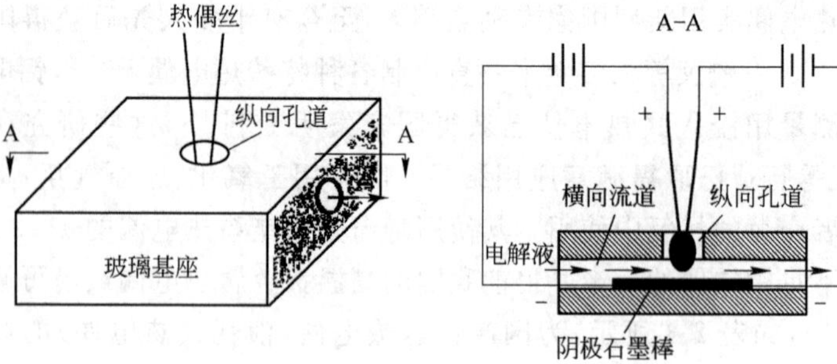

图 2-9 超微型热电偶电化学制作装置简图

C 复合管型铠装热电偶

复合管型往往具有双层铠装保护管,采用金属或陶瓷特殊工艺做成,内部由绝缘充填剂与热电偶丝构成一体。其特点是耐高温、抗氧化,使用寿命长、稳定性好。

D 保护管

根据需要,保护管也得到不断更新。热电偶保护管传统上分为金属、非金属和金属陶瓷三类材质,近年来新出现了钼基金属陶瓷保护管、Al_2O_3−C 质与陶瓷保护管(CPT 型)、金属或合金保护管(MPT 型),以及采用等离子喷涂等手段研制出耐磨热电偶用表面改性保护管。

2.4.3.5 热电偶的参考点和冷端补偿

热电偶的参考点影响输出热电势的大小。各种热电偶的分度值(热电偶所产生的热电势与温度的对应关系)都是在参考点为 0℃的情况下得到的。精确的测量往往采用冰点作为参考点。用蒸馏水做成冰水混合物,放在保温瓶中,如图 2-10 所示。

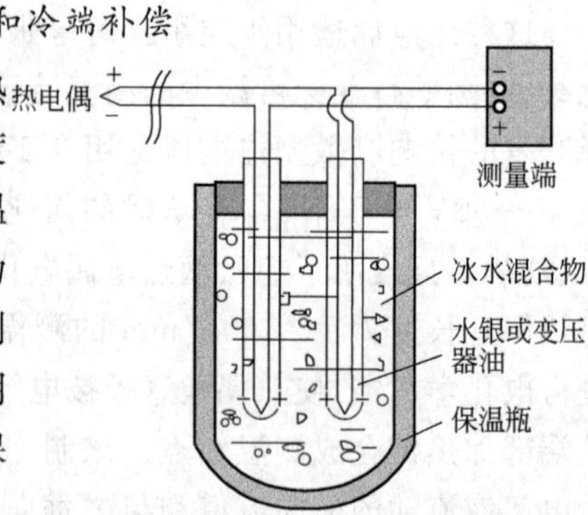

图 2-10 热电偶的冷端 0℃处理

热电偶在使用过程中,一般

规定为:热电偶温度已知的一端为冷端或参考点,而热电偶温度未知的一端为测量端或热端。如果冷端温度不是0℃,就要进行冷端温度补偿修正,对应于测量某处的温度,如图2-11所示,测量端的温度可用式(2-7)表示。

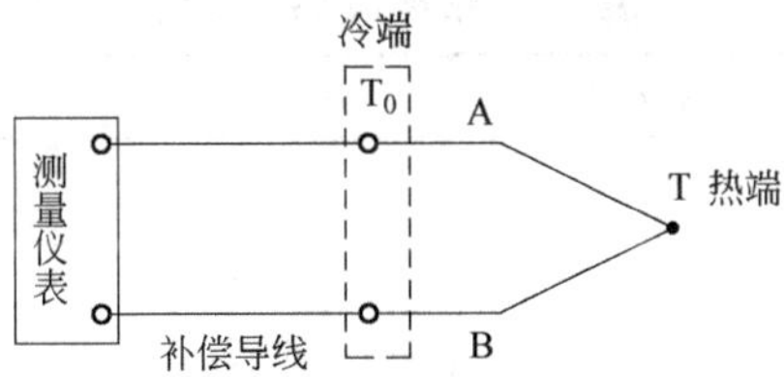

图2-11 冷端温度不为0℃时的测量电路

$$E(T,0)=E(T,T_0)+E(T_0,0) \tag{2-7}$$

式中 T,T_0——分别为热端温度和冷端温度,℃;

$E(T,0)$——从0℃到T的热电势,mV;

$E(T,T_0)$——从冷端到热端的热电势,mV;

$E(T_0,0)$——从0℃到冷端的热电势,mV。

因为当$T_0=0$℃时,测量仪表输出的是$E(T,0)$;如果$T_0\neq0$℃时,测量仪表输出的是$E(T,T_0)$,这时就不能从相应的热电偶分度值上查到正确的温度来,需要按照式(2-7)计算出$E(T,0)$,然后再查表。各种热电偶的分度值等如表2-4~表2-8所示。表2-9为日本山里公司公布[6]的钨铼系列钨铼5-钨铼26热电偶标准热电势值。

表2-4 铂铑30-铂铑6热电偶 分度号B型(自由端温度为0℃)

工作端温度/℃	热电势/mV	工作端温度/℃	热电势/mV
750	2.781	1300	7.858
800	3.152	1350	8.408
850	3.544	1400	8.967
900	3.955	1450	9.534
980	4.385	1500	10.108
1000	4.832	1550	10.687
1050	5.297	1600	11.268
1100	5.780	1650	11.850
1150	6.279	1700	12.431
1200	6.792	1800	13.582
1250	7.319		

表 2-5　铂铑10-铂热电偶　分度号 S 型(自由端温度为 0℃)

工作端温度/℃	热电势/mV	工作端温度/℃	热电势/mV
650	5.735	1020	9.787
700	6.256	1040	10.019
750	6.784	1060	10.252
800	7.322	1080	10.488
850	7.867	1100	10.723
900	8.421	1120	10.961
950	8.985	1140	11.198
1000	9.556	1160	11.437
1010	9.671	1180	11.676

表 2-6　镍铬-考铜热电偶　分度号　E 型　(自由端温度为 0℃)

工作端温度/℃	热电势/mV	工作端温度/℃	热电势/mV
−50	−3.11	300	22.90
−30	−1.89	350	27.15
0	0	400	31.48
10	0.65	450	35.81
30	1.98	500	40.15
50	3.35	550	44.55
100	6.95	600	49.01
150	10.69	650	53.39
200	14.66	700	57.74
250	18.76		

表 2-7　镍铬-镍硅(镍铝)热电偶　分度号 K 型(自由端温度为 0℃)

工作端温度/℃	热电势/mV	工作端温度/℃	热电势/mV
−50	−1.86	0	0
−30	−1.14	50	2.02
−10	−0.39	100	4.10

续表 2-7

工作端温度/℃	热电势/mV	工作端温度/℃	热电势/mV
150	6.13	600	24.90
200	8.13	650	27.03
250	10.15	700	29.13
300	12.21	750	31.22
350	14.30	800	33.29
400	16.40	850	35.32
450	18.51	900	37.33
500	20.65	950	39.32
550	22.78	1000	41.27

表 2-8 铜-康铜热电偶 分度号 T 型(自由端温度为 0℃)

工作端温度/℃	热电势/mV	工作端温度/℃	热电势/mV
−270	−6.258	80	3.357
−250	−6.181	100	4.277
−230	−6.007	120	5.277
−200	−5.603	150	6.702
−150	−4.648	180	8.235
−100	−3.378	200	9.286
−50	−1.819	250	12.011
0	0	300	14.860
20	0.789	350	17.816
50	2.035	400	20.869

表 2-9　钨铼 5-钨铼 26 热电偶　分度号 WRe5-WRe26 型(自由端温度为 0℃)

0℃	0	10	20	30	40	50	60	70	80	90
0	0.000	0.135	0.273	0.413	0.555	0.699	0.846	0.994	1.145	1.297
100	1.451	1.608	1.766	1.926	2.087	2.251	2.415	2.582	2.750	2.919
200	3.090	3.262	3.436	3.610	3.786	3.963	4.141	4.321	4.501	4.682
300	4.865	5.048	5.232	5.417	5.603	5.789	5.976	6.164	6.353	6.542
400	6.732	6.922	7.113	7.305	7.497	7.689	7.882	8.075	8.269	8.463
500	8.657	8.851	9.046	9.241	9.436	9.631	9.827	10.022	10.218	10.413
600	10.609	10.804	10.999	11.195	11.390	11.585	11.780	11.974	12.169	12.364
700	12.559	12.753	12.947	13.141	13.335	13.529	13.723	13.916	14.109	14.301
800	14.494	14.686	14.878	15.069	15.260	15.451	15.641	15.831	16.021	16.210
900	16.398	16.587	16.775	16.962	17.149	17.335	17.521	17.707	17.892	18.076
1000	18.260	18.444	18.627	18.809	18.991	19.172	19.353	19.533	19.713	19.892
1100	20.071	20.249	20.426	20.603	20.779	20.955	21.130	21.305	21.479	21.652
1200	21.825	21.997	22.169	22.340	22.510	22.680	22.849	23.018	23.186	23.353
1300	23.520	23.686	23.852	24.017	24.181	24.345	24.508	24.671	24.833	24.994
1400	25.155	25.315	25.475	25.633	25.792	25.949	26.107	26.263	26.419	26.574
1500	26.729	26.883	27.037	27.190	27.342	27.493	27.645	27.795	27.945	28.094
1600	28.243	28.391	28.538	28.685	28.831	28.977	29.122	29.266	29.410	29.553
1700	29.696	29.838	29.979	30.120	30.260	30.399	30.538	30.676	30.813	30.950
1800	31.087	31.222	31.357	31.491	31.625	31.758	31.890	32.022	32.153	32.283
1900	32.413	32.542	32.670	32.797	32.924	33.050	33.175	33.300	33.424	33.547
2000	33.669	33.791	33.911	34.031	34.151	34.269	34.387	34.503	34.619	34.734
2100	34.849	34.962	35.074	35.186	35.296	35.406	35.515	35.623	35.730	35.836
2200	35.940	36.044	36.147	36.249	36.350	36.449	36.548	36.645	36.742	36.837
2300	36.931	37.024								

注:对应于温度的允许误差:0～426℃,±4.4℃;426～2315℃,±0.01×t℃。引用标准为 ASTM E988－1996。

表 2-10 补偿导线的分类型号与分度号

补偿导线型号	配用热电偶分度号	补偿导线合金丝		补偿导线颜色	
		正极	负极	正极	负极
SC	S(铂铑-铂)	SPC(铜)	SNC(铜镍)	红	绿
KC	K(镍铬-镍硅)	KPC(铜)	KNC(铜镍)	红	蓝
KX	K(镍铬-镍硅)	KPX(镍铬)	KNX(镍硅)	红	黑
EX	E(镍铬-铜镍)	EPX(镍铬)	ENX(铜镍)	红	棕
JX	J(铁-铜镍)	JPX(铁)	JNX(铜镍)	红	紫
TX	T(铜-铜镍)	TPX(铜)	TNX(铜镍)	红	白
WC3/25	WRe3-WRe25（钨铼 3-钨铼 25）	WPC3/25	WNC3/25	红	黄
WC5/26	WRe5-WRe26（钨铼 5-钨铼 26）	WPC5/26	WNC5/26	红	橙

为了使热电偶的冷端温度恒定，可以将热电偶做得很长，连同测量仪器一起放到恒温或者温度波动较小的地方。但是延长热电偶，要加大成本，多数是接入成本较低的补偿导线来代替。所谓补偿导线就是用热电性质与热电偶相近的材料制成导线。用它将热电偶的参考端延长到需要的地方，而且不会对热电偶回路引入超出允许的附加测温误差。现在补偿导线也形成了标准系列，国际通用的标准系列如表 2-10 所示，它们适合于标准化热电偶使用。

2.4.3.6 普通热电偶的焊接

热电偶测量端的 A、B 两种金属丝，一般要求焊接成点，不仅要焊接牢固，还要光洁、无夹杂，无裂纹。普通焊接方法主要有电弧焊和炭精隐弧焊接。

2.4.3.7 几种实用的测量电路

(1) 差动热电偶电路，测量两处的温差，如图 2-12 所示。

(2) 多路热电偶电路，用一块仪表和转换开关可以测量多处度，如图 2-13 所示。

(3) 需要输出较大的热电势信号时的电路，如图 2-14 所示

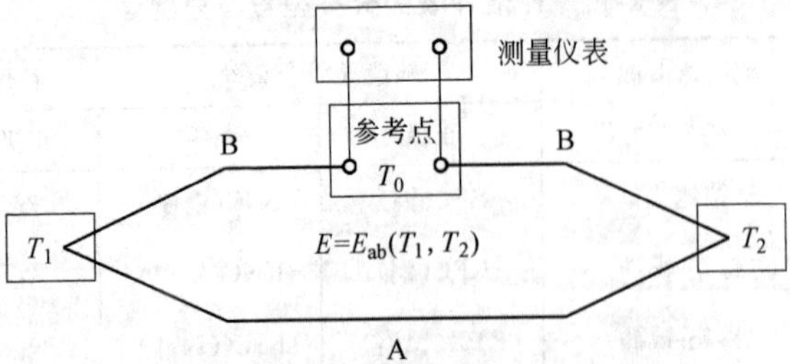

图 2-12　测量两处温差的热电偶电路

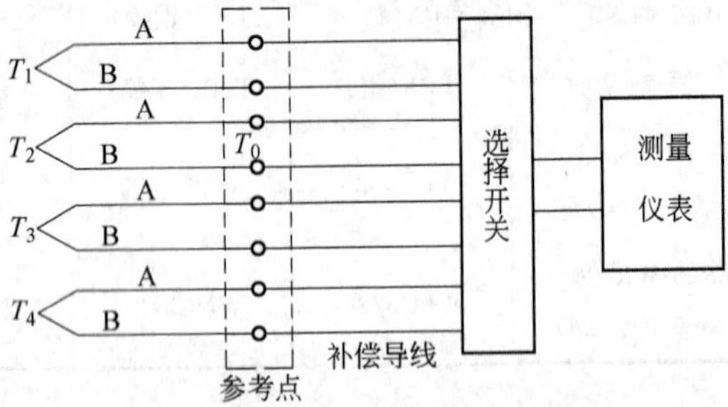

图 2-13　测量多点温度的热电偶分布电路

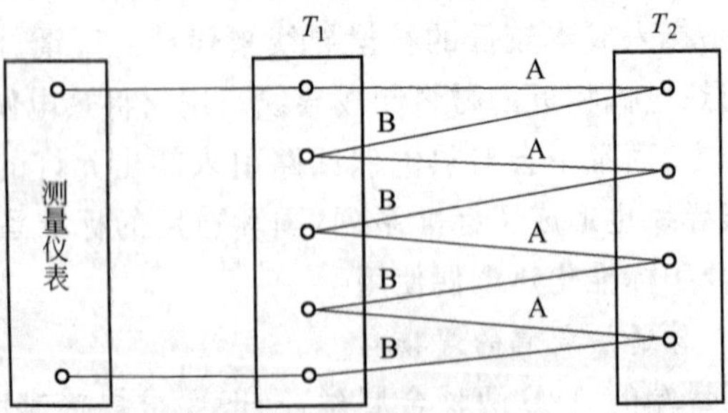

图 2-14　热电偶的串联电路

2.4.4　热电偶测量气体时测温误差的分析

气体温度的测量是研究热气体流动规律和火焰结构极为重要的研究手段。作为接触的测量方法常用热电偶。测量时，直接将热电偶放入被测热气体或烟气当中，当热电偶达到热平衡时，往往存在：

(1) 热气体向热电偶的对流传热；

(2) 辐射性气体向热电偶辐射热量，或者热电偶向炉壁等辐射传热；

(3) 气体速度动能转变为热能；

(4) 沿热电偶的导热损失。

因此用热电偶测量气体温度存在误差是比较明显的，应该对这些误差进行分析并且采取一定的改进措施，使其得到一个相对精确的结果。很多人使用热电偶的经验值得借鉴[23～25]。

2.4.4.1　热气体向热电偶对流传热

热气体以对流方式向热电偶接点传递热量，设其换热量为 Q_c，即

$$Q_c = h(T_g - T_t)A \tag{2-8}$$

式中　Q_c——对流换热量，W；

T_g、T_t——分别为热气体温度，热电偶接点温度，K；

A——热电偶接点面积，m^2；

h——对流表面传热系数，将在第 6 章详细介绍。$W/(m^2 \cdot K)$。

通常对流换热系数由努塞尔数(Nu)、普朗特数(Pr)和雷诺数(Re)决定。如果测量燃烧炉内的温度，当燃烧产物 $Pr=0.7$，$Re>1500$ 时，$Nu=f(Re)$的关系可以用下面两种情况来描述。

第一种情况，热电偶与气体流向呈直角时，

$$Nu = (0.44 \pm 0.06)Re^{0.5} \tag{2-9}$$

第二种情况，热电偶与气体流向平行时，

$$Nu = (0.085 \pm 0.009)Re^{0.674} \tag{2-10}$$

由 $Nu = \dfrac{hl}{\lambda}$，其中 l 是定性尺寸，由实际情况确定，λ 是气体的热导率，于是根据已知条件便可以确定对流表面传热系数 h。

2.4.4.2　辐射传热的影响

当被测气体中含有 CO_2 和 H_2O 等具有辐射能力的三原子气体时，这些气体不仅与壁面产生辐射热交换，也与测温热电偶产生辐射热交换。同时热电偶还要向壁面交换热量。

根据有效辐射的概念和热电偶接点在测量环境下的热平衡，可以估计热电偶获得的净热量 Q_r 为

$$Q_r = \varepsilon_n \sigma_0 (T_g^4 - T_t^4) A \tag{2-11}$$

式中 Q_r——净辐射热量，W；

ε_n——当量发射率，或称当量黑度；当壁面比热电偶接点面积大很多时，当量发射率接近于热电偶发射率 ε，可用 ε 代替 ε_n；

σ_0——黑体的斯忒藩-玻耳兹曼常量，$\sigma_0 = 5.675 \times 10^{-8}$ W/(m^2 · K^4)。

如果忽略气体对热电偶的辐射和热电偶本身的导热，只考虑热电偶对壁面的辐射传热，将式(2-8)和式(2-11)联立，注意到热平衡时，$Q_c = Q_r$，便可整理出由于辐射和对流传热所引起的温度测量误差 $c_1 m e^{ml} - c_2 m e^{-ml} = 0 \Delta T_{rc}$

$$\Delta T_{rc} = T_g - T_t = \frac{\varepsilon \sigma_0}{h_c}(T_g^4 - T_t^4) \tag{2-12}$$

热电偶的发射率可以查找有关资料，对于 S 型热电偶，在 1400℃时，ε=0.18；在 1500℃时，ε=0.19；在 1600℃时，ε=0.2。对于镍铬-镍硅热电偶，未氧化时，ε=0.2；完全氧化后它的发射率增大，ε≈0.85。

2.4.4.3 气体的动能转变为热能引起的测量误差

当气体具有较大的速度冲击热电偶时，其动能将全部转变为热能，使热电偶所测出的温度升高，由此产生测量误差。

2.4.4.4 热电偶的传导传热引起的测量误差

在一均匀的炉内气氛中，从炉墙插入一根热电偶，长 L(m)。热电偶指示温度为 T_t，炉外空气温度为 T_{air}，炉气温度为 T_g，如图 2-15 所示。

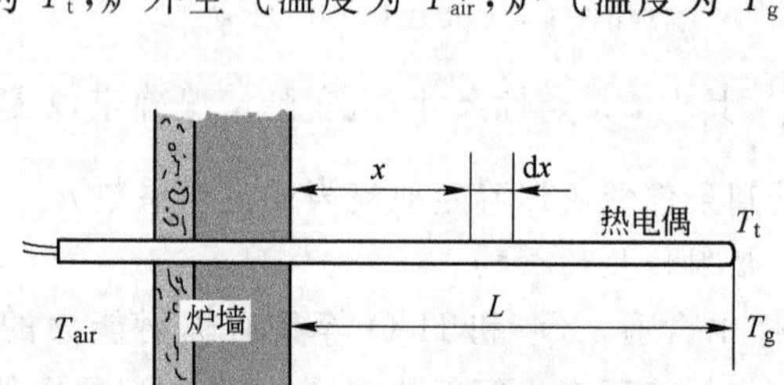

图 2-15 热电偶热传导分析

由常物性、稳态、三维且有内热源的导热微分方程（泊松 Poisson

方程)为

$$\frac{\partial^2 T}{\partial x^2}+\frac{\partial^2 T}{\partial y^2}+\frac{\partial^2 T}{\partial z^2}+\frac{\dot{Q}}{\lambda}=0 \tag{2-13}$$

对图 2-15 的物理模型,假设:

(1) 将热电偶看成是一根与炉壁面垂直且紧密接触无限大的长杆,杆内任意断面的温度都是均匀的,炉壁面为半无限大的绝热平壁;

(2) 整个系统处于热平衡状态,只有热电偶接点处存在热流;

(3) 热电偶的热导率 λ 和表面传热系数 h 均为常数。

经过上述简化,热电偶的导热就可以看成是一维稳态导热问题。并可以认为,由炉气(周围环境)向热电偶传送热量的,因此从热电偶的接点沿长度方向至炉内壁温度是逐渐降低的,式(2-13)可以简化为

$$\frac{\partial^2 T}{\partial x^2}+\frac{\dot{Q}}{\lambda}=0 \tag{2-14}$$

对于式(2-14)中的源项 $\dot{Q}$,可以通过热电偶的整个表面与炉内所交换的热量折算成截面上的体积源项。设热电偶外径为 D,炉气与热电偶之间的表面传热系数为 h,即

$$\dot{Q}=\frac{\pi D\mathrm{d}x\cdot h(T_{\mathrm{g}}-T_{\mathrm{t}})}{\frac{\pi D^2}{4}\cdot\mathrm{d}x}=\frac{4h(T_{\mathrm{g}}-T_{\mathrm{t}})}{\lambda D}$$

整理便有

$$\frac{\partial^2 T}{\partial x^2}=-\frac{4h(T_{\mathrm{g}}-T_{\mathrm{t}})}{\lambda D} \tag{2-15}$$

这是关于温度 T 的二阶非齐次微分方程。为了求解方程,引入过余温度 $\theta=T_{\mathrm{t}}-T_{\mathrm{g}}$,并将式(2-15)的常量设为 $m=\sqrt{\frac{4h}{\lambda D}}$,于是热电偶导热的完整数学模型为二阶线性齐次常微分方程,即

$$\frac{\mathrm{d}^2\theta}{\mathrm{d}x^2}=m^2\theta \tag{2-16}$$

边界条件为 $x=0,\theta=\theta_0=T_{\mathrm{air}}-T_{\mathrm{g}};x=L,\frac{\mathrm{d}\theta}{\mathrm{d}x}=0$;

其通解为 $\theta=c_1\mathrm{e}^{mx}+c_2\mathrm{e}^{-mx}$。

式中,c_1 和 c_2 由边界条件可求,$c_1+c_2=\theta_0=T_{\mathrm{air}}-T_{\mathrm{g}}$。

那么热电偶中的温度分布为 $c_1m\mathrm{e}^{ml}-c_2m\mathrm{e}^{-ml}=0$

$$\theta=\theta\frac{\mathrm{ch}[m(x-L)]}{\mathrm{ch}(mL)} \tag{2-17}$$

令 $x=L$，$\mathrm{ch}0=1$ 可得 $\theta_{\mathrm{L}}=\dfrac{\theta_0}{\mathrm{ch}(mL)}$ (2-18)

炉内的热量通过热电偶传导到炉内壁 $x=0$ 处，将式(2-17)代入傅里叶定律表达式，则热电偶的导热损失量 $Q_{x=0}$ 为

$$Q_{x=0}=-\lambda\frac{\pi D^2}{4}\left(\frac{\mathrm{d}\theta}{\mathrm{d}x}\right)_{x=0}$$

即
$$Q_{\mathrm{cond}}=\lambda\frac{\pi D^2}{4}\theta_0 m\,\mathrm{th}(mL)=\frac{\lambda\pi Dh}{m}(T_{\mathrm{air}}-T_{\mathrm{g}})\mathrm{th}(mL) \tag{2-19}$$

热电偶温度分布式(2-17)、式(2-18)和导热损失式(2-19)中的双曲余弦、双曲正切函数可以通过数学手册查找到。

2.4.4.5 热电偶的响应时间

由一维的非稳态导热的微分方程

$$\frac{\partial T_t}{\partial\tau}=\frac{\lambda}{c_p\rho}\frac{\partial^2 T}{\partial x^2} \tag{2-20}$$

可知热电偶测温信号随响应时间的变化 $\partial T_t/\partial\tau$ 受控于热电偶的热物性参数，即热电偶的热导率 λ 与响应时间成反比，质量定压热容 c_p 及材质密度 ρ 与响应时间成正比。

从上述分析可以得出减少热电偶测量误差的措施为：

(1) 提高气流与热电偶的对流换热能力；

(2) 减少热电偶辐射和传导传热量；

(3) 取尽量小的热电偶直径；

(4) 选择热电偶的材质热容要小，热导率要高。

在实际测量中要根据具体情况来采取适当的测温技术[22]。

2.4.5 接触式测温技术

2.4.5.1 低温测量

工程上称－100℃以下为低温。低温测量是低温技术中不可缺少的部分，它在工业生产和科学研究中有着广泛的应用。

各种金属和非金属材料在低温条件下很敏感，性能会发生很大的变化。所以许多在常温或高温下能正常工作的热电偶却不能在低温条

件下正常工作。低温条件下主要采用热电阻温度计、低温热电偶和半导体温度传感器，测量过程中要注意它们的温度应用范围。

2.4.5.2　气流温度的测量

A　高温低速气流温度的测量

用热电偶测量高温低速气流时，由于热电偶与气流二者之间换热能力差，长时间达不到热平衡状态，致使热电偶不能反映真实气体的温度。因此要对普通热电偶做必要的改进。以下介绍几种常用的测高温低速气流温度的热电偶。

a　抽气式热电偶

抽气式热电偶(见图 2-16)常用水、蒸汽、压缩空气为动力，只要保证抽吸力恒定，就可以保证通过热端时的气流速度恒定，就可消除气流速度波动所产生的影响。抽吸力实际上是由抽吸器来决定的。

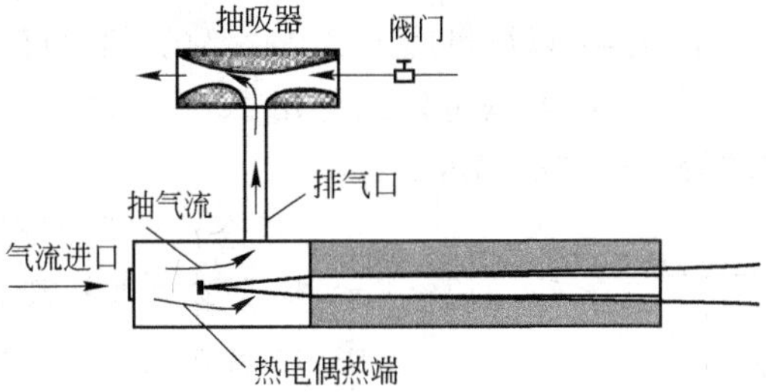

图 2-16　抽气式热电偶及抽吸器工作原理图

带水冷套的抽气式热电偶适用于大型锅炉火焰气流和粗管排烟气流的温度测量。除了抽气作用外，它的头部还有一个防止辐射的屏蔽帽头和屏蔽罩，后部就是一个水冷套管(见图 2-17)。但要注意它的引入会严重降低热电偶附近的气流温度，还会改变气流温度场的分布。

b　组合式热电偶

用组合式热电偶测量高温低速气流温度的观点是：热电偶热端直径不同，使气流对各热电偶的换热系数不同，以及它们对周围物体的辐射换热量也不同，测温指示温度就存在差别。再用传热学理论推导，可将气流的实际温度推算出来。因此可以用 2 只或 3 只型号相同但热丝直径不同的热电偶，去测量同一点的气流温度。

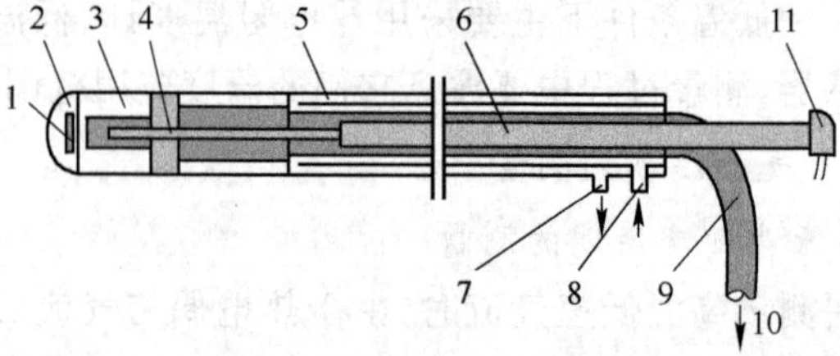

图 2-17 带水冷套的抽气式热电偶工作原理图

1—进气口;2—屏蔽帽头;3—屏蔽罩;4—热电偶;5—水冷套管;6—热电偶耐热钢保护套管;7—冷却水出口;8—冷却水入口;9—抽气管;10—抽气口;11—热电偶接线盒

B 高温气流温度的测量

静态方法测温实质上是依据热电偶与被测气流达到热平衡之后来度量气流的温度,各类热电偶只能在自己的量程内工作,否则就会损坏。而用动态法测量,可以测量超过自己很高的量程范围的温度,如国内外已经用镍铬-镍硅热电偶可以测量出 2000～3000℃的高温,甚至高达 10000℃的等离子体的温度。

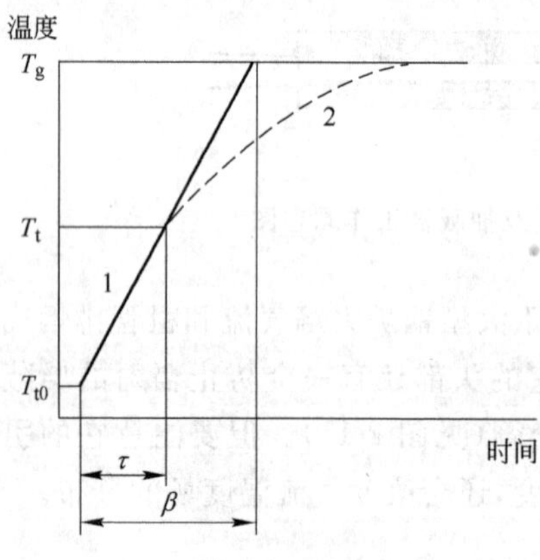

图 2-18 热电偶温度随输出时间的变化

1—实测部分;2—推算部分

动态法测温原理如图 2-18 所示,将裸露的热电偶迅速插入气流中,热端在气流的加热下温度升高,当其达到该热电偶允许使用的上限温度之前就迅速将热电偶抽出,利用热电偶从插入气流到抽出这段时间的输出变化曲线,测出气流的真实温度。

设瞬间内气流速度和温度不变,则被测气流的真实温度 T_g 为

$$T_g = T_{t0} + \beta \frac{dT_t}{d\tau} \tag{2-21}$$

式中 T_t——热电偶热端的瞬时温度,℃;

T_{t0}——热电偶热端的初始温度,℃;

β——热电偶时间常数；

τ——从热电偶插入直到升温到 T_t 所经历的时间，s。

热电偶热端的瞬时温度 T_t、热电偶热端的初始温度 T_{t0}、热电偶时间常数 β 都可从记录曲线得到，从而可以推断出被测气流的真实温度 T_g。

C 高速气流温度的测量

当气体流速增高，马赫数 Ma 大于 0.2 以后，热电偶受到气体分子的冲击，气体分子的动能转化为热能，使热电偶温度升高。实践证明，当气流速度为 80m/s 时，测温值升高 2℃；195m/s 时，测温值升高 20℃。因此，常用带滞止罩的热电偶测量高速气流温度。马赫数 Ma 是表征可压缩流动的重要参数之一，其数学表达式为

$$\mathrm{Ma}=\frac{u}{c} \tag{2-22}$$

式中 u——流体的流速；

c——该流体介质中的声速，m/s。

马赫数有气流马赫数和当地马赫数之分。气流马赫数指气流速度与声速之比，当地马赫数是指流场中某一点的流速与该点的声速之比。马赫数越大，介质的压缩性影响越显著。当地马赫数达到 1 时将形成激波（冲击波）。Ma 小于 1，表示流速低于声速，称为亚声速流动；Ma 大于 1，表示流速高于声速，称为超声速流动。声波在连续介质中传播的速度，是表征可压缩流动的重要参数之一。根据物质的种类和状态（固体、气体、液体）、温度、气压等不同，其声音传播速度是不相同的。当介质为理想气体时，气体介质中声速取决于气体的热力学温度、气体的绝热指数和摩尔气体常数。

$$c=\sqrt{k\frac{p}{\rho}}=\sqrt{kRT} \tag{2-23}$$

在温度为 20℃、100kPa，声音在空气中传播的速度为 343m/s。100kPa 下声速的计算方法也可用下式

$$c=331.5+0.61t \tag{2-24}$$

2.4.5.3 固体内部和表面温度的测量

工程上经常需要了解如炉窑、燃烧室、热气体管道等热工设备的传热、热流状况以及分析机械零部件的热负荷等，这涉及到固体的温度梯

度和温度场的测量问题。

对固体内部和表面温度测量的方法及使用的仪器也有很多种。从接触式的角度来看，比较成熟的技术是采用表面热电偶或表面热电阻。这种测温元件的使用中，要保证与被测物表面接触有良好的热传导性能，要有一定的压力作用。可以用粘接的方法，如果长期测量，最好是焊接在被测的物体表面上，如图 2-19 所示。

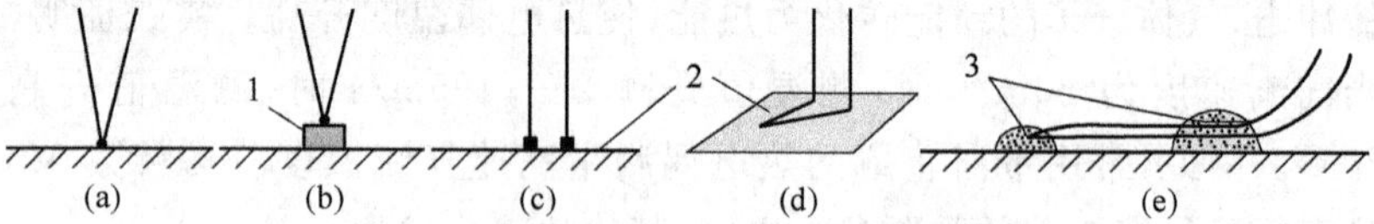

图 2-19 热电偶表面测温的焊接方法和粘接敷设方法

1—导热垫；2—固体表面；3—黏结剂

除上述直径较粗的表面热电偶外，还有薄膜热电偶和薄膜热电阻，它们是在绝缘的基底上采用粘接或真空溅射蒸发的方法形成热电极的膜片状测温元件。薄膜热电偶的基底常用有机薄膜、云母、玻璃纤维或陶瓷材料制成，其热电极材料常用铜-康铜，镍铬-镍硅，铂铑 10-铂，工作温度为 500～1000℃。薄膜热电阻一般采用很薄的导热性能好的氧化铍作基底，其热电阻采用电阻丝或用蒸发以及喷涂的方法形成的微米级薄膜，测温范围在 400℃以下[22]。

2.5 非接触式测温

与接触式测温技术相比，非接触测温技术以卓越的优势得到快速发展。在早期光学高温计、全辐射高温计、比色高温计等传统非接触式测温技术的基础上发展了红外测温(infrared temperature measurement)技术、全息干涉测温技术等。

光学高温计和全辐射高温计在 20 世纪 90 年代以前用得比较多，它们主要利用物体的辐射性能进行测温。但共同的缺点是受被测物体表面辐射率影响和辐射途径(光路系统)中各种介质的选择性吸收辐射能的影响，准确度不高。

比色高温计是利用同一被测物体的两个辐射波长下的单色辐射强度之比随温度变化的特性进行测温的。

本节主要介绍近20年来在科学研究领域和工程领域中已获得广泛应用的非接触式温度测量技术，即红外热成像温度测量技术和全息干涉测温技术[26~28]。

2.5.1 红外热成像测温技术

2.5.1.1 红外热成像系统

自然界中的一切物体，只要其温度高于0K，就总会向外发射辐射能。因此从原理上讲，只要能收集并探测这些辐射能，就可以获得物体的热图像。

A 热成像原理

热成像原理如图2-20所示，光学系统先将现场的红外辐射汇集起来，经光谱滤波和光机扫描，聚集到探测器的红外元件的阵列上，探测器将强弱不同的辐射信号变成电信号，然后经放大和视频处理，形成视频信号，再送至显示器。

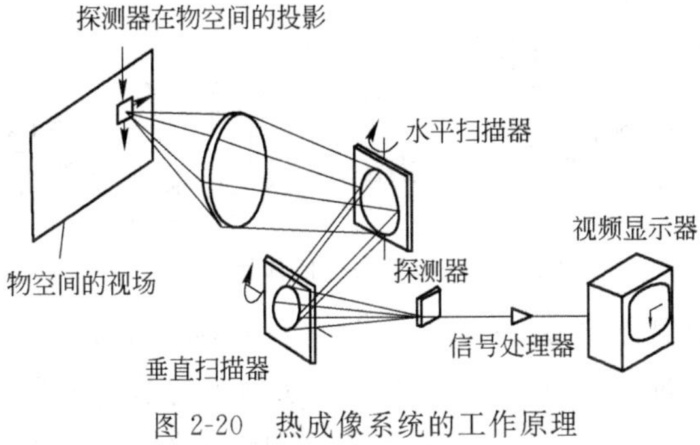

图2-20 热成像系统的工作原理

B 热成像系统的类型

热成像系统可以分成两种类型，即光机扫描型和非光机扫描型。

a 光机扫描型热成像系统

光机扫描型热成像系统的特点是通过光机扫描使单元探测器依次扫过景物(对象)的各部分，形成景物的二维图像。其组成如图2-21所示。

光机扫描成像示意图如图2-22所示。红外探测器在某一瞬间只能看到目标很小的一部分(图中画斜线的部分)，这一部分通常称为“瞬时视场”。光学系统能够在垂直和水平两个方向上转动。水平转动时，瞬时视场在水平方向上横扫过目标区域的一条带。光学系统垂直转动

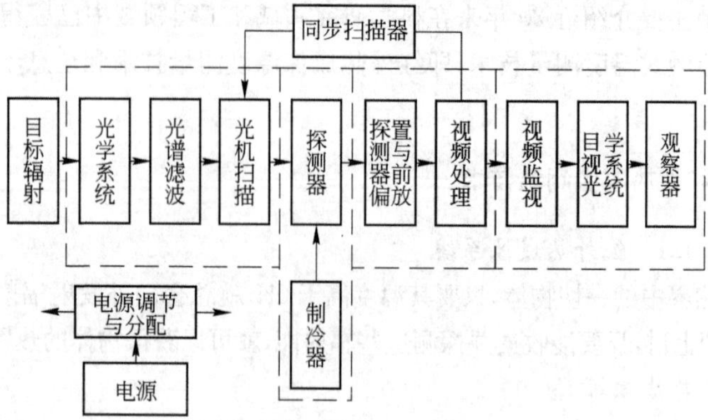

图 2-21　光机扫描型热成像系统

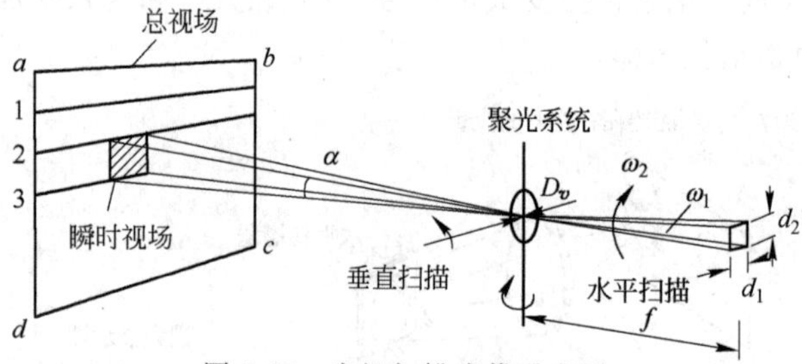

图 2-22　光机扫描成像示意图

和水平转动相配合，在瞬时视场水平扫过一条带后，垂直转动使它回到这一横带之下的一端，使接着扫出的一条横带与前一条带相衔接。经过多次水平扫描，扫完了整个视场后，机械运动又使其回到原来的位置。如果探测器的响应足够快，则它对任一瞬时视场都会产生一个与接受到的入射红外辐射强度成正比的输出信号。在整个扫描过程中，探测器的输出将是一个强弱随时间变化，且与各瞬时视场发出的红外辐射强度变化相应的序列电压信号。

与非扫描型热成像系统相比，扫描型成像系统扫描速度慢，系统结构复杂，但其测温误差小，适合于稳态和测量精度要求高的场合。

b　非扫描型热成像系统

非扫描型热成像系统是利用多元探测器面阵，使探测器中的每个单元与景物的一个微元面相对应，因此无须光机扫描。常用的凝视型热成像系统就属于这种类型。

近几年由于超大规模的硅集成电路技术的迅速发展，目前已可获得高均匀响应度、高密度的探测器面阵，使非扫描型热成像技术获得了极大的进步。图 2-23 所示为非扫描凝视型热成像系统的原理示意图。

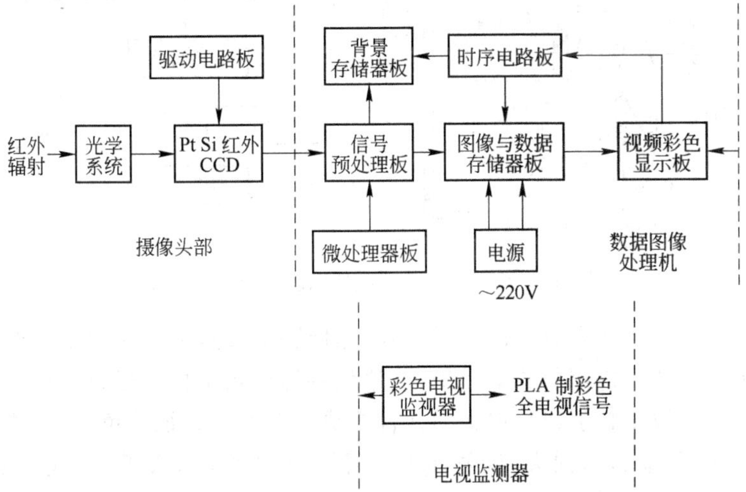

图 2-23　非扫描凝视型热成像系统的原理示意图

与光机扫描型热成像系统相比，凝视型热成像系统的最大优点是不需光机扫描机构，缩小了体积，大大提高了热成像系统的快速响应特性。从理论上讲，这种热成像系统对景物辐射的响应时间只受探测器时间常数的限制，而不再受扫描机构扫描速度的影响，故凝视型热成像系统所能达到的快速响应能力，是光机扫描型热成像系统所无法比拟的，故适合于动态测温。其缺点是，受探测器光谱响应范围的限制，其所能测量的温度有一定的范围，改变测温范围时，要更换探测器和相应的处理软件。

热释电红外热成像系统也属于非扫描型热成像系统。它采用热释电材料作靶面，制成热释电摄像管，直接利用电子束扫描和相应的处理电路，将被测物体的温度信号转换成电信号。热释电红外热成像系统的优点是：结构简单，不需要制冷，光谱响应范围可以覆盖整个红外波段，故可测量常温至 3570℃的温度。其缺点是测温误差较大。图 2-24 是热释电红外热成像系统的工作原理示意图。

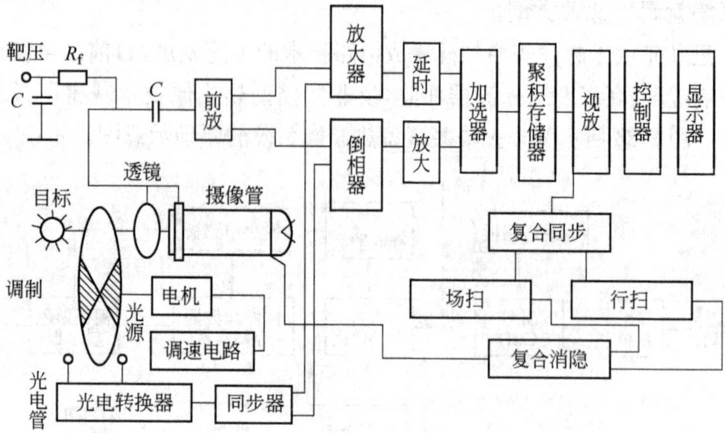

图 2-24 热释电红外热成像系统的原理示意图

值得注意的是，热成像所得到的热像图的质量在很大程度上取决于把目标的红外辐射收集起来，并聚焦到探测器上的光学系统中。光学系统可以由折射或反射光学元件组成。反射式系统消色差，性能和像质较好，无透射损失，反射损失也可以通过镀膜来降低，且成本低。折射系统的光谱透过率高，但波长范围窄，色差和透射损失均不可避免，而且成本高。但随着透光性能良好的硅、锗晶体等红外光学材料的出现，折射式光学系统用得越来越普遍，因为折射系统能较好地校正轴外像差，在视场较大时能明显改善像质。

目前制造红外透镜的主要材料是硅和锗单晶，它们具有高折射率、高强度和高硬度，适于镀膜，不溶于水，且吸收率低。锗可用于 3～5μm 和 8～14μm 两个波段；而硅主要用于 3～5μm 波段，在 8～14μm 波段内有严重的辐射吸收。其他可选用的材料还有三硫化砷、氧化镁、氟化钙、硒化锌、碲化镉、硫化锌等。

C 热成像系统的基本参数

热成像系统的基本参数有瞬时视场、取像速率、热灵敏度、总视场、最小可分辨温差和最小可探测温差等。

a 瞬时视场

瞬时视场代表了热成像系统的空间分辨能力。它是指探测器的线性尺寸对系统物空间的二维张角，取决于探测器的形状、尺寸和光学系统的焦距。

如果探测器为矩形，其边长为 a 和 b，则瞬时视场的场角分别为

$$\alpha=a/f,\beta=b/f \tag{2-25}$$

式中 f——光学系统的焦距。

瞬时视场的场角单位通常用 rad 或 mrad 表示。

b 总视场

总视场代表热成像系统可测量区域的大小，即系统所观察到的物空间的二维视场角。总视场取决于景物空间的大小和光学系统的焦距。假设总视场在水平方向和垂直方向的尺寸分别为 W_α 和 W_β，则系统一帧图像中所包含的像元数的最大值为

$$m_{\max}=\frac{W_\alpha W_\beta}{\alpha\beta}=\frac{W_\alpha W_\beta}{ab}f^2 \tag{2-26}$$

该式表明，探测器的尺寸越大，系统的分辨率越高。

c 取像速率

取像速率表示热成像系统在单位时间所能给出的完整画面数，如 25 帧/s。取像速率也称为帧频或帧速。其倒数，即系统扫过一幅完整画面所需的时间，称为帧周期或帧时。若用 f_p 表示帧频，T_f 表示帧时，则它们之间的关系为

$$f_p=1/T_f \tag{2-27}$$

d 扫描效率

热成像系统对景物扫描时，由于同步扫描、回扫、直流恢复等都要占用时间，因此在这个时间内将不产生视频信号，称此时间为空载时间，通常用了 T_f' 表示。帧时和空载时间之差（T_f-T_f'）称为有效扫描时间。

有效扫描时间与帧时之比称为系统的扫描效率 η_{sc}，即

$$\eta_{sc}=\frac{T_f-T_f'}{T_f} \tag{2-28}$$

e 驻留时间

探测器驻留时间是指扫过一个探测器张角所需的时间。当扫描速度为常数，系统的空载时间为零时，单元探测器的驻留时间 τ_{d1} 为

$$\tau_{d1}=\frac{T_f}{m}=\frac{\alpha\beta T_f}{W_\alpha W_\beta} \tag{2-29}$$

式中 m——一帧图像中的像元数。

若探测器为 n 个单元并联的探测器，则驻留时间 τ_d 为

$$\tau_d = n\tau_{d1} \tag{2-30}$$

实际上系统的空载时间不为零，因此当空载时间不为零时，式(2-29)和式(2-30)计算驻留时间还应乘以扫描效率。

f 热灵敏度

对热成像系统而言，红外探测器不仅能接受到入射辐射的信号，还能接受由其他因素，如环境和本机等所引起的噪声信号。噪声信号的存在限制了探测器对微弱信号的探测能力。通常用噪声等效功率 NEP 来表示探测器或热成像系统的热灵敏度。

$$\mathrm{NEP} = \frac{\varphi A}{U_s / U_N} \tag{2-31}$$

式中 NEP——探测器的噪声等效功率；

φ——入射到探测器上的辐射强度；

A——探测器的响应面积；

U_s——探测器输出信号(电压)的均方根值；

U_N——探测器输出噪声信号(电压)的均方根值。

可见噪声等效功率表征了探测器所能探测的最小辐射强度，该值越小，探测器的性能越好。

g 最小可分辨温差

最小可分辨温差通常用 MRTD 表示，它是评价热成像系统温度分辨率的主要参数。其定义是：对具有某一空间频率的 4 个条带(宽高比为 1∶7)目标的标准图案，由观察者在显示屏上做无限长时间的观察，当目标与背景的温差从零逐渐增大至观察者确认能分辨出 4 个条带的方波图案时，此时目标与背景的温差称为该空间频率的最小可分辨温差。

h 最小可探测温差

最小可探测温差通常用 MDTD 表示，它也是热成像系统的一个重要参数，它既反映了系统的热灵敏特性，也反映了系统的空间分辨率。与 MRTD 不同之处是，MRTD 是空间频率的函数，而 MDTD 是目标尺寸的函数。其定义为：当景物中两相邻单元的温差所产生的

辐射强度的增量等于噪声等效辐射强度时，该温度即为系统的MDTD。

2.5.1.2 热成像测量物体表面温度

成像探测技术在测量、搜索、跟踪、制导、侦察、预警、遥感等方面都有着非常重要的应用。此处仅讨论与测量物体表面温度场有关的热成像探测技术。

A 热成像测温的优点

红外热成像系统广泛用于测量固体表面温度，这种测量方法有如下优点：

(1) 非接触测量，不会影响被测目标的温度分布，对远距离目标、高速运动目标、带电目标、高温目标及其他不可接触目标都可采用。

(2) 响应快。它不必像一般热电偶、热电阻那样要求与被测目标达到热平衡，它只要接受目标的辐射即可，而辐射能的传播速度为光速，故测温的速度仅取决于热成像系统自身的响应速度，碲镉汞和锑化铟的光子探测器响应时间已达微秒或纳秒级。

(3) 测温范围宽，如一台 AGA 型热成像仪的测温范围为 - 45～2000℃。

(4) 灵敏度高，目前最灵敏的热成像系统能测出 0.01℃的温度变化。

(5) 空间分辨率高，如点热成像系统的取像速率为 25 帧/s，每帧 200 条扫描线，每条扫描线 100 个像元，垂直和水平的扫描效率分别为 0.8 和 0.5，则 1s 内可测出 20 万个点。因此特别适合温度场的测量。

B 被测物体发射率对测温的影响

红外热成像测温，实际上是测量在一定波长范围内物体表面的辐射能量，再换算成温度，并以黑白(或彩色)图像的形式将物体表面的温度场显示出来，而不同的灰度值(或彩色)就代表不同的温度。但是，由于物体表面发射率不同，且随温度和波长变化，这就给红外热成像测量(也包括其他辐射测温方法)带来复杂的问题。虽然物体处于同样的温度，但由于其发射率不同而使探测器接收到的能量不同，从而显示出不同的温度值。

实际物体都是非黑体，其发射率均小于 1。这些非黑体的发射率的变化有以下三种情况：

(1) 发射率小于 1，但不随波长变化，为灰体；

(2) 发射率小于 1 且随波长变化，如一些高分子有机材料、玻璃及气体分子等；

(3) 发射率既随波长变化又随温度变化，如某些金属。

普朗克定律只是对黑体辐射而言的，对于发射率小于 1 的非黑体，成像探测器测得的只是所谓光谱亮度温度。物体实际温度和测得的亮度温度之间的关系，可以由普朗克定律确定。因此为了解决被测物体发射率对测温的影响，在红外热成像系统中都设置有发射率设定功能，只要事先知道被测物体的发射率，并在测温系统中予以设定，便可得到正确的温度测量结果。因此，为获得物体表面准确的真实温度，确定被测表面的发射率是非常必要的。

测定物体表面发射率有很多种方法，但由于表面发射率不仅与材料本身的性质有关，还与表面的状况，如表面粗糙度、氧化程度等有密切的关系；而且许多材料的发射率还会随波长而变，因此在红外热成像技术中常用如下几种方法来简单地确定被测表面的发射率。

(1) 首先用热电偶或其他方法测出物体的真实温度，然后用红外热成像仪进行测量，调节仪器上发射率的设定值，使指示温度与真实温度一致。此时发射率的设定值就是该物体的发射率。

(2) 对于温度不太高(通常为 260℃以下)的物体，可以在被测物体表面上贴一块发射率已知的薄片，在温度达到平衡状态时，用热成像仪分别测出覆盖和未覆盖部分的温度，便可求出被测物体的发射率。也可通过在被测表面上涂已知发射率的油漆类物质，再用上述方法确定发射率。

(3) 对于高温物体，还可在被测物体上钻一空腔，由于空腔发射率接近于黑体，测出空腔和它旁边的温度，便可算出被测物体的发射率。

表 2-11 示出了金属类和非金属类物体在不同红外波段上的发射率的参考数据。值得注意的是，表中的数据只是近似值。因为发射率还受表面粗糙度和温度的影响。

表 2-11 金属和非金属物体在不同红外波段上的发射率

材料名称	辐射率		
	波长为 2.2μm	波长为 5.1μm	波长为 8～14μm
铝			
未氧化	0.02～0.2	0.02～0.2	0.02～0.1
氧化面	0.2～0.4	0.2～0.4	0.2～0.4
合金 A3003			
氧化后	0.4	0.4	0.3
粗糙表面	0.2～0.9	0.1～0.4	0.1～0.3
抛光表面	0.02～0.1	0.02～0.1	0.02～0.1
黄铜			
抛光表面	0.01～0.05	0.01～0.05	0.01～0.05
擦亮	0.4	0.3	0.3
氧化面	0.6	0.5	0.5
碳			
未氧化	0.8～0.9	0.8～0.9	0.8～0.9
石墨	0.8～0.9	0.7～0.9	0.7～0.9
铬	0.05～0.3	0.03～0.3	0.02～0.2
铜			
抛光表面	0.03	0.03	0.03
粗糙表面	0.05～0.2	0.05～0.15	0.05～0.1
氧化后	0.7～0.9	0.5～0.8	0.4～0.8
金	0.01～0.1	0.01～0.1	0.01～0.1
钴铬钨镍合金	0.6～0.9	0.3～0.8	0.3～0.8
铬镍铁合金			
氧化后	0.6～0.9	0.6～0.9	0.7～0.95
喷砂后	0.3～0.6	0.3～0.6	0.3～0.6
电抛光	0.25	0.15	0.15
铁			
氧化后	0.7～0.9	0.6～0.9	0.5～0.9

续表 2-11

材料名称	辐射率		
	波长为 2.2μm	波长为 5.1μm	波长为 8～14μm
未氧化	0.1～0.3	0.05～0.25	0.05～0.2
铁锈	0.6～0.9	0.5～0.8	0.5～0.7
熔融	0.4～0.6		
铸铁			
氧化后	0.7～0.95	0.65～0.95	0.6～0.95
未氧化	0.3	0.25	0.2
熔融	0.3～0.4	0.2～0.3	0.2～0.3
锻铁			
打毛的	0.95	0.9	0.9
铅			
抛光表面	0.05～0.2	0.05～0.2	0.05～0.1
粗糙表面	0.5	0.4	0.4
氧化后	0.3～0.7	0.2～0.7	0.2～0.6
镁	0.05～0.2	0.03～0.15	0.02～0.1
汞	0.05～0.15	0.05～0.15	0.05～0.15
钼			
氧化后	0.4～0.9	0.3～0.7	0.2～0.6
未氧化	0.1～0.3	0.1～0.15	0.1
镍铜合金	0.2～0.6	0.1～0.5	0.1～0.14
镍			
氧化后	0.4～0.7	0.3～0.6	0.2～0.5
电解镍	0.1～0.2	0.1～0.15	0.05～0.15
铂金			
黑的	0.95	0.9	0.9
银	0.02	0.02	0.02
钢			
冷轧		0.8～0.9	0.7～0.9

续表 2-11

材料名称	辐射率		
	波长为 2.2μm	波长为 5.1μm	波长为 8～14μm
磨削钢皮	0.6～0.7	0.5～0.7	0.4～0.6
抛光的钢皮	0.9	0.1	0.1
熔融	0.25～0.4	0.1～0.2	
氧化后	0.8～0.9	0.7～0.9	0.7～0.9
不锈钢	0.2～0.9	0.15～0.8	0.1～0.8
锡(非氧化)	0.1～0.3	0.05	0.05
钽			
抛光表面	0.2～0.5	0.1～0.3	0.05～0.02
氧化后	0.6～0.8	0.5～0.7	0.5～0.6
钨	0.1～0.6	0.05～0.5	0.03
抛光表面	0.1～0.3	0.05～0.25	0.03～0.1
锌			
氧化后	0.15	0.1	0.1
抛光表面	0.05	0.03	0.02
石棉	0.8	0.9	0.95
沥青		0.95	0.95
玄武岩		0.7	0.7
金刚砂(碳化硅)	0.95	0.9	0.9
陶瓷	0.8～0.95	0.85～0.95	0.95
黏土	0.8～0.95	0.8～0.95	0.95
混凝土	0.9	0.9	0.95
呢绒或布		0.95	0.95
玻璃			
平板玻璃	0.2	0.98	0.85
填充玻璃	0.4～0.9	0.9	
砾石		0.95	0.95
石膏		0.4～0.98	0.98

续表 2-11

材料名称	辐射率		
	波长为2.2μm	波长为5.1μm	波长为8～14μm
冰			0.98
石灰石		0.4～0.98	0.98
油漆			0.9～0.95
纸(任何颜色)		0.95	0.95
塑料		0.95	0.95
橡胶		0.9	0.95
沙子		0.9	0.9
雪			0.9
土壤			0.9
水			0.93
木		0.9～0.95	0.9～0.95

C 背景对测温的影响

在用红外热成像系统测量物体温度时,探测器接受的不仅有被测物体表面投射到响应平面上的辐射能,还可能有背景(即周围环境)投向物体表面被物体表面反射的辐射能,以及背景投向物体表面并透过物体表面的辐射能。后两部分的辐射能会直接影响到测温的准确度。显然,只有物体为绝对黑体,即背景入射到被测物体的辐射能全部被吸收,既无反射又无透射,背景对测温的影响才减至零。而且,背景温度越高,对测温的影响也越大。此外,发射率低的物体比发射率高的物体受背景温度的影响更大。因此,被测物体表面若发射率低,而被测温度又和背景温度相差不大时,就会引起很大的测温误差。

通常在用红外热成像系统测温时,有以下几种情况:

(1) 被测物体的温度与背景相同,这时只要知道被测物体的发射率,便可将背景的辐射能扣除,直接得到被测物体的真实温度。被测物体的发射率越高,背景温度的影响越小。

(2) 被测物体发射率较低,背景温度与红外热成像仪相同,此时测量和计算结果也会是准确的。

(3) 被测物体发射率较低，背景温度高于红外热成像仪温度。这时所测得的温度将高于物体的真实温度，即使背景温度低于被测物体温度，所测温度也会有较大误差。

为了消除背景温度对测温的影响，红外热成像系统应有背景温度补偿功能。有两种补偿方法。

(1) 以背景温度固定为前提进行补偿。这种补偿比较简单，只要知道背景温度，通过系统软件的计算，即可得到正确的测量值。这种补偿只适于背景温度变化不大的情况，补偿时，对背景温度的变化取平均值。

(2) 实时补偿。当背景温度随时间变化很大、很快时，使用另外一个专门测背景温度的传感器，再通过软件进行实时补偿。

D 大气对测温的影响

被测物体辐射的能量必须通过大气才能到达红外热成像仪。由于大气中某些成分对红外辐射的吸收作用，会减弱由被测物体到探测器的红外辐射，引起测温误差。另外大气本身的发射率也将对测量产生影响。为此，除了充分利用“大气窗口”以减少大气对辐射能的吸收外，还应根据辐射能在气体中的衰减规律，即贝尔(Beer)定律，在热成像仪的计算软件中对大气的影响予以修正。

E 工作波长的选择

在用红外热成像仪测量物体表面温度时，选择工作波长是非常重要的。选择工作波长依据的是测量温度范围、被测物体的发射率和大气传输的影响。

a 依据测温范围选择工作波长

根据有关辐射的知识可知，物体的温度越高，辐射的能量越大，且峰值波长随着温度的升高将向短波方向移动。因此从能量利用的角度考虑，高温测量一般选用短波，低温测量选择长波，中温测量的波长选择介于二者之间。从普朗克定律还可看出另一种情况，即峰值波长右侧的能量占总能量的75%左右，左侧只占总能量的25%左右，如果采用宽波段测温，似乎选用峰值右侧的波段可能能量更大些。实际上，因为红外辐射测温还有一个更重要的因素要考虑，这就是能量随温度的变化率，这个数值越大，测温的灵敏度会越高。在峰值波长的左边能量随温度的变化率较大，因此选用峰值左边的波段较为合适。

b 依据被测物体的发射率选择工作波段

由于被测物体是多种多样的，因此某一种红外测温装置不可能同时满足被测物体的要求。对于发射率既随温度变化又随波长变化的物体，其工作波段的选择不能只依据温度范围，而主要是依据发射率的波长随温度的变化。例如高分子塑料在波长 3.43μm 或 7.9μm 处，玻璃在 5μm 处，只含 CO_2 和 NO_x 的清洁火焰在波长 4.5μm 处均有较大的发射率，为了测量这些对象的温度，就要选用这些具有大发射率的波段。

c 依据大气窗口选择工作波段

为了减少辐射在大气中的衰减，工作波段应选择大气窗口，特别是对长距离的测量，如从卫星处探测地面辐射的遥感，更是如此。当然对一些特殊场合，如测量现场含有大量的水蒸气，则工作波段应特别避开水蒸气的几个吸收波段。

在选用红外热成像仪或红外辐射仪时，应注意生产厂家所提供的工作波段。表 2-12 示出美国 Raytek 公司所生产的红外辐射测温装置的工作波段。

表 2-12 Raytek 公司红外辐射测温装置的工作波段

型号	测温范围/℃	工作波段/μm
LT	−18～500	8～14
MT	200～1200	3.9
HT	400～3000	2.2
1M	600～3000	1
2M	200～1800	1.6
G5	250～1650	5
P3	30～340	3.43
P7	0～360	7.9

F 红外热成像系统的温度标定

红外热成像系统必须经过温度标定,才能使它正确地测量出被测物体的温度场。

黑体辐射源是用来标定热成像系统或其他辐射测温装置的专用设备。它包括高温黑体炉(温区为 800～3000℃)、中温黑体炉(温区为 300～1100℃)和低温黑体炉(温区为 -50～50℃,100～300℃)。黑体炉的种类很多,形式各异。图 2-25 所示为卧式高温黑体炉的原理图。这种黑体炉实际上是一个管式电阻炉,发热体采用石墨管。在管的中央安装有石墨靶,将石墨发热体分隔成两个黑体腔,在发热体的两端通低电压、大电流,给石墨管加热。通过温度控制系统调节加热电流,达到升温、降温和控温的目的。2500℃以下在真空条件下使用,2500℃以上在充气(氮气或氩气)条件下使用。

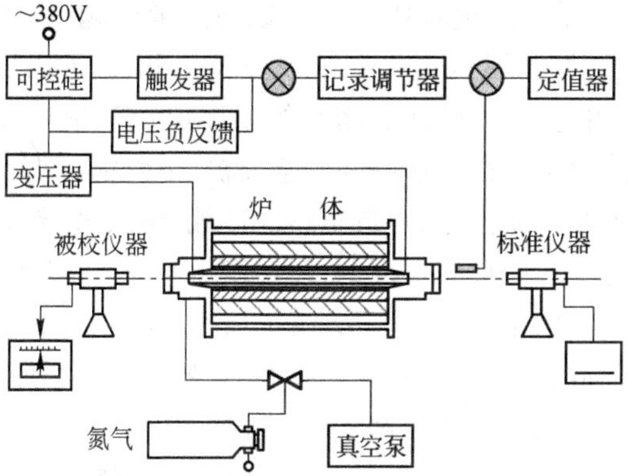

图 2-25 卧式高温黑体炉的原理图

红外热成像系统温度标定的方法是:将探测器镜头对准黑体炉,改变黑体炉的温度,即可得到不同温度下的输出信号的标定曲线,将该曲线作为计算温度的原始数据存入计算机中。正如前面所述,实际温度还会受被测物体发射率、背景辐射、大气衰减等诸多因素的影响,计算软件则依据所测得的光谱亮度温度,依次对各种影响因素进行修正,最后根据温度标定曲线获得被测物体表面的温度场。值得注意的是,所有的标定和复杂的运算都由制造厂家完成,用户只需提供现场被测目标及环境情况。

G 红外探测器的制冷装置

为了消除背景噪声和提高探测器的灵敏度，探测器要求配置制冷装置。不同的探测器要求的制冷温度也不同。如对锑化铟、碲镉汞探测器，其要求的制冷温度为77K。

获得制冷的方法主要有三种：

(1) 把探测器置于杜瓦瓶内，然后向瓶内直接灌液氮。

(2) 使用高纯压缩空气或氮气，通过毛细管口突然膨胀降温而变成液体，再将此液体导入杜瓦瓶中。

(3) 利用半导体制冷或脉管制冷、热声制冷等新型的微型制冷装置。

H 红外热成像系统的测温应用

自然界的一切物质、物体无不进行着各种形式的运动，无不与热和温度有关。因此温度测量就成为最普通的测量问题，几乎遍及所有的领域。红外热成像测温也是诸多测温方法中很重要的非接触测温手段。以工业应用为例，红外热成像系统主要应用于生产过程中产品质量控制和监督、设备在线预诊断和安全保护、节约能源三个方面。例如冶金工业中，各种金属液体、铸造、热轧、冷轧、焦炭窑、热处理等温度测量和控制；电力工业中输变电网的接点，配电系统元、器件，发电厂各部位的温度监测；石化工业中，化工设备的安全，耐火材料绝缘性能，各种反应器、传输管道、蒸汽井等的温度检测；橡胶工业中，各种生产工艺环节，特别是轮胎形成的温度控制要求精度很高；玻璃工业中，平板玻璃、灯泡和瓶子等成型和退火温度的测量和控制；塑料工业中塑料薄膜成型工艺过程的温度控制和测量，以及水泥、电子、造纸、印刷、喷漆、焊接、食品加工、包装、柴油机制造等方面的质量控制、温度监测等。

红外热成像系统在复杂电子设备标准电路板的故障诊断中也发挥了越来越重要的作用。这种利用电子元器件在工作时所处热状态的热参数来判断印刷电路板工作情况的方法有许多独特的优点：

(1) 检测速度快，从热像图上能迅速指出故障和故障定位，从而缩短了检测时间。

(2) 维修费用低，且故障检测是非接触式，因此不会破坏原电路的工作状态。

(3) 通用性强,对模拟和数字、线性和非线性、集成和分立电路均可使用。

(4) 故障诊断率高,可将需修理板和标准电路板的热像图进行比较,因此可发现被测电路板上的失效元件或处于极限状态的元件。

(5) 对操作维修人员要求低,不需要进行高深的技术培训。

与检测程序同时使用的红外热成像自动质检系统如图 2-26 所示。

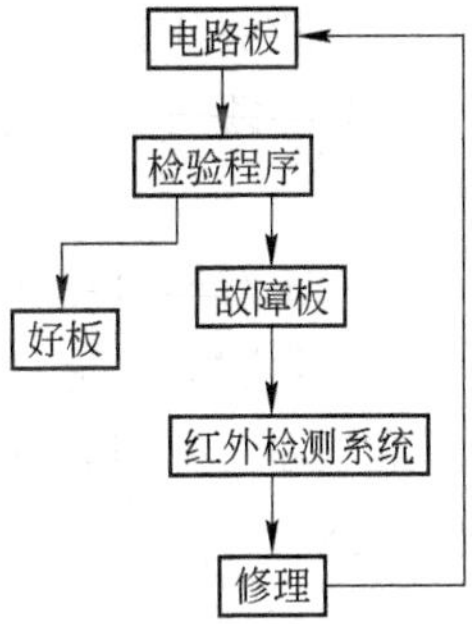

图 2-26 电路板的红外热成像自动质检系统

红外热成像系统的测温软件通常都带有图像处理系统,能对热像图进行视觉三维和真实三维的显示,包括对热像图的区域放大、缩放观察、镜像和旋转功能,还有多场温度功能。

由红外热成像系统所拍摄的热像图,经软件处理后,以不同的颜色表示被测物体温度场的高低,因此给人印象直观、明了,非常有利于对测量结果的分析和诊断。

2.5.2 干涉测温技术

2.5.2.1 干涉测量原理

干涉测量技术是以光波干涉原理为基础的测量技术。它原是实验物理学的一个重要分支,但随着激光的出现,干涉测量技术获得了迅速的发展,现在已成为许多领域中一种重要的测试方法。

用干涉方法来测量几何量,如长度、平行度、角度、表面粗糙度等早已为人们熟知。这是因为干涉计量能精确到微米级,双波长干涉计量还可达到更高的测量精度,至今仍是精密几何量测量的基准方法。但是随着科学技术的发展,现在几何量的光测也跨进了一个新的阶段,即从一维或二维的测量扩展到三维空间的测量;从轮廓的选点测量发展到整个表面的测量,从静态尺寸的测量扩展到动态尺寸的测量;从光洁面的测量发展到粗糙面、柔软面和生物体的测量。

用干涉方法测量动态热物理量,如温度、压力、密度、浓度等随时间和空间的分布,是现代干涉测量技术发展的一个极为重要的方面。动态过程常伴随着高温和强振动等恶劣的环境条件，因此测量动态过程的测试方法必须满足以下要求：

(1) 能够严格定量，因为只有定量才能找到瞬态过程的物理规律。

(2) 必须对全过程进行时间序列测试，以揭示过程物理量的时间特性。

(3) 能对非对称流场或三维体进行三维测量。

(4) 测试方法能适应恶劣环境条件，能抗强振动和高温干扰。

由于激光干涉测量具有非接触、无滞后、全场记录等优点，目前已成为动态量测量的最佳选择，特别是计算机和图像处理技术的发展，更为激光干涉测量技术开辟了更为广阔的天地。

干涉测量技术应用非常广泛，本小节仅讨论激光干涉测量技术在温度测量中的原理、装置和干涉图的图像处理、温度场的重建等。

根据日常经验，两个或两个以上光波相遇时，一般地说各光波间并不产生相互影响，即每一光波的传播方向、振幅、频率以及其他特性，都如同其他光波不存在一样，不发生改变。从这个意义上讲，各方向传播的光是互相独立的。这就是几何光学中的所谓独立传播定律：自不同方向或由不同物体发出的光线相交，对每一光线的独立传播不发生影响。设两束光的初始位相均为零，且它们具有相同的振动方向与振动周期，其振幅分别为 A_1 和 A_2，那么相应的光波函数分别为：

$$E_1 = A_1\cos\left[2\pi\left(\frac{t}{T}-\frac{l_1}{\lambda_0}\right)+\varphi_0\right]$$

$$E_2 = A_2\cos\left[2\pi\left(\frac{t}{T}-\frac{l_2}{\lambda_0}\right)+\varphi_0\right]$$

令两束光之间的光程差为 $\Delta l = l_1 - l_2$，则该两光波之间的相位差 $\Delta\varphi$ 为

$$\Delta\varphi = \varphi_1 - \varphi_2 = 2\pi\Delta l/\lambda_0 \tag{2-32}$$

令 $\omega = 2\pi/T$，ω 称为光波的角频率，则上述两束光的光波函数可以简写成

$$E_1 = A_1\cos\omega t \tag{2-33}$$

$$E_2 = A_2\cos(\omega t + \Delta\varphi) \tag{2-34}$$

根据波的叠加原理，该两束光波相互叠加后，可以得到一个具有相

同角频率的合振动

$$E=E_1+E_2=A\cos(\omega t+\gamma) \tag{2-35}$$

合振动中的振幅 A 与位相因子 γ 由下式决定

$$A^2=A_1^2+A_2^2+2A_1A_2\cos\Delta\varphi \tag{2-36}$$

$$\tan\gamma=\frac{A_2\sin\Delta\varphi}{A_1+A_2\cos\Delta\varphi} \tag{2-37}$$

叠加后的光强 I 正比于振幅 A 的平方，因此有

$$I=I_1+I_2+2\sqrt{I_1I_2}\cos\Delta\varphi \tag{2-38}$$

显然，当 $\Delta\varphi=\pm 2\pi m$ 或 $\Delta l=\pm m\lambda$ 时，光强 I 呈最大值，$I_{max}=I_1+I_2+2\sqrt{I_1I_2}=(A_1+A_2)^2$；当 $\Delta\varphi=\pm(2m+1)\pi$ 时，或 $\Delta l=\pm(2m+1)\lambda/2$ 时，光强 I 呈最小值，$I_{min}=I_1+I_2-2\sqrt{I_1I_2}=(A_1-A_2)^2$。若两束光的强度完全相同，即 $I_1=I_2=I_0$，则相应的最大光强 $I_{max}=4I_0$，极小值 $I_{min}=0$。这种在两光束叠加区域内，光强呈明暗相间的分布，称之为光的干涉现象。

可是两盏电灯或两支蜡烛，当它们发出的光波相遇时，并不产生干涉现象，它们在相遇点的光强度等于各个光强度之和，正如两个歌唱家同时唱歌时不会发生声的干涉一样。这说明要产生光的干涉现象，相遇的光波必须满足一定的条件，即满足所谓相干条件。满足相干条件的光称为相干光，只有相干光才能产生光干涉现象。

在导出式(2-38)时，我们曾假定两束光具有相同的振动方向与振动周期，由此可知相干条件是：

(1) 频率相同的两光波在相遇点有相同的振动方向和固定的位相差。

(2) 两光波在相遇点所产生的振动的振幅相差不悬殊。

(3) 两光波在相遇点的光程差不能太大。

2.5.2.2 经典干涉测量技术

在平板干涉现象的基础上，19 世纪著名的物理学家迈克耳孙于 1883 年设计出了用于精密测量的迈克耳孙干涉仪，并用于测量运动对光速的影响，证实了光在真空中的速度是恒定的。这一发现不但奠定了爱因斯坦相对论的基础，而且也开创了经典干涉测量技术的先河。此后各种形式的经典干涉仪纷纷出现，并广泛用于各种领域的测量中，其中阴影仪、纹影仪、马赫-曾德尔干涉仪均成功地应用于流场的研究，

至今它们仍是显示和测量流场的一种有效方法。

A 迈克耳孙干涉仪

迈克耳孙干涉仪的光路系统如图 2-27 所示。光源 S 发出的光，经分光镜 G_1 被分成反射光 1 和透射光 2，该两束光有相等的振幅或光强度。光束 1 射向平面反射镜 M_1，经 M_1 反射后再通过 G_1 到达人眼或照相机物镜。光束 2 通过补偿镜 G_2 后入射到平面反射镜 M_2 上，然后自 M_2 反射，再通过 G_2、G_1 也入射到人眼或照相机物镜上。显然，由于光束 1 和光束 2 是相干光，因此在 *P* 处会发生干涉而形成干涉图。通过调节补偿镜 G_2 的角度可使光束 1 和光束 2 的光程差为零。因此迈克耳孙干涉仪可使用相干性较差的光源，甚至可用白光作光源，此时只要干涉仪处于严格的零光程状态。

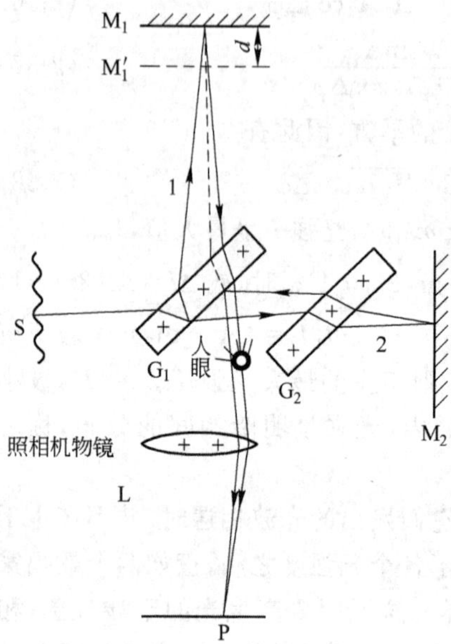

图 2-27 迈克耳孙干涉仪光路系统

上述迈克耳孙干涉仪可以用来精确地测量位移或角度。因为当 M_2' 和 M_1 完全重合时，迈克耳孙干涉仪所产生的干涉图的中心条纹将充满整个视场，视场内有均匀的光强分布；而 M_2' 平行地离开 M_1 时，中心条纹就会向外扩张。且每当 M_2' 与 M_1 的间距 d 增加 $\lambda/2$ 时，中心条纹外边就会“长出”一条条纹，随着 d 的增大，一条条纹相继从干涉图中心不断地涌出。反之，当间距 d 由大变小时，最靠近中心的条纹将一条条地“陷入”中心，每陷入一条条纹，d 的改变量也为 $\lambda/2$。因此利用上述条纹的变化即可精确地测定距离，其精度可达半个波长。

B 马赫-曾德尔干涉仪

马赫-曾德尔干涉仪是 1891 年由马赫和曾德尔两人分别独立提出来的，其目的是为了研究流体中的密度场和温度场。为了适应这一目的，用于干涉的两束相干光(通常将其称为试验光束和参考光束,也简称为物光和参考光)必须在空间分开更大的距离,并有较大的视场。图 2-28 所示就是马赫-曾德尔干涉仪的光路系统图。由点光源来的光通过透镜或球面镜 L_1 变成平行光,然后通过半反射的平面镜(分束器)M'_1 后被分成两束,一束经全反射的平面镜 M_2 反射后通过试验段,称之为物光;另一束通过补偿板,经全反射平面镜反射后,称之为参考光。物光和参考光通过半反射的平面镜后相互干涉并成像于照相机的底片上。4 个镜子 M_1、M_2、M'_1、M'_2 排成一个矩形。因为流动设备的试验段上通常都开有两个玻璃窗口,以让物光通过流场;为了抵消玻璃窗口的影响,在参考光路中也置有两块同样的玻璃板,以对玻璃板中的光程进行补偿。

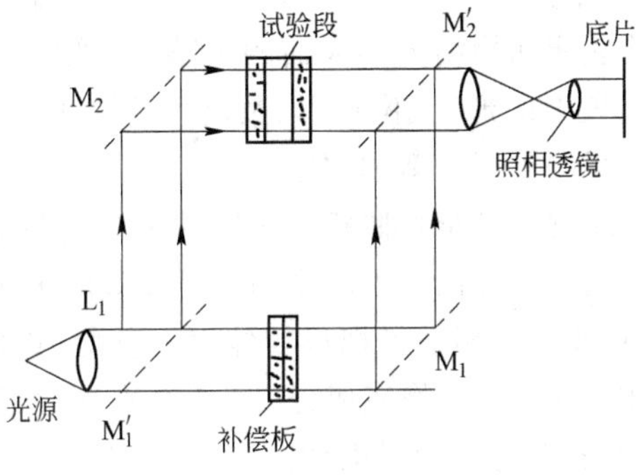

图 2-28 马赫-曾德尔干涉仪的光路系统图

图 2-29 所示就是由两个同心圆柱体所构成的环形空间中,内圆柱被加热时由马赫-曾德尔干涉仪所获得的干涉图。图中的干涉条纹代表了等温线。

图 2-29 同心圆柱体内圆柱被加热时的干涉图

马赫-曾德尔干涉仪的缺点是,加工精度要求极高,即对光学元件的光学和力学性能要求高,调整非常费时、困难,造价也高。另外当将其用于传热过程研究时,需要在参考光路中设置一比较段,并要求比较段中的流体力学过程和试验段中完全相同,只是传热过程不同,这一点在某些情况下(例如气液混合物)是很难实现的。以上原因限制了马赫-曾德尔干涉仪的应用。

2.5.2.3 现代全息干涉测量技术

前述经典干涉仪都是在激光光源出现前就已经有了的。激光的出现则大大改善了上述经典干涉仪的性能,例如由于激光的相干长度很长,双镜干涉仪中的两个平晶表面之间的距离可以加大到6.5m,不需采取任何特殊措施,也能得到良好的干涉图像,这样就为流场的研究带来很大的好处;而且由于激光技术的带动也出现了一些新的干涉测量技术,如全息干涉测量、散斑干涉测量。这些现代干涉测量技术,不但拓展了经典干涉测量的概念,例如产生了一种新的获取相干光的方法——二次曝光法,出现了不同于经典干涉仪的新型干涉仪—时间差分干涉仪,而且还拓宽了经典干涉仪的应用范围,例如经典干涉仪只能检测透明介质的性能和检测光学表面的缺陷,而现代干涉测量则可检测任何实际粗糙表面的形变、位移,以及流场的诸多热物理量,也为动力工程测试技术开辟了一个新的领域。

激光全息干涉测量是全息照相应用中的一个重要分支。全息照相是以光的波动理论为基础而发展起来的一种新颖的记录和显示图像的方法。众所周知,普通照相就是把从物体表面反射(或漫反射)来的光或物体本身发出的光,经过物镜成像,并且将光强度记录在感光底片上,再在照相纸上显出物体的平面像。普通照相只能记录光的两个信息:波长(反映在底片上就是颜色)和强度(即振幅,反映在底片上就是明暗程度)。全息照相则不仅要在感光底片上记录上述两个信息,而且还要把物光的位相也记录下来,也就是把物光的全部信息都记录下来,尔后,通过一定的方法再现出物体的立体图像。

全息照相的原理首先是由伦敦大学的丹尼斯·伽柏在1948年提出来的,但直到1960年激光问世后,这种不用透镜的三维照相才成为现实。后来赫夫林和泰尔于1966年首次将全息干涉法用于流动显示和密度场的测量。当全息干涉法被证明比经典的马赫-曾德尔干涉仪有许多重要的优点时,这种新的方法立刻被许多实验室采用,新的系统和新的应用领域也不断出现。正因为激光全息照相是同时记录物光的位相和光强,并且不用透镜就能获得物体的三维像图——全息图,因此它在结构分析、应力分布、探伤以及流体力学、传热传质学、燃烧学中获得了越来越广泛的应用。

A 全息照相的记录原理

因为光只有在干涉现象中，才能表现出它的位相特性，因此利用干涉现象所产生的干涉条纹可以有效地把位相变化的情况记录下来。全息图不是通过透镜成像，而是通过精心安排的一个光干涉系统而得到的干涉图像。激光干涉系统如图 2-30 所示。用激光照明物体，从物体反射出来的光即为物光束 O，物光束照射到距物体有一定距离的全息底片上；与此同时又将一束与照明光相干的参考光束 R 以 θ 角直接照射到全息底片上，由于物光束 O 和参考光束 R 是相干的，所以它们在全息底片上相遇时就会相互干涉而产生干涉条纹，并记录在底片上。通过显影、定影处理后，在全息底片上就可以看到许多随 θ 角不同而呈现不同疏密程度的干涉条纹。这种有干涉条纹的底片就称为全息图。上述这种记录方式，即参考光源在无穷远处，而物体靠近全息底片，它记录的实际上是物体的菲涅耳衍射图像，数学上可用菲涅耳变换来描述，故又称菲涅耳全息图，如图 2-31(a)所示。

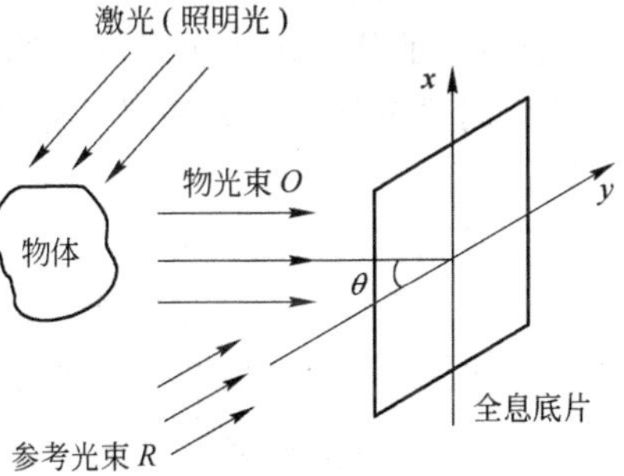

图 2-30 激光全息记录原理图

当参考光源与物体均在无穷远处时，这时物光是通过透镜成平行光(即相当于物体在无穷远处)，在全息底片上记录的是夫琅禾费衍射像，它可以用傅里叶变换来描述，所以这种全息图又称为傅里叶全息图(见图 2-31b)。傅里叶全息图的干涉条纹是近似于平行的直条纹。菲涅耳全息图装置简单，一般的全息照相都属于这一类。傅里叶全息图能获得更高的分辨率，因此可用于分辨率要求特别高的场合，流体温度场、密度场的测量就属于这一类。

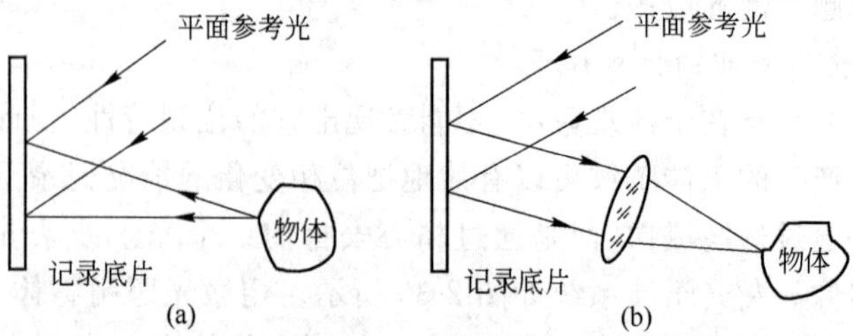

图 2-31　两种不同全息图的光路原理图

(a) 菲涅耳全息图的光路；(b) 傅里叶全息图的光路

B　全息照相的再现原理

对于普通照片来说，由于记录的是物光的光强，经显影后就能直接看到物体的光强分布，即物体的像。而全息图是同时记录物光的光强和位相，在全息图上出现的是干涉图，看不到物体的像。要看到物体的像就必须对全息图进行再现处理。

再现就是把全息图放回原摄影时的位置上，打开参考光束，关闭照明物体的光束，这时如用眼睛对着底片就可以在原来物体的位置上看到一个与原物体呈完全相同的像。由于再现光是物光的精确复现，因此改变眼睛的视点，从不同位置都可以观察到原物像，也就是说再现的像是一个三维立体像。

如图 2-32 所示，我们可以把全息图看成一个光栅。当平面波入射到这个衍射光栅上时，由于衍射便会出现所谓 0 级，±1 级，±2 级……的衍射光。由于±2 级以上的高次衍射光的光强都很弱，故可略去。这样，

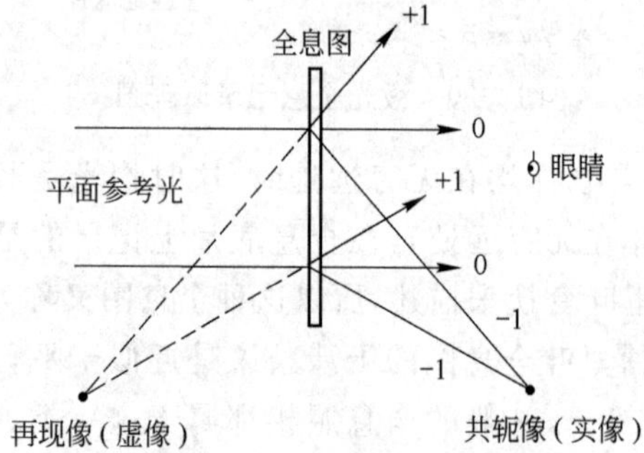

图 2-32　全息图的再现

当平面参考光入射到全息图上时，全息图上的透射光将向三个方向前进。在参考光的直射方向上是0级透射光，另外两个是±1级衍射光。它们产生两个再现的像：一个波前是发散的，相当于直接从物点发出的波前，这是个虚像；第二个波前是会聚的，为实像，它与虚像共轭。

C 彩色全息照相

彩色全息照相是用三原色(红、绿、蓝)照射物体，同时把3个反射镜放在不同位置上，作为参考光，这样全息底片上将接受到3种不同颜色的反射光，所得的全息图就将含有3个重叠的全息图。在再呈现像时总共得到9个像，但是每3个像完全重合，成为3种像，即形成1个背景像、1个物体实像、1个物体虚像，3种像都是彩色。

2.5.2.4 激光全息干涉在测量火焰温度中的应用

由于激光全息干涉的非接触特性，可用于测量火焰的温度。利用激光全息干涉测出火焰的折射率场，即可根据折射率场计算出火焰的温度场。折射率与温度的关系可以通过状态方程(格拉德斯通-戴尔关系式，Gladstone-Dale，简称G-D)得到。

A 折射率与温度的关系

折射率与温度的关联式可以通过理想气体方程与G-D关系式计算得到。混合气体的理想气体方程可以如下式表示

$$\rho(x,y,z)=(p/R)(MW_{\text{mix}}(x,y,z)/T(x,y,z)) \tag{2-39}$$

式中，$\rho(x,y,z)$为(x,y,z)位置的质量密度，$T(x,y,z)$为热力学温度，p为压力，R为通用气体常数；$MW_{\text{mix}}(x,y,z)$是混合气体的分子摩尔质量。可以表示为

$$MV_{\text{mix}}(x,y,z)=\left(\sum\frac{Y_i(x,y,z)}{MW_i}\right)^{-1} \tag{2-40}$$

式中，Y_i与MW_i分别表示第i种成分的质量分数与分子摩尔质量。根据G-D关系式可以得到折射率与密度的关系，即

$$\begin{aligned} n(x,y,z)-1 &=\rho(x,y,z)K_{\text{mix}} \\ &=\rho(x,y,z)\left(\sum Y_i(x,y,z)k_i\right) \end{aligned} \tag{2-41}$$

式中，$n(x,y,z)$为折射率，k_i为第i种成分的G-D常数，$K_{\text{mix}}=\sum Y_i(x,y,z)k_i$。结合式(2-39)、式(2-40)和式(2-41)可以得到温度与折射

率的关系，即

$$T(x,y,z)=[n(x,y,z)-1]^{-1}\beta(x,y,z) \tag{2-42}$$

式中，$\beta(x,y,z)=(p/R)[\sum Y_i(x,y,z)k_i]\left[\sum \frac{Y_i(x,y,z)}{MW_i}\right]^{-1}$为折射系数。

可以根据已知折射率n_0的参考温度T_0，得到温度$T(x,y,z)$，即

$$T(x,y,z)=T_0(n_0-1)/(n(x,y,z)-1) \tag{2-43}$$

不过式(2-42)只有在已知火焰局部成分的情况下才适用。因此，通常假定$\beta(x,y,z)$在整个火焰区域为常数。例如，假定火焰的局部成分与空气的成分相同。之所以这样处理是因为在许多火焰中，特别是部分预混或充分预混燃烧中，都采用空气作为稀释剂和反应剂。由于空气中大部分为氮气，所以$\beta(x,y,z)$的特性接近氮气的值。有了这个假定，就可以根据式(2-43)计算火焰的温度分布。表2-13给出了计算折射率$n(x,y)$所需的有关气体参数。

表2-13 计算折射率所需的有关气体参数

气体种类	分子摩尔质量/$kg\cdot kmol^{-1}$	$k\times10^{-4}/m^3\cdot kg^{-1}$
CH_4	16.04	6.15
O_2	32.00	1.89
H_2O	18.02	3.12
CO_2	44.01	2.26
CO	28.00	2.67
H_2	2.02	1.54
O	16.00	1.73
H	1.01	25.63
C_2H_2	26.02	5.05
C_2H_4	28.04	5.69
C_2H_6	30.06	5.63
N_2	28.01	2.38
Air	28.85	2.26

B 激光全息干涉测量的实施

图 2-33 示出了典型的数字全息干涉系统的光路简图。分光镜将激光束分为两路，一路为物光，一路为参考光。为了得到最佳结果，用中性滤光镜调整物光和参考光的光强比为 1∶1。两束光都通过扩束器扩束，扩束器由一个空间滤波器与一个显微镜物镜组成。物光通过待测火焰与参考光在 CCD 上相遇形成全息干涉图。通过第二分光镜反射参考光的导向作用，到达 CCD 的参考光与物光的传播方向有一个很小的入射夹角 θ(小于 2°)。待测火焰为轴对称同轴燃烧器生成的部分预混火焰。燃烧器包括一个内管和一个外管，内管通有燃料和空气混合物，外管则通空气。

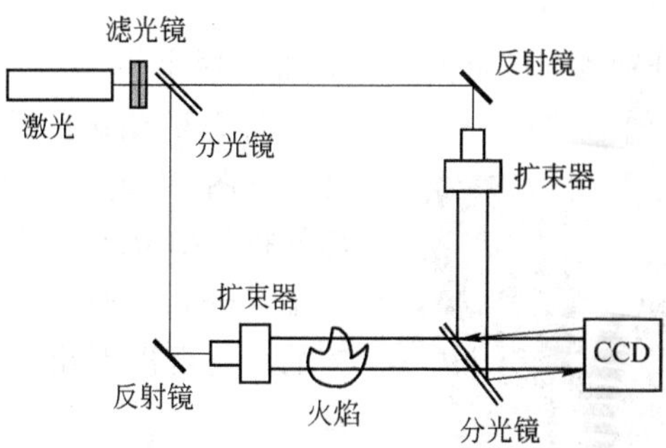

图 2-33 数字全息干涉的光路图

为了利用全息干涉来测量流场的温度，光学系统的稳定性是非常重要的，因此应尽量避免光学系统的振动，整个光路系统要置于防震措施的实验桌上。

用 CCD 分别拍摄记录全息干涉的二次曝光下的全息图，一次物光通过火焰，另一次物光没有通过火焰。因此，再现时，分别记录的物光 O_1(第一次有火焰的曝光)与物光 O_2(第二次无火焰的曝光)的能流密度为

$$E_{O_1}(x,y,t)=A_1(x,y)\exp[\mathrm{i}\varphi_1(x,y)] \tag{2-44}$$

$$E_{O_2}(x,y,t)=A_2(x,y)\exp[\mathrm{i}\varphi_2(x,y)] \tag{2-45}$$

式中 $\varphi_1(x,y)=(2\pi/\lambda)\int n_1(x,y)\mathrm{d}s,\ \varphi_2(x,y)=(2\pi/\lambda)\int n_0(x,y)$

d,*s*——分别为有火焰和无火焰时物光的位相分布；

ds——通过折射率场 $n(x,y,z)$ 沿光程的积分；

$A_1(x,y)$ 与 $A_2(x,y)$——振幅（对于火焰这样的相物体振幅是相等的，即 $A_1(x,y)=A_2(x,y)$）。

全息干涉条纹的总能流密度 $I(x,y)$ 为 O_1 与 O_2 能流密度的叠加，即

$$I(x,y)=(E_{O_1}+E_{O_2})^2=2|A(x,y)|^2\{1+\cos[\Delta\varphi(x,y)]\}$$

对于最亮条纹，即对于最大 $I(x,y)$，有

$$\Delta\varphi(x,y)=(2\pi/\lambda)\int[n_1(x,y)-n_0]\mathrm{d}s=2\pi N \tag{2-46}$$

或　$$\int[n_1(x,y)-n_0]\mathrm{d}s=N\lambda$$

式中　N——干涉条纹数；

n_1,n_2——分别为火焰和空气的局部折射率。

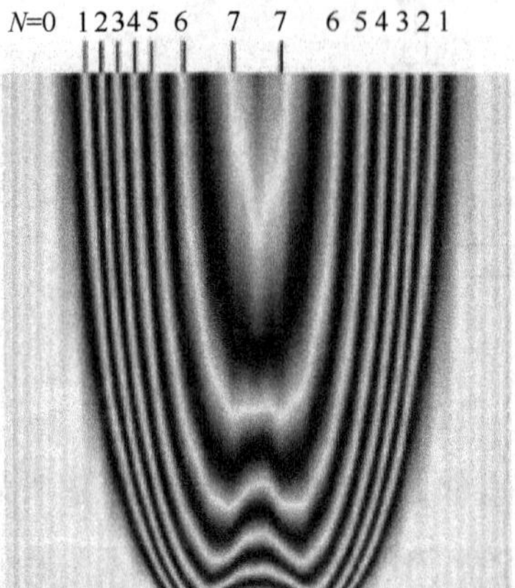

图 2-34　模拟的火焰全息干涉图

图 2-34 给出的是模拟的火焰全息干涉图，用式(2-41)可以计算出火焰的折射率分布，再用式(2-43)计算出温度分布。通过温度与折射率分布的变化可以看出部分预混火焰的特性。

2.6　光纤测温

据资料介绍，1962 年中国科学院西安光机所拉制出我国第一根光纤(Optical Fibre)[29]，随着光纤通讯和光电子技术的发展，20 世纪 70 年代光纤传感器问世。它是以光纤作为信息的传输媒质，光作为信息载体的一种传感器。光纤具有优良的物理、化学、机械和传输性能，使得光纤传感器灵敏度高，体积小，不受电磁干扰，抗腐蚀性强，可以实时、在线、遥测几十种物理量[30]。80 年代光纤测温技术在我国得到初步尝试[31]，90 年代后通信、军事、石油、化工、冶金、电力、水利、核能、海洋领域以及消防等研究都迅速用上了这种技术[32~37]。近些年来，日本一些

学者在光纤的高温高湿稳定性、高宽带等性能方面进行了系统性研究[38~41]，与我国同时相比，日本已经开发出可以同时测量温度、压力、流量、浓度等多参数物理量，而且在二维和三维空间内测量、具有普适性高新概念的光纤传感器[42]。美国弗吉尼亚理工大学（Virginia Tech）Gary R. Pickrell 等人在光纤传感器特别抗高温方面进行了诸多的研究[43~45]，他们利用单晶体蓝宝石光纤高熔点（2050℃）特性，在1004℃条件下进行了原型（相对于单晶体）蓝宝石张力传感器的制作和测试。初步实验结果表明，该传感器很有希望用于高温环境下的张力测量，分辨率可达 0.2μm[46]。

2.6.1 光纤辐射高温传感器测量原理

光纤温度传感器可以分为半导体吸收型光纤温度传感器、光纤辐射高温传感器、光纤荧光温度传感器、光纤热色效应温度传感器、偏振态调制型光纤温度传感器、光纤液体温度传感器和相位调制型光纤温度传感器[47]。限于篇幅，这里仅简单介绍光纤测温的基本原理和光纤辐射高温传感器。

光纤的一般结构如图 2-35 所示。纤芯和包层为光纤结构的主体，对光波的传播起着决定性作用。涂敷层与护套则主要用于隔离杂光，提高光纤强度，保护光纤。在特殊应用场合不加涂敷层与护套，为裸体光纤，简称裸纤[48]。光纤材料主要是由两种或两种以上折射率不同的透明材料，通过特殊复合技术制成的复合纤维。用于测温测压的光纤芯一般由石英、玻璃制成。根据光在光纤中的传输模式分为单模光纤和多模光纤。单模光纤的纤芯直径为 8.3μm，多模光纤纤芯直径为 50～62.5μm，包层外直径均为 125μm。

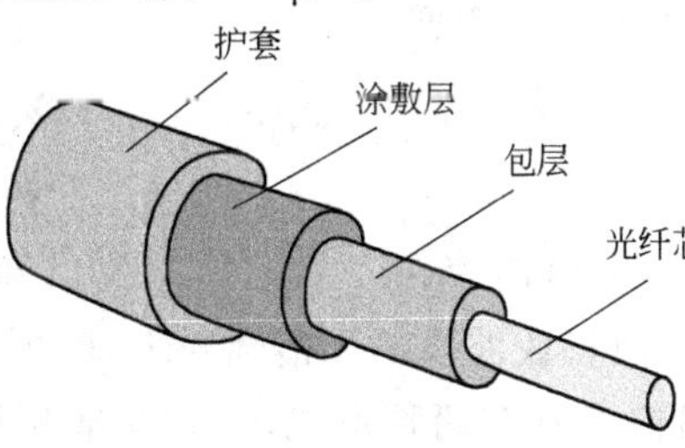

图 2-35 光纤的结构示意图

热辐射光纤温度传感器是利用光纤内产生的热辐射来传感温度的元器件。它以光纤纤芯中的热点本身所产生的黑体辐射为基础，对来自炽热的不透明物体表面的辐射加以探测，此时光纤作为一个待测温度的黑体腔，光纤辐射高温传感器测温就是基于黑体辐射原理。当物质受热时发出辐射能，辐射量的大小取决于该物质的温度和辐射系数。对于黑体发射的光谱辐射能量，可以用普朗克公式表示[49]

$$E_{b\lambda}=c_1\lambda^{-5}\left[e^{\frac{c_2}{\lambda T}}-1\right]^{-1} \tag{2-47}$$

式中　$E_{b\lambda}$——黑体发射的光谱辐射力，W/m^3；

λ——波长，m；

T——黑体热力学温度，K；

c_1——第一辐射常量，3.742×10^{-16}　$W\cdot m^2$；

c_2——第二辐射常量，1.4388×10^{-2}　$m\cdot K$。

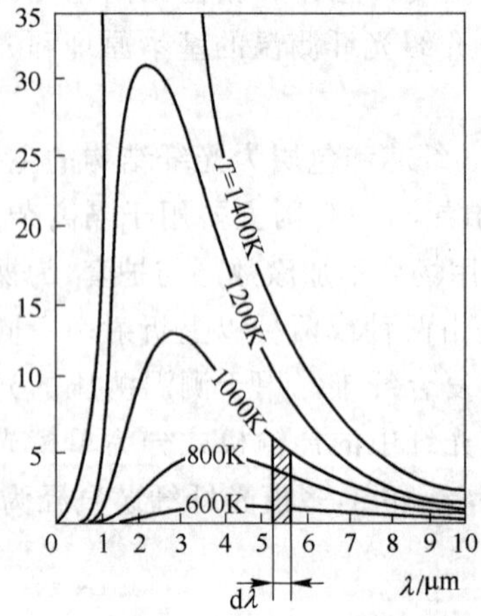

图 2-36　$E_\lambda=f(\lambda,T)$

按照普朗克定律式(2-47)可以描绘出不同温度下黑体的光谱辐射力随波长变化的情况，如图 2-36 所示。所谓黑体，是指能够完全吸收入射的辐射能，并且具有最大的光发射率的物体。而自然界中普通物体的辐射能力都比黑体小，其实际光谱辐射能力可以表述为

$$E_\lambda=\varepsilon_\lambda c_1\lambda^{-5}\left[e^{\frac{c_2}{\lambda T}}-1\right]^{-1} \tag{2-48}$$

式中　ε_λ——实际物体的辐射系数，$0<\varepsilon_\lambda<1$。

当把光纤作为一个黑体腔，$\varepsilon_\lambda=1$，这时只要已知所测实际物体的辐射系数，通过选定波长或波段的光谱辐射力，即可确定其表面温度。一般光纤辐射高温传感器有两种形式，一种是非接触式，另一种是接触式[47]。

2.6.2 非接触式光纤辐射高温传感器

利用光学系统获取高温物体的辐射场，通过光纤传输到光电探测器，探测的信号经过校正、标定后，就可以测得高温物体的温度值。红外辐射光纤温度计的工作原理如图 2-37 所示。

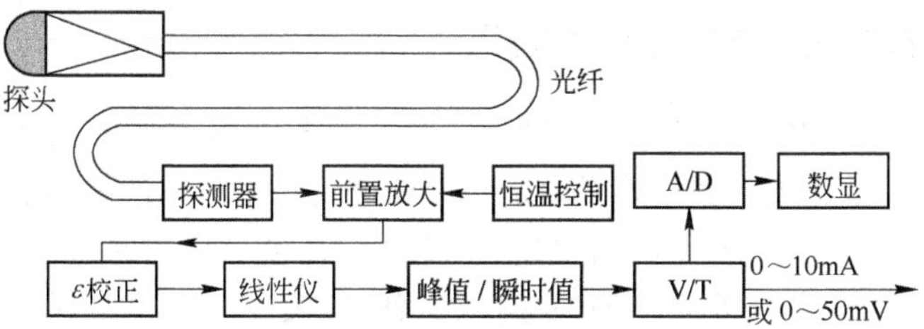

图 2-37 红外辐射光纤温度计工作原理

辐射光纤温度计由光路和电路系统组成。光路包括探头、光缆和检测部分，光缆可以弯曲，两端带螺纹接头，分别与探头和检测部分连接。被测物体辐射能有探头中的物镜聚焦进入光缆传输到检测部分，并用滤光片限制工作光谱范围，由探测器接收转换成电信号，进一步处理，最后得到所测得温度[47]。

2.6.3 接触式光纤辐射高温传感器

把光纤置于高温区，光纤本身就成为一个高温辐射体。达到热平衡时，其温度与被测温度相等。一般的光纤不能构成黑体，必然存在测量误差。为此人们研制成黑体腔式光纤辐射高温计传感器[50～51]。它的特点是光纤端头被镀上一层金属膜，形成一个小黑体腔，相当于发射率为 1 的带金属包套的细小“玻璃棒”。人们将这种“玻璃棒”浸入到被测的金属熔体中，接收金属熔体内部的辐射热，直接通过光纤导入辐射温度计测出温度来。这就是所谓的接触式光纤辐射测温传感器，也称消耗型光纤辐射温度计[52]。用这种探头可以取代消耗型热电偶。因为过去测量金属熔体如钢水、铁液等温度国内外普遍使用消耗型热电偶，每次测量后必须更换探头，费用高，且难于自动化，更不能高频率或连续测温。可见接触式光纤辐射高温传感器与消耗型热电偶相比，成本大大减低，响应速度快，可以连续测温实现自动化；而接触式光纤辐射高温计与非接触式光纤辐射高温计相比，有较高的测量精度。但是目前这种接触式探头还不能应用到恶劣的场合。

光纤辐射高温传感器还有其他种形式，如双色测量系统，是采用两个截止波长不同的探测器一前一后来接收光信号，目的是消除热点长度对测量结果的影响。详细的内容请读者自行阅读有关参考资料。

2.7　红外/热电偶二合一测温

近年来，由美国推出的一种融合接触式和非接触式的全新概念的温度传感器跃然于世。其概念是将红外测温技术测得的物体热辐射能转换成K、E或T型热电偶的热电势输出，直接与相应的显示、调节仪表连接，从而使红外测温的快速性、方便性、安全性与热电偶在测试金属物体温度、内部温度、环境温度时的准确度和灵活性结合起来。其主要特点是：(1)直接输出热电偶的热电势信号，使非接触式仪表具有调节功能；(2)响应速度快（＜0.2s），精度高（重现性±1%）；(3)小型化，重量轻，不用电源；(4)测温范围宽（－45～2000℃），可测量非常规领域（移动物体、不能接触的物体、温度频繁激变的物体、真空场合等）的温度[53]。

2.8　声学测温

作为一种新型的非接触式测温技术——声学测温近年来得到人们的重视，国外在动力锅炉的高温燃烧过程中应用声波测温和重组火焰温度以及测速方面研究得比较早[54,55]，现在已经应用到很多领域[56～58]，如冶金、动力、化工、建材、海洋等温度的测量。我国在声学锅炉温度场测量技术的研究和应用也初见成效[59～61]。声学测温法具有测量精度高、测温的上限范围较宽（可达2300K），测量范围空间大（可达数十米）、实时连续测量和维护方便等优点。利用声波测量气体的温度，主要是以声波在媒质中的传播速度与温度的相关性为理论基础，根据理想气体声速的平方与气体的热力学温度成正比的关系，当测量出两声学传感器之间声波的传播时间 τ，以及两者之间的距离 l，就可以推算出该传播路径上的平均速度 $\bar{u}=l/\tau$，再根据速度与温度的关系，便可求出二维温度场 $T(x,y)$ 分布。

本章小结

本章介绍了温度和测温的基本概念,各种温标及其相互间的变换公式,各种接触式测温仪表的原理和应用,其中重点介绍了常用的热电偶测温原理和误差的修正方法,以及接触式测温技术,有低温测量(包括高温低速时、高温时、高速时的测量气流温度的测量)、固体内部和表面温度的测量。在非接触测温中,用很多篇幅介绍了近些年来得到广泛应用的红外热成像测温和全息干涉测温原理和技术。光纤测温也作为重要的一节提出,因为在高温辐射测量中它显示出了卓越的性能。最后介绍了近些年来在我国越来越受到注目的红外/热电偶二合一测温和声学测温新技术。

思考题

2.1 有史以来国际上共推出了哪几种温标?

2.2 接触式和非接触式测温仪表都有哪些,有哪些特征?

2.3 我国有哪几种标准化热电偶,各自的应用范围?

2.4 热电偶的基本性质有哪些?

2.5 在不同的场合下用热电偶的测温有哪些误差,如何修正?

2.6 与接触式测温技术相比,非接触式测温技术有什么优点?

2.7 用红外测温时被测物体发射率对测温有什么影响?

2.8 简述红外测温技术的应用范围和发展趋势。

2.9 简述红外热成像测温和全息干涉测温原理。

2.10 简述光纤结构和辐射测温基本原理。

2.11 简述接触式和非接触式辐射高温传感器的区别。

2.12 红外/热电偶二合一测温有什么优势?

2.13 声学测温有什么特点?调研并交流现代无接触测温技术的应用和发展情况。

2.14 了解冶金或其他领域测温的各种方法和存在问题。

2.15 自制热电偶,在相变工质管上设计多层保温层,测量出各层的温度分布,并绘图分析。

参考文献

1 [英]奎恩 T. J. 温度测量. 凌善康,赵琪译. 北京:中国计量出版社,1986

2 林宗虎. 工程测量技术手册. 北京:化学工业出版社,1997

3 王子延. 热能与动力工程测试技术. 西安:西安交通大学出版社,1998

4 http://www.hightechsys.com/contents/en－us/2216ControllerDataBulletin.pdf

5　Curry Stephen J, Mastanduno Richard T. Airtight thermocouple probe. United States Patent 5520461,1996-05-28
6　YAMARI INDUSTRIES, LIMITED. タングステン⁻レニウム熱電対の一般特性. http://www.yamari.co.jp/products_a.html,2000
7　王魁汉,李友,王柏忠．温度测量技术的最新动态及特殊与实用测温技术．自动化仪表,2001,22(8):1～7
8　张锡九．铠装式钨铼热电偶．中国实用新型专利．88202039,1988-10-19
9　燕本富．抗氧化钨铼热电偶．中国实用新型专利．92220331.8,1993-12-08
10　袁家锦．抗氧化钨铼热电偶．中国实用新型专利．94241877.8,1995-03-29
11　谭奇权．抗氧化钨铼热电偶．中国实用新型专利．200420060115.1,2005-07-06
12　王魁汉,崔伟孟．复合管型实体热电偶．中国实用新型专利,90206140.2,1991-02-06
13　王魁汉,崔传孟．实体型防氧化钨铼热电偶．中国实用新型专利,92210122.1,1992-07-15
14　崔传孟,王魁汉,徐秀光．实体化铂铑系热电偶．中国实用新型专利,93228708.5,1994-05-18
15　王魁汉,吴兴华．复合管型铠装热电偶．中国实用新型专利,01246746.4,2002-10-09
16　孙朝晖,王魁汉,邓孝伯,张帆．一种热电偶．中国实用新型专利,200420032886.X,2005-03-30
17　王魁汉,高允彦．铝电解液温度测量用浸入式热电偶．中国发明专利,01128042.5,2002-01-23
18　包头永华仪器仪表公司．http://www.yonghua888.com/product/wxkzrdo.html.2005
19　何启楦,荣淑芹,王树铎．快响应微型热电偶．中国实用新型专利,86200753,1987-01-14
20　周一欣,刘静．超微型热电偶的电化学制备方法及其制备装置．中国发明专利,02155225.8,2004-06-23
21　OKAZAKI. Special Temperature Sensor. http://www.okazaki－mfg.com/products/exs/exs_TC.pdf,2006-01-15
22　施明恒,薛宗荣．热工实验的原理和技术．南京:东南大学出版社,1992
23　徐顺生,时章明,杨刚,王达科．基于传热原理的热电偶测温误差模型及应用．传感器与微系统,2006,25(5):15～18
24　郝丽宏,林凌,易志明,李刚．热电偶测温的若干问题．电子产品世界,2003(01A):83～85
25　张世银,汪仁和．不同环境引起热电偶测温差异的试验研究．安徽理工大学学报(自然科学版),2005,25(3):30～32
26　程大亨．热工过程检测仪表．北京:中国电力出版社,1997
27　黄素逸．动力工程现代测试技术．武汉:华中科技大学出版社,2001
28　吕崇德．热工参数测量与处理(第二版)．北京:清华大学出版社,2001
29　陈尧生．光学创新型测温仪的研制．中国有色金属,2006(4):66～67
30　刘德明,向清,黄德修．光纤技术及其应用．成都:电子科技大学出版社,1994

31 罗承沐,余鹏雁. 热电偶——光纤测温装置. 自动化技术,1989(1):1~4
32 赵银汉. 光纤测温技术在变压器上的应用. 电力技术,1990(11):48~49
33 翟磊. 手持式光纤测温仪. 微处理机,1991(3):64~66
34 袁宝慧. 炸药爆温的光纤测量法测量. 光子学报,1998,27(6):563~567
35 施明恒,祝涛. 微波冷冻干燥过程中光纤测温技术的研究. 上海交通大学学报,1999,33(8):1039~1042
36 申远,殷宗敏. 基于膨胀法的新型光纤测温仪. 光学技术,2004,30(3):365~366,369
37 李维来,王成林. 光纤测温技术及其在制硫炉的应用. 化工自动化及仪表,2004,31(1):62~64
38 Masataka Sato, Miki Hirai, Takaaki Ishigure, Yasuhiro Koike. High Temperature Resistant Graded-Index Polymer Optical Fiber. Journal of Lightwave Technology,2000,18(12):2139~2150
39 Takaaki Ishigure, Masataka Sato, Atsushi Kondo, Yasuhiro Koike. High-Bandwidth Graded-Index Polymer Optical Fiber With High-Temperature Stability. Journal of Lightwave Technology,2002, 20(8):1443~1448
40 Takaaki Ishigure, Masataka Sato, Atsushi Kondo, Yasuyuki Tsukimori, Yasuhiro Koike. Graded-Index Polymer Optical Fiber With High Temperature and High Humidity Stability. Journal of Lightwave Technology,2002, 20(10):1818~1825
41 Masataka Sato, Takaaki Ishigure, Yasuhiro Koike. Thermally Stable High-Bandwidth Graded-Index Polymer Optical Fiber. Journal of Lightwave Technology,2000, 18(7):952~958
42 高瀬 和之,渡辺 博典,角田 恒巳,佐藤 隆,柴田 光彦,玉井 秀定. 光ファイバーによる多点情報同時計測技術の開発. 日本原子力学会年会,2004,2004s(SPACE):281
43 Zhang Y,Pickrell G,Qi B,Wang A. Single-Crystal Sapphire-Based Optical High Temperature Sensor For Harsh Environments. Optical Engineering, 2004,43(1):157~64
44 Huang Z,Peng W,Xu J,Pickrell G,Wang A. Fiber temperature sensor for high pressure environment. Optical Engineering,2005,44(10):
45 Zhu Y,Cooper K L,Pickrell G R,Wang A. High Temperature Fiber-Tip Pressure Sensor. Journal of Lightwave Technology,2006,24(2):861~869
46 Xiao Hai,Deng Jiangdong,Pickrell Gary,May Russell G,Wang Anbo. Single-Crystal Sapphire Fiber-Based Strain Sensor for High-Temperature Applications. Journal of Lightwave Technology,2003, 21(10):2276~2283
47 郭凤珍,于长泰. 光纤传感技术与应用. 杭州:浙江大学出版社,1992
48 王惠文,江先进,赵长明. 光纤传感技术与应用. 北京:北京国防工业出版社,2001
49 杨世铭,陶文铨. 传热学(第三版). 北京:高等教育出版社,1998
50 江先阳,石定河. 测温用黑体腔的理论研究. 红外技术,1998,20(2):18~20
51 郝晓剑,孙伟,周汉昌,赵宇. 蓝宝石光纤黑体腔高温计. 应用基础与工程科学学报,

2004,12(2):218~223

52 王魁汉,邓洪君. 消耗型光纤辐射温度计的新动向. 自动化仪表,2000,21(4):1~3

53 深圳君达时代仪器公司. F561 二合一测温仪. http://www.cewenyi.com/cewenyi Product 2632961.html,2006

54 Green S F. Acoustic temperature & velocity measurement in combustion gases. Proceedings of The Eighth International Heat Transfer Conference. C L Tien, V P Carey and J K Ferrel, editors. San Francisco, California USA,1986,(2):555~560

55 Fumio Ito, Masayasu Sakai. Fundamental Studies of Acoustic Measurement and Reconstructing Combustion Temperature in Large Boilers. Nippon Kikai Gakkai Ronbunshu, B Hen,1987,53(489):1610~1614

56 Dushaw Brian D, Howe Bruce M, Mercer James A, Spindel Robert C, Baggeroer A B, Menemelle B D, etc. Multimegameter-range acoustic data obtained by bottom-mounted hydrophone arrays for measurement of ocean temperature. IEEE Journal of Oceanic Engineering,1999,24(2):202~214

57 Kychakoff George, Hollingshead Andrew F. Boyd Stewart P. Use of acoustic temperature measurements in the cement manufacturing pyroprocess. Cement Industry Technical Conference, 2005. Conference Record. IEEE Cement Industry Technical Conference Record. 2005,23~33

58 Koichi Mizutani, Satoshi Kawabe, Ikumi Saito, Hiroyuki Masuyama. Measurement of Temperature Distribution Using Acoustic Reflector Array. Japanese Journal of Applied Physics. 2006, 45(5B):4516~4520

59 李言钦,周怀春,何其伟. 采用声波法监测四角切圆流场二维分布特性的模拟研究. 中国电机工程学报,2003,23(11):215~219

60 张晓东,高波,宋之平. 相关函数法在声学测温技术中的应用研究. 中国电机工程学报,2003,23(4):185~188

61 安连锁,宋志强,姜根山,沈国清. 考虑声波折射的声学锅炉温度场测量技术的研究. 动力工程,2005,25(3):378~381

3 压力和速度的测量

3.1 概述

压力和速度也是热工实验中最常见的两个物理量。所谓压力从物理的概念上来说，是指单位面积上的垂直作用力，也称压强。被测量物体的压力可以是固体，也可以是流体。国际单位制(SI)用帕斯卡(Pa)作为通用的压力(N/m^2)单位，就是当作用于$1m^2$面积上的力为1N时就等于1Pa。以mmHg、mmH_2O、atm或bar表示的均为非国家法定单位，它们与Pa的换算关系如表3-1所示。

表 3-1 常用压力单位换算关系

单 位	Pa	mmHg	mmH_2O	atm	bar
Pa	1	7.500×10^{-3}	0.102	9.869×10^{-6}	10^{-5}
mmHg	1.333×10^{2}	1	13.60	1.316×10^{-3}	1.333×10^{-3}
mmH_2O	9.896	7.36×10^{-2}	1	0.9680×10^{-4}	9.804×10^{-5}
atm	1.01325×10^{5}	760	1.033×10^{4}	1	1.033
bar	10^{5}	750	1.02×10^{4}	0.98665	1

通常利用各种压力传感器来测量压力和速度。传感器能感受规定的被测量并按照一定的规律转换成可用输出信号的器件或装置。它通常由敏感元件和转换元件组成。

压力传感器也包括两部分，一是直接能感受到压力的敏感元件，二是将感受到的压力信号转换为一定的物理量表示出来的元件或仪器。

热能与动力工程中常常要涉及到流体的流动问题。对于流体流动的压力来说，可分为静压、全压和动压。静压是指运动流体垂直作用于与其速度方向相平行的单位表面积上的力。流体的全压是指流体从流动速度等熵滞止到零时所具有的压力。而全压与静压的差值，称为动压。

对流体的压力要有一个全方位的概念。首先要弄清什么是大气压力，接下来要弄清什么是绝对压力、真空或负压、表压力和压差。大气压力是指地球表面上的空气柱重量所产生的绝对压力，一个标准大气压的含义是由纬度 45°、温度为 0℃、重力加速度为 9.80665m/s^2 的海平面上的空气柱重量所产生的绝对压力，大小为 101325Pa。绝对压力是以完全真空作为零标准所表示的压力；真空是指大气压力与绝对压力之差的绝对值，而且是在绝对压力小于大气压力时，此时的绝对压力称为真空度；压差是除了大气压力之外的任意两个压力之差。

压力传感器一般有液柱式、机械式、电磁式、气动式、光学式等形式。利用压力传感器不仅可以测量流体的压力，还可测量流体的速度。当然流体的速度还可用其他方法测量，例如各种激光测速仪等。

3.2 压力传感器

3.2.1 液柱式和机械式压力传感器

液柱式压力传感器被广泛地应用于气体压力的测量。主要形式有 U 形管压力计和斜管压力计。

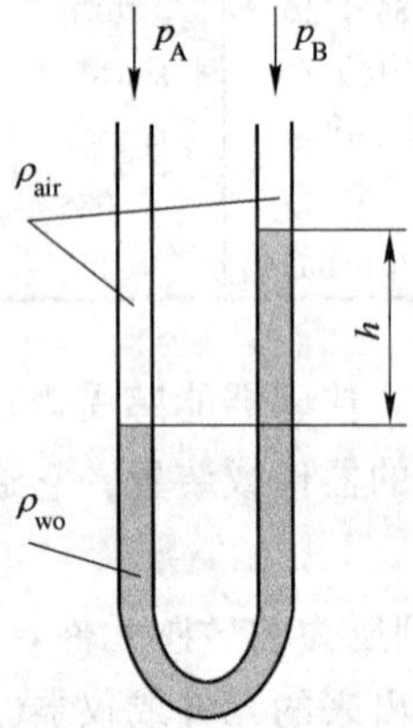

图 3-1 U 形管压力计

3.2.1.1 U 形管压力计

U 形管压力计的结构如图 3-1 所示，U 形管的两个端头，就是直接能感受压力的传感部位。U 形管一般用直径 10mm 的玻璃管，在 U 形玻璃管中装有已知密度的液体，一般为水、水银或四氯化碳等。在这里，设工作液为水，密度为 ρ_{wo}，U 形压力计的一支管与大气相通，压力为 p_B，另一支管通入被测压力 p_A，其压力差 Δp 可写成

$$\Delta p = p_A - p_B = h(\rho_{wo} - \rho_{air})g \tag{3-1}$$

因为 $\rho_{wo} \gg \rho_{air}$，ρ_{air} 可以忽略，故当 U 形压力计中用水为工作液时，压力差为

$$\Delta p = h\rho_{wo} g \tag{3-2}$$

同理，当工作液为水银时，压力差为

$$\Delta p = h\rho(\text{Hg})g \tag{3-3}$$

式(3-2)和式(3-3)如果不考虑重力 g,就可以直接读出 mmH_2O 和 mmHg 来。

当压力差一定时,工作液的密度可以决定 U 形管压力计的灵敏度。在同样的压力差情况下,工作液为水的 h 值要比工作液为水银的 h 值高;在 25℃下,水银的密度是水的密度的 13.5 倍还多。因此人们常常用水银式 U 形压力计测量较大的压力或压差。

另外,由于水和水银的表面张力不同,充装水银的 U 形管压力计内的液柱面呈凸状曲面,读压力差时,应从凸状曲面的顶点开始算起;相反,充装水的 U 形管压力计内的液柱面呈凹状曲面,读压力差时应从它的凹状曲面顶点计算。

3.2.1.2 斜管压力计

斜管压力计是 U 形管压力计中一支管倾斜到一定位置来测压力的一种(见图 3-2)。其特点是具有放大压力或压力差的作用,通常称为斜管式微压计,工作液用较纯的酒精。

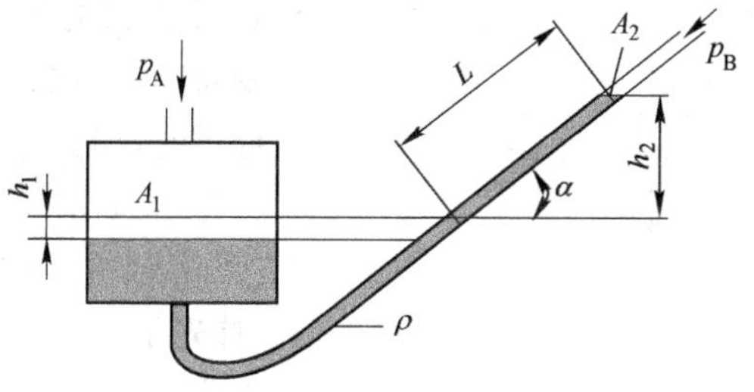

图 3-2 斜管压力计

由压力平衡可写出

$$\begin{aligned}\Delta p &= p_A - p_B \\ &= h_1\rho - h_2\rho \\ &= \left(\frac{A_2}{A_1}l + l\sin\alpha\right)\rho \\ &= kl\end{aligned} \tag{3-4}$$

式中 A_1,A_2——分别为存储工作液容器截面面积和支管截面面积,m^2;

k——斜管压力计转换因子;k 一般取 0.2、0.4、0.6、0.8,作为斜管压力计的选择参数;

l——工作液在玻璃管中上升的长度。

常用的斜管压力计上有一个弧形支架，上面有 0.2、0.4、0.6、0.8 刻度，即为 k 值，测量时只要将支管上的 l 读出，乘以所对应的 k 值，即为所测压力或压差的大小。单位为 mmH_2O，再转换为国家法定单位 Pa。

这种压力计的测量范围为 0～2000Pa，精度为 0.5～1.0 级。

3.2.1.3 机械式压力传感器

机械式压力传感器也称为弹性式压力计。这类压力计是根据弹性元件受压后产生的变形和压力之间的关系制成的。主要有应变膜式、波纹管式和弹簧管式。它们的测压范围较宽，为 $10 \sim 10^9$ Pa，测量精度也相当高。

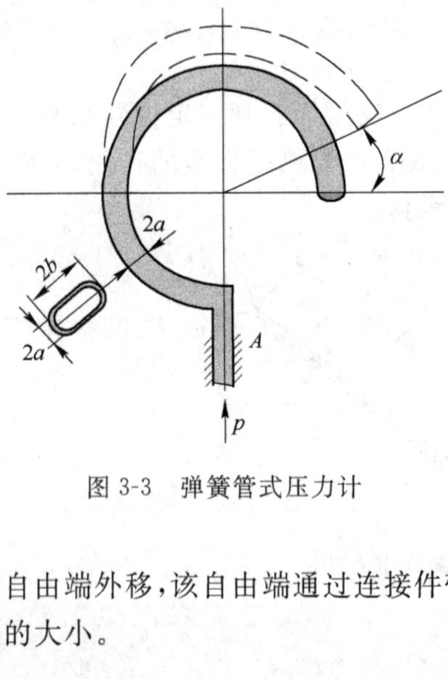

图 3-3 弹簧管式压力计

弹簧管式压力计属于最普遍应用的一种压力计，它不仅可以测量 $10^5 \sim 10^9$ Pa 的压力，还可以测量真空。其结构十分简单，是一种用扁圆形或椭圆形截面形状的管弯成圆弧状，一端固定，一端自由，而自由端是封闭的，如图 3-3 所示。

它由固定端感受被测压力，弹簧管内承受压力就会变形，首先是截面趋于圆形，紧接着弯曲的弹簧管伸展，使封闭的自由端外移，该自由端通过连接件带动压力表指针转动，从而测出压力的大小。

3.2.2 电测式压力传感器

电测式压力(压差)传感器的种类很多，如电容式、电位计式、应变式、压电式、振频式、霍尔式、力平衡式、电涡流式等。根据它们的工作原理不同，其性能和适用范围也不同。

电容式压力(压差)传感器是利用压力或压差可以导致弹性元件的位移特点，将弹性元件的位移变成电容值改变，从而将造成弹性元件位移的压力或压差信号变成电信号，再经过电路转换成标准信号输出。

如有一种陶瓷电容式压力传感器，基于电子陶瓷电容技术，当压力增加时加在陶瓷电容上的压力会增加，使得电容值正比于压力值。其体积小，过载能力强，抗干扰，稳定性好，精度可以达到 0.1～0.2，测量范围为 0～60MPa。

电位计式压力(压差)传感器，是将压力(压差)信号变为电位信号，然后以电流或电压信号输出，信号值较大，结构简单，精度级较低，一般为 1.0～1.5 级，不适于振动状况或精密测量。

应变式压力(压差)传感器，是利用金属应变片或半导体应变片将测量压力(压差)的弹性元件的应变转换成电阻的变化，从而达到测量压力或压差的目的。可分为不粘贴式、粘贴式和扩散式。粘贴式应变式压力传感器中的金属箔式应变片如图 3-4 所示，其结构简单，散热条件好，能承受较大的电流和电压，输出灵敏度高。其敏感栅用厚度为 0.003～0.01mm 的金属箔经照相、光刻技术腐蚀而成，可以制成尺寸准确的各种形状。如冶金压力加工过程中的轧钢机等就常用这种应变片进行轧制压力的测量。

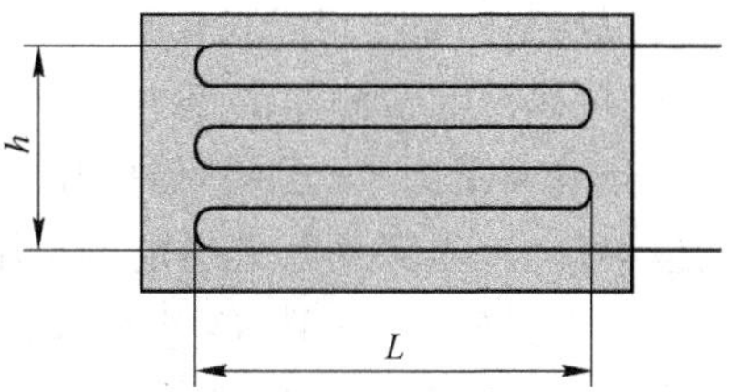

图 3-4 金属箔式应变片

电涡流式压力(压差)传感器的工作原理是将高频电流输入空心电感线圈，使电感线圈产生一个动磁场，靠近线圈的金属板在磁场作用下会感应出电涡流。当金属板在压力(压差)作用下沿轴线方向移动时，线圈电感量便发生相应的变化，如图 3-5所示。通过电路测量出电感量的变化，就可以测量压力或压差值。

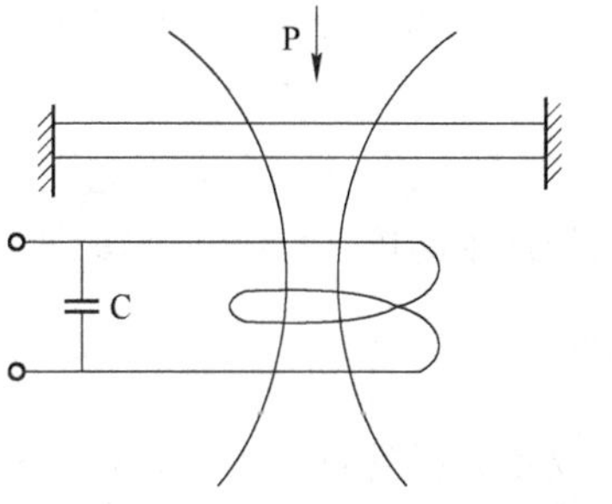

图 3-5 电涡流式压力传感器工作原理

这种传感器的一个特殊用途就是可以测量核爆炸等恶劣工况下冲击波的压力。

3.2.3 光学式压力(压差)传感器

这类传感器是利用光学原理和光电转换等技术来测量压力或压差的。一般有光导纤维式、光电式及激光式等。

光导纤维简称光纤,是用来传输光波能量的导线,可以将光强和光频由一端传到另外一端。光纤呈圆柱形,通常由玻璃纤维芯和玻璃包皮制成。

光纤式压力(压差)传感器的工作原理是:在感应膜片上贴一个柔软的反射镜,用一束光线照在反射镜上,膜片受压力作用发生形变时,反射镜反射出的入射光的光强就发生改变。由此通过测量光强的大小,就可以确定被测量的压力或压差值。

光电式压力(或压差)传感器以氦氖激光为光源,通过感应膜片形成位移,经过换算关系来确定被测压力或压差值。

光学式压力(压差)传感器不受电场、磁场的干扰,灵敏度高。特别是光纤式,体积小,重量轻,可以加工成各种形状的感应元件,并且可以直接与现代通信网络相连接,形成遥测和控制系统。其测压的最大值可达 3000kPa,测压范围可达 20kPa。

3.2.4 气动式压力(压差)传感器

气动式压力(压差)传感器工作原理是,将感应元件受压后产生的位移通过喷嘴挡板机械变成气压输出信号,再经过数据传送或显示。这种气动式压力传感器又可以分为位移平衡型和力平衡型两类,它们在工作中需要压缩空气作为动力源,能将信号远距离传送,具有防爆的特点。

3.3 流体压力和速度测量原理

流体的压力和速度是描述热工设备运行的重要参数。在各种测量流体压力和速度的方法中,最普遍的是气体动力测压法。这种方法所使用的感受元件称为测压管或测速管。

3.3.1 测压管测量原理

假设一流体低速水平流动,密度为常数,不可压缩,绕过一物体,如

图 3-6 所示。根据理想流体绕物体流动的位流理论，由一维水平稳定流动的微分方程式，可以写出

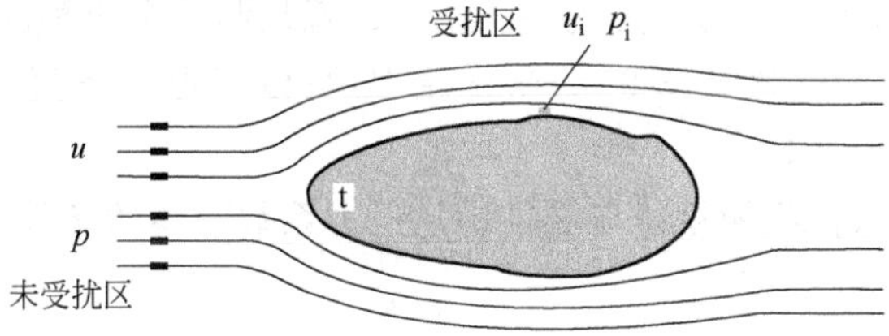

图 3-6 流体受扰流动模型

$$u\mathrm{d}u+\frac{\mathrm{d}p}{\rho}=0 \tag{3-5}$$

设流体未受扰动区域的速度和静压力分别为 u 和 p，受扰动区的速度和静压力分别为 u_i 和 p_i，通过对式(3-5)积分，可以得到伯努利(Bernoulli's)方程式

$$\frac{1}{2}u^2+\frac{p}{\rho}=\frac{1}{2}u_i^2+\frac{p_i}{\rho}=\mathrm{cons\ tan}t \tag{3-6}$$

即
$$p_t=\frac{1}{2}u^2\rho+p=\frac{1}{2}u_i^2\rho+p_i \tag{3-7}$$

式(3-7)说明，总的压力沿着流动方向是不变的。p_t 称为全压(总压)，p 或 p_i 称为静压，$\frac{1}{2}u^2\rho$ 或 $\frac{1}{2}u_i^2\rho$ 称为动压，它就是全压与静压之差。

未受扰动的流体到达 t 点时，部分流体质点完全滞止，即速度等于零。在任何被流体绕过的物体上，都会存在这样的点。因此，t 点就称为临界点或驻点。驻点上的压力就是全压，而这点上的全压就等于静压

$$p_t=p \tag{3-8}$$

如果在驻点处迎着流体方向放置一个小管，管口所感受的压力就是全压。

在未扰动区和扰动区之间，当扰动很小时，可以认为 $u_i\approx u\neq 0$，由式(3-7)，

$$p_i=p \tag{3-9}$$

即受扰动区的压力等于未扰动区的压力。根据静压力的概念，它是垂直作用于流体流动方向单位面积上的作用力。由此可知，只要在

扰动较小的条件下，与未扰动区有一定距离的合适位置上，垂直作用于流体流动方向的物体上开孔，或者放置一个小管管口与流体流动方向垂直，则它们所感受的压力就是静压。这就是测量全压和静压的原理。

依据式(3-8)和式(3-9)的测压原理，可以获得测量流动流体的全压和静压的方法。

很多文献提到测量静压必须满足压力系数为零的条件。压力系数通常用 C_i 来表示，即

$$C_{\mathrm{i}}=\frac{p_{\mathrm{i}}-p}{\frac{1}{2}u^2\rho} \tag{3-10}$$

$C_{\mathrm{i}}=0$ 时，$p_{\mathrm{i}}=p$ 恰好满足静压的测量。

由式(3-7)，可以确定流体速度的大小

$$u=\sqrt{\frac{2(p_{\mathrm{t}}-p)}{\rho}} \tag{3-11}$$

3.3.2 各种一维测压管

由前述可知全压、静压和动压之间的关系，因此，只要拥有全压测量管和静压测量管，就可以进行流体压力和速度的测量。

一般对测压管的要求是：

(1) 在惯性不大的情况下，感压部分的尺寸尽量要小。

(2) 对来流方向的敏感性越迟钝越好。

(3) 要有足够的强度。

(4) 感受孔与测压管转轴之间要保持最小的距离。

3.3.2.1 全压管

设计全压管的关键参数是使流动偏角具有不敏感性能。因为在实际应用中，并不能十分准确地使测量孔对准来流方向。而由于它的不敏感性，即使来流方向与全压孔轴线有一定的偏角，还可以正确地测量全压值。图 3-7 所示是 L 形全压管的几种结构型式。

全压管对流动的偏斜角的敏感性在很大程度上取决于 d_2/d_1 及全压管头部的形状。对于图 3-7(b)，对水平扩展角的不灵敏度为 5°～15°，并且随 d_2/d_1 的增加而增加。

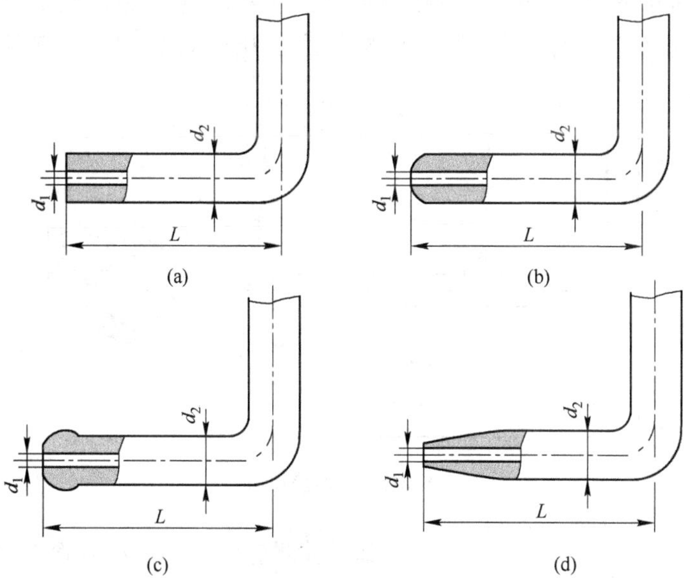

图 3-7 L 形全压管几种形式

圆柱形全压管如图 3-8 所示。当 $l/d_1 \geqslant 1.5$ 时，其修正系数为 1.0。对水平方向流动偏斜角的不灵敏性，也是随 d_2/d_1 的增大而增大。当 $d_2/d_1 = 0.4 \sim 0.7$ 时，对水平方向的不灵敏度为 $\pm(10° \sim 15°)$，对垂直方向扩展角的不灵敏度为 $\pm(2° \sim 6°)$。

3.3.2.2 静压管

与全压管相比较，静压管的设计要复杂些。因为测量静压分为两种情况：(1)测量被绕流物体表面上某点的压力或流通壁面上流体的压力；(2)测量流场中某点的压力。

对于第(1)种情况，可以在绕流物体上或者流动壁面上开静压孔，开孔直径为 0.5～1.5mm，孔口要光洁，孔轴线垂直于壁面。

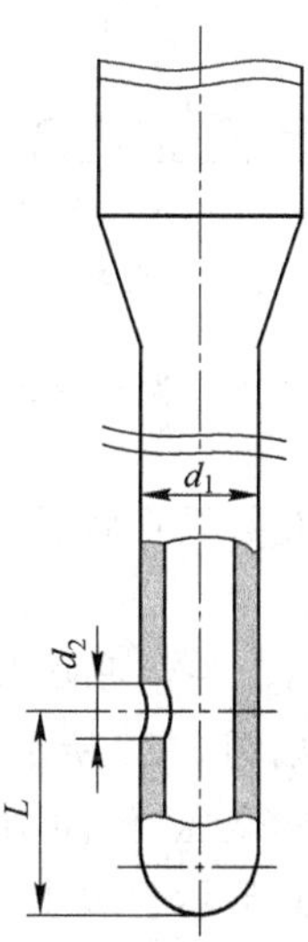

图 3-8 圆柱形全压管

对于第(2)种情况，可以利用尺寸较小具有一定形状的测压管插入流体中进行测量，图 3-9 为 L 形静压管，图 3-10 为圆盘形静压管。

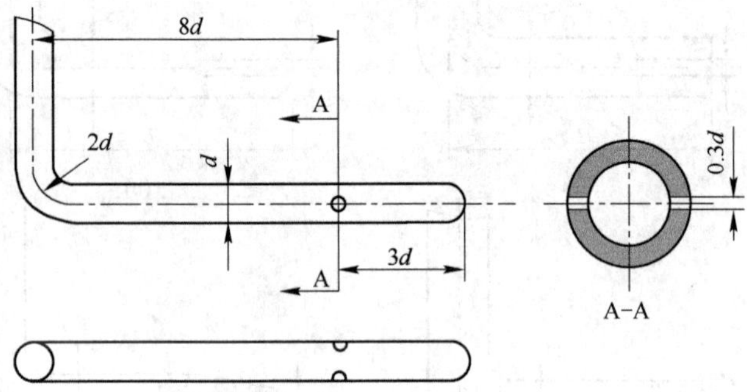

图 3-9　L 形静压管

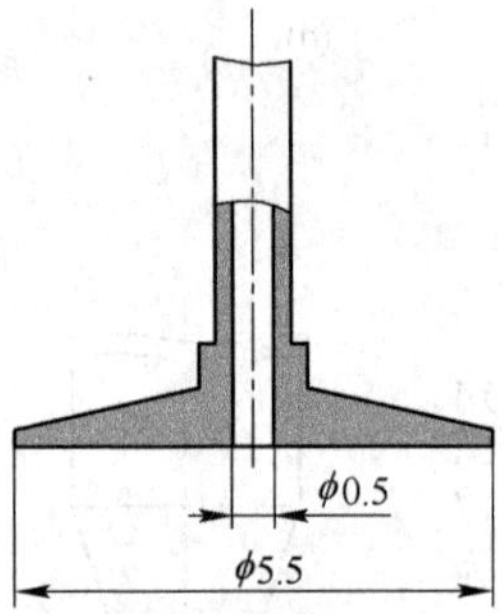

图 3-10　圆盘形静压管

如果被测量的是平直流通管内的流体静压(截面上无静压差)，则可以用第(1)种来代替第(2)种静压管。

3.3.2.3　皮托管

皮托管也称测速管(速度探针)，是将全压管和静压管组合到一起直接得到动压的测压或测速工具。其结构简单，精度较高，得到广泛的应用。

皮托管是测量流体空间中某点的平均速度，它的头部形状、全压孔的大小、静压孔的孔数及形状、探头与支杆轴的连接方式，都会对它的测量精度产生影响。

A　一字形或 *L* 形皮托管

如图 3-11 所示，一字形或 L 形皮托管头部临界点的中心孔测量流体的全压，侧面均布的小孔或狭缝测量流体的静压，把它们的连通管接到显示仪表上，就可以得到全压和静压的差值，即动压。这种形式的皮托管，其头部为半球形的要比头部为锥形的对流动方向的不敏感性大。

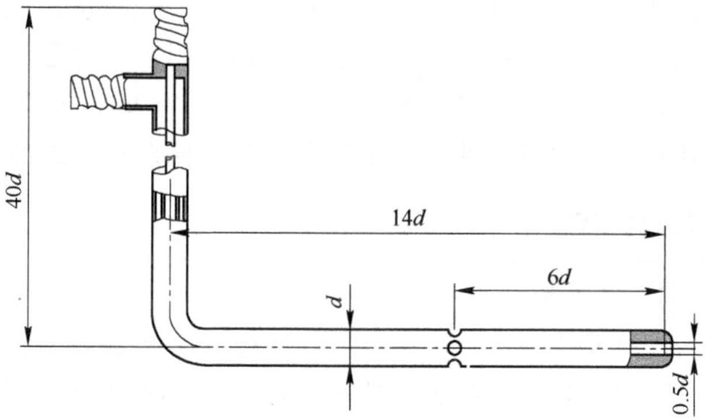

图 3-11 L形皮托管结构

B T形皮托管

T形皮托管比较适用于含尘量大的气体通道及输油管道上的流速测量。如图 3-12 所示，它由两根小管背靠背焊接在一起，其中迎着来流的小孔测量全压，背着来流的小孔测量静压。这种测压管对流动方向的变化很敏感。

T形皮托管结构简单，制作方便，截面尺寸小，对流场的影响小；但是刚度差，适合近壁处的测量。

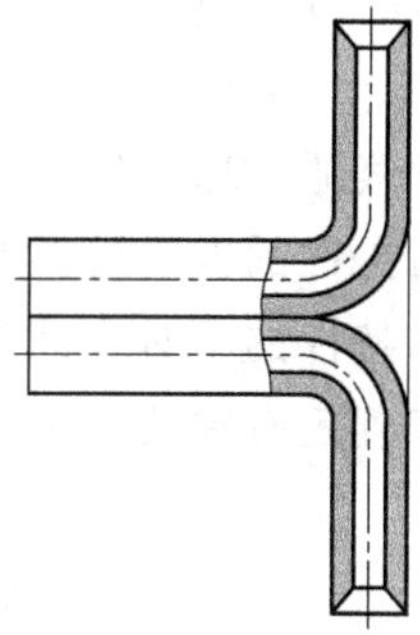

图 3-12 T形皮托管

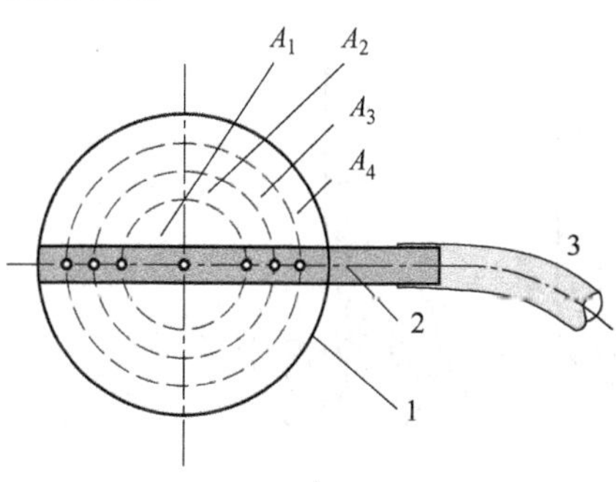

图 3-13 笛形管的设计思想和安装

1—管道截面；2—笛形管；

3—接测压显示仪表的连接管

C 笛形管

对于一维的管流流动，人们经常使用一种像笛子形状的测压管，称为笛形管。在管道内安装的笛形管如图 3-13 所示，笛形管的设计思想是将被测量管的截面分成若干的同心圆，每个圆环的面积均相等，即 $A_1 = A_2 = A_3 = A_4$。

在等面积环的划分圆与直径相交点及中心处开测量孔，这样各个孔所感受的全压为平均值。如果在它的背面再附设一个静压管，注意静压管的孔口要与流体流动方向垂直，两支测压管测得的差值就是动压。因此用笛形管可以方便地测量管道截面上的平均流速[1,2]。

3.3.3　三维测压管

3.3.3.1　五孔探针

在研究空气动力场的过程中，经常要测量三维空间的气流速度场，它包括流速及其方向。就接触式的测量系统来说，有五孔测压管、七孔测压管，通常分别称为五孔探针和七孔探针。

典型的球形五孔探针的结构如图 3-14 所示，它是由球头和支杆组成，球头的直径一般为 5～10mm，球面上有 5 个测压孔，测压孔的直径为 0.5～1mm，中间孔与侧孔轴线间的夹角为 30°～50°，一般取 45°，支杆轴线通过球心偏在后面。一些经验表明，支杆相对于球头轴线的位置对探针的方向特性有一定的影响，支杆轴心相对于球中心后移越多，方向特性的不对称性越小。一般在支杆的后边还设置一个测角器，用它来确定有关的角度，进而计算来流的方向。

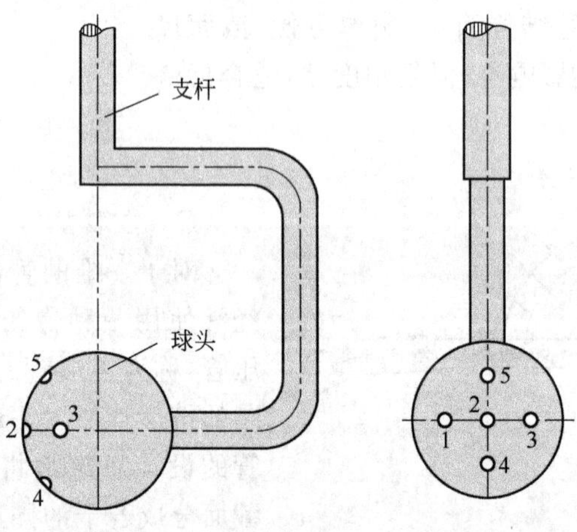

图 3-14　球形五孔探针的结构外形

除了球形五孔探针以外，还有管束形和楔形五孔探针。管束形五孔探针的感受头部尺寸小，支杆离测孔较远，它比球形五孔探针对来流参数的影响要小。因此可以用它较准确地测量不均匀流场中一个点的参数。

楔形五孔探针由于它的头部形状特点，更适合测量狭窄流动空间的流场参数，特别是当垂直于支杆轴线平面内全压力梯度较大时，用它测量流场参数会获得较高的准确度。

上述 3 种五孔探针的测压原理基本相同。下面以球形五孔探针为例，介绍它们的测量原理（见图 3-15）。

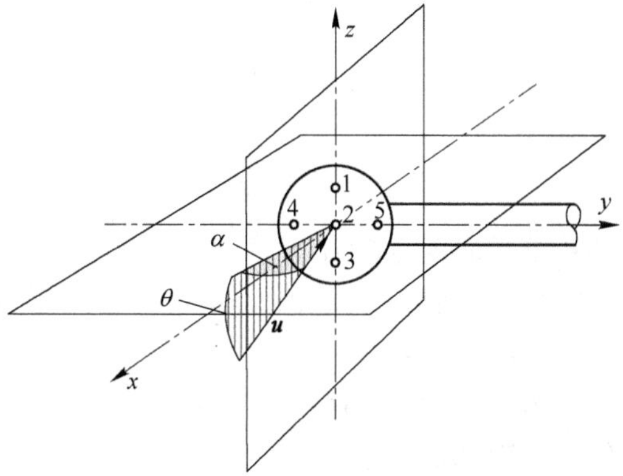

图 3-15 球形五孔探针的测量原理示意图

图 3-15 中各符号的意义为：

x——平面上的一个参考轴；

y——平面上与支杆方向相一致的参考轴；

z——垂直于 x,y 平面的参考轴；

$\boldsymbol{u}$——速度矢量；

α——速度矢量在 xy(4-2-5)平面上的投影与 xz(1-2-3)平面的夹角，这个角度位于前述的中间孔与侧孔轴线间的夹角范围内，$-45°\leqslant\alpha\leqslant+45°$；

θ——速度矢量在 xz(1-2-3)平面上的投影与 xy(4-2-5)平面的夹角，也称仰视角，因为球头可以随着支杆在圆周 360°内任意转动，故有 $-360°\leqslant\theta\leqslant+360°$。

另外各孔之间的夹角，设为 β，可称为结构角，一般取 45°，它实际上是 α 角度的正极限值。

应用流体绕流球体的特性，当空间气流以速度 $\boldsymbol{u}$ 流向球形探头时，流体对球面不同方向产生不同的压力，则各孔感受的压力为

1 孔 $$p_1=p+k_1\frac{|\boldsymbol{u}|^2}{2}\rho \tag{3-12a}$$

2 孔 $$p_2=p+k_2\frac{|\boldsymbol{u}|^2}{2}\rho \tag{3-12b}$$

3 孔 $$p_3=p+k_3\frac{|\boldsymbol{u}|^2}{2}\rho \tag{3-12c}$$

4 孔 $$p_4=p+k_4\frac{|\boldsymbol{u}|^2}{2}\rho \tag{3-12d}$$

5 孔 $$p_5=p+k_5\frac{|\boldsymbol{u}|^2}{2}\rho \tag{3-12e}$$

式中 p_i——各孔感受的压力，Pa；

k_i——i 孔的压力系数，$i=1,2,3,4,5$；

p——测点处静压，Pa；

$|\boldsymbol{u}|$——测点的空间速度，m/s；

ρ——气流密度，kg/m^3。

用五孔探针测速有两种方法：一种是对向测量，即旋转测量法；另一种是不对向测量，即不旋转测量法。

所谓旋转测量法，就是在测量时旋转测角器，使 1 孔和 3 孔的压力相等，测得 θ 角，同时读出各孔压力值，再根据压力系数和特性曲线查到 α 角，算出静压，最后算出气流速度和各方向分速度。

在实验中还常常采用不旋转测量法以便快速测量，即把探针置于测量点不旋转，测出 5 个孔的压力值，再用推导出的计算公式求出测点的速度大小和方向。

如果气流对每个孔的偏角均不同，利用球面角的关系，从理论上可以推导出每个孔的压力系数 k_i 为

$$k_1=\frac{9}{4}(\cos\theta\cos\beta+\sin\theta\sin\beta)^2\cos^2\alpha-\frac{5}{4} \tag{3-13a}$$

$$k_2=\frac{9}{4}\cos^2\theta\cos^2\alpha-\frac{5}{4} \tag{3-13b}$$

$$k_3=\frac{9}{4}(\cos\theta\cos\beta-\sin\theta\sin\beta)^2\cos^2\alpha-\frac{5}{4} \tag{3-13c}$$

$$k_4=\frac{9}{4}(\cos\theta\cos\beta\cos\alpha+\sin\alpha\sin\beta)^2\cos^2\alpha-\frac{5}{4} \tag{3-13d}$$

$$k_5=\frac{9}{4}(\cos\theta\cos\beta\cos\alpha-\sin\alpha\sin\beta)^2\cos^2\alpha-\frac{5}{4} \tag{3-13e}$$

当结构角 β 为 45°时，则可简化为

$$k_1=\frac{9}{8}(1+\sin2\theta)\cos^2\alpha-\frac{5}{4} \tag{3-14a}$$

$$k_2=\frac{9}{4}\cos^2\theta\cos^2\alpha-\frac{5}{4} \tag{3-14b}$$

$$k_3=\frac{9}{8}(1-\sin2\theta)\cos^2\alpha-\frac{5}{4} \tag{3-14c}$$

$$k_4=\frac{9}{8}(\cos\theta\cos\alpha+\sin\alpha)^2-\frac{5}{4} \tag{3-14d}$$

$$k_5=\frac{9}{8}(\cos\theta\cos\alpha-\sin\alpha)^2-\frac{5}{4} \tag{3-14e}$$

设偏角系数为 k_θ 和 k_α，它们可以根据每个孔的压力系数 k_i 计算

$$\begin{aligned} k_\theta&=\frac{k_1-k_3}{2k_2-k_1-k_3}=\tan2\theta \\ k_\alpha&=\frac{k_1-k_3}{k_4-k_5}=\frac{\sin\theta}{\tan\alpha} \end{aligned} \tag{3-15}$$

偏角系数也等于

$$\begin{aligned} k_\theta&=\frac{p_1-p_3}{2p_2-p_1-p_3} \\ k_\alpha&=\frac{p_1-p_3}{p_4-p_5} \end{aligned} \tag{3-16}$$

测量时将探针置于测量点上，分别记下 p_1、p_2、p_3、p_4、p_5 的值，计算出的 k_θ 和 k_α 以及 θ 和 α，再计算出 k_i。然后按式(3-17)～式(3-22)分别计算出气流的全压、静压、空间速度标量和 3 个方向上的速度分量。

静压
$$p_s=\eta\left(p_2-k_2\frac{p_2-p_1}{k_2-k_1}\right) \tag{3-17}$$

全压
$$p_t=\eta\left[p_2+(1-k_2)\frac{p_2-p_1}{k_2-k_1}\right] \tag{3-18}$$

流体速度
$$u=\sqrt{\frac{2}{\rho}\eta\frac{p_2-p_1}{k_2-k_1}} \tag{3-19}$$

$$u_x=u\cos\alpha \tag{3-20}$$

$$u_y=u\sin\alpha\cos\theta \tag{3-21}$$

$$u_z=u\sin\alpha\sin\theta \tag{3-22}$$

各式中的 η 为比例系数，它考虑到测压管的形状影响（如 U 形倾角问题，U 形的设置是为了减少扰动）、工作液体的比重、温度和压力的修正，通常 $\eta=1$。

3.3.3.2　七孔探针

用五孔探针测量三维流场比较方便，但缺点是在水平方向上测量的角度范围较小，即 $\alpha=-45°\sim45°$，而且测量得出的数据也不能立即直观地反映出当时流场的情况，需要进一步对数据加以处理才可得知。这样不仅测量任务繁重，而且测量的速度、精度都不高。

清华大学研制的七孔探针自动测量系统由球形七孔探针、异步步进电机、角度传感器、压力传感器、模拟放大器、计算机数据采集（A/D）、开关量输出及数据处理系统组成。其特点是大广角，高灵敏度，整个测量过程都是由计算机自动控制，自动进行数据处理，从而将测量者从繁重的测量及处理数据的任务中解脱出来，为空气动力场的测试提供了一个有力的测量手段[3]。七孔探针自动测量系统如图 3-16 所示。

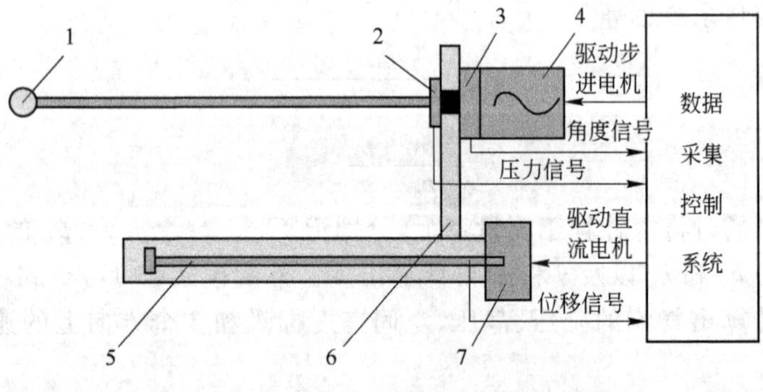

图 3-16　七孔探针自动测量系统示意图

1—球形七孔探针；2—压力传感器；3—角位移传感器；
4—控制探针旋转角度的步进电机；5—位移传感器；
6—三维坐标架；7—控制探针测点位置的直流电机

A 球形七孔探针测量原理

与五孔探针一样，七孔探针也是应用流体绕流球体的特性，用来测量空间流场的流动参数。如图 3-17 所示，在 ϕ6mm 的球面上开设七个 ϕ0.5mm 的感压孔，2，4，6 三个孔在探针纵剖面上，孔 4 在球头前端部；1，3，5，7 四个孔分别与中心孔 4 成 45°。七孔探针相对于五孔探针的最大改进是可以使 α 角范围大大增加，从原理上 α 角的范围可以达到 $-90°\leqslant\alpha\leqslant90°$，但由于探针支杆对六个孔的影响，以及校准时所用的风洞与探针支杆的位置对所能校得的 α 角的限制，最终使 α 测量范围为 $-60°\leqslant\alpha\leqslant75°$，就是说可测角度约为 135°，所以称之为大广角。

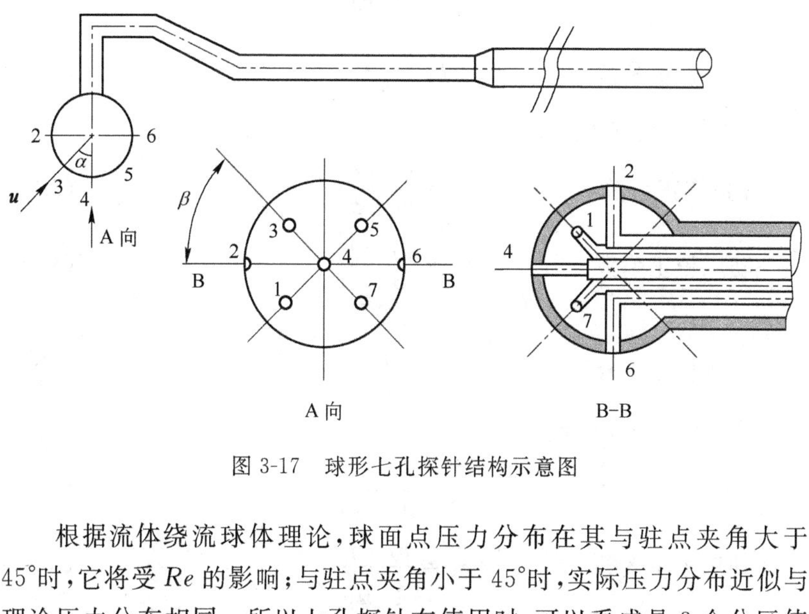

图 3-17 球形七孔探针结构示意图

根据流体绕流球体理论，球面点压力分布在其与驻点夹角大于 45°时，它将受 Re 的影响；与驻点夹角小于 45°时，实际压力分布近似与理论压力分布相同。所以七孔探针在使用时，可以看成是 3 个分区使用的球面多孔测压管。当 α 为 $-45°\sim45°$ 时，可采用中间的（1，3，4，5，7）五个孔；当 α 为 $45°\sim75°$ 时，可采用（1，2，3，4）四个孔；当 α 为 $-45°\sim-60°$ 时，可采用（4，5，6，7）四个孔。这里取顺时针为正。

B 七孔球形探针的校正系数

当 $-60°<\alpha<-40°$ 时：

α 角校正系数
$$k_{\alpha}=\frac{p_6-p_5}{p_4+p_6} \tag{3-23}$$

动压校正系数
$$k_{41}=\frac{p_6-p_5}{\frac{\rho}{2}|\boldsymbol{u}|^2} \tag{3-24}$$

全压校正系数
$$k_4=\frac{p_6}{p^*} \tag{3-25}$$

当$-40°<\alpha\leqslant 0°$时：

α角校正系数
$$k_\alpha=\frac{p_4-p_5}{p_4+p_6} \tag{3-26}$$

动压校正系数
$$k_{41}=\frac{p_4-p_5}{\frac{\rho}{2}|\boldsymbol{u}|^2} \tag{3-27}$$

全压校正系数
$$k_4=\frac{p_4}{p^*} \tag{3-28}$$

当$0°<\alpha\leqslant 40°$时：

α角校正系数
$$k_\alpha=\frac{p_4-p_1}{p_4+p_2} \tag{3-29}$$

动压校正系数
$$k_{41}=\frac{p_4-p_1}{\frac{\rho}{2}|\boldsymbol{u}|^2} \tag{3-30}$$

全压校正系数
$$k_4=\frac{p_4}{p^*} \tag{3-31}$$

当$40°<\alpha\leqslant 75°$时：

α角校正系数
$$k_\alpha=\frac{p_2-p_1}{p_4+p_2} \tag{3-32}$$

动压校正系数
$$k_{41}=\frac{p_2-p_1}{\frac{\rho}{2}|\boldsymbol{u}|^2} \tag{3-33}$$

全压校正系数
$$k_4=\frac{p_2}{p^*} \tag{3-34}$$

式中　p^*——来流的全压，Pa；

$p_1,p_2,p_3,p_4,p_5,p_6,p_7$——分别为各孔所对应的压力，Pa；

$|\boldsymbol{u}|$——来流速度，m/s；

ρ——空气密度，kg/m^3。

每组的3个校正系数都可以在风洞中校验得到。若七孔探针水平放置,规定探针支杆轴为 z 轴,与 z 轴水平垂直的为 x 轴,另外一个为 y 轴,则得到 α、θ 和速度 u 后可以按下式计算各速度分量(见图 3-18)。

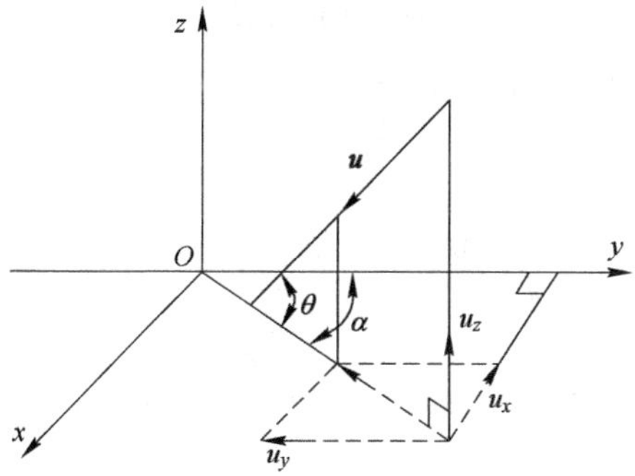

图 3-18 七孔探针所测速度分解图

各速度分量的计算:

$$u_x = |\boldsymbol{u}|\cos\theta\sin\alpha \tag{3-35a}$$

$$u_y = |\boldsymbol{u}|\cos\theta\cos\alpha \tag{3-35b}$$

$$u_z = |\boldsymbol{u}|\sin\theta \tag{3-35c}$$

下面来推导七孔探针球面上的各孔的压力。根据绕球表面压力分布公式

$$\overline{p}_s = \frac{p_s - p}{\frac{\rho}{2}u^2} = 1 - \frac{9}{4}\sin^2\varphi = \frac{9}{4}\cos^2\varphi - \frac{5}{4} \tag{3-36}$$

利用球面三角形余弦定理,可计算出七孔探针的各校正系数。从 α 角定义可知,各孔与前驻点的交角是各不相同的,所以各孔的表面压力也不相同。设 m 为前驻点,m 与中心孔 4 之间的夹角为 α。α 为有符号数,当 m 在 2 孔与 4 孔之间时,α 定义为正角度,m 在 4 孔与 6 孔之间时,α 定义为负角度。当 m 位于 2 孔与 4 孔之间时,m 与 1 孔、4 孔组成球面三角形;4、m、1 为球面三角形△$4m1$ 的三个角。a、b、c 分别为 4、m、1 所对的三个边,均以度数表示。由球面三角形边的余弦定理

$$\cos\theta = \cos b\cos c + \sin b\sin c\cos A \tag{3-37}$$

A 是边长 a 所对的大圆弧的角度,$A = 45°$;中心孔 4 与前驻点 m

之间的弧长为 c，所对的角度为 α；1 孔与 4 孔之间的弧长为 b，所对应的角度为 45°；前驻点与 1 孔之间的弧长为 a，所对应的角度为 φ，待求。故 $\varphi=\arccos(\cos45°\cos\alpha+\sin45°\sin\alpha\cos45°)$

$$\varphi=\arccos\left(\frac{\sqrt{2}}{2}\cos\alpha+\frac{1}{2}\sin\alpha\right)$$

由式(3-36)可知

$$\begin{aligned}\bar{p}_1&=\frac{9}{4}\left(\frac{\sqrt{2}}{2}\cos\alpha+\frac{1}{2}\sin\alpha\right)^2-\frac{5}{4}\\&=\frac{9}{4}\cos\alpha\left(\frac{1}{4}\cos\alpha+\frac{\sqrt{2}}{2}\sin\alpha\right)-\frac{11}{16}\end{aligned}\tag{3-38}$$

$$\bar{p}_3=\bar{p}_1=\frac{9}{4}\cos\alpha\left(\frac{1}{4}\cos\alpha+\frac{\sqrt{2}}{2}\sin\alpha\right)-\frac{11}{16}\tag{3-39}$$

当 m 位于 4 孔与 6 孔之间时，m 与 7 孔、6 孔组成球形三角形，如上面的推导类似。

$$\bar{p}_7=\bar{p}_5=\frac{9}{4}\cos\alpha\left(\frac{1}{4}\cos\alpha+\frac{\sqrt{2}}{2}\sin\alpha\right)-\frac{11}{16}\tag{3-40}$$

需要注意的是，式(3-40)中，α 是弧长 c 所对应的实际角度，但从 α 角定义，m 在 4 孔和 6 孔中间时，α 角为负，所以使用式(3-40)时，应代入 α 的绝对值。

对于中心孔 4：

$$\bar{p}_4=1-\frac{9}{4}\sin^2\alpha\tag{3-41}$$

对于 2 孔和 6 孔：

$$\bar{p}_2=\bar{p}_6=1-\frac{9}{4}\sin^2\left(\frac{\pi}{2}-\alpha\right)=1-\frac{9}{4}\cos^2\alpha\tag{3-42}$$

以上为七孔探针中各孔的无因次压力[1~4]。

3.4 可压缩性对测量气流速度的影响

前面所讨论的测量一维流动速度的基本公式(3-11)，是在假设流体为不可压缩、流体的密度为常数的条件下推出的。但是测量高速气流时，气体的密度将随着速度的变化而变化。因此，式(3-11)在这种情况下就不适合了。

在考虑气体可压缩、密度发生变化的气流测量中，流动各处并没有出现超声速的情况下，其流动可以按照等熵条件来处理。

由可压缩理想气体的伯努利方程式

$$\frac{k}{k-1}\frac{p}{\rho}+\frac{1}{2}u^2=\frac{k}{k-1}\frac{p_t}{\rho_t} \tag{3-43}$$

式中　p,p_t——分别为气流的静压和滞止压力，Pa；

ρ,ρ_t——分别为气流的密度和滞止密度，kg/m^3；

k——气体的绝热指数；

u——可压缩性气体的流速，m/s。

得到

$$u=\sqrt{\frac{2k}{k-1}\left(\frac{p_t}{\rho_t}-\frac{p}{\rho}\right)}$$

利用绝热过程方程式 $\frac{p}{\rho^k}=\text{constant}\Rightarrow p_t=\frac{p\rho_t^k}{\rho^k}$ 和 $\left(\frac{\rho_t}{\rho}\right)^{k-1}=\left(\frac{p_t}{p}\right)^{\frac{k-1}{k}}$，可以得到可压缩性流体速度 u 的表达式为

$$u=\sqrt{\frac{2k}{k-1}\frac{p}{\rho}\left[\left(\frac{p_t}{p}\right)^{\frac{k-1}{k}}-1\right]} \tag{3-44}$$

或者

$$u=\sqrt{\frac{2k}{k-1}\frac{p_t}{\rho_t}\left[1-\left(\frac{p}{p_t}\right)^{\frac{k-1}{k}}\right]} \tag{3-45}$$

由此可见，可压缩性气体的速度的大小受滞止压力与静压力之比值制约，而不是受它们的压差制约。

因此，在测量可压缩性气体的流速时，要分别测量其全压和静压。

下面引入气体马赫数 Ma，讨论测量亚声速流的情况。将式(2-22)和式(2-23)代入式(3-44)，整理得

$$Ma=\sqrt{\frac{2}{k-1}\left[\left(\frac{p_t}{p}\right)^{\frac{k-1}{k}}-1\right]} \tag{3-46}$$

或者整理成

$$\frac{p_t}{p}=\left[1+\frac{k-1}{2}Ma^2\right]^{\frac{k}{k-1}} \tag{3-47}$$

将式(3-47)展开并写成压差的形式

$$p_t - p = \frac{1}{2}u^2\rho\left(1 + \frac{Ma^2}{4} + \frac{2-k}{24}Ma^4 + \cdots\right) \tag{3-48}$$

令

$$\varepsilon = \frac{Ma^2}{4} + \frac{2-k}{24}Ma^4 + \cdots$$

式(3-48)就成为

$$p_t - p = \frac{1}{2}u^2\rho(1+\varepsilon) \tag{3-49}$$

$$u = \sqrt{\frac{2}{\rho}\frac{(p_t - p)}{1+\varepsilon}} \tag{3-50}$$

与不考虑气体的压缩性的速度式(3-11)$u=\sqrt{\dfrac{2(p_t-p)}{\rho}}$相比，式(3-50)增加了对压缩性的修正，$\varepsilon$ 就是修正系数。

3.5 激光测速原理和方法

前述用各种测压管测量流体速度方法虽是测量流体速度的重要手段，但其有一共同缺点，它们都是一种接触测量，因而传感器本身会不可避免地对待测流场产生干扰，对回流区的测量、小尺寸管道中流速的测量、恶劣环境下的流速测量，传感器本身的影响尤其不能忽略。

自 1960 年世界上第一台氦-氖激光器问世后，1964 年就诞生了激光多普勒测速仪。30 余年来激光测速技术得到了迅速发展，已经成为一种很重要的测速手段。

激光测速是一种非接触测量技术，不干扰流场流动，尤其对小尺寸流道的流速测量和困难环境条件下(如低温、低速、高温、高速等)的流速测量，更加显出其独特的优点。激光测速技术的缺点是：它对流动介质有一定的光学要求，即流体中要施放有良好散射性、能完全跟随流体流动的粒子或者采取措施自我产生这样的粒子；要求激光能照进并穿透流体；信号质量受流体中散射粒子的影响。

激光测速技术包括激光多普勒测速技术和激光双焦点测速技术。前者主要是利用激光的多普勒效应。这种测速技术动态响应快、测量准确，其输出量仅对速度敏感而与流体的其他参数，如温度、压力、密度、成分无关。激光双焦点测速，则是测量跟随流体一起运动的粒子在光探测区内的飞行时间，从而获得粒子运动速度，即流体速度。这种测速技术的特点是测速范围宽，特别适合于测量超声速或加速度很大的流场，因为在上述流场中亚微米粒子往往不能产生很好的多普勒信号。

关于激光无接触测速问题，在第 8 章流动显示技术中还要详细介绍，这里重点介绍激光多普勒测速技术（Laser Doppler Velocimeter，LDV）和激光双焦点测速技术的基本原理[4~6]。

3.5.1　激光多普勒测速

3.5.1.1　激光多普勒测速的基本原理

利用激光多普勒效应测量流体速度的基本原理是：当激光照射到跟随流体一起运动的微粒上时，激光被运动着的微粒所散射；散射光的频率和入射光的频率相比较，有正比于流体速度的频率偏移；测量这个频移，就可以测得流体速度。

A　光学多普勒效应

声学中的多普勒效应是众所周知的。例如，对站在火车站站台上的乘客而言，鸣笛的火车进站时笛声将变尖，而火车离站远去时，笛声会变得低沉，这种因波源（或观察者）相对于传播介质的运动而使观察者接收到的波源频率发生变化的现象就称为多普勒效应。

当光源与光接收器之间存在相对运动时，发射光波和接收光波之间就会产生频率偏移，其大小与光源和光接收器之间的相对速度有关，这就是光学的多普勒效应。根据相对论，对静止的光源而言，运动着的光接收器所接收到的光波的频率 f 为

$$f=\left(1\pm\frac{v}{c}\right)f_0\left(\sqrt{1-\frac{v^2}{c^2}}\right)^{-1} \tag{3-51}$$

式中　f_0——光源的频率；

c——光速；

v——光接收器的运动速度，光接收器向着光源运动时取正号，背离光源运动时取负号。

对多普勒测速仪而言，是一束单色激光（频率为 f_0）照射到运动速度为 v 的微粒子，微粒子跟随流体一起运动。运动微粒子接收到的光波频率 f_P，由于多普勒效应并不等于 f_0。用一个静止的光检测器（例如光电倍增管）来接收运动微粒的散射光，这相当于光源运动，而光接

收器静止，因此光检测器接收到的散射光的频率 f_S 也不等于 f_P，这中间经过了二次多普勒效应，如图 3-19 所示，图中 O 为静止光源，P 为运动的微粒，S 为静止光检测器。

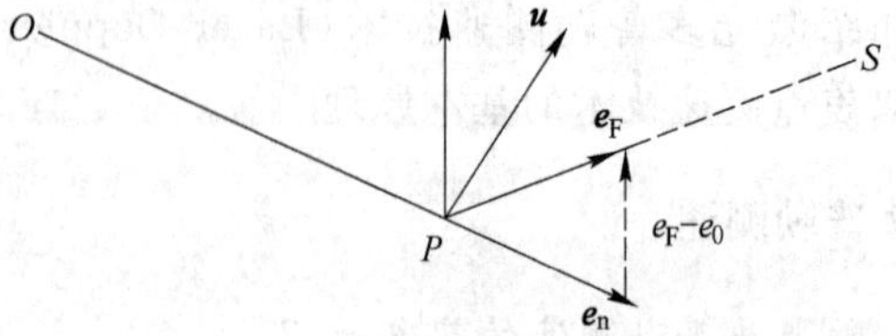

图 3-19 静止光源、运动微粒和静止光检测器

根据相对论，运动微粒 P 接收到的光波频率 f_P 与光源频率之间的关系为

$$f_P = f_0\left(1-\frac{\boldsymbol{u}\cdot\boldsymbol{e}_0}{c}\right) \tag{3-52}$$

式中 $\boldsymbol{e}_0$——入射光方向的单位向量；

$\boldsymbol{u}$——粒子运动速度；

c——介质中的光速。

同样，静止的光检测器接收到的粒子散射光的频率 f_S 为

$$f_S = f_P\left(1+\frac{\boldsymbol{u}\cdot\boldsymbol{e}_S}{c}\right) \tag{3-53}$$

式中 $\boldsymbol{e}_S$——粒子散射光指向光检测器方向的单位向量。

将式(3-52)代入式(3-35)，并忽略高次项后得

$$f_S = f_0\left(1+\frac{\boldsymbol{u}\cdot(\boldsymbol{e}_S-\boldsymbol{e}_0)}{c}\right) \tag{3-54}$$

光检测器接收到的粒子散射光波频率与入射光波频率之差称为多普勒频移，用 f_D 表示，则

$$f_D = f_S - f_0 = f\,\frac{\boldsymbol{u}\cdot(\boldsymbol{e}_S-\boldsymbol{e}_0)}{c} \tag{3-55}$$

式(3-55)用波长表示，有

$$f_D = \frac{1}{\lambda}\left|\boldsymbol{u}\cdot(\boldsymbol{e}_S-\boldsymbol{e}_0)\right| \tag{3-56}$$

式中 λ——激光波长。

显然，仅仅知道光源、运动粒子和光检测器三者之间的相对位置，

只能确定粒子速度 $\boldsymbol{u}$ 在 $\boldsymbol{e}_S-\boldsymbol{e}_0$ 方向的投影大小，而不能确定速度方向。但是，在实际测量中，被测流场的速度方向是已知的(如风洞、管道流动等)，因此只要将入射光、散射光和速度方向布置成图 3-20 所示的那样，就可得到很简单的多普勒频移的表达式

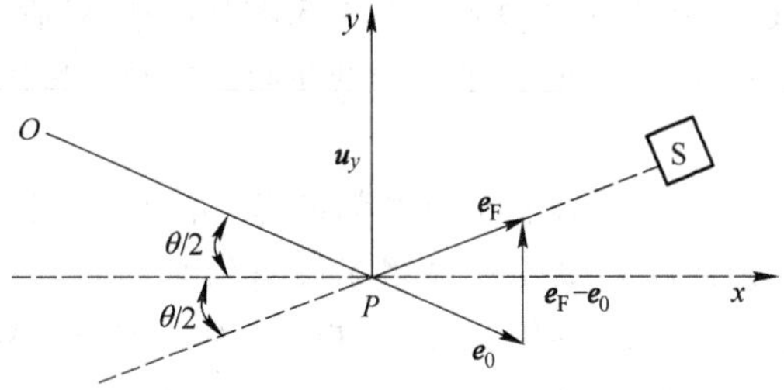

图 3-20　激光多普勒测速的特殊布置

$$f_D=\frac{2\sin\dfrac{\theta}{2}}{\lambda}|\boldsymbol{u}_y| \tag{3-57}$$

因为在如图 3-20 所示的特殊布置中，$|\boldsymbol{u}(\boldsymbol{e}_S-\boldsymbol{e}_0)|=2\sin\dfrac{\theta}{2}$，$\theta$ 为入射光方向和接收光方向的夹角，粒子运动的方向则垂直于这个夹角的平分线。

值得注意的是，使用式(3-57)时光检测器和光源必须在相同的介质中，否则要对波长和光速进行修正。从式(3-57)可以看出，若给定 θ、λ，则 f_D 就与 $|u_y|$ 呈线性关系。图 3-21 所示为采用氦-氖激光器作光源时典型的频率-速度特性。

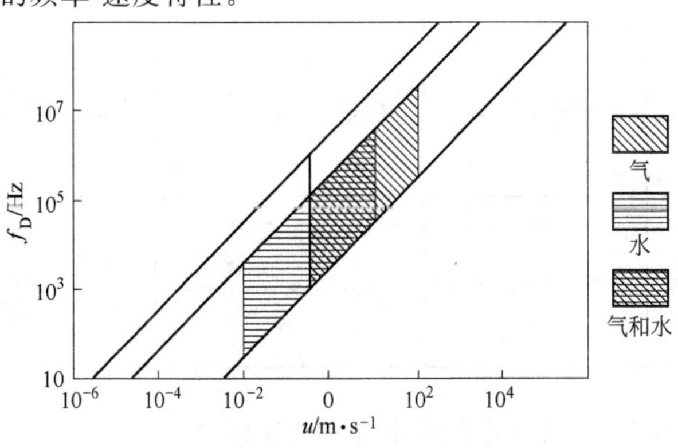

图 3-21　典型的频率-速度特性

B　多普勒频移的检测

多普勒频移中包含有速度的信息，检测出多普勒频移即可求出粒子即流体的运动速度。检测的方法有两种：直接检测和外差检测。

直接检测通常是使用法布里-珀罗干涉仪来直接检测散射光的多普勒频移，但这种方法的典型分辨率为5MHz，一般只适合于测量马赫数在0.5以上的高速，对于大多数的低速测量它是不适用的，所以应用有限。

外差检测法是检测两个光源的频率差，并以此作为多普勒频移。它与收音机中采用超外差技术检测无线电信号的方法类似。外差检测法的过程是：用两束频率一致的光束，其中一束经过粒子散射后与另一束会合，一起馈送到检测器件表面，通过光检测器中的混频得到它们的频差。其他与光频率接近的频率由于大大超过了光检测器的频率响应范围而检测不到。外差检测法有三种基本模式，即双光束系统、参考光束系统和单光束双散射系统。这三种基本系统的特点如表3-2所示。

表3-2　外差检测三种系统的特点

光束系统	计算公式	垂直于光轴测量	平行于光轴测量
双光束系统	$f_D=\left\|\frac{\boldsymbol{u}}{\lambda}(\boldsymbol{e}_{01}-\boldsymbol{e}_{02})\right\|$	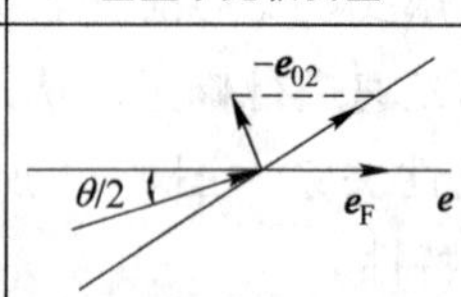	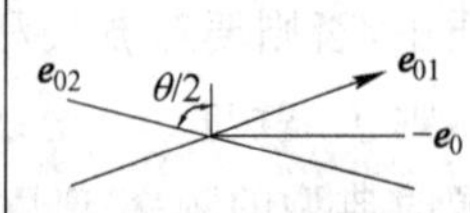
参考光束系统	$f_D=\left\|\frac{\boldsymbol{u}}{\lambda}(\boldsymbol{e}_S-\boldsymbol{e}_0)\right\|$	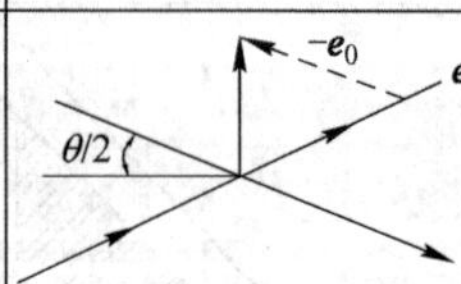	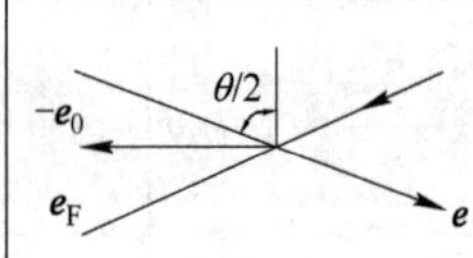
单光束系统	$f_D=\left\|\frac{\boldsymbol{u}}{\lambda}(\boldsymbol{e}_{S1}-\boldsymbol{e}_{S2})\right\|$	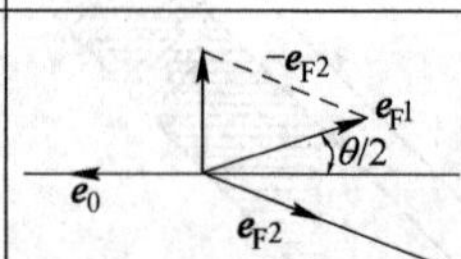	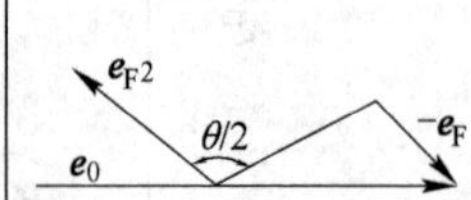

3.5.1.2　激光多普勒测速的光学系统

激光多普勒测速的光学系统可以分为一维光学系统、二维光学系统和三维光学系统。其中一维光学系统是基本的,它包括前述的双光束系统、参考光束系统。

A 双光束系统

双光束系统又称为双光束双散射系统,它是利用两束由不同方向射入的光,在同一方向上散射的散射光进行外差来获得多普勒频移。双光束系统可以分为前向和后向两种光路。前向光路,其入射光路部分和接收光路部分在实验段的两侧,如图 3-22(a)所示;后向光路的入射光路部分与接收光路部分则在实验段的同一侧,如图 3-22(b)所示。

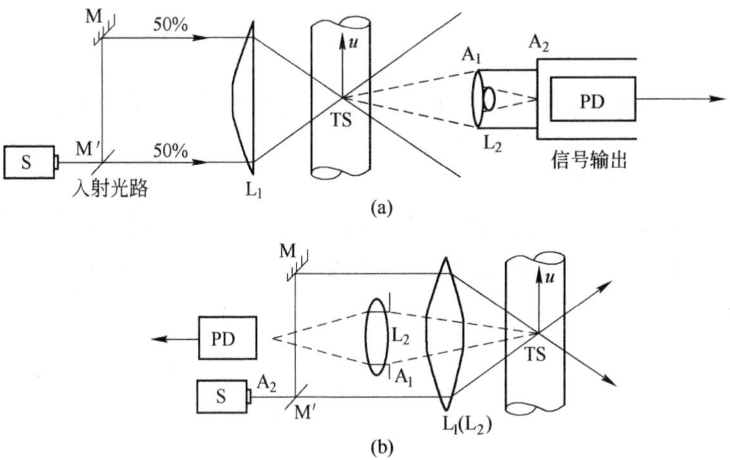

图 3-22 双光束系统

(a) 向前光路;(b) 向后光路

S—光源;L_1—聚焦透镜;M′—分光镜;L_2—收集透镜;M—反光镜;

A_1—孔径光阑;TS—试验段;A_2—小孔光阑;PD—光检测器

双光束系统的突出优点是,其多普勒频差与接收方向无关。双光束系统的频差计算公式列于表 3-2。

B 参考光束系统

参考光束系统又称为基准光束系统,它是一束入射光的散射光与另一束直接来自激光器的参考光束(基准光束)之间的外差。其光学系统如图 3-23 所示。

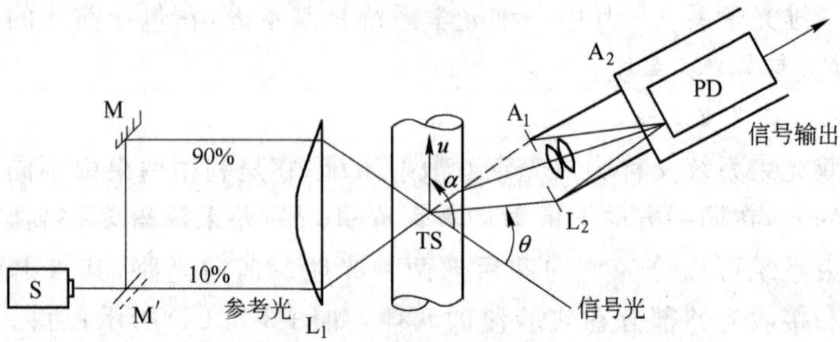

图 3-23　参考光束系统

S—光源；L_1—聚焦透镜；M′—分光镜；L_2—收集透镜；M—反光镜；
A_1—孔径光阑；TS—试验段；A_2—小孔光阑；PD—光检测器

参考光束系统的多普勒频差与入射光方向和接收方向都有关系，其频差的计算公式列于表 3-2。

C　二维参考光束系统

利用前述参考光束系统可以进行二维或三维速度测量。典型的二维参考光束系统如图 3-24 所示。它是由一束信号光和两束参考光组成的。

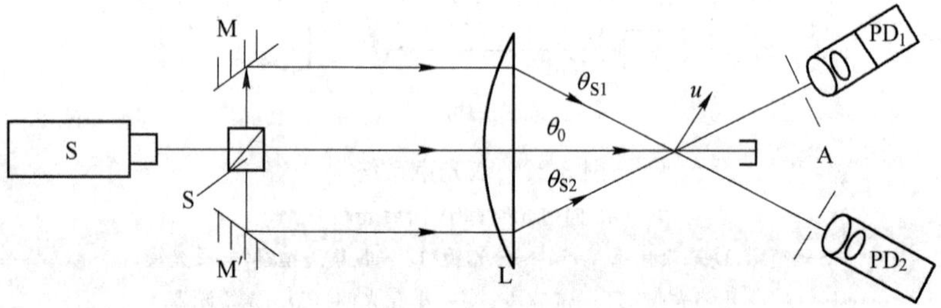

图 3-24　二维参考光束系统

M—反射镜；M′—分光面；L—透镜；A—光阑

D　二维双色光系统

二维双色光系统如图 3-25 所示，它是利用氩离子激光器的两种不同的波长，即波长为 0.4880μm 的蓝光和波长为 0.5145μm 的绿光同时测量两个垂直方向上的分速度。其具体方法是分光镜先将两种波长的激光束分成两束混合光，再将一束混合光分成蓝、绿两个光束，使一束蓝光与一束绿光互相垂直。这样在相交区，绿光与混合光的绿光相干，蓝光与混合光中的蓝光相干，形成两组互相垂直的干涉条纹。分别接收两种颜色的散射光，即可得到两个垂直方向的分速度。

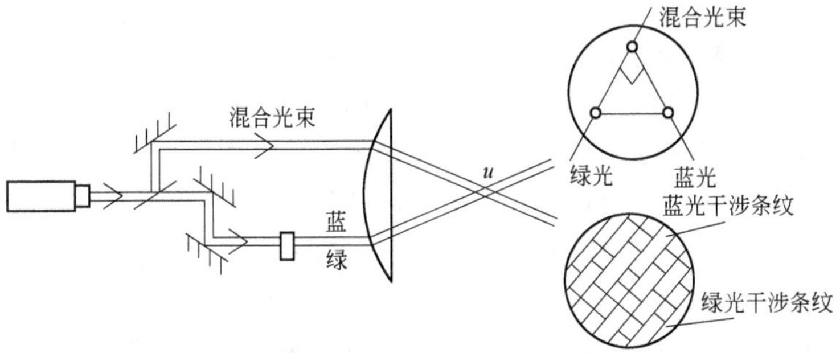

图 3-25 二维双色光系统

E 光路系统的组成

前述的激光多普勒测速的各种光学系统包括以下基本部分：光源，分光系统，聚焦发射系统，收集和光检测系统，机械系统和某些附件。

分光系统的作用是将光束分成两束或多束，它既可实现等强度分光（例如对于双光束系统），也可实现不等强度分光（例如对于参考光束系统）。此外，分光系统还能实现等光程分光或不等光程分光。分光的实现可以通过分光镜，也可以通过折射、双折射或偏振的方法来实现。

聚焦系统的作用一是为了使入射光能量集中，以提高入射光的功率密度，这样散射光的强度也随之提高；另一个作用是减小控制体（即两束入射光的相交区）的体积，以提高测量的空间分辨率。利用会聚透镜即可实现光束的聚焦。在理想的情况下，两束与透镜光轴平行的入射光，通过透镜后应聚焦在透镜的焦点处。实际上由于光束不完全平行或透镜球差的影响，光束的相交处并不在焦点，为此必须调整光束的平行度以及采用消球差透镜。

收集系统的主要任务是收集包含有多普勒频移的散射光，并让它聚焦在光检测器的阴极表面上。一个好的收集系统应只允许信号散射光落到阴极面上，而阻止其他带有噪声的散光进入阴极面，为此必须在收集系统中设置孔径光阑和小孔光阑，以保证信号质量，提高激光多普勒测量的空间分辨率。

在激光多普勒测速中常用光电二极管或光电倍增管作为光检测器。在选用光检测器时应注意其光谱灵敏度，使之适合所采用的激光波长。

F　频移装置

频移装置的作用是判断速度的方向，因为根据激光多普勒测速原理式(3-57)，垂直于光束夹角平分线方向的速度分量 u_y 与多普勒频差成正比；如果 u_y 大小相等，方向相反，则所得的多普勒频差是相同的。因此，仅根据频差只能求得速度分量数值的大小，而无法判别速度的方向。这种现象常称之为多普勒测速的方向模糊。

频移装置解决上述方向模糊的要点是，事先对某一路光束预置一个固定的频移，使光学系统不对称。对参考光束型光学系统，通常对参考光束进行频移，而在双散射型光学系统中可将其中一束入射光频移。预置固定的频移后，即使粒子速度为零，光检测器仍有频率为固定频移的交流信号输出。当粒子正向穿过测量点时，光检测器输出频率低于固定频移；当粒子反向穿过测量点时，光检测器略输出高于固定频移的交流信号。设固定频移为 v_m，光检测器输出的频率为 v_n，则可根据 v_n 大于或小于 v_m 来判别速度方向，而速度值则由 $|v_n-v_m|$ 来确定。为了保证正确的速度方向的判别，固定频移量应满足

$$v_m > \frac{2u}{\lambda}\sin\frac{\theta}{2} \tag{3-58}$$

产生固定频移的方法很多，常用的有旋转光栅和声光调制器。周期为 T、移动速度为 V 的光栅，其频移量为

$$v_m = \frac{V}{T} \tag{3-59}$$

因为移动速度不能很大，用旋转光栅产生频移最大为 1MHz。旋转光栅结构简单，运转可靠，适用于几千兆赫以下固定频移场合。声光调制器依靠晶体在流体或固体中产生超声波，在输出端，光束的频率随晶体的频率而移动。声光调制器产生的频移一般大于 10MHz，其有效工作范围一般在 25MHz 以上，适用于固定频移量较高的场合。

G 三个速度分量的测量

在某些流动中需要同时测量速度的三个分量，图 3-26 所示就是一种测量三个速度分量的参考光束型光学系统。激光束通过聚焦透镜 L_1照射到固定散射体 F 上，再由聚焦透镜 L_2把散射光和直射光聚焦到测量点 S 处。不在同一平面的三个光检测器按角度 θ_1、θ_2、θ_3布置在不同方位，收集固定散射体的直接散射光和运动粒子对主光束的散射光。简单推导，即可得到三个光检测器的多普勒频移分别为

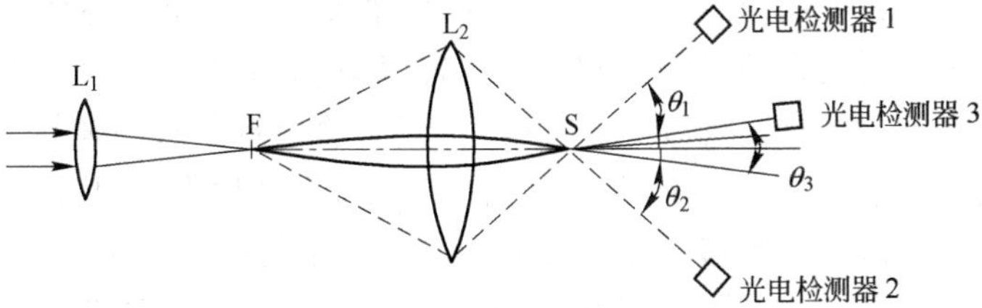

图 3-26 测量三个分量的光学系统

$$v_{D1}=\frac{2u_1}{\lambda}\sin\frac{\theta_1}{2} \tag{3-60}$$

$$v_{D2}=\frac{2u_2}{\lambda}\sin\frac{\theta_2}{2} \tag{3-61}$$

$$v_{D3}=\frac{2u_3}{\lambda}\sin\frac{\theta_3}{2} \tag{3-62}$$

式中 u_1、u_2、u_3——分别为速度向量在 θ_1、θ_2、θ_3角所在平面内的投影沿垂直于 θ_1、θ_2、θ_3角平分线方向的速度分量。

通过适当变换，可由 u_1、u_2、u_3求得速度向量的方向和模。

3.5.1.3 激光多普勒测速的信号处理系统

光检测器输出的既有幅度和频率的调制信号，也有宽频带的噪声信号，而速度的信息只由频率分量提供。信号处理系统的任务就是从光检测器输出的信号中提取反映流速的频率信号。

A 激光多普勒信号的特点

首先多普勒信号是一个不连续的信号。在激光多普勒测速中，多普勒信号是靠跟随流体一起运动的粒子散射得到的。而测量体中散射的粒子是不连续的，粒子在测量体中的位置、速度和数量都是随机的，因此

多普勒信号是不连续的，粒子浓度越低，这种不连续性就越严重；粒子浓度越高，连续性反而变好。通常用无信号的持续时间与总时间之比表示信号的不连续程度，称其为脱落率。显然，测量体体积的大小和散射微粒的浓度是影响脱落率的主要因素。降低脱落率就要求增大测量体体积或粒子浓度，但这往往会影响测量空间的分辨率或流动特性。因此针对多普勒信号不连续的特点，应选择合适的脱落率并在信号处理系统中采取适当的措施，例如增设脱落保护线路，以消除信号不连续的影响。

多普勒信号的第二个特点是，光检测器接收的是测量体体积内散射粒子的散射光束信号的总和。对定常流动，由于各粒子流入测量体的时刻不同，对应的相位也不同，这相当于在多普勒频移中叠加了一项扰动量。在非定常流动中，测量体内粒子的瞬时速度不同，从而会引起附加的相位起伏和频移变化。因此当测量体中的粒子多于一个时，其多普勒频移是一个有限的带宽，称为频率加宽。妥善处理频率加宽是多普勒信号处理的重要内容之一。

多普勒信号的第三个特点是，多普勒信号弱，而整个测量系统又不可避免地会带入各种噪声，所以多普勒频移的信噪比低。因此在多普勒信号处理中要充分考虑信噪比低这一特点。

多普勒信号是一个调频信号。以一维流动为例，某一点的速度 u 可以分解成平均速度 $\bar{u}$ 和脉动速度 Δu，对定常流动，平均速度 $\bar{u}$ 是常数，而 Δu 的大小和方向则是时间的函数，即

$$u(x,t)=\bar{u}(x)+\Delta u(x,t) \tag{3-63}$$

与式(3-63)对应的多普勒频率 f_D 也可分为平均多普勒频率 $\bar{f}_D$ 与脉动的多普勒频率 Δf_D 或 $|f_D|S(t)$，即

$$f_D(x,t)=\bar{f}_D(x)+|\Delta f_D|S(t) \tag{3-64}$$

与无线电技术中的调频信号对比，可以看出，f_D 为调频信号频率，对应瞬时流速；$\bar{f}_D$ 为载波频率，对应于平均流速；$|\Delta f_D|$ 为最大频偏，对应于脉动速度的幅值；$S(t)$ 为调频信号，$S(t)\leqslant\pm1$，对应于脉动速度幅值的相对变化率和变化频率。

因此，如果流场中某点存在一定强度的湍流度，则对应的多普勒信号就是一个调频信号。图 3-27 示出了流场中速度 u 和多普勒频率 f_D 随时间的变化。

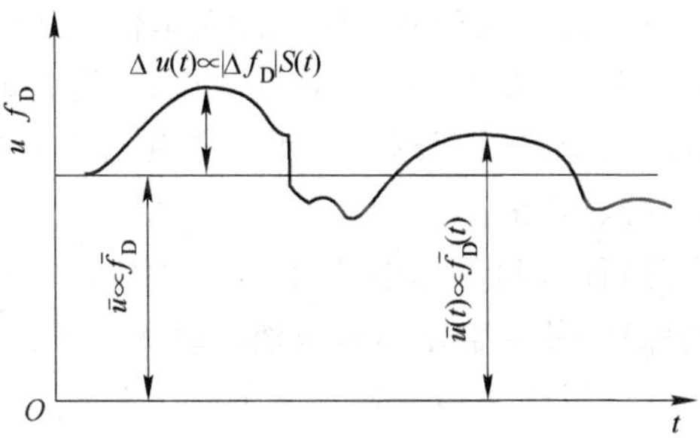

图 3-27 流场中速度和多普勒频率随时间的变化

多普勒信号还是一个变幅信号。由于激光光强的高斯分布，测量体光强分布也是不均匀的，其截面上的光强分布就近似高斯分布，如图 3-28所示。当粒子横穿测量体时，由于测量体边缘光弱，中心光强，粒子穿越边缘时，散射光弱；粒子穿越中心时，散射光强，即粒子穿越测量体时，其散射光强也近似按高斯曲线规律变化。因此，多普勒信号是一个近似高斯曲线规律变化的变幅信号。

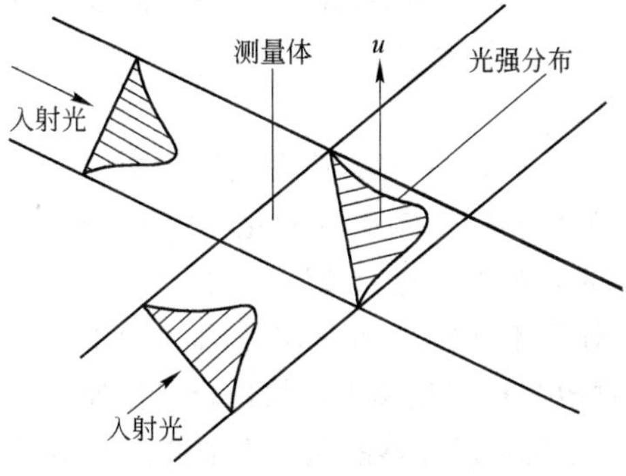

图 3-28 测量体横截面上的光强分布

B 多普勒频移信号处理方法

多普勒频移信号处理方法包括频谱分析法、频率跟踪法和频率计数法等。

a 频谱分析法

频谱分析法是多普勒信号处理中最早使用的方法。它是采用频谱分析仪作为窄带放大器对光检测器输出的频率信号在一定频率范围内进行扫描分析，得到信号频率和功率特性曲线，并据此求出流动的统计特性，如平均速度、湍流度等。频谱分析仪通常由中频带通滤波器、检测器、平方器和积分器组成。

在进行频谱分析时，测量体中散射粒子数的变化将引起观察到的频率产生固有的脉动，使光输出信号也随之改变。研究表明，光检测器输出信号的脉动与测量体中粒子平均数的平方根成正比，与测量体内的条纹数的平方根成反比，而正比于多普勒频移的平方根。因此通过积分器，对许多粒子的多普勒信号进行较长时间的平均，能在一定程度上消除脉动，提高测量的精确度。

频谱分析法仅适于湍流频率较低、允许添加高浓度粒子的流动测量，因为只有测量体内粒子数足够多，才能减少多普勒信号的脉动，获得足够的测量精度。频谱分析法的优点是：频率覆盖范围、扫描速度和积分时间常数的调节都非常方便，容易满足各种流动状态的不同测量要求；扫描过程不受输入信号的控制，可以在较低信噪比下工作。频谱分析法的缺点是：扫描速度低，不能获得实时信息，不适合测量瞬变流动的瞬时速度。

b　频率跟踪法

频率跟踪法的特点是，一旦捕捉到与速度对应的多普勒信号后，就可实现自动跟踪多普勒信号频率的变化，并将此不连续的信号经仪器处理后变为连续的模拟电压输出或频率输出，以供显示、记录用。频率跟踪器不仅可以处理不连续的频率信号，而且还能处理小信噪比的信号，从而可以实时地测量变化频率较快的瞬时流速。

图 3-29 所示是频率跟踪器的系统方框图。前置放大器把微弱的、混有高低频噪声的多普勒频移信号滤波放大后，送入混频器，与电压控制振荡器输出的信号进行外差混频，其输出信号是包含差频的混频信号。若输入的频移信号为 f_D，电压控制振荡器输出的信号频率为 f_V，则混频中包含的差频信号为 $f_0=f_D-f_V$。混频信号经中频放大器选频、放大，把含有差频信号 f_0 的选出并放大、滤掉混频信号和噪声，经限幅器消除掉多普勒信号中无用的幅度脉动后，送到一个灵敏的鉴频器中去。

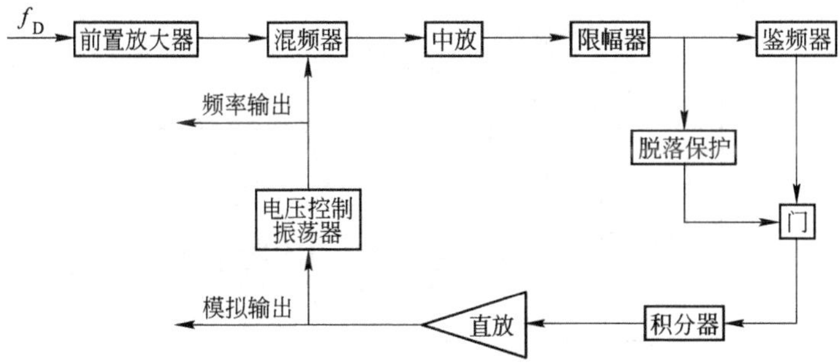

图 3-29 频率跟踪器的系统方框图

鉴频器由中频放大器、限幅器和相位比较器组成。它的作用是将中频频率转换成直流电压，其电压值正比于中频频偏，实现频率电压转换。也就是说，如果混频器输出的信号频率恰好是 f_0，则鉴频器输出电压为零。当多普勒频移信号由于被测流速变化而有 Δf 的变化时，混频器的输出信号将偏离中频 f_0，这个差额被鉴频器检出并转换成直流信号 v。信号 v 经积分器积分并经直流放大器放大后变成电压 U，该电压使电压控制振荡器的输出频率相应地变化一个增量 Δf_v，以补偿多普勒频移增量，使混频器输出信号频率重新靠近中频 f_0，再次使系统稳定下来。因此电压 U 反映了多普勒频率的瞬时变化值，并作为系统的模拟量输出。系统的输出可以自动地跟踪多普勒频率信号的变化。

脱落保护电路的作用是，为了处理不连续的信号，以防止由于粒子浓度不够、引起信号中断而产生系统失锁，即当信号脱落时，频率跟踪器将模拟输出锁在信号脱落瞬时的位置并保持一段时间，直到下一个信号来时系统再正常工作。具体做法是，当限幅器输出的中频方波消失，或方波频率超过两倍中频，或频率低于 2/3 倍中频时，都会使脱落保护电路起保护作用，输出一个指令，把积分器锁住，使直流放大器的输出电压保持在信号脱落前的电压值上，电压控制振荡器的输出频率也保持在信号脱落前的频率值上。当多普勒信号重新落在一定的频带范围内时，脱落保护电路的保护作用解除，仪器又重新投入自动跟踪。图 3-30 示出了脱落保护电路的脱落—保持—跟踪的示意图。

频率跟踪法可用于非定常、脉动流场的测量。其特点为：

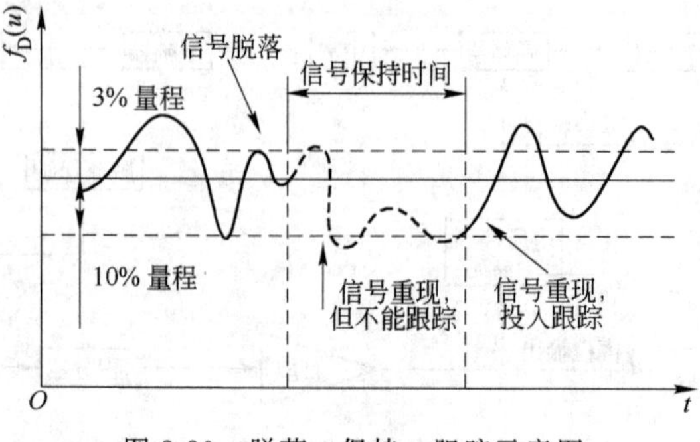

图 3-30　脱落—保持—跟踪示意图

(1) 由于频率跟踪法在信号处理时既充分放大了有用信号，又有效地抑制了噪声，可用于信噪比比较低的场合。

(2) 响应时间短，可得到实时信息，可用于瞬时速度测量。经过一定信号处理后，还可得到平均流速、湍流强度和湍流频率，可用于湍流研究。

(3) 输出的模拟电压与粒子速度呈线性，容易数据化，数据处理简单，使用方便。

c　频率计数法

频率计数法和频率跟踪法一样，广泛用于激光多普勒测速中。它采用的频率计数器又称计数式信号处理器，其工作原理是相当于一个电子停表，确定的是同相位点之间的时间间隔。频率计数器有两种计数方法：固定周期计数法和固定闸门时间计数法。固定闸门时间计数法是测量固定时间 τ 内的多普勒周期数 N，从而得到多普勒频率 $f_D=N/\tau$。粒子穿越测量体时的闪烁数转变为电信号，通过零检测变成一个个脉冲数，故周期计数误差为±1，相对误差则与多普勒信号 f_D 成反比，速度越低，相对误差越大。故这种计数法难以适应不同速度的情况，在多普勒测速中应用受到限制，故多采用固定周期计数法。

固定周期计数法的原理如图 3-31 所示。触发电路将一个多普勒闪烁信号变为一组触发脉冲信号。假设其中一个周期的时间为 $\Delta\tau_1$，N 个周期的时间是 $\Delta\tau_N$。则多普勒信号的频率 f_D 为

$$f_D=\frac{1}{\Delta\tau_1}=\frac{N}{\Delta\tau_N} \tag{3-65}$$

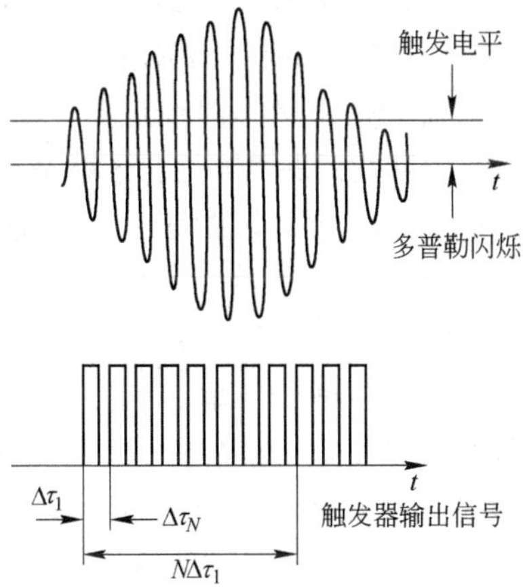

图 3-31 固定周期计数法原理图

若粒子通过条纹数为 N_{ph} 的测量体时，则信号持续时间为

$$\Delta\tau = N_{ph}/f_D$$

当周期数 N 小于单个粒子闪烁可能得到的最大周期数，则多普勒频率与 N 无关。最大周期数同触发器的阈限电平有关。

频率计数器的方框图如图 3-32 所示。光检测器输出的信号经宽带放大器和带宽滤波器除去噪声并放大后，触发方波发生器输出周期为粒子穿过一对明暗相间干涉条纹时间的方波。条纹计数器开始记录条纹数，时钟计数器开始记录高频振荡器输出的时钟脉冲。当条纹计数器的记录数等于预先设定的条纹数时，时钟计数器把记录数输到计算器，求得粒子速度。为保证时间测量精度，高频振荡器信号频率应比多普勒频移高一个数量级。

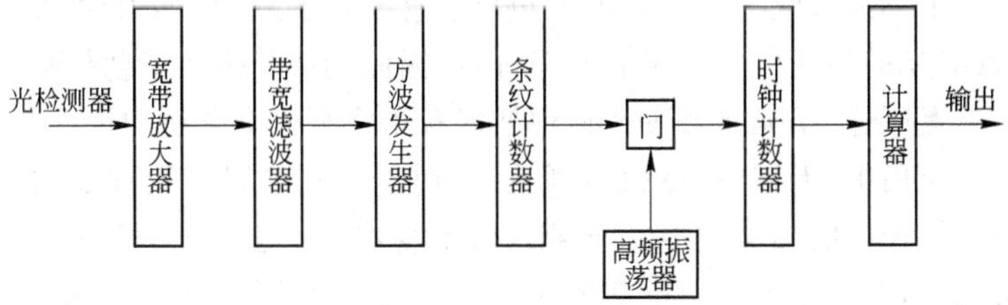

图 3-32 频率计数器方框图

由于多普勒波群的随机性,如果计数是从一个多普勒波群的结尾开始进行,时钟指示很可能包括相邻两粒子猝发的时间间隔。为了消除错误的数据,可用两组计数器分别记录不同预定取样周期的时间脉冲数,通过这两组数据的比较,判断数据的可靠性。这就是所谓双计数法。

频率计数器适用于散射粒子稀少的场合,特别适合于高速气流速度的测量。其特点是:

(1) 不存在信号脱落的问题,可以在粒子浓度不高的场合使用。

(2) 可减小测量体,提高空间分辨率。

(3) 测量精度高,读数方便,可直接与计算机相连。

3.5.1.4　激光多普勒测速的相关问题与方法

激光多普勒测速技术已成为研究流体流动的有力手段,其主要优点是:非接触测量,分辨率高,可用于某些不适于或不可能用其他方法测量流体的场合。

A　测速粒子及其投放

激光多普勒测速系统只有在流体中存在适当的散射粒子的情况下才能工作,这些散射粒子又称为示踪粒子。

一般地讲,为了实现正确的多普勒测速,流体中的散射粒子既要有良好的跟随性,又要有较强的散射光的能力,而上述两方面又与粒子的尺寸、形状、浓度等诸多因素有关。

粒子的形状最好是球形的,为了能更好地跟随流体运动,粒子的直径不宜过大,但如直径过小的话,则粒子会在没有外力的作用下做随机的布朗运动,这也是不希望的,因为它会引起信号失真。

为了得到较强的散射光,粒子的直径应该稍大一些。但在双光束系统中,为了获得良好的多普勒频移信号,粒子的直径又不能过大,它必须小于干涉条纹的宽度。因为当粒子直径等于或大于干涉条纹宽度时,散射光的强度信号中没有交流分量,因此无法获得多普勒频移量。

综上所述,激光多普勒测速中散射粒子都有一个合适的尺寸范围。在实际应用中,流体中自然存在的运动粒子都不足以产生较强的散射光和获得较高的信噪比。粒子可以由流场本身产生,如使液体中产生微小气泡,但大多数情况下需要人为地加入散射粒子。经验表明,对于气体,合适的粒子尺寸为 0.1～1.0μm;对于液体合适的粒子尺寸是

1～10μm。例如在测量燃气速度时，粒子的直径为 1μm 比较合适，此时粒子的响应频率约为 10kHz。

所采用的示踪粒子应价格低廉、无毒、无腐蚀，光散射性好，对气体特别是液体还有一个粒子密度和流体密度匹配的问题，最好是采用所谓“中性”粒子，即粒子的密度和流体的密度相等。当然在实际应用中这一点是很难做到的，只能尽可能接近。

当流体为水时，通常用牛奶作为散射粒子。当牛奶与水均匀混合时，牛奶中的脂肪粒子不溶于水，形成悬油液，对光的散射性良好。牛奶悬浊液中脂肪粒子的平均尺寸约为 0.3μm。实践证明，最好用脱脂牛奶或奶粉调制悬浊液，以免大颗粒脂肪引起输出信号紊乱。也可用高分子化合物制成直径为 1μm 左右的小球，按一定比例投入水中作为散射粒子，常用的高分子材料有聚乙烯、聚苯乙烯等。与牛奶悬浊液比较，高分子化合物小球尺寸均匀，浓度容易控制，但价格较贵。

测量体中粒子浓度应视测量的具体情况而定，粒子数量过多，测量体内各个粒子之间的速度差和相位差会引起频带变宽，测量精度下降。粒子数量太少，会使频率跟踪器脱落保护时间延长，系统工作的稳定性降低。最理想的粒子数量是使测量体内始终保持一个粒子。当然这是很难做到的。实验表明，浓度为 0.05%的牛奶悬浊液具有良好的信噪比；有的资料推荐合适的粒子浓度为$(10^5 \sim 10^7)$个/cm^3。

液体中散射粒子投放比较方便，而对气体，粒子的投放比较复杂。常用的方法有蒸气凝结、压力雾化、化学反应和粉末液态化等。蒸气凝结技术是利用某些材料产生的蒸汽，有控制地凝结成细小的液滴，与气体混合作为散射粒子，常用的材料是二辛酯，它在非燃烧系统的流动研究中用得较多。压力雾化技术是用高压使液体从喷嘴中成细雾状喷出，与气体混合作为散射粒子，常用的液体是硅油和水。为了防止雾化水滴蒸发，可在水中加入适量十二烷醇。也可用混有少量聚苯乙烯小球的水由压力雾化器喷入气流中。

此外，可以用化学方法产生散射粒子。将容器中的四氯化钛加热，如图 3-33 所示，液态四氯化钛将产生大量蒸气。四氯化钛蒸气与干燥空气混合后引入收集室，并通入适当比例的饱和空气，由于四氯化钛和水蒸气发生化学反应，产生二氧化钛和氯化氢，其中二氧化钛是一种尺寸均匀的固态散射粒子，其尺寸为 0.2～1.0μm，颜色纯白，光散射特性好，特别适用于高温燃烧流场的研究。值得注意的是，反应产生的氯化氢是一种腐蚀性气体，在使用中应通入氨气与之中和。

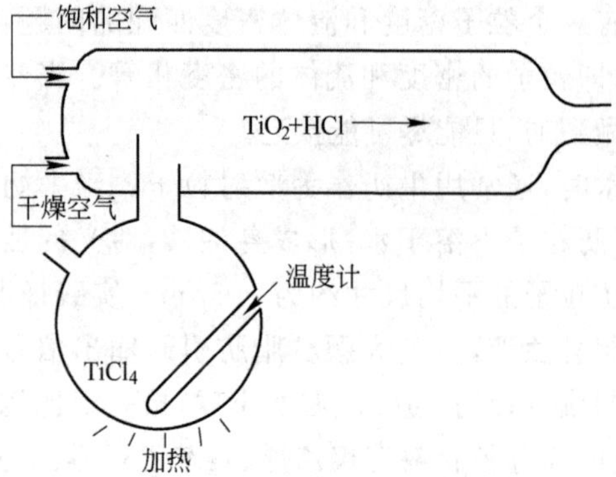

图 3-33　二氧化钛粒子发生器

在超声速流动测量中，可利用气流中含有的水蒸气凝结成冰微粒作为散射粒子。

B　测速系统的参数选择和调试

激光多普勒测速系统的调试，包括光路的调试和电路的调试。以图 3-34 所示的激光多普勒测速系统为例，在调试光路系统之前先要确定系统的工作方式和主要参数，其基本原则是：

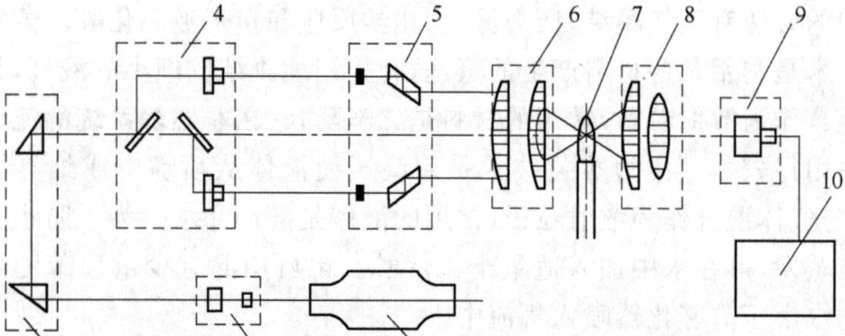

图 3-34　激光多普勒测速系统

1—氦-激光器；2—光束扩展器；3—折光系统；4—分光系统；5—光束分距系统；6—发射透镜组；7—喷涂枪火焰；8—接收透镜；9—接收系统；10—信号处理系统

(1) 能够用前向散射的场合尽量不用后向散射；当小功率激光器能满足信噪比要求时，尽量用小功率激光器，因为前向散射信噪比高，空间分辨率也高，而后向散射却要增加激光器的功率。

(2) 两束光的角度选择要适中，发射角选大了，可测的速度下限低，但空间分辨率高；相反，发射角小些，可测速度上限虽然可以提高，但空间分辨率却下降了。

(3) 发射透镜的焦距应使两光束相交区域达到测点位置，一般选比发射焦距小一些为好，因为发射焦距越大，分辨率越低。

(4) 发射透镜与测点间距离，对气体自由射流，此距离等于或略小于发射透镜焦距；对有透明窗口的测试段，发射透镜出射面到窗口外表面距离 s 为

$$s=f'-\frac{d_2}{n_2}-\frac{d_3}{n_3} \tag{3-66}$$

式中 f'——发射透镜焦距；

d_2、n_2——分别为透明窗口厚度和材料的折射率；

d_3、n_3——分别为透明窗口内壁至测点的距离和被测介质的折射率。

(5) 两光束之间的距离 a 由下式决定

$$a=2f'\tan\frac{\theta}{2} \tag{3-67}$$

式中 f'——发射透镜焦距；

θ——两光速之间的夹角。

确定了工作方式和基本参数后即可进行光路调试。调试的主要内容为：

(1) 先取下接收系统、分光系统和光束分距系统，检查来自折光系统的激光束是否与中心线重合。如不重合，应调至重合为止。

(2) 装上分光系统和光束分距系统，检查两束激光是否在同一圆周上，并调至落于同一圆周上。然后调整分光系统光楔，使两束光平行；调节光束分距光楔，使出射的两束光相互平行并与光轴平行。

(3) 装上发射透镜，调节两束激光，使之相交且光斑重合；调整扩束镜使屏上两光斑最小、最圆，调节干涉条纹数至十几条为宜。

(4) 装上测试段，调节两光束交点，使之经接收透镜后成像在小孔光阑处；通过接收系统上的观察孔观察，使经针孔光阑后两像斑完全重合，再选择合适的针孔直径。

光路系统调节完毕后，利用示波器监测多普勒波形信号，波形较好，信噪比满足要求后，即可开始采集数据。

由于激光多普勒测速为非接触测量，可在恶劣环境中使用，因此在燃烧研究中是首选的测速方法。

虽然燃烧过程会产生未完全燃烧的燃料颗粒，但一般在激光多普勒测速时仍需投放示踪粒子。由于燃烧时会产生高温，所以示踪粒子应有良好的耐温性、非反应性和非催化性。常用的材料有二氧化钛粉、镁粉、铝粉和硅油。

由于燃烧过程存在化学反应，燃气成分、温度和压力都随着空间和时间变化，因此光路中各点的介质折射率也会随之改变，这将导致光路弯曲、光束偏移，使激光束不重合或不相交。对试验用的小型燃烧室，由于测量距离较短，光束偏移影响较小，通常可以忽略。对大型工业燃烧室，可采用双散射光束型光学系统，并尽量减小散射光夹角以减小介质折射率变化的影响。燃烧产生的背景光会使激光多普勒信号的信噪比变小，此时可增大激光源的功率以提高多普勒信号的信噪比，也可用适当波长的窄带滤光片来减弱对激光以外其他光散射的敏感性。

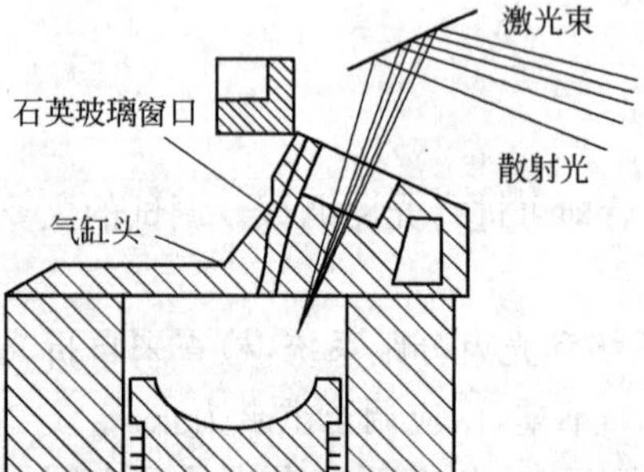

图 3-35　柴油机内部流动测量的光学通道

对于柴油机这种紧凑和高速运转的动力机械，其气缸内部的流动研究特别依赖于激光多普勒测速技术。图 3-35 所示为研究柴油机内部流动的多普勒测速的测量光学通道的示意图。由于气缸内部处于高温高压状态，所以窗口应采用石英玻璃，而且应便于拆卸，以利于经常清洁，从而获得良好的光学效果。另外由于气缸结构的限制，通常采用后向双散射光束系统。

在漩涡的研究中，由于探头的存在可能引起漩涡的提前破裂，加速衰减，因此能实现无干扰测量的激光多普勒测速技术，已在漩涡的研究中发挥重要的作用。通常在风洞实验中，采用矿物油的不完全燃烧产生的油雾粒子作示踪粒子，从风洞的扩散段注入。

3.5.2 激光双焦点测速

激光双焦点测速技术(Laser two focus velocimeter，L2F)的基本原理，是测量跟随流体一起运动的粒子在光探测区内的飞行时间，从而获得流体的运动速度，所以这种测速仪又称飞行时间测速仪。与激光多普勒测速技术一样，激光双焦点测速技术也是一种不干扰流场的测速技术，具有非接触测量的一切优点，已广泛应用于各种不同流动现象的实验研究，对于叶轮机械的内部流动，特别是跨声速、超声速流动，激光双焦点测速更是一种强有力的研究手段。

3.5.2.1 激光双焦点测速的基本原理

激光双焦点测速的原理非常简单。由激光器及相关的光学系统产生两个高强度的聚焦光束，在聚焦区(又称光探测区)呈现两个焦点，焦点的直径很小，一般为 10μm；两焦点之间的距离 s 被精确测定，并固定不变，s 通常为几百微米，测出跟随流体一起运动的粒子穿越两聚焦光点的飞行时间 t，即可获得粒子的飞行速度，亦即流体的运动速度 u，可表示为

$$u=\lim_{\substack{\Delta s\to 0\\ \Delta t\to 0}}\frac{\Delta s}{\Delta t}\cong\frac{s}{t} \tag{3-68}$$

因此，激光双焦点测速技术最基本的检测参数是粒子从一个焦点到另一个焦点的飞行时间 t。

3.5.2.2 激光双焦点测速的光学系统

激光双焦点测速光学系统的作用有：在所需的测试区内形成两聚焦光点，并以此作为光探测区；后向接受来自粒子穿越双焦点时的散射光信息。两聚焦光点的强度必须相等，其间距亦须精密确定，这是对光学系统的基本要求。

激光双焦点测速的光学系统如图 3-36 所示。图(a)中，来自氩离子激光器的线偏振光经 1/4 波长的波片 A 后变成圆偏振光，然后通过罗雄棱镜 B 将此偏振光分割成两束具有一定夹角、相互分离的正交线偏振光。一束沿光轴方向，另一束偏离光轴一个很小的角度。利用步

进电机控制这两束光的取向，以便获取不同方向上的流动信息。罗雄棱镜 B 的分束面应位于透镜组 C 的前焦平面上，这样在透镜组 C 的后焦面上将产生两个高度聚焦的、且强度相等的激光光斑 D。利用偏折反射镜 E 和传输透镜组 F，从而在所希望的测量区域内产生聚焦激光光斑 D 的像 G。此像即为激光双焦点测速的光探测区。其中传输透镜 F 是由两块背靠背的准直透镜组成，其目的是在整个通光口径上消除球差。当光学系统固定后，两聚焦光点的大小及间距 s 都被精密测量，并在使用过程中始终保持不变。当流场中的粒子穿越两聚焦光点 G 时，它们的后向散射光被传输透镜组 F 收集，经光阑 H 成像在透镜组 F 的后焦平面 I 处，显微物镜 J 将此像放大，再次成像在双针孔光阑 K 处。光阑 H 和双针孔光阑 K 的作用是阻挡由其他地方产生的杂散光，以提高信噪比。通过双针孔光阑 I 的光分别被两只快速、线性的光电倍增管 PM1 和 PM2 接收，变成两个电脉冲信号。这两个电脉冲信号分别称之为起始脉冲和停止脉冲，如图(b)所示，两个电脉冲的时间间隔就代表了粒子穿越两聚焦点的飞行时间 t，检测这个时间 t 由电子信号处理系统来完成。

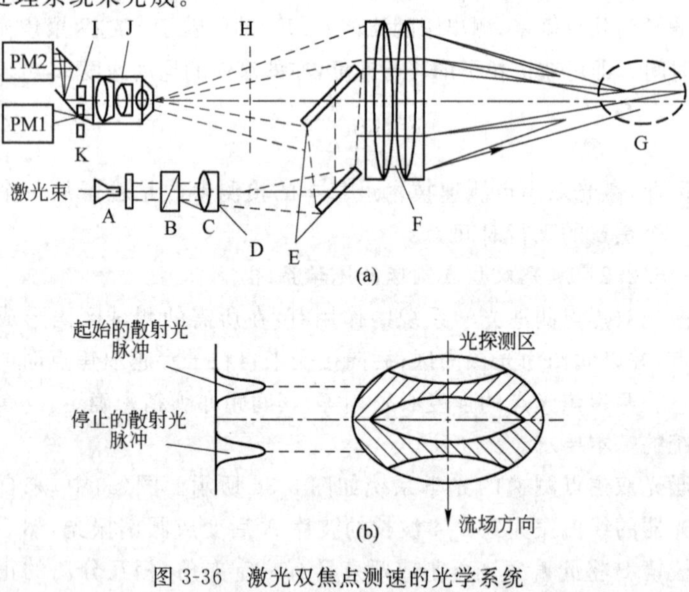

图 3-36　激光双焦点测速的光学系统

(a) 光路系统；(b) 光探测区

3.5.2.3 激光双焦点测速的电子信号处理系统

激光双焦点测速电子信号处理系统的方框图如图 3-37 所示。其主要功能是根据光电倍增管发出的起始脉冲和停止脉冲，精确地测定示踪粒子从一个焦点到另一个焦点的飞行时间。

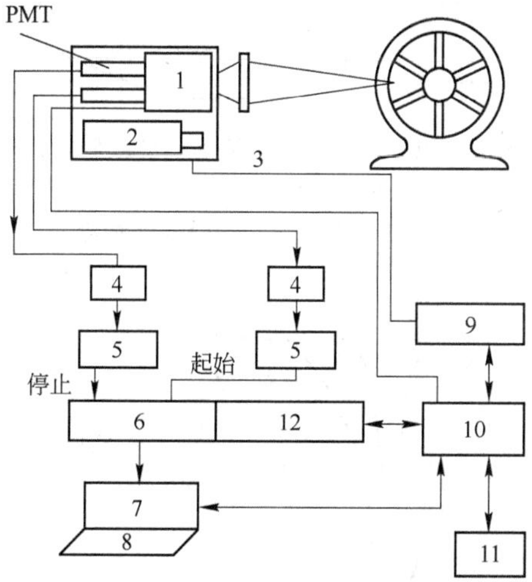

图 3-37 激光双焦点测速的电子信号处理系统

1—LTF 光学系统；2—激光器；3—斩光器；4—脉冲整理器，前置放大器；
5—恒比甄别器(CFD)；6—时间-脉冲高度变换器(TPHC)；
7—多道分析器(MCA)；8—控制键盘；9—同步器；10—LTF 控制处理器；
11—计算机；12—单道分析器(SCA)；PMT—光电倍增管

电子信号处理的基本过程是：来自光电倍增管的光电信号经整形、放大后，通过恒比甄别器产生一对计时逻辑脉冲；再由时间-脉冲高度变换器将这对计时逻辑脉冲的时间间隔变成矩形波的电压模拟量，最后通过 A/D 转换器转换成粒子穿越双焦点时的飞行时间的数字量。

电子信号处理系统各部分的波形示意图如图 3-38 所示。光电倍增管输出的信号分两路被电子信号处理系统检测。图(a)是脉冲整形器的输入波形。图(b)是整形后的波形，因此通过整形器后信号中的高频噪声被抑制，信噪比提高。由于不同大小的粒子所产生的散射光的强度是不同的，因此接收到的光电脉冲信号的幅度也不相同。如果在恒定电平处触发产生计时逻辑脉冲，将导致计时误差，如图 3-39 所示。

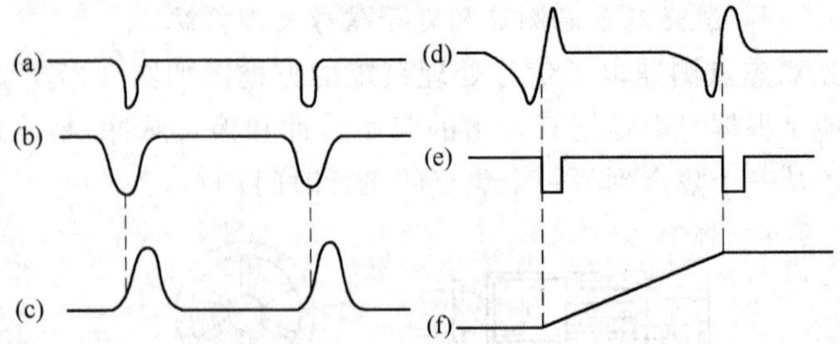

图 3-38　电子信号处理系统各部分波形示意图

(a) 脉冲整形器的输入波形；(b) 脉冲整形器的输出波形；

(c) 反相、延迟后的波形；(d) 恒比甄别器的输出波形；

(e) 计时逻辑脉冲；(f) 时间-脉冲高度变换器的输出电平

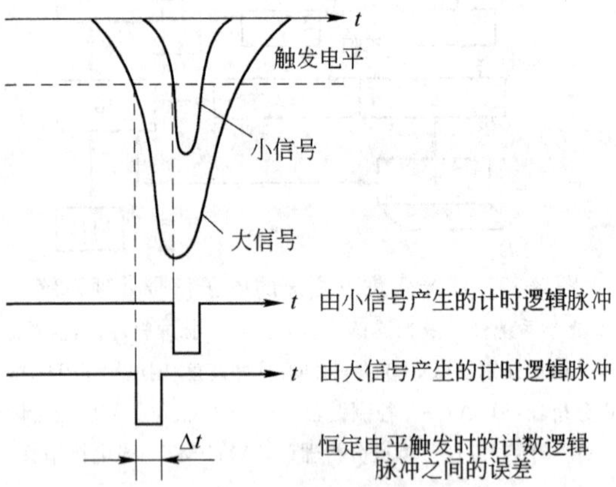

图 3-39　恒电平触发导致的计时误差

显然光电脉冲信号的幅度越大，所产生的计时逻辑脉冲在时间轴上的位置也越早。因此，不同幅度的光电脉冲产生的计时逻辑脉冲，在时间轴上的位置是不同的。如果能在脉冲波形恒定位相处触发产生计时逻辑脉冲，则可避免上述情况，即计时逻辑脉冲在时间轴上的位置将与光电脉冲信号的幅度无关。实现这一技术的方法是将前置放大器输出的单极脉冲变换成双极脉冲，并使双极脉冲的过零点相应于单极脉冲的某一恒定的位相。这样利用双极脉冲过零点触发，所产生的计时逻辑脉冲在时间轴上的位置就将与单极信号脉冲的幅度无关。恒比甄别器(简称 CFD)就能实现上述功能。它先将输入的脉冲信号反相并延迟,反相、延迟后的波形如图 3-38(c)所示;然后将反相、延迟后的波形与原输入信号叠加,获得一个双极脉冲,如图 3-38(d)所示。最后利用过零触发来获得计时逻辑脉冲,这样就避免了输入脉冲幅度变化所产生的计时误差。所获得的计时逻辑脉冲如图 3-38(e)所示。时间-脉冲高度变换器(简称 TPHC)的作用是将恒比甄别器输出的一对计时逻辑脉冲之间的时间间隔(即飞行时间)线性变换成具有一定幅度的矩形波输出脉冲,如图 3-38(f)所示。其原理为,当接收到一个起始计时的逻辑脉冲信号之后,变换器开门把一个精密电流注入到一个积分电容器中,以产生一个恒定斜坡的电压。当停止计时的逻辑脉冲到达后,变换器关门,使积分电容器上的电压停止上升,从而输出一个矩形波的模拟脉冲电压。该脉冲的幅度呈线性并正比于所测量到的时间间隔。经 A/D 转换器转换后,其量值即代表粒子穿越双焦点的飞行时间。

3.5.2.4 激光双焦点测速的数据采集

激光双焦点测速时,粒子在光探测区的飞行行为具有一定的随机性。如图 3-40 所示,在某一段时间间隔 T 内,示踪粒子穿越两焦点 A、B 时,会有五种不同的飞行状态:

(1) 在时间 T 内,同一粒子依次穿越两焦点 A 和 B;

(2) 一粒子先穿越 A,在时间 T 内,另一粒子再穿越 B;

(3) 一粒子先穿越 B,在时间 T 内,另一粒子再穿越 A;

(4) 在时间 T 内,只有一粒子穿越 A,而没有粒子穿越 B;

(5) 在时间 T 内,只有一个粒子穿越 B,而没有粒子穿越 A。

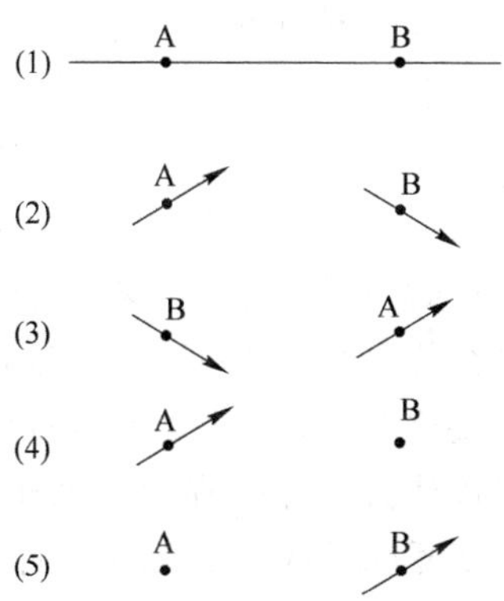

图 3-40 粒子穿越两焦点的五种不同飞行状态

显然,对于激光双焦点测速而言,只有第一种粒子飞行状态才是所需的有用信号,其他都为非相关信号,即背景噪声。为了抑制背景噪声,在数据采集时,电子信息处理系统有四种逻辑关系:

(1) 起始状态为接收起始脉冲的电路处于开门状态,接收停止脉冲的电路与产生时间窗口 T 的电路都处于关门状态。这意味着电子信息处理系统只能接收、处理来自焦点 A 的起始脉冲信号。

(2) 接收到一个由焦点 A 产生的起始脉冲信号后,接收起始脉冲的电路立即关门,与此同时,接收停止脉冲的电路和产生时间窗口 T 的电路开门,这意味着电子信息处理系统只能接收、处理来自焦点 B 的停止脉冲信号。

(3) 若在时间窗口 T 内,接收到来自焦点 B 的停止脉冲信号则立即将这一对起始、停止的计时逻辑脉冲输入到时间-脉冲变换器中,转换成相应的飞行时间,同时电路也复位到初始状态。由此获得的是一次有效的飞行时间信息。

(4) 若在时间窗口 T 内接收不到来自焦点 B 的停止脉冲,则时间窗口脉冲电路的后沿将所有电路复位到初始状态。通常时间窗口 T 约为飞行时间的 2～3 倍。

通过以上逻辑状态,可以抑制图 3-40 中的(3)、(4)、(5)三种飞行状态所产生的非相关信号。而(1)、(2)两种飞行状态的甄别只有依靠统计分析或相关技术了。

根据不同的情况,需采用不同的采集方法以获得可靠的有关飞行时间的统计直方图。对于一般的空气流场而言,尤其是速度高于 10m/s 的流动,粒子之间的平均自由程往往大于双焦点之间的间距 s,这意味着粒子从一个焦点穿越到另一个焦点的飞行时间要比粒子之间穿越焦点的平均时间间隔要短。这样在粒子穿越双焦点的平均飞行时间内,光探测区往往只有一个粒子。此时同一粒子依次穿越双焦点的相关事件的概率要比不是同一粒子穿越双焦点的非相关事件的概率要大得多。因此可以认为,非相关信号相对于时间轴而言近似地呈均匀分布,利用多道分析器(又简称 MCA)的统计累加即可获得飞行时间的统计直方图。

对于粒子密度较大的流场,由于粒子之间的平均自由程小于双焦点之间的间距 s,这时在粒子穿越双焦点的平均飞行时间内,光探测区内可能呈现两个以上的粒子。这样,非同一粒子穿越双焦点的非相关事件的概率大大增加。如果仍采用多道分析器的采集方法,将大大地降低信噪比,这时就只有利用相关技术。通常的做法是,通过时间延迟比较，利用数字相关仪来测量两散射光脉冲信号之间互相关函数的峰值，并由此建立飞行时间谱。

3.5.2.5 激光双焦点测速技术的应用特点

激光双焦点测速技术早已商品化。表 3-3 示出 L2F－4000 型激光双焦点测速仪的主要技术参数。从表 3-3 上可以看到，该仪器的最大特点是测速范围宽，可达 0.1～2000m/s，即同一仪器既可测低速又可测高速流动，特别是对超声速和跨声速流场都能给出良好的速度信息，而激光多普勒测速技术在超声速流场的测量上就受到限制，因为能够有很好跟随性的亚微米示踪粒子往往不能产生很好的多普勒信号。

表 3-3 L2F-4000 型激光双焦点测速仪的主要技术参数

名　　称	参　　数
测速范围/$m \cdot s^{-1}$	0.1～2000
测速精度/%	优于±0.5
速度方向的测量误差/(°)	<0.5
湍流度的测量范围/%	<30
可测近壁面的距离/mm	<1(壁面垂直于光轴)
工作距离(两种规格)/mm	①276，②468
焦点直径/μm	<10
焦点间距(两种规格)/μm	①160，②215
周期性流场测量	以同步方式工作，每周期可测 2×16 个测点
激光器	氩离子激光器，0.5145μm，输出功率 1W

激光双焦点测速技术的另一特点是采用简便的后向接收方式。因此测试件只需开一个简单的光学窗口，配有声光调制的同步系统后，即可很方便地测量周期性流场，因此特别适合对叶轮机械(如压气机、透平机、水泵、水轮机等)内部流场进行测试。

与激光多普勒测速技术相比，激光双焦点测速技术对周围的工作环境不敏感，能抗振动、抗温度变化。这是因为激光多普勒测速技术利用了光的干涉效应，光探测区呈干涉条纹型，因此振动和温度变化都将影响探测区的光学成像质量，而激光双焦点技术是利用光的几何成像原理，光探测区呈两个聚焦光点。此外激光双焦点测速的光信号接收系统也易获得较高的空间分辨率，信噪比高，可以探测湍流度高达20%的近壁区或窄通道中的流场，是研究边界层流动的有力工具。

激光双焦点测速技术的不足之处是采样时间较长，为了获得速度的二维概率密度频谱，采样约需时 0.5～3min；如果被测流场的湍流度较大或背景噪声较强时，采样时间还需更长些。因此激光双焦点测速技术对稳态流场的测量比较合适，而不适于瞬变的不定常流动的测量。

本章小结

本章在常用的压力传感器知识的基础上，着重介绍了接触式测量方法中流体压力和速度的测量原理，包括基本的测量工具一维测压管的测量原理和若干种测量管的结构；就三维流场测量方法，较具体的介绍了五孔探针和七孔探针的结构和工作原理，并对一维可压缩亚声速气体流动速度的测量原理特点与一维不可压缩流动加以区别。在接触式的测量方法中，应该注意到流速与压力的紧密联系。最后一节介绍了两种先进的激光测速技术，即激光多普勒测速技术和激光双焦点测速技术。并对它们各自的特点，包括基本工作原理、光学系统、电子信号处理系统、数据采集系统及应用方面，进行了详细的描述。

思考题

3.1　试述本章介绍的各种压力传感器的工作原理。你还了解其他哪些测压工具？

3.2　在液柱式压力传感器中，U 形管压力计和斜管压力计是否需要感压元件？

3.3　试述用一维测压管测量全压和静压的原理。那么能否将皮托管放置一个漩涡中，通过测量某一点的全压和静压来获得动压和速度呢？

3.4　描述五孔探针和七孔探针的测压原理，它们之间的联系和区别是什么？

3.5　一工业用水管道，用皮托管和 U 形管压力计测量出水以 1.5m/s 的速度流动。当皮托管的校正系数为 1.0，U 形管压力计的工作液体密度为 1.286kg/m^3 时，问压力计液体的高度差是多少？

3.6　由皮托管和 U 形管压力计测量系统测得一空气流的压差为 15.7kPa，绝对静压为 100kPa，空气流的温度为 15.2℃。试计算两种情况下的空气流速度：(1)空气可压缩；(2)空气不可压缩。

3.7　你能否用一笛形管和静压管组合来测量管道流体流量，如何实现？

3.8　简述光学多普勒效应。

3.9　激光多普勒测速的基本光学系统都包括哪些？

3.10 激光多普勒的信号有什么特点？

3.11 激光多普勒的频移信号处理有哪几种方法？

3.12 激光多普勒测速过程要注意哪些相关问题和方法？

3.13 激光双焦点测速的基本原理是什么？

3.14 简述激光双焦点测速的优缺点和流场适应范围。

3.15 激光多普勒测速和激光双焦点测速之间的共性和区别有哪些？

3.16 双焦点测速的数据处理中最困难的问题是什么？

参 考 文 献

1 宋崇，蒋欣之．热工测试技术及研究方法．北京：中国建筑工业出版社，1988

2 施明恒，薛宗荣．热工实验的原理和技术．南京：东南大学出版社，1992

3 李彦．现代热工测量与实验技术．北京：清华大学校园网电子课件，2002

4 朱德忠．热物理激光测试技术．北京：科学出版社，1990

5 黄素逸．动力工程现代测试技术．武汉：华中科技大学出版社，2001

6 吕崇德．热工参数测量与处理(第二版)．北京：清华大学出版社，2001

4 热物理性质的测量

4.1 概述

物质的热物理性质，简称热物性。它是物质某一类属性的概称。一般的理解是：只要存在温差，那么不管这种温差存在于两个（或两个以上）物体间或是一个物体内部的不同处，也不管物体间是否相接触，按照热力学第二定律，热量将自发地从高温物体（或物体内的高温部分）流向低温物体（或物体内的低温部分）。这种从高温向低温的热量传递过程，与物质的性质有很大关系。一般而言，与这种热量传递过程和物体含热量增减直接相关的物质性质概称为物质的热物性。具体来讲，材料的热物性主要包括密度、热容、热导率、热扩散率、融解热、热胀系数、黏度、表面发射率和吸收率、融点、沸点等。

各种物体的热物性跟它们的化学性质、微观结构、孔隙率、湿度、预先的热处理以及温度等有关。物质热物性的关系式与大量的、相互关联的因素有关，因而实际上实验是获取用来确定这些热物性的数据的唯一来源。由于物质的热物性往往在它所处热状态发生变化时才明显呈现出来，这一特征决定了热物性的测试有如下特点：

(1) 热物性量是基本量的导出量。任何热物性都是由长度、时间、质量、温度等这些基本量导出的复合量。例如，密度是由长度量与质量导出；热导率是由功率、长度与温度导出。这一特点决定了对热物性不能进行直接测量，它是通过对基本量的测量后，按导出关系式再求得热物性的量值。这也决定了热物性量的测量误差比基本量的测量误差要大。

(2) 热物性的测试必定与一定的热过程相联系。由于热物性是在物体进行热过程中才体现出来的，因此，要测量热物性，只有让物体经历某个特定的热过程时才能实现。即，热物性的测量的一个关键就是设定所需的特定热过程。比如，热导率的测量总是伴随着一定的导热过程；热容的测量总是伴随着物体升温或降温过程等。热物性测试的这一特点又决定了其测量误差与热过程能否合理安排有关。

(3) 热物性测量方法与测量装置的多样化。这里所说多样化有两层含义:一是在热物性这个总概念下,包括种类众多的物性量的测量;另一是,对同一个热物性量,由于量值不同,或工作范围不同(如温度范围不同),往往需要各不相同的方法,相应地需要多种装置。

因此,在热物性测试技术中非常关键的就是热过程的设计。对不同的热物性量,或者不同物质的同一个热物性量,如果实验设计得不合理就无法得到理想的实验结果[1]。例如同样采用无限大平板层法测量物体的热导率,对热导率较大的金属材料,为保证有足以进行可靠测量的温差,会将试样制成纵长形状的杆;而对于热导率较小的保温材料则应将试样设计为较薄的圆板或方板。因此在这一章中,将着重从过程设计角度来介绍热物性测量方法。

4.2 常用热物性参数的物理意义及其测量方法简介

4.2.1 常用热物性参数的物理意义

材料的热物理性能包括输运性能和热力学性能两类,前者指与能量和动量传递过程有关的热导率、热扩散率和热辐射性能;后者指与热现象中物态转变和能量转换规律相关的质量热容、热胀系数和 $p-V-T$ 方程。

4.2.1.1 热导率

热导率 λ 也称导热系数。其定义式由傅里叶定律给出

$$\lambda=-q/\mathbf{grad}\,T \tag{4-1}$$

热导率是表征材料导热性能优劣的参数。不同材料的热导率值不同,即使是同一种材料,热导率值还与温度等因素有关。金属材料的热导率最高,属良导热体;液体次之;气体最小。

要确定物质的热导率,一般可以通过理论和实验两种途径。从理论上看,可以通过弄清物质的导热机理,确定分析导热的物理模型,做出较为复杂的数学分析和计算来获得热导率。但是,截至目前为止,除了少数物质,如某些气体、液体、纯金属以外,还难以从理论上预先计算出各种物质的热导率。另一方面是通过实验方法实测物质的热导率,

这是确定物质热导率的主要途径。实验获得热导率总体来说可以归为两大类:一类是稳态导热法直接获取热导率,另一类则是通过非稳态导热法获得热扩散系数 a 来间接获得热导率。

4.2.1.2 热扩散率

热扩散率 a 是据国标 GB 3102.4—93"热学的量和单位"定名的,过去常称做导温系数。热扩散系数的定义:$a=\lambda/\rho c_p$。它表征的是物质内部热扩散的能力。要了解 a 的物理意义,必须与非稳态导热过程联系起来。非稳态导热过程指的是物体经历着自身温度随时间变化而又有热量传导的过程,一方面有热量传导,另一方面又有温度变化。热扩散率正是把这两个方面联系起来的物理性质量。a 值大,表示扩散的热量相对地大于当地物质温度变化所需的热量,那么除了提供当地物质温度变化所需的热量之外,还有相当大的部分热量继续传导,使物体内温度变化迅速推移。实验获取热扩散率的方法主要是非稳态导热法。

4.2.1.3 辐射换热的热物性

辐射换热的热物性包括辐射系数(又称黑度)、反射率和辐射角系数等。辐射系数取决于物体的性质、物体的温度、表面状态、波长和方向。除此之外,反射率还和入射特性有关。辐射角系数在一般情况下要由辐射体系的几何参数及其光学性质决定。研究黑度的主要方法有辐射法、量热计法和正规热工况法。辐射法是建立在以被测物体的辐射和绝对黑体或其他辐射系数已知的物体的辐射相比较的基础之上的。在量热计法中黑度要根据被测物体直接发出的辐射能流和表面温度来确定。以上两种方法都是稳态法。而正规热工况法则属于非稳态法,这种方法不需要测量辐射能流和表面温度。在实验中要确定的主要的物理量是冷却率。反射率可以用积分球法和反射球法进行研究,这两种方法彼此之间的区别,在于试样的辐射条件及获得漫射辐射能流的方式。辐射角系数可以用光模拟法和电模拟法确定。

4.2.1.4 质量热容

质量热容 c,或称比热容,是物质的重要热力学性质之一。它的含义是每千克物质温度升高 1K 所需要的能量。如 1kg 物质温度升高 1℃所需要的能量称为质量比热,量纲为 kJ/(kg · ℃);1m^3 物质温度升高 1℃所需要的能量称为容积比热,量纲为 kJ/(m^3 · ℃);而 1kmol 物质温度升高1℃所需要的能量称为摩尔比热，量纲为kJ/(kmol·℃)。质量热容是温度的函数。一般情况下质量热容随温度升高而增加，在低温时增加较快，在高温时增加较慢。对于同一种物质，特别是气体，它的质量热容还与过程有关。工程上最常见的是在定压过程中测出的质量热容，称质量定压热容 c_p；在定容过程中测出的质量热容，称为质量定容热容 c_V。显然，由于定压过程会引起物质体积的变化，需要外加的能量来克服分子之间的作用力，所以必有 $c_p>c_V$。对于固体和液体材料，由于温度变化时体积变化很小，因此 c_p 和 c_V 两者差别就很小，但是在高温的条件下，体积的温度系数增大，c_p 和 c_V 两者的差别就愈趋明显。在实验测定质量热容时，由于温度变化，被测物质的体积也是变化的，因此，实验所测得的都是物体的质量定压热容 c_p 而不是质量定容热容 c_V。质量热容的实验研究方法，如果按照热流状态，亦可分为稳态法（如卡计法）、非稳态法（如脉冲加热法），但这种分类方法不够严格，因而还未被人们广泛引用。更多的是以实验方法和装置的特点命名，如下落法等温水卡计，下落法铜块卡计，电脉冲法，比较法等。所有测试质量热容的方法中，以卡计法的准确度最高。

4.2.1.5 热胀系数

热胀系数 β 表征物体受热时长度或体积增大程度的热物性参数。在工程技术中，对于那些处于温度变化条件下使用的结构材料，热胀系数不仅是材料的重要使用性能，而且是进行结构设计的关键参数。在恒压条件下，材料的热胀系数可以表示为

$$\beta=\frac{1}{V}\left(\frac{\partial V}{\partial T}\right)_p \tag{4-2}$$

一般而言，选择热胀系数测试方法及装置时必须考虑的主要因素有：待测材料的类型和特性，测试的温度范围，测试的精度和灵敏度，测试周期等。测定方法通常分为两大类：一类是相对法或比较法，其特点是热膨胀是相对另一种材料（参考）热膨胀的比较值；另一类是绝对法，其特点是直接测定待测材料的热膨胀。广泛使用的方法有示差法（或称为顶杆法）、测微望远镜直接观察法、干涉仪法、X射线法、体积测定法等。近年来，激光法测定热胀系数的应用日趋广泛。

4.2.1.6 $p-V-T$ 方程

$p-V-T$ 方程确定实际气体的 $p-V-T$ 关系，即建立实际气体

的状态方程，对传热和流动的分析和研究具有重要的意义。因为有了状态方程，我们就可以不必通过测量而从热力学微分方程来确定工质的某些热物理性质，例如热力学能、焓、熵和质量热容等。这些参数在热工计算中具有重要的用途。确定实际气体状态方程主要有两种方法：一种是理论分析方法，即根据对实际气体性质的了解，提出气体分子结构的模型，然后从理论上来建立状态方程。随着现代科学理论的发展，理论方法已成为研究实际气体状态方程的主要方法。另一种是实验方法，它对于验证理论公式的正确性以及确定某些特殊工质的 $p-V-T$关系仍然具有重要的价值。实验方法中又分为两大类：直接法和间接法。直接法是通过测定实验工质在各种压力和温度下的质量热容，然后根据实验值直接整理出 $V=f(p,T)$的关系式。也可以采用定温下测定 $p-T$ 关系的途径来得到。间接法是利用热力学的一般理论和实验数据相结合的方法来确定物态方程，常用的有利用比热的实验数据和利用节流效应的实验数据[2~4]两类。

如前所述，热物性量测量的方法和装置多种多样，要在有限的篇幅中进行完整、详细的介绍是不可能的。本章重点是介绍热导率、热扩散率和质量热容的测量。

4.2.2 热物性测量方法的分类

材料的热导率、热扩散率、质量热容、密度和蓄热系数等涉及各个领域的应用[5~9]，这些热物理性质的测量是大家都关注的经典课题，人们研究出了多种的研究方法[10,11]。近十多年来随着计算机技术、激光技术、红外技术、微电子技术、光声技术的发展，热物性测试准确度不断提高，测试功能不断扩大，试样尺寸和体积明显减少，热物性测试技术向高速化、自动化、多功能化发展[12,13]。总的来说，热物性测试方法按试样在测试过程中的温度分布是否随时间变化，可分为温度分布不随时间变化的稳态法和温度分布随时间而变的非稳态法[3]两大类。

不论是稳态法还是非稳态法，制定实验方案的首要任务是使实验模型满足物理方程（包括单值性条件）所描述的理论模型的要求。下面我们以导热模型为例，简单介绍热物性测量原理。测量热导率或热扩散率的所有方法都是建立在导热模型的基础上的。原则上，任何已有分析解的导热模型都可以作为测定导热物体热导率或热扩散率的实验模型。

4.2.2.1 稳态法测热导率的原理

在稳态法中，样品内的温度分布是不随时间变化的稳态温度场。最常见的是使用一维稳态导热方程，即无限大平板模型，见图 4-1。描述该模型的导热方程为

$$\frac{\partial^2 T}{\partial x^2}=0 \tag{4-3}$$

其边界条件为

$$x=0\text{ 时},T=T_{w1};x=\delta\text{ 时},T=T_{w2} \tag{4-4}$$

可以导得其基本测试公式

$$\lambda=B\frac{Q}{\Delta T} \tag{4-5}$$

式中 Q——单位时间流过试样的热量；

ΔT——试样的两个边界的温度差；

B——仪器常数，厚度问题在 B 中考虑。

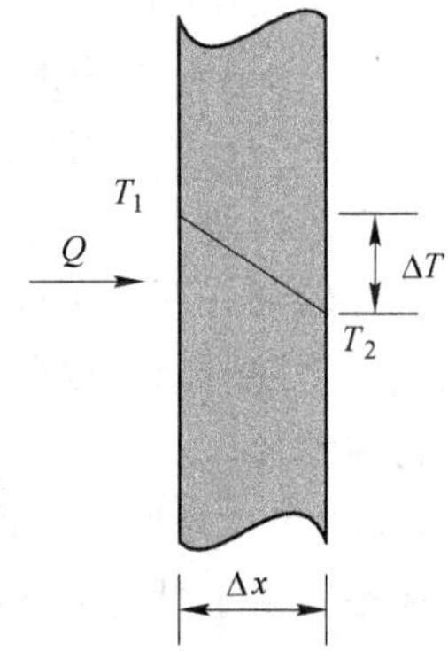

图 4-1 平板导热示意图

利用式(4-5)实验求解热导率 λ，就必须布置实验，使实验模型满足描述一维导热模型式(4-3)及式(4-4)的要求，否则，就不能利用式(4-5)实验求解热导率，或者带来不可容忍的误差。在满足上述要求的实验模型上，测量热流密度 q、试样厚度 δ 以及在 δ 厚度上的温差值，便可利用式(4-5)求解试样的热导率。对于稳态一维平板导热实验，其布局的关键就在于如何使实验模型满足一维导热的边界条件。在分析求解式(4-1)时，只要假设平板模型为无限大，便轻而易举地满足了一维导热理论模型的要求，但在实验布局上，要使实验模型满足这一要求，都要采取各种措施，周密地布置实验，否则，就无法满足一维导热的要求。例如在平板法测量热导率时，有时会设计一些辅助加热器，来弥补非主要方向上的热流损失；在测量真空材料的热导率实验装置中，会采用抽真空和设置热屏的方法，使试件模型满足一维导热的要求。

4.2.2.2　非稳态法测热物性的原理

在非稳态导热的情况下，微分方程具有下列形式

$$\frac{\partial Q}{\partial \tau}=-\lambda A\frac{\partial T}{\partial r} \tag{4-6}$$

$$c_p\rho\frac{\partial T}{\partial \tau}=\lambda\left(\frac{\partial^2 T}{\partial r^2}+\frac{k-1}{r}\frac{\partial T}{\partial r}\right) \tag{4-7}$$

式中　A——面积；

r——所用的坐标；

$k=1,2,3$——分别相应于无限大平板、无限长圆柱以及球体。

非稳态法研究热参数时，用的就是这两个方程的解。测试时，通常是使试样的某一部分温度做突然的或周期的变化，而在试样的另一部分测量温度随时间的变化速率，进而直接测出试样的热扩散率 a 或其他热物性参数。

4.2.2.3　两种方法的比较

稳态法由于具有测试准确度高、数据处理简单等优点，因此，自 19 世纪 90 年代开始采用以来，它一直得到广泛应用，并被视为经典的方法。非稳态法较之稳态法而言，则具有测试周期短、试样小，一般能同时测出多个热物性数据等优点。尤其是近年来，随着计算机技术的普及和应用，实验设备和手段大为改进，使原来用常规仪表、计算手段难以实现的数据采集和数据处理成了可能，这更促进了非稳态法测试热物性的完善和发展，使非稳态法在测试热物性中占有愈来愈重要的地位。

采用何种测试方法或仪器装置，往往要从材料的热导率范围、样品可能做成的几何形状、数据所需的精确度、测量周期及所需费用等一系列因素综合考虑后确定。稳态法和非稳态法都包含着许多种各有特色的测试方法和装置。要全面地具体地对非稳态法和稳态法的缺点进行比较，显然是十分困难的；武断地说这一种方法在所有条件下都比另一种方法优越也是缺乏科学依据的。不同的被测对象、不同的测试温度范围以及不同的测试要求，需要采用不同的测试方法。因此，非稳态法和稳态法是各有特色、互为补充的[14~16]。北京航空航天大学余雷、余建祖、王永坤在测量 SiN_x 薄膜的热物性参数时用稳态法测取了 SiN_x

薄膜的热导率和发热率，用瞬态法测取了质量热容和热扩散率，并对实验结果进行了不确定度分析，获得了可靠的实验数据[17]。

4.3 稳态法测量热导率

4.3.1 概述

在稳态法测定热导率时，遇到的第一个问题是要得到一个与建立物理模型时所作的假设相符的热流图像，即如何满足模型所设定的热流方向。通常有三条途径：

(1) 设计一种装置，把热流约束在规定的方向。

(2) 设计各种形状的试样，以得到便于作数学描述的热流图像。

(3) 推导出相应的数学公式以描述便于制备的试样中的热流图像。

采用上述的不同途径，又可把稳态法分成两大类：纵向热流法和径向热流法。

在纵向热流法中，一般使用防热套使热流约束在一定方向上。防热套和待测试样的温度梯度相向，能防止或大大减少试样的径向或侧向热损，从而能够测出试样内仅仅由于单向热流所产生的温度梯度。

在径向热流法中，通常使用一个能完全包围住热源的试样。如果试样和热源设计得当，热流将以匀称的图像自中心向外流出。这个体系，通常是由一个无限圆柱体(长度比直径大得多的圆柱体)试样，将一个无限圆柱体热源包围而构成的；或者由一个中空的球体或回转椭圆体试样，将一个同样形状的热源包围构成。这种方法的特点是便于对热流图像作数学描述。

用稳态法测定热导率的第二个问题是测定待测样品的热流速率。解决的途径通常有：

(1) 测定流过试样的热量。

(2) 测定用来加热试样的热量。

(3) 同时测定全部的或部分的输入热量和试样损失的热量。

(4) 使热量等同地通过待测样品以及与之串接的已知热导率的标准样品(参考试样)，这时，标准样品实际上起着卡计的作用，这就是常用的比较法。

在稳态法中无论采用哪种方法都必须使主发热器产生的热量全部流过试样，热流线应垂直于试样的横截面，整个系统应达到稳定的热平衡状态，在二次仪表允许的条件下，应使试样上待测的温差尽可能小些。

热导率稳态测试方法很多，美国普渡大学热物理性质研究中心（T. P. R. C.）对其所做的分类如表 4-1 所示[15]。

表 4-1　热导率稳态测试方法分类表

- 稳态法
  - 纵向热流法
    - 绝对法
      - 圆棒法
      - 平板（圆盘法）
    - 比较法
    - 混合法
  - 径向热流法
    - 绝对法
      - 圆柱体法
      - 球体法
      - 同心球法
    - 比较法—绝对法
  - 直接电加热法
    - 圆柱体法
      - 纵向热流法
      - 径向热流法
      - 细棒热流法
    - 矩形棒法
  - 热电法
  - 热比较器法

4.3.2　纵向热流法及其热防护示例

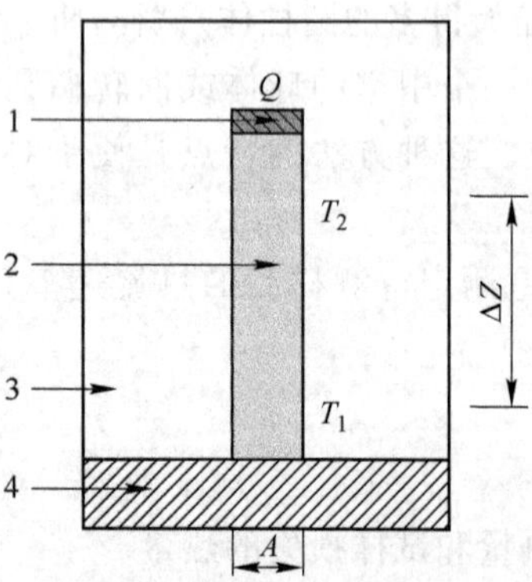

图 4-2　纵向热流法测试热导率
1—热端热源；2—棒状试样；3—装置外壳；4—冷池

4.3.2.1　纵向热流法测量原理

纵向热流法是因热流沿试样轴向（或称纵向）而得名。当材料热导率较大时，如金属等热良导体，试样可制成等截面的棒状体或金属丝；当热导率较小时，如非金属等热不良导体，则应加工成圆盘或方板形。图 4-2 所示为金属棒纵向热流法的示意图。棒的一端保持恒定高温 T_2，另一端则保持恒定低温 T_1。这样就有恒定的热流沿棒轴从热端流向冷端。根据式（4-1）可得到试样的热导率为

$$\lambda=\frac{Q}{A}\frac{\Delta Z}{\Delta T} \tag{4-9}$$

式中 A——试样的横截面面积；

Q——通过截面 A 的热流；

$\Delta Z=Z_2-Z_1$——两点间的距离；

$\Delta T=T(Z_2)-T(Z_1)$——两点间温差。

根据式(4-9)和图 4-2 所示的原理，用轴向热流法准确测量热导率的要求是：

(1) 试样与环境都处于热稳态，即此装置各处的温度都不再随时间而变化。

(2) 试样维持一维热流，即 Q 在不同 Z 处都相同。

(3) 准确测量 A、ΔZ、Q 与 ΔT 值。

要实现上述三项要求，在设备装置预测试技术方面都必须采取相应的措施。在测量温度较低时，需要在真空环境中进行，这样可以忽略由于环境气体的导热、对流及辐射所造成的热损。当温度较高时，为防止辐射热损失，需要加辐射热屏蔽和可控的热保护用的加热器，以补偿热损。试样的热端一般用电加热器，提供恒定高温；低温端常用水流卡计，既可以保持冷端的低温，也可以量出热流量 Q。温度多数用热电偶测量。

4.3.2.2 稳态平板法外加径向防热套示例

平板法是一种试样形状为圆盘形或方板形的纵向热流法。与其他方法相比，平板法的最大优点是试样容易制备。此外，它还具有相当高的测试准确度和试样温度。因此已经被许多国家列入低热导率材料的标准试验方法。

为防止试样的径向热损和底向热损，在试样或主发热器的径向和底向分别安装边发热器和底发热器。典型装置如图 4-3 所示。

主、底、边三个发热器均用刻有均匀螺旋凹槽的陶瓷炉盘制成，如图 4-4 所示。凹槽内嵌绕镍铬或铂铑电热丝，用高温黏结剂紧固，再盖上绝缘用的陶瓷板。每个发热器上和试样的冷面均有高导热的匀热板。为减小试样热面冷面与匀热板之间的热阻，还在其间用银箔或铝箔作第二次匀热。为有效减小径向热损，在试样四周的边发热器上放

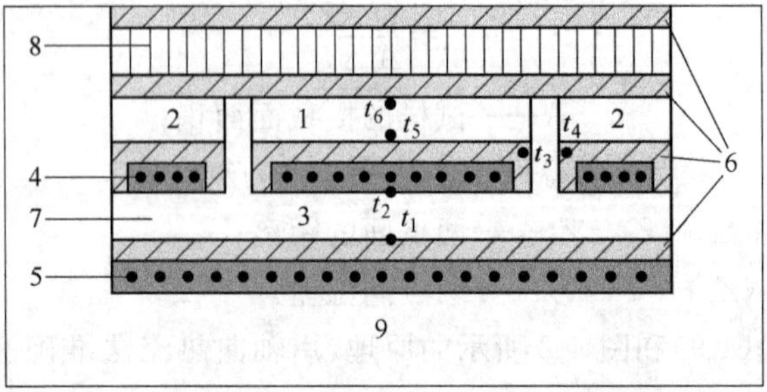

图 4-3　中国科学院上海硅酸盐所小平板热导仪炉子示意图

1—待测试样；2—试样热环保炉；3—主发热器；4—边发热器；5—底发热器；6—匀热板；7—绝热粉末；8—隔热砖；9—炉子隔热材料

置热导率与试样相近的热保护环。三个发热器放在一个金属的炉壳内，炉壳内所有的空余部位或空隙均用绝热粉末充填。6 对测温热电偶分别置于图 4-3 所示的位置。通过主发热器和底发热器电功率调节，使 $t_1=t_2$；通过主发热器和边发热器电功率的调节，使 $t_3=t_4$（实际测试中，通常使 $|t_1-t_2|\leqslant 1.5$℃，$|t_3-t_4|\leqslant 1$℃），以此使底向和径向热损减小到最低限度。为达到稳定状态，6 对电偶所测的温度的变化应控制在每小时 1～2℃。至此，通过 t_5 和 t_6 电偶测出试样纵向温差 Δt，测出主发热器流向试样的热流量 Q，以及实验前已测定的试样的直径 d 和厚度 δ，就可算出 λ 值：

$$\lambda=\frac{\delta Q}{\Delta t\ \dfrac{\pi}{4}d^2} \tag{4-10}$$

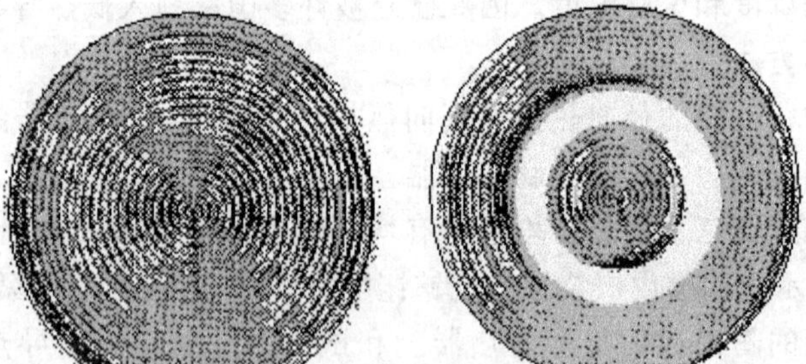

图 4-4　三个发热器的陶瓷炉盘图

4.3.2.3 双平板法热防护

在单平板法的基础上发展起来的双平板法如图 4-5 所示。用两块平板试样夹住主发热器，并增加了一个顶发热器。与单平板法相比，双平板法的优点是：在试样的冷面不再需要一厚层隔热材料，且由于试样的冷面装有顶发热器或底发热器，其间又有高导热的金属作冷面匀热板，因此可使测试的温度提高，同时又能保证试样冷面温度比较均匀。测试时，必须同时测出上下两块试样的温差，每块试样通过的热流量等于主发热器总热流量的一半，把所求得的两个 λ 值取平均值即可。这种方法的缺点是：需要的试样尺寸比较大，为了防止侧向热损，需要在侧向进行精心的热保护[3]。

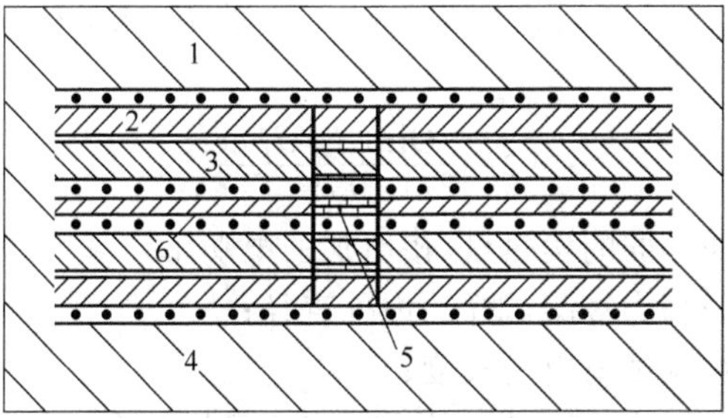

图 4-5 双平板法热导仪炉子示意图

1—外加热炉；2—高导热系数平板；3—试样；4—隔热材料；
5—实验中待测的输入功率；6—中心加热炉

4.3.3 径向热流法

在径向热流法中，试验装置设计得使热流沿着圆柱体、圆球体试样的半径方向流动，这样试样的热损失除引线之外可以不用考虑。根据试样的几何形状，可以区分为圆柱体法、圆球法、同心圆球法和同心圆柱体法。

4.3.3.1 圆柱体法

圆柱体法又称圆管法。此时，被测试材要做成空心圆管，通常包在圆管加热器外面，用内侧加热的方法在被测试材中建立温度梯度，如图 4-6所示。在这种加热方式下，加热器应沿试样的长度方向形成均匀分布的热流，根据电加热器的功率即可测出热流的大小。

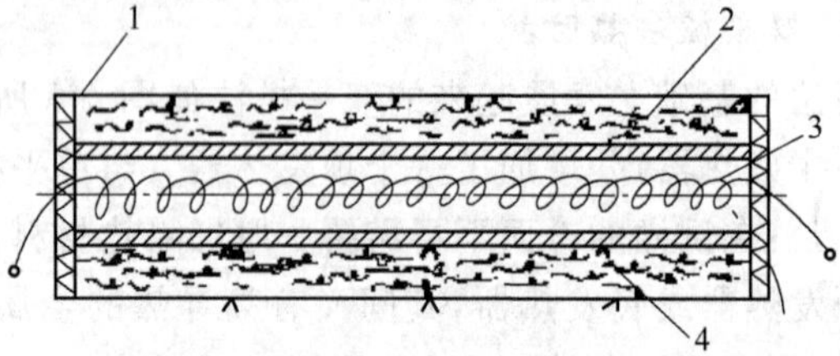

图 4-6　圆管测试装置原理图

1—绝缘层；2—被测材料；3—加热器；4—热电偶

为了使试样中部有一段足够长的均热段，以保证径向的一维热流，整个试样要求有足够大的长度直径比。此时可以认为是无限长圆柱体。那么，由导热方程可以得到式(4-5)中的 $B=\ln(d_2/d_1)/2\pi L$，于是有试验计算式

$$\lambda=\frac{Q\ln(d_2/d_1)}{2\pi L(T_1-T_2)} \tag{4-11}$$

式中　Q——加热器的发热量，按所加的电功率计算；

d_1,d_2——分别为被测试样的内外直径；

L——被测试材料的长度；

T_1,T_2——分别为被测试样的内外表面平均温度。

由此算出的 λ 是试样在温度区间(T_1、T_2)中的平均热导率。

采用短试样时，应在两端加装防护加热器，以补偿两端的热损失。

使用这种方法进行测量时，应注意中心加热器应当严格地对中，并要考虑因加热膨胀而引起的伸长。测定试样内壁温度的热电偶可以开槽敷设在加热器的外表面上，测定试样外表面温度的热电偶紧贴在试样的表面上，外面包扎绝缘层，以减少对外的散热损失，并可提高实验平均温度。

4.3.3.2　圆球法

圆球法是以同心球壁稳定导热规律作为基础的。所用装置为直径 d_1 和 d_2 的两个同心球壳。内球中装有电加热元件。在两球壳之间为被测试材料。在稳定条件下，只要测定被测试材料两边的温度以及通过的热流，就可以用下式计算被测材料的热导率。

$$\lambda=\frac{Q(1/d_1-1/d_2)}{2\pi(T_1-T_2)} \tag{4-12}$$

图 4-7 所示是东南大学研制的双水套球测量热导率的装置，用于测量颗粒状物料和纤维状物料的热导率。采用双水套可以使环境对试验的影响达到最小。由电加热器发出的热量通过试样后由恒温器 3 中的循环水带走。恒温器 4 中的恒温水用来补偿对外的散热损失。圆球法测试装置安装复杂，球体必须严格对中，被测物料应均匀地填充在两同心球之间，否则填充的不均匀性将会给热导率的测量带来较大的测量误差。对图示的双水套球测量装置，为使其温度达到稳定，需要较长的时间，约 3～4h。

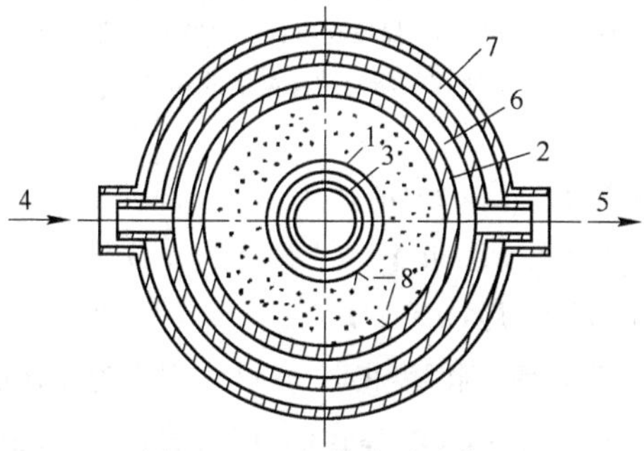

图 4-7 双水套球测试装置

1—内球壳；2—外球壳；3—电加热器；4、5—恒温水进出口；6—恒温水套；7—保温水套；8—热电偶

4.3.4 直接电加热法

对于金属材料，由于其自身可以导电，因此可以采用通电直接加热的方法在试样上建立起温度梯度。如果试样具有不变的横截面和理想的侧表面热绝缘，那么，试样中产生的热量将以导热的方式传到试样的端部。当整个系统达到热稳定时，试样上的导热微分方程为

$$\lambda \frac{d^2 T}{dx^2} + \sigma \left(\frac{du}{dx}\right)^2 = 0 \tag{4-13}$$

或

$$\frac{\lambda}{\sigma} \frac{d^2 T}{du^2} + 1 = 0 \tag{4-14}$$

式中 σ——试样的电导率；

x——试样上以其中点为原点的纵向坐标；

u——试样上 x 点的电位。

图 4-8 所示模型的边界条件为：

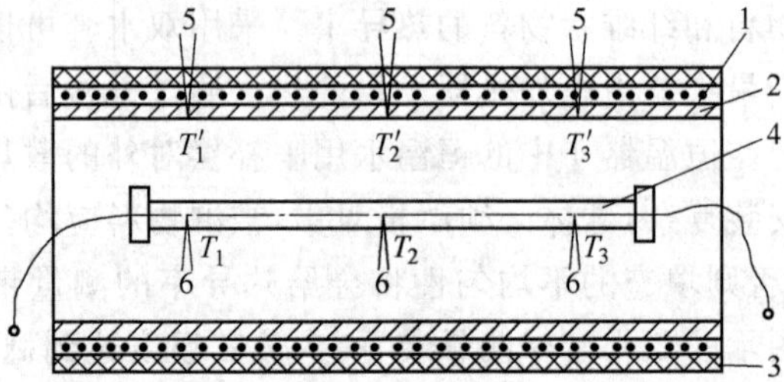

图 4-8 直接通电纵向热流法原理图

1—加热炉；2—均热管；3—保温材料；4—试样；5—测量环境温度的热电偶；6—测量试样温度的热电偶

$$
\begin{aligned}
&\text{当 } x=-L \text{ 时}, T=T_1, u=u_1; \\
&\text{当 } x=0 \text{ 时}, T=T_2, u=u_2; \\
&\text{当 } x=+L \text{ 时}, T=T_3, u=u_3。
\end{aligned}
\tag{4-15}
$$

若视材料的 λ 为常数，则温度将以 $x=0$ 为中心对称分布(即 $T_3=T_1$)。

令 $u_1-u_2=u_2-u_3=V$，求解式(4-13)、式(4-14)和式(4-15)得

$$\lambda=\frac{1}{2\sigma}\frac{V^2}{(T_2-T_3)} \tag{4-16}$$

由于该方法提供的热源是直接加在试样上的，因此热惯性较小，实验装置达到热稳态的时间比其他的测热导率的稳态法所需时间短得多。但实际试样侧表面总有一定的热损，因此在测量过程中必须对热量损失进行一定的修正。

直接通电法可用来测量 80～3000℃温度内金属的热导率，准确度较高，一般相对误差为 2%～3%。测试时，试样应置于真空环境中，以防金属试样表面被氧化。测量热导率较高的材料时，为了要使样品两端面维持必要的温差，但同时又不希望加热器的温度太高，这时可使用变截面加热器。使用这种加热方式时，常使用比较法测定被测样品的热导率。变截面加热器常用导热性能较好的金属制成，如紫铜，此时应注意仍要保证有一段足够长的均热段，使工作部分保持一维热流。

另外，直接通电法的另一个好处就是可以在一套实验装置中获得多种参数测量结果。据文献报道，一个设备除测量热导率外，还可以获

得电阻率、热容、半球总发射率、法向光谱发射率、热胀系数、其他电参数以及由上述基本参数推导出的如焓、热扩散率、线胀系数等。这些参数可以在一个试样上通过几次实验或一次实验同时得到。

4.4 非稳态法测量热导率和热扩散率

4.4.1 非稳态测试法的分类

非稳态法的测量原理是对处于热平衡状态的试样施加某种热干扰，同时测量试样对热干扰的响应(温度或热流随时间的变化)，然后根据响应曲线确定热物性参数的数值。

非稳态法的最大特点(也是它的优点)有两个：一是测试周期短，通常只需几分钟甚至几秒钟，就可完成稳态法需要几小时才能测出的实验结果；二是可以同时测出热扩散率、热导率和热容数据，在非稳态法中有不少测试方法可以做到这一点，这在稳态法中一般是无法做到的。非稳态法的缺点是：非稳态方法的测试误差通常要比大多数稳态法略大一些，主要原因是在测试过程中往往很难完全满足非稳态法所要求的边界条件，而且由此引进的误差不像在稳态法中那样易于做数学上的描述和计算。此外在大多数情况下它所要求的二次仪表要比稳态法精密和复杂些。

非稳态法的分类方法很多，可以按照测量过程中热流的方向分类，也可以按所加热流的特点和方式分类。如果按照所加热流的时间分类，主要可分为以下两大类。

第一类，周期热流法。在周期热流法中，供给试样的热量经调制后成为具有一个固定周期的热波。由热波引起的温度也具有相同的周期，温度波在试样中传播并逐渐衰减。因此通过测定试样中某两点的温度波振幅的衰减值或者相位差，就可测出试样的热扩散率。周期热流法按热流方向可分为纵向热流法和径向热流法。

第二类，瞬态热流法。瞬态热流法的测试方法很多，包括纵向瞬态热流法、径向瞬态热流法、闪光法(激光脉冲法)、线热源法、可动热源法和电流脉冲加热技术等。

表 4-2 为一些文献中列出的非稳态法的简单分类表。

表 4-2　非稳态法的分类

非稳态法	周期热流法	纵向热流法
		径向热流法
	瞬时热流法	纵向热流法
		闪光法（激光脉冲法）
		径向热流法
		线热源法和探针法
		可动热源法
		比较法

现在非稳态法以激光脉冲法为代表已极大地扩大了测试温度范围，可以从液氮温度到 2700℃左右；同时也极大地扩大了用同一装置测定不同热导率材料的范围，即从铜等热导率较大的金属材料到陶瓷等热导率很小的隔热材料。

针对不同的试验温度范围和具有不同热导率数值范围的材料，需要采用不同的测试方法，因为至今还没有一种测试方法能够适用于所有的材料和所有的温度范围。目前，非稳态测量方法应用较多的有热线法和闪光法。

下面对几种较有代表性的方法进行介绍，特别是闪光法（激光脉冲法），由于其具有许多独特的优点故做比较深入的讨论。考虑到有些方法的名称尚未统一，因此在讨论时，有的沿用习惯的名称，有的则根据测试方法的特点命名。

4.4.2　闪光法（激光脉冲法）

闪光法（当光源为激光源时也称激光脉冲法）是瞬态热流法的一种。最早的闪光法是 1961 年由 Parker 等人提出并研究成功的，经过这些年来许多研究者的进一步发展，目前已成为非稳态法中应用最广泛的方法之一。

4.4.2.1　实验原理

闪光法的基本实验原理起源于导热微分方程的具体解，实验中使用的模型又称为 Parker 模型。应用一个圆形薄试样，试样的一面置有一个脉冲形的热流加热器，根据另一面的温度随时间的变化就能确定热扩散率，进而再由热容、密度算出热导率 λ，其实验原理如图 4-9 所示。

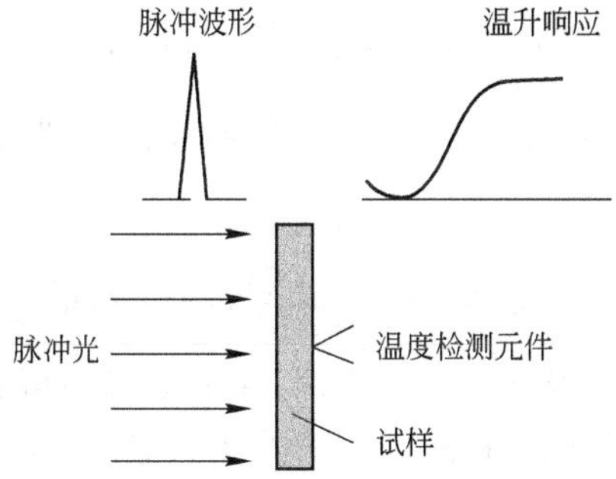

图 4-9 闪光法实验原理示意图

根据 Parker 模型，有如下几点假设：①一维热流；②试样材料均匀，各向同性，常物性；③试样没有损失；④试样一面均匀受光辐射，在极薄的一层内吸收转化为热量；⑤光辐射的时间远远小于温度在试样内部传播的特征时间。若光辐射的时间为 τ，则 $\tau \ll \frac{L^2}{\pi^2 a}$。

于是该问题可以认为是一维导热方程。对瞬时脉冲加热的处理可以作为内热源项，也可以作为初始的温度条件或热流边界条件。这里，以将瞬时脉冲热流作为内热源处理为例进行说明。

这时的控制方程可由非稳态导热方程得到

$$\nabla \cdot [\lambda \Delta T(x,\tau)] + g(x,\tau) = \rho c_p \frac{\partial T(x,\tau)}{\partial \tau} \tag{4-17}$$

其中，$g(x,\tau)$是热源项。若假定热导率不随温度和空间位置变化，那么，式(4-17)简化为

$$\nabla^2 T(x,\tau) + \frac{1}{\lambda} g(x,\tau) = \frac{1}{a} \frac{\partial T(x,\tau)}{\partial \tau} \tag{4-18}$$

边界条件为

$$\begin{aligned} &\partial T/\partial x = 0, x = 0, \tau > 0; \\ &\partial T/\partial x = 0, x = L, \tau > 0。\end{aligned} \tag{4-19}$$

初始条件为

$$T = T_0, 0 \leqslant x \leqslant L, \tau = 0 \tag{4-20}$$

热源项 $g(x,\tau)$只在 $x=0$、$\tau=0$ 处有值，即 $g(x,\tau)=Q\delta(x,\tau)$，对于上述问题可得另一面的温度解为

$$T(L,\tau)=T_0+\frac{Q}{\rho c_p L}\left[1+2\sum_{n=1}^{\infty}(-1)^n\exp\left(-\frac{n^2\pi^2}{L^2}a\tau\right)\right] \quad (4\text{-}21)$$

当 $\tau\to\infty$ 时，有 $\theta_{(L,\infty)}=T_{(L,\infty)}-T_0=Q/\rho c_p L$，为最大值，记为 θ_{max}，于是有

$$\theta^*_{(L,\tau)}=\theta_{(L,\tau)}/\theta_{max}=1+2\sum_{n=1}^{\infty}(-1)^n\exp(-n^2\omega) \quad (4\text{-}22)$$

其中，$\omega=\pi^2 a\tau/L^2$。当 $\theta^*_{(L,\tau)}=0.5$ 时，由式(4-22)可算得 $\omega=1.37$，该温度点所对应的时间记作 $\tau_{1/2}$，由试样背面记录的温升图（图 4-10）求得。于是可求得热扩散率为

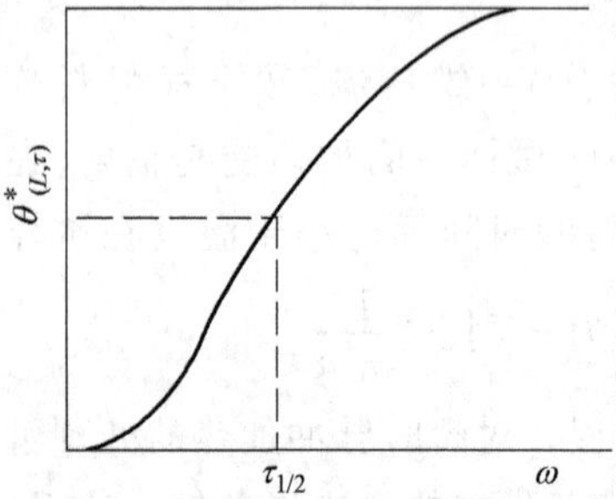

图 4-10　闪光表面温升图

$$a=1.37L^2/\pi^2\tau_{1/2}=0.139L^2/\tau_{1/2} \quad (4\text{-}23)$$

并可进一步求得热导率算式为

$$\lambda=a\rho c_p=0.139L^2\rho c_p/\tau_{1/2} \quad (4\text{-}24)$$

根据上面的推导，我们可以得出闪光法的基本思想。利用热脉冲源（热管或激光器）所提供的脉冲能量，加热小圆盘试样的正面，然后自动观测并记录试样背面温度随时间变化的函数关系，然后通过测定试样背面温度达到最高温度的 1/2 所需的时间 $\tau_{1/2}$，以及试样的厚度 L，就可由式(4-23)计算出试样的热扩散率。

4.4.2.2　实验装置

闪光法（激光脉冲法）的实验装置比一般非稳态法的复杂和庞大，主要由三个部分组成。

A　光脉冲源

常用激光器有两种，一种是钕玻璃激光器，一种是红宝石激光器。激光脉冲控制在≤1ms，每个脉冲能量约为 15～25J，光斑直径大于试样（ϕ=10mm），为 12～13mm，配备有大电容的激光充放电触发线路。

B　真空高温炉系统

高温炉一般用碳管炉或钽管炉，用大电流直接通电加热。

C　光电接收系统

据所测温度不同，选用不同的热敏电阻、光敏电阻探测试样背面温

度，并用带有紫外胶卷的光线示波器记录和显示出来。

闪光法的实验装置原理如图 4-11 所示。

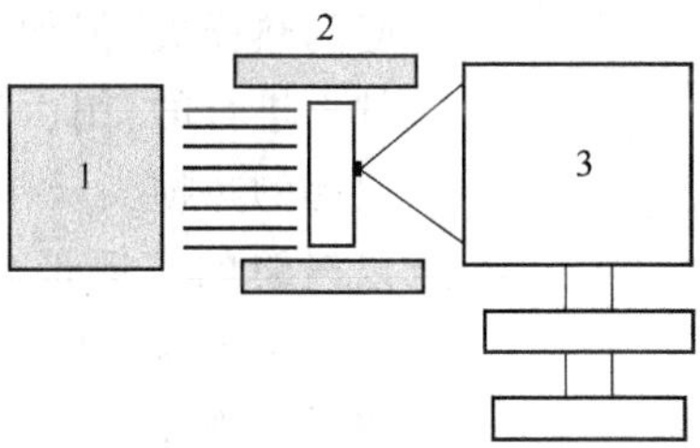

图 4-11　闪光法测量热扩散率的原理

1—激光脉冲系统；2—真空高温炉系统；3—光电接收系统

4.4.2.3　激光脉冲法的优点及局限性

激光脉冲法具有以下突出的优点：

(1) 测试的材料种类多，可测各种金属、半导体材料和液态金属等。

(2) 测试的温度范围广，可从液氮温度到 2700℃左右。

(3) 试样尺寸小，形状简单。

(4) 测试速度快，当达到试验温度后，从打出激光脉冲到显示热导率的数据只需几秒钟。

(5) 测试功能强，可同时测出热扩散率、热导率、热容三个热物性参数。因此，激光脉冲法一经提出，就得到了许多学者的关注，在测试理论、测试装置、测试技术等各个方面都得到了快速的发展，使其迅速成熟起来。

但是，在应用激光脉冲法及 Parker 模型测量热物性时，有一点是必须注意的，那就是实验装置所创造的实际条件要尽量符合物理模型的假定。关于这一点，在此做如下说明：

(1) 一维热流的假设。当试样厚度和直径比很小，例如 0.1～0.3，光辐射直径超出试样直径时，可以认为是符合的。

(2) 试样均匀的假设。当制备试样时注意了均质和取向，并因有环境保温炉保护，光源辐射加热试样只引起 5～10℃的温升，试样是均质、均匀、常物性的假定是基本合适的。

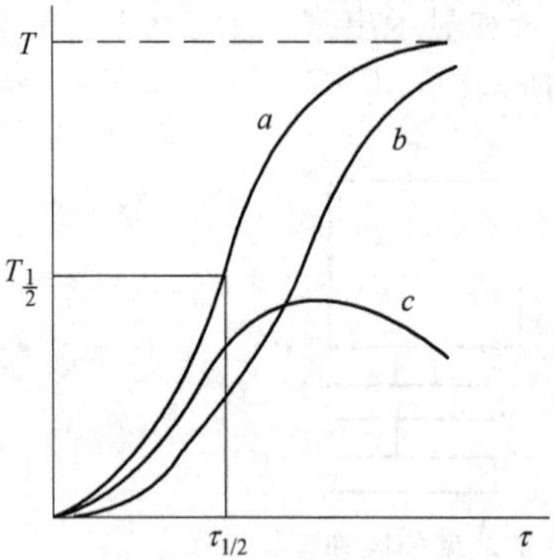

图 4-12 试样表面温度曲线不同反映闪光法的原理误差

a—根据式(4-21)得到的理论曲线；

b—有热量损失效应的曲线；

c—存在有限脉冲时间效应的曲线

(3) 无热损的假设。在实验温度较高的情况下，不能忽略因为辐射引起的热损失，但如果实验是在真空条件下进行的，则由于对流或空气导热引起的热损失极小，此时的热损是可以忽略的。但是高温下的辐射热损失是不可避免的，这就会使背面温升曲线呈现如图 4-12 中 b 所示的形式，而不同于理论曲线图 4-12 中 a(即式(4-21))。此时，采用从实验曲线上所找出的 $\tau_{1/2}$，然后再按式(4-23)确定热扩散率 a 就会引起原理误差，如果不予重视，该项误差可以高达百分之几十。

(4) 光辐射均匀的假设。这一假设常常是很难满足的。在采用激光器作为加热源时，其能量呈现高斯分布，为此常要求光斑直径要大大超过试样直径以达到近似均匀。如果光辐射的非均匀度过大，引起明显的二维效应时，实验式(4-23)将完全不能运用。至于光能在极薄的一层中吸收的假定，只要试样材料对所受的光波段透射率足够低，就可以认为该假设是满足的。

(5) $\tau \ll \frac{L^2}{\pi^2 a}$的假设。对于热扩散率较大的材料，这一点假设常常不能满足，例如热扩散率为 $10^{-5} \sim 10^{-6}\ \mathrm{m^2/s}$ 量级的材料，设其试样厚度 $L=1\mathrm{mm}$，那么 $\tau_{1/2}=0.139L^2/a=0.0139\sim0.00139\mathrm{s}$，而用作辐射加热的闪光源例如氙灯或激光器(用作加热源)，其脉冲亮度最小也是 0.001s 量级，无法满足 $\tau \ll \frac{L^2}{\pi^2 a}$的假设。因此，试样背面温度也不像图 4-12 中 a 所示，而是图 4-12 中 c 所示那样。此时，式(4-23)也不再适用。

由于实验条件不符合(3)、(4)、(5)假设而造成的影响常分别称为热损失效应、非均匀加热效应和有限脉冲时间效应，这些效应造成的误差有时会远远超过测量误差，是必须予以修正的。

由于上述假设的局限，目前在激光脉冲技术的应用问题上存在如下三方面的问题：首先是试样尺寸太小，而不能圆满地反映原材料的物性，材料的组织结构因这种技术的试样尺寸限制而失真；其次，在对一些低热导率材料的测量中，半时间长度太长，超出一定的规定限度，从而引起误差的增加；最后，激光脉冲法要求其能量脉冲在试样前表面的极薄层内吸收，并且该层试样材料不因大的温度迁移而产生任何理化变化。若对于表层或在全厚度方面有空孔，或呈透明性的材料，使用这项技术就会引起深层吸收效应。短时高强度激光脉冲，极可能使一些具有低热变形温度、熔化温度或分解温度的材料发生形变、表面熔化，或表面化学分解。当遇到这类材料的热导率极低时，情况会更严重。此时若仍然应用激光脉冲技术来处理上述问题，则首先需将试样尺寸增大。但是，用激光脉冲技术处理厚大的试样，在实验上又会引起一系列目前技术上无法解决的新问题。

4.4.2.4 激光脉冲法的延伸

A 测试液体和非良导热材料热物性的激光脉冲法

传统的激光脉冲法，在测试液体和非良导体固体材料的热物性时，上述不足则更为明显，从而限制了激光脉冲法在这一领域的应用。尤其是在液体测试时，装液体的容器还会对导热过程有干扰。于是，Tada 等人在 1978 年首先提出了一种改进的激光脉冲法。这种方法不采用容器来盛试样，而是把液体试样夹在一个金属薄片和试样底座之间，用激光脉冲加热位于顶部的金属薄片，然后记录该金属片的温度响应，以求得液体试样的热扩散率。与传统的激光脉冲法不同，它测量的是试样组件的前表面而不是背面的温度响应。此外，在测试时，需要在试样前面附加一个已知物性的薄金属片。随着这项技术的发展，该测试方法已不仅可以测定液体试样，还可以用于低热导率的固体材料和非均质的复合材料。

B 步进加热技术

在这种技术中，试样表面被一热流加热。此热流在某一时刻徒然从一水平变到一新水平，并且恒定维持。Carslaw 和 Jaeger[18] 给出了在各种边界条件下描述上述过程热传导问题的微分方程的解。这些解将试样内的温度分布与热扩散率及其有关参数联系在一起。用这种原理进行热扩散率的测量，所设计的实验装置必须满足该装置选择的数值解的边界条件要求。随后应用理论解和测试得到的温度分布，或者对这些数值解再进行推演得到的实验理论方程，计算出热扩散率。步进加热技术在进行非均质材料热物性测量中，是一种行之有效的方法。它在一定程度上解决了激光脉冲法在低热导率、非均质材料的热扩散率测量中所遇到的问题。有兴趣的读者可参考文献[18]。

4.4.3 热线法(线热源法)和探针法

4.4.3.1 热线法(线热源法)原理

热线法，又称线热源法，其原理是把一根通电导线埋在待测材料中，通过测量该导线的温升速度来求得待测材料的热导率。热线法最早于 1888 年由 Schiermacher 提出，1949 年由 Van Drumen 用于测量液体热导率[19]。在当时这种方法只能用于测量热导率较低(1.5～2.0W/(m·K))的材料，但目前已有改进方法，把测量范围扩展到 25W/(m·K)。热线法适用于测定粉末材料、小颗粒状材料和短纤维状材料的热导率，其主要特点是测量时间短(约十几分钟)，不需要测量试样的尺寸。

作为热线法的实验原理的热导率的计算式，必须通过求解微分方程获得。无限大材料在一个瞬态线热源作用下，材料内的温度响应将遵循微分方程式(4-7)，其中 $k=2$(按无限长圆柱处理)。即

$$\lambda\left(\frac{\partial^2 T}{\partial r^2}+\frac{1}{r}\frac{\partial T}{\partial r}\right)=\rho c\frac{\partial T}{\partial \tau} \tag{4-25}$$

式中 r——坐标。

在 $\tau=0$ 时，$r=0$ 处单位长度上瞬时释放热量 Q'(J/m)，其解为

$$T(r,\tau)=\frac{Q'}{4\pi\lambda\tau}\cdot\exp\left(-\frac{r^2}{4a\tau}\right) \tag{4-26}$$

若 $r=0$ 处的热线源发出恒定功率为 q'，即单位时间、单位长度上的发热量，(量纲为 J/(m·s))，则材料内的温度响应表达式为

$$T(r,\tau)=\int_0^{\tau}\frac{q'\mathrm{d}\tau}{4\pi\lambda\tau}\cdot\exp\left(-\frac{r^2}{4a\tau}\right) \tag{4-27}$$

由式(4-27)不难得出(上式中积分线 0→τ)

$$\frac{dT(r,\tau)}{d\ln\tau}=\frac{q'}{4\pi\lambda} \tag{4-28}$$

亦即

$$\lambda=\frac{q'}{4\pi S} \tag{4-29}$$

其中，$S=\frac{dT(r,\tau)}{d\ln\tau}$。

热线法的原理正是基于式(4-29)。实验时，只要把导线埋在温度均匀的待测材料中，当导线通电后，记录导线温度与时间的曲线，把它绘制成 $T(r,\tau)$对 $\ln\tau$ 的曲线，测得曲线的斜率 S 后，即可由式(4-29)求得 λ 值。图 4-13 为实验装置的示意图。

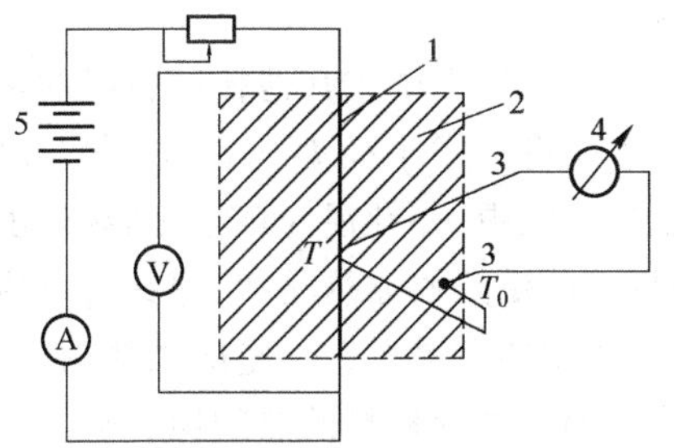

图 4-13 热线法测量装置原理图

1—热线；2—被测试样；3—热电偶；4—电位差计；5—电源

要想用热线法准确测定材料的热导率，除了要准确测量热丝温度和时间外，还必须满足下述条件：

(1) 被测介质均匀各向同性且其物性为常数。

(2) 被测介质无限大且具有均匀一致的初始温度。

(3) 加热功率必须恒定。

(4) 热丝必须无限长。

(5) 热丝必须无限细。

(6) 热丝热容量为零。

如果不能满足上述条件，必然造成测量误差。在实际测量中，有些误差不可避免，因此必须对这些误差因素加以分析和修正，并适当控制实验条件、改善实验装置，才能获得较高的测量精度。

目前，热线法测量技术无论在理论方面还是在实践方面，都发展到了较高阶段，是测量流体热导率最为精确的方法之一[20,21]。近年来，随着航空、航天、冶金、核能工业的发展，迫切需要准确测定高温下固体材料（如复合材料、陶瓷等）的热导率，热线法即为其中应用较广的测量方法之一[22,23]。在应用热线法测量固体材料的热导率时，不仅要考虑热线的热容量，而且要考虑热线与被测固体试样之间的接触热阻。在应用热线法测量半透明介质热导率时还应同时考虑热源辐射的影响。

热线法正朝着标准化方向发展，并有多种改进型，广泛应用的探针法及热带法都是基于此基础上发展起来的一种。

4.4.3.2　热探针法

热探针法是一种适用于土壤或其他松散材料的热导率的现场测定方法。它的基本原理是将一根半径为 r_0、长度为 $l(l \gg r_0)$ 的金属探针插埋在土壤或松散材料之中，探针视为集中热容体，由探针内加热丝加热，探针的温升将与探针受到的加热功率、探针自身热容和探针周围材料的热导率、热容等热物性有关。在一定的加热功率被固定之后，测量探针对温升规律就能确定周围材料的热物性。热探针法实际上是一种更实用的热线法。近年来，陈则韶、李川等又提出一种新的热探针测热导率的方法。该方法不是从模型的算式中直接求出热导率，而是从误差分析出发，根据热导率 λ 误差最小时热扩散率 a 的离散度也最小的原理推导出来的，并建立了带有实时数据采集系统的实验装置和编制了数据处理软件。用该方法的热探针可用于测量粉末和液体的热导率，他们对甘油、乙二醇、氧化铝粉末、硅油、医用酒精等样品的测试，其结果与热丝法测定的文献推荐值具有相同的高精度[24]。

热探针法与热线法不同之处在于热探针的热容和半径都较大，一般不能简单将半径作无穷小处理。

4.4.3.3　热带法

热带法测量原理类似于热线法。实验中，将一条很薄的金属带（热带）夹持在待测材料中间，从某时刻起以恒定电功率加热金属带，测量并记录热带的温度响应曲线，据此可同时得到被测材料的热导率和热扩散率这两个热物性参数，如图 4-14 和图 4-15 所示。

从而算出对应于该测温范围 $t(0,\tau_0)\sim t(x_1,\tau_1)$ 的平均温度为 $\bar{t}=\frac{1}{2}[t(0,\tau_0)+t(x_1,\tau_1)]$时的扩散率为

$$a=\frac{x_1{}^2}{4\xi_{11}{}^2\tau_1} \tag{4-38}$$

将此 a 值代入式(4-33),可求出试样材料的热导率 λ

$$\lambda=\frac{2q}{\theta(0,\tau_0)}\sqrt{a\tau_0}\frac{1}{\sqrt{\pi}} \tag{4-39}$$

4.4.4.2 实验装置

图 4-16 所示是根据上述原理设计的测试装置原理图。将 3 块材质相同的试样Ⅰ、Ⅱ和Ⅲ叠置在一起,它们的厚度分别为 δ_1、δ_2 和 δ_3,并满足 $\delta_1+\delta_2=\delta_3$,且 $\delta_2\geqslant 3\delta_1$。通常试样的边长等于 δ_1 的 8～10 倍时,试样可视为"无限大"的平板。在试样Ⅰ和试样Ⅲ之间,放置一个很薄的平面形加热器;加热器是用厚约 10μm 的康铜箔或直径约 0.1mm 的康铜丝制作的,要求它既薄又轻,发热均匀。在试样Ⅰ和试样Ⅲ的交界面以及试样Ⅰ和试样Ⅱ的交界面之中心位置上各安放一对热电偶,用以测量 $x=0$ 及 $x=\delta_1$ 处的温度。3 块试样由一套特殊设计的夹具夹紧,使各试样之间接触良好。

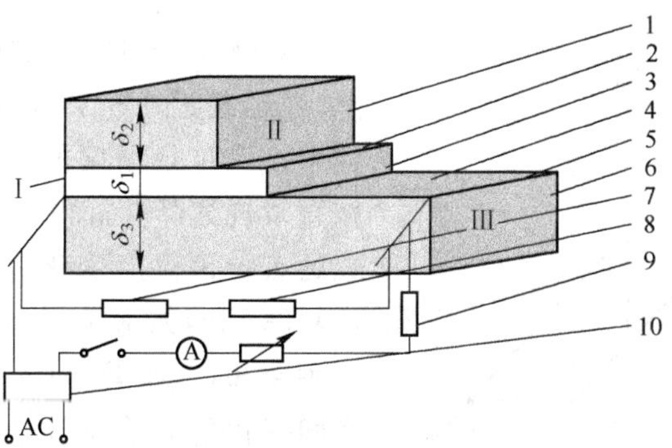

图 4-16 常功率平面热源法装置简图

1—上辅助层Ⅱ;2—温度 t_{x1};3—试材Ⅰ;4—温度 t_0;5—5～10μm 康铜箔;6—下辅助层Ⅲ;7—电阻 1000Ω;8—电阻 10Ω;9—电阻 0.1Ω;10—稳压电源

由于试样Ⅰ和试样Ⅱ是紧叠在一起的,因而可以将它们看成是一个整体。通电加热时,加热器均等地向其两侧的试样传送热量;紧挨加

热器的部分首先开始升温，然后逐渐向远离加热器的两侧方向延伸。如果在试验测量的时间内，加热作用在试样内的影响深度比 δ_1 小得多时，加热器两侧的试样都表现为事实上的“半无限大物体”，加热器所在的表面即为半无限大物体的表面。

4.4.5 正规工况法

4.4.5.1 测量原理

对于非稳态导热过程，温度场随时间的变化有着不同的规律性。在初始阶段，温度场随时间变化，其特点是比较复杂的，在数学上要用无穷级数来描述。在这之后是导热过程的主要阶段，这时温度随时间的变化就具有“规则化”的特点，各点的温度变化不再取决于初始条件，可以足够准确地用级数的首项来表示，而且在半对数坐标图上呈一根直线。即

$$\ln\theta = -m\tau + c \tag{4-40}$$

式中，c 为常数。

将式(4-40)对 τ 求导，得

$$\frac{\partial(\ln\theta)}{\partial\tau} = -m \tag{4-41}$$

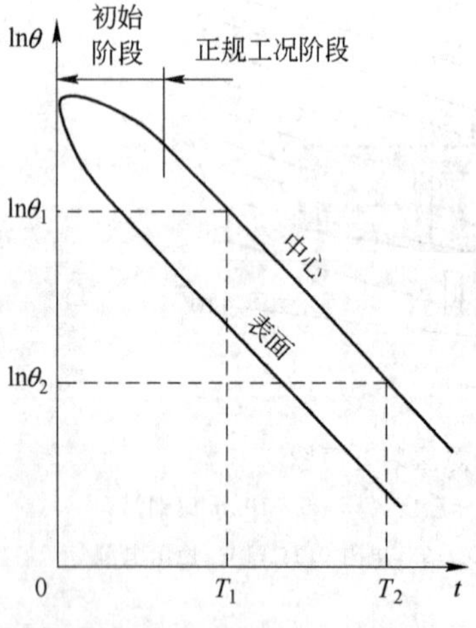

图 4-17 正规工况下物体内各点温度随时间的变化

式(4-41)表明，在物体冷却(或加热)过程经过一个开始阶段以后，物体中各点过余温度的对数将随时间按直线规律降低，而且物体中不同位置的点上该温度变化直线具有相同的斜率 $-m$，如图 4-17 所示。物体中这种冷却(或加热)速率不随时间和空间变化的非稳态导热工况称为正规工况。正规工况经过无限长时间以后，物体与周围介质达到热平衡。

所谓正规工况法，就是依据非稳态导热过程的这一阶段的导热理论建立起来的测量热物性的方法。将

m 定义为物体冷却(或加热)过程的冷却(加热)速率,由方程分析可知,m 只与物体的热扩散系数 a、几何尺寸 R 和毕渥数 Bi 有关($Bi=hR/\lambda$;表征外界换热热阻与物体内部导热热阻的无量纲准则数)。当满足 $Bi\to\infty$,m 只是 a 和 R 的函数,因此可以通过测量得到 m 值后,获取 a 的值。正规工况法实验测定材料热扩散率的计算关系式为

$$\left.\begin{aligned}&\text{无限大平板}\quad a=m_{\infty}\left(\frac{2R}{\pi}\right)^2\\&\text{无限长圆柱}\quad a=m_{\infty}\left(\frac{R}{2.4048}\right)^2\\&\text{球体}\quad a=m_{\infty}\left(\frac{R}{\pi}\right)^2\end{aligned}\right\}\tag{4-42}$$

式中 m_{∞}——$Bi\to\infty$时的冷却速率,由式(4-41)计算。

通常只要满足 $Bi>100$,就可以由任意两个时刻的过余温度根据式(4-41)计算出冷却速率 m_{∞},然后由式(4-42)计算出材料的热扩散率 a。知道了材料的热扩散率和质量热容 c,进而可以确定材料的热导率 λ。

4.4.5.2 实验装置

实验测定试样的热导率时,常用一个量热计。量热计是一个圆筒形的金属壳体,内装测试材料及测温热电偶。实验开始时,将量热计在烘箱内均匀加热到比介质温度高 10～15℃的温度,然后立刻置于恒温器的介质中进行冷却。恒温器有搅拌器以维持介质温度基本不变,同时搅拌器又可以增大流体介质和试件之间的表面传热系数。按一定时间间隔测出物料内某一点的温度。当温度变化显示冷却已进入正规工况后,取任意两个时刻的温度值,就可由式(4-41)和式(4-42)计算试样的热扩散率。

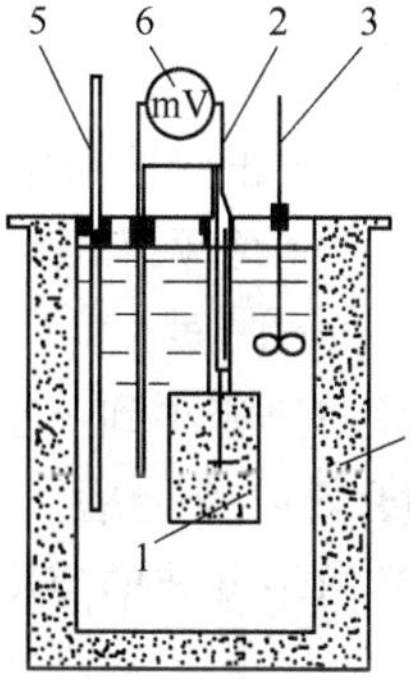

图 4-18 正规工况法实验装置图
1—量热器(含测试材料);2—温差热电偶;3—搅拌器;4—恒温容器;5—温度计;6—电位差计

图 4-18 所示是常用的正规工况法制作的实验装置图。

正规工况法的特点是实验、测试和计算都比较简单。采用这个方法

时，主要的测试是冷却率。为此，只要在被测试样的任意位置上安装一对热电偶就行了，而且只要热电偶的热电势与温度呈线性关系，热电偶不需要进行标定。但是为了满足介质温度基本不变的要求，恒温容器的设计应注意要使整个恒温容器的总热容量比量热计的热容量大得多，这样在试样冷却时放出的热量，不会使恒温介质的温度发生实质性的改变。

采用正规工况法，还可用来对其他物性参数进行实验研究，如热导率、质量热容、热阻、传热系数等，也可用于具有内热源的物体。

4.4.6　周期热流法

4.4.6.1　测试原理

周期热流法的测试原理是供给试样经过调制而呈一定周期性变化的热量，从而在试样内任一点的温度都产生同样周期的变化，通过测量试样内某两点温度的幅值和相位关系来确定热扩散率。

按热流方向，周期热流法也可分为纵向热流法和径向热流法，但前者应用较广。

A　纵向热流法

在纵向周期热流法测试时，所用的试样为一个半无限的圆柱体，在其一端加一个正弦温度波，即

$$T = A\sin\omega\tau \tag{4-43}$$

式中　T——温度；

A——正弦波振幅；

ω——角频率，$\omega = 2\pi f$（f 为正弦波频率）；

τ——时间。

在径向热流小到可予以忽略的理想情况下，温度波将沿着试样纵向以速度 V 向前传播。在传播过程中将伴随着温度波幅值的衰减。这时试样内温度波的速度 V 为

$$V = \sqrt{2a\omega} \tag{4-44}$$

因此，温度波的速度可作为热扩散率 a 的直接量度。这样，测量正弦温度波的角频率 ω，及测量该波在试样已知的特定距离内传播所需的时间即速度 V，就可求得 a。

通过测量温度波在半无限圆柱体试样纵向传播时振幅的衰减值，也可以测定试样的热扩散率。振幅衰减值的定义是圆柱体试样上两点振幅之比。振幅衰减值 δ 与 a 的关系由下式确定

$$\ln\delta = L\sqrt{\frac{\omega}{2a}} \tag{4-45}$$

式中 L——试样纵向测量衰减值 δ 的长度。

这样，测量一次时间间隔可求出 ω，测量长度 L 和振幅比 δ，由式(4-45)就可求得 a 值。

在上述测试过程中，径向热流的存在能直接影响温度波传播的速度 V 和振幅衰减值 δ，从而给 a 的测试引进误差。通常对试样采用频率较高的正弦温度波，使径向热流对温度波传播的影响时间缩短以减小误差。

实验模型应满足的假设条件为：

(1) 圆柱体试样是无限长，其直径小到使圆柱体任何径向温度梯度都可忽略不计。

(2) 圆柱体试样的四周都处在恒定的温度。

(3) 圆柱体试样以恒定的辐射放热系数向它的四周辐射。

(4) 在圆柱体试样温度变化的范围内，它的物理性质恒定不变。

若将式(4-44)代入式(4-45)内，可得出

$$a = \frac{LV}{2\ln\delta} \tag{4-46}$$

则根据测定式(4-46)中的 L、V 和 δ 所求得的 a 值将不取决于正弦温度波的角频率 ω 和试样向其四周辐射出去的热。

B 径向热流法

在径向周期热流法中，正弦温度波被加到长圆柱体试样的轴上或四周表面。正弦温度波在试样径向振幅的衰减和传播速度，都只是该试样热扩散系数的函数。当纵向热量损失足够小时，测出以上任何一个量可求出 a 值。

C 周期热流法实验方法

周期加热法得到的是热扩散率，只要知道容积比热的数据，就能算出热导率。周期加热法都以加热波呈正弦形为分析前提，如果不是正

弦波，那么就要借助于傅里叶分析。由于高次谐波比起基波衰减得快，只要温度测量点不十分靠近加热处，那么测得的温度变化能够十分接近于正弦波形，加上当前数据分析处理仪器发展迅速，若能测得加热处温度和测量处温度随时间的变化，把它们送入傅里叶变换分析仪，就很容易得到两个温度基波的幅值比和相位差。

周期加热源的形成通常有两种方法：一是用调制器调制作为加热用的连续光源，以此调制光去加热试样。光源可以是卤素灯，也可以是激光器。另一种是应用珀尔帖效应，导体的 p-n 热结输入周期性电流，就可以产生周期性的加热冷却作用。

测温常用热电偶，由于测量热扩散率只要求了解温度的交变部分，所以温度的稳定分量可以用提供稳定的反电势方法抵消。至于相应的工作温度仍是需要测量的。热电偶必须与试样良好接触，并具有良好的动态特性。对于测量片状或膜状材料，常用辐射方法测量温度，如用声光池、热释电探测器等，因为热电偶的响应特性常常不能满足快速测试的要求。周期热流法的具体实验装置原理如图 4-19 所示。

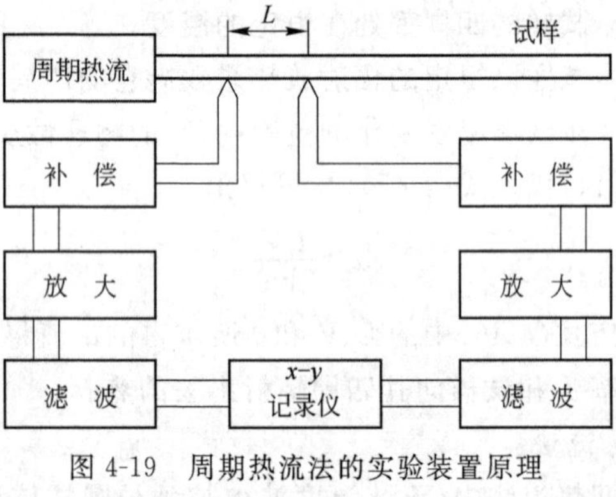

图 4-19　周期热流法的实验装置原理

由于 a 的测量值与频率无关，原则上可以取任何频率，但必须考虑到温度检测、记录的可能性和准确度来选择适当的调制频率。试样的尺寸和热电偶的位置应选择得既方便又能满足试样可近似为细长、半无限长杆的条件。对于低热导率的金属如铁、镍等用稍短的长度、较大的直径的试样；而对于导热良好的铜、银等则反之。热电偶的电势值变化呈波动状，常用一个直流毫伏电势抵消其直流分量，即把试样温度讯号中相应于环境温度的稳定部分抵消掉而只剩下正弦波的分量进行放大和记录。为消除干扰的影响，应设置带过滤器而只让给定周期的信号送往 $x-y$ 记录仪。两个热电偶信号经抵消放大、滤波等环节后分别进入记录仪的 $x-y$ 通道，得到如图 4-20 所示椭圆形曲线。从图 4-20 上可以得到 x_a、y_a，它们分别是 x，y 方向上信号记录曲线的最大界限宽度的一半。据此可以在所得图线上定下 x、y 坐标轴，进而得到曲线在其上的截距值，它们分别是

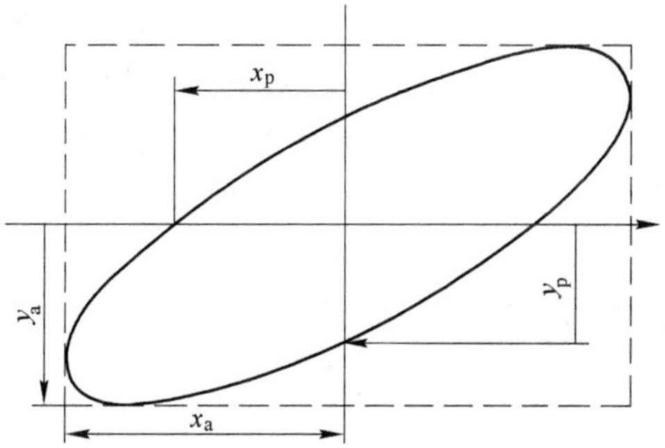

图 4-20　周期热流法的温度信号记录曲线

$$x_p = x_a \sin\varphi \tag{4-47}$$

$$y_p = y_a \sin\varphi \tag{4-48}$$

由此可得

$$\varphi = \arcsin\frac{x_p}{x_a} = \arcsin\frac{y_p}{y_a} \tag{4-49}$$

φ 即为两测温点之间的相位差。如果实验进行得合理，应得到 x_p/x_a 与 y_p/y_a 十分接近的结果。于是从实验测得的曲线(如图 4-20 所示)可以求得 φ 以及 $\delta = x_a/y_a$ 进一步得到 a。

以上的叙述不论从原理还是实验方法上都是最基本的，近年来的具体实用中已有了很多发展[31]。从原理上看，要考虑到热损失及尽量减少热损失的措施，从实验技术上看，已有现代化的数据采集处理系统代替了放大滤波和 $x-y$ 记录系统。

4.4.7　准稳态法

当给定被测物体表面一个恒定的热流密度 q，经过一段加热时间，

一般在满足傅里叶数 $Fo>0.5$ 以后，物体内各点的温度随时间呈线性变化，温度的变化速率与表面恒定热流密度有关。利用这一非稳态特性，测量物体的热导率等热物性参数的方法，称为准稳态法。

首先从测量一个平板的问题开始。根据第二类边界条件和无限大平板的导热的原理，可以设计一个测量保温材料热导率等热物性参数的实验装置。设被测平板的厚度为 2δ，初始温度为 t_0，平板两面受恒定的热流密度 q 均匀加热，如图 4-21 所示。

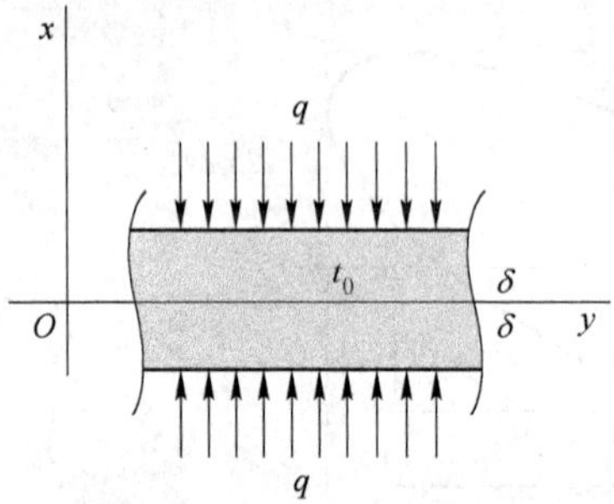

图 4-21　无限大平板非稳态导热物理模型

求任何瞬间平板厚度方向的温度分布 $t(x,\tau)$，其导热的微分方程式、初始条件和第二类边界条件为

$$\frac{\partial t(x,\tau)}{\partial \tau}=\alpha\frac{\partial^2 t(x,\tau)}{\partial x^2}$$

$$0<x<(\pm\delta)\quad \tau>0 \tag{4-50}$$

$$t(x,0)=t_0\quad 0\leqslant x\leqslant(\pm\delta)\quad \tau=0 \tag{4-51}$$

在边界上平板的上下表面温度随厚度变化，即热流密度为常数

$$\frac{\partial t(x,\tau)}{\partial x}=-\frac{q}{\lambda}\quad x=\pm\delta \tag{4-52}$$

在平板的中心处，温度随厚度变化，即热流密度为零

$$\frac{\partial t(0,\tau)}{\partial x}=0\quad x=0 \tag{4-53}$$

这时方程的解析解为

$$t(x,\tau)-t_0=\frac{q}{\lambda}\left[\frac{a\tau}{\delta}-\frac{\delta^2-3x^2}{6\delta}+\delta\sum(-1)^{n+1}\frac{2}{\mu_n{}^2}\cos\left(\mu_n\ \frac{x}{\delta}\mathrm{e}^{-\mu_n{}^2 Fo}\right)\right] \tag{4-54}$$

式中　q——沿 x 方向从端面向平板加热的恒定热流密度，W/m^2；

t_0——初始温度，℃；

λ——平板的热导率，W/(m·℃)；

a——平板的热扩散率，m^2/s；

δ——平板的厚度一半，m；

μ_n——$n\pi$，$n=1,2,3,\cdots$；

Fo——傅里叶数，$Fo=\frac{a\tau}{\delta^2}$；

τ——时间，s。

随着时间 τ 的延长，Fo 变大，导致 $e^{-\mu_n^2 Fo} \to e^{-x}$ 变小。当 $Fo>0.5$ 时，级数和项将很小很小，可忽略掉，再将右式分子分母同乘以 δ，即

$$t(x,\tau)-t_0=\frac{q\delta}{\lambda}\left[\frac{a\tau}{\delta^2}-\frac{\delta^2-3x^2}{6\delta^2}\right] \tag{4-55}$$

进一步化简为

$$t(x,\tau)-t_0=\frac{q\delta}{\lambda}\left[\frac{a\tau}{\delta^2}+\frac{x^2}{2\delta^2}-\frac{1}{6}\right] \tag{4-56}$$

由此可见，当 $Fo>0.5$ 后，平板各处的温度和时间呈线性关系，温度随时间变化的速率为常数，并且处处相同。

这时将边界条件带入式(4-56)，平板中心面 $x=0$ 处的温度为

$$t(0,\tau)-t_0=\frac{q\delta}{\lambda}\left[\frac{a\tau}{\delta^2}-\frac{1}{6}\right] \tag{4-57}$$

在平板加热面 $x=\delta$ 处的温度为

$$t(\delta,\tau)-t_0=\frac{q\delta}{\lambda}\left[\frac{a\tau}{\delta^2}+\frac{1}{3}\right] \tag{4-58}$$

由式(4-58)减去式(4-57)，这时平板两面的温差为

$$\Delta t=t(\delta,\tau)-t(0,\tau)=\frac{q\delta}{2\lambda} \tag{4-59}$$

于是可以得到

$$\lambda=\frac{q\delta}{2\Delta t} \tag{4-60}$$

如果已知 q、δ，再测出 Δt，就可以根据式(4-60)求出平板的热导率 λ。实验中做到试件的横向尺寸为厚度的 8 倍以上时，两侧散热对试件中心的温度的影响可以忽略不计。试件两端面中心处的温差就等于无限大平板时两端面的温度差。

根据热平衡原理，在准稳态时，加热器向平板均匀加热量等于平板试件的体积热增量，即

$$qA=\delta A\rho c_p\frac{\mathrm{d}t}{\mathrm{d}\tau} \tag{4-61}$$

式中 A——平板的表面积，m^2；

c_p——平板的质量定压热容，kJ/(kg·℃)；

$\mathrm{d}t/\mathrm{d}\tau$——加热速率，℃/s；

ρ——平板材料的密度，kg/m^3。

由此可得平板质量定压热容为

$$c_p=\frac{q}{\rho\delta(\mathrm{d}t/\mathrm{d}\tau)} \tag{4-62}$$

从而很容易求出热扩散率

$$a=\frac{\lambda}{c_p\rho} \tag{4-63}$$

准稳态法测量平板的热导率等物性参数的实验装置原理如图 4-22 所示。

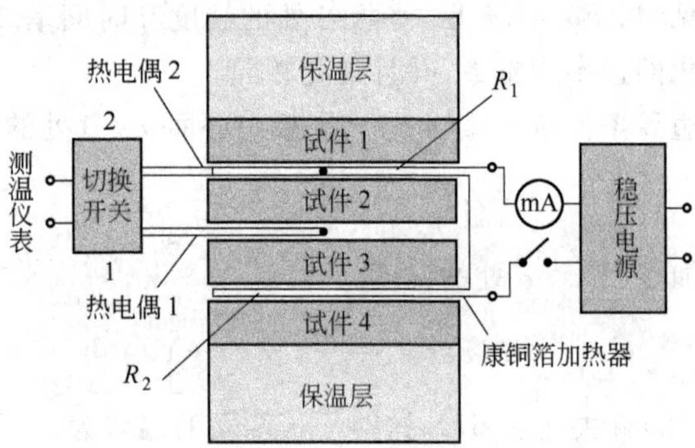

图 4-22　准稳态法实验装置测量原理图

基于上述介绍，测量无限长的圆柱和球体的准稳态法，仍可以利用非稳态法导热微分方程的通解得到数学模型。如式(4-7)，其通解

$$\theta=\frac{qR}{\lambda}\left[kFo-\frac{k}{2(k+2)}+\frac{r^2}{2R^2}\right] \tag{4-64}$$

式中　r——坐标；

k——常数，对于无限大的平板、无限长的圆柱和球体，k 值分别取 1，2，3；

R——特性尺寸，对于无限大的平板，取半厚度；对于无限长的圆柱和球体取其半径；

θ——过余温度，$\theta=T-T_0$，T_0 为物体的初始温度。

坐标为 r_1 和 r_2 相对应点上求出同一时刻的过余温度 θ_1 和 θ_2，则可得过余温度差为

$$\Delta T=\theta_1-\theta_2=\frac{q}{2\lambda R}(r_1^2-r_2^2) \tag{4-65}$$

从而可求出热导率 $\lambda=\dfrac{q(r_1^2-r_2^2)}{2R\Delta T}$。 (4-66)

同理,可以推导出质量定压热容和热扩散率的计算式。

4.5 量热计法测质量定压热容

前面主要介绍的是热导率,热扩散率等与热过程有关的热物性的测量,其重点是测量实验中热过程的设计。对于质量定压热容、潜热、热胀系数等这类与热现象中物态转变和能量转换规律相关的物性参数,其测量方法又有很大的不同,其关键点变成热量和温度的测量,也就是量热技术的问题。常用的质量定压热容测试方法中,相当一部分都是采用的各种各样的量热计,而且采用量热计测量质量定压热容是目前最为准确的一种方式。

4.5.1 量热计的分类

量热计又称卡计,是热量测量的工具。一般根据热量的测量方法对卡计进行分类。大致可以分为热平衡型、传导型、热相似型三类。

4.5.1.1 热平衡型卡计

热平衡型卡计的设计思想是使卡计和被测物体的热交换变化的最终处于热平衡态,或是使卡计与被测物体的热交换始终处于热稳定态或热准稳态。这样就可以根据能量平衡定律,利用卡计中标准物质的已知物性(质量定压热容、相变热)、已知质量及其温度改变量或发生相态改变量,来计算出它的吸热量,即待测物体失去的热量。

当标准物质只有温度发生改变时,卡计吸收的热量可由下式算出

$$Q=mc_p(t_2-t_1) \tag{4-67}$$

当标准物质只发生相变时,卡计吸收的热量可由下式算出

$$Q=\Delta m\cdot\Delta h_s \tag{4-68}$$

式中 Δm——发生相态变化的标准物质;

Δh_s——标准物质的相变质量焓。

标准物质可以选取固体也可以选取液体。常见的此类卡计有等温

型的冰卡计和等壁温型的铜卡计及水卡计。

为了避免热量损失修正引起的麻烦，现在逐渐发展了绝热边界条件的卡计来代替等温型卡计。设计思想是使卡计本体与周围的热交换几乎为零。换句话说，要尽可能降低卡计与周围环境所进行的传导、对流、辐射热交换。其关键即调节卡计外壳的温度，使之随时都与卡计温度相等。降低热传导的方法是使用不良热导体做卡计本体的支撑脚，并减少支撑脚数和接触面积；降低对流换热的方法是抽真空；降低辐射的方法是在卡计外面、筒壳内壁面镀高反射率的金、银或铬，并采用多层隔热屏的方法。

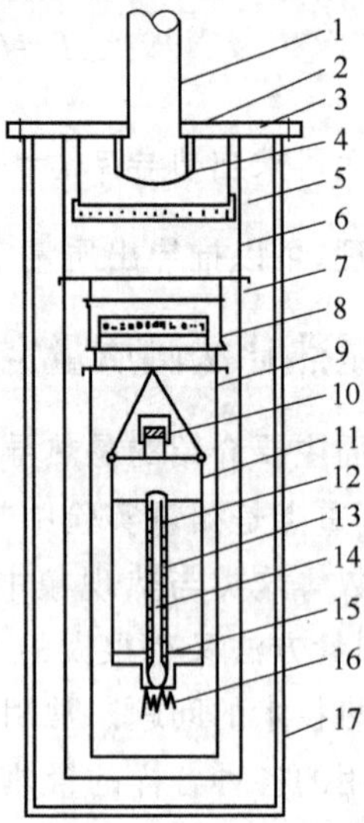

图 4-23　真空绝热量热量计结构

1—真空引出导管；2—真空室上盖；3—密封铅垫圈；4—引线接线板；5—热屏尼龙吊线；6—外热屏；7—顶热屏；8—内外屏；9—螺旋压帽；10—量热容器；11—容器凹槽；12—加热器；13—铂温度计；14—散热片；15—铂温度计；16—加热器的 8 条引线；17—真空室

图 4-23 所示是中国科学院大连化物所设计的真空绝热型卡计。

4.5.1.2　传导型卡计

传导型卡计也称热露型卡计，它的设计思想是利用在等温面上测定待测热物体传导给等温边界的逃逸热流，并对等温面通过的热流进行时间积分的方法来测定热量。

辅壁式热流计(schmidt 热流计)、温差式热流卡计等都属于传导型卡计。这种卡计的特点是，无需热保护装置，能测定逃逸热流。

典型的传导型卡计有壁式热流计(亦称热阻式热流计)和温差式热流卡计等。图 4-24 所示为热阻式热流计的结构示意图。

温差式热流卡计设计的要点是：温差夹层的间距应尽可能小，这样可以减少因非稳态传热、穿过夹层的温度分布非线性的波动所造成仪器常数的不稳定性；提高测定温差的灵敏度，可选用特制热电堆，热电堆夹层选用热容小而热阻大的材料；对试样管侧壁应进行充分均热，要

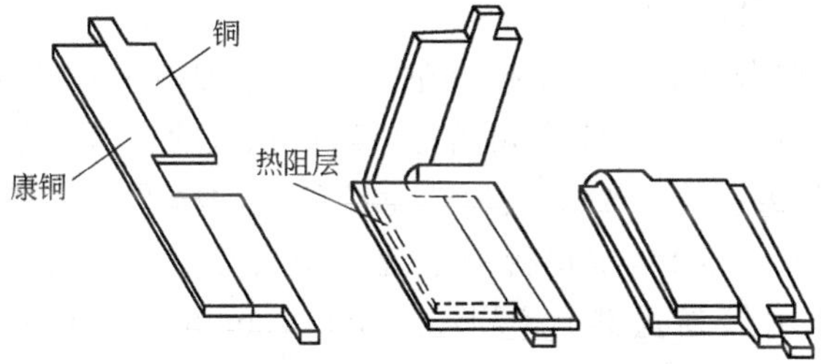

图 4-24 利用金属箔和热阻片做成的热流测头

保证尽可能满足一维热流模型，以及使通过温差夹层的热流尽可能地多；要保证恒温块的温度稳定性。图 4-25 为陈则韶等根据这些原则所设计的改进型温差式热流卡计，其重复性可达±1%。

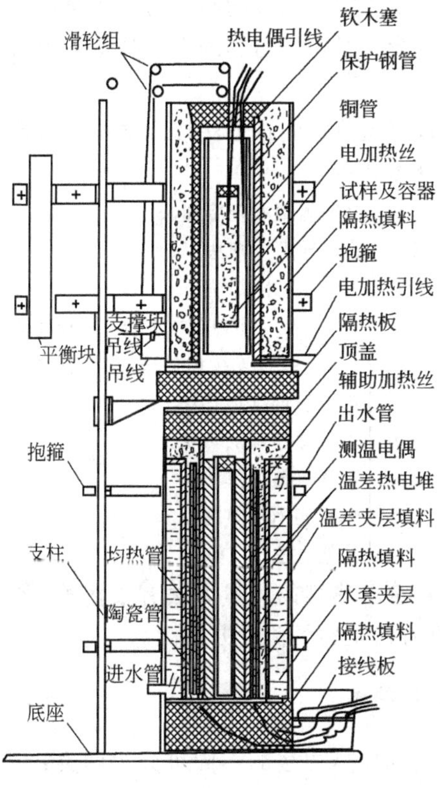

图 4-25 温差式热流卡计结构简图

4.5.1.3　热相似型卡计

热相似型卡计的设计思想是创造一个电加热测量系统，使之与待测系统的热边界条件完全相同，这样，两系统对外界的热交换情况则完全相同，因而可以根据电加热系统的电功率及其内部的标准物质的物性和状态变化，求得待测系统的得失热量。用这个原理设计的卡计有差示扫描量热计（differential scanning calorimeter，DSC）等。这种量热计的原理在 DSC 法测质量定压热容部分将有详细介绍。

4.5.2　质量定压热容测量方法分类

从质量定压热容的定义可知，在实验测定质量热容时，主要的测试量是温度与热量。质量定压热容的测量与量热技术密不可分。这里介绍的几种主要的测量质量定压热容的方法都是基于前面所介绍的量热技术。

下面是对质量定压热容测量方法按照试样与卡计的热交换方式及所用卡计做出的分类和命名。

- 冷却法
  - 热平衡型混合冷却法
  - 热传导型冷却法
  - 正常状态冷却法
- 加热法
  - 绝热卡计
    - 定热量加热法（Nernst 法）
    - 连续加热法（准稳态法）
  - 热比较连续加热法
  - 热相似连续加热法
  - 定常流量加热法
  - 热损相消加热法
  - 其他方法

可以看到质量定压热容的测量方法有很多种，在这里不作一一详述，仅介绍几种具有代表性的测量方法。

4.5.3　绝热卡计加热法

绝热卡计根据其加热方法的不同可分为两类：一类叫做定热量加热法，另一种是连续加热法。

4.5.3.1 定热量加热法

定热量加热法是用一定热量 Q_e 来加热绝热卡计样品筒内的试样，每使试样升高 2～3℃便中断加热，待试样内部温度充分平衡后，测得试样加热前后的温度 ΔT，然后根据公式计

$$c_p=\left[\frac{Q_e}{\Delta T}-C_0\right]\Big/m \tag{4-69}$$

式中 C_0——样品筒热容，由不装试样的实验测量；

m——试样质量。

4.5.3.2 连续加热法

连续加热法也可看作准稳态法，它是采用定常功率加热试样，在整个升温过程中，试样系统一直被卡计的热保护屏自动绝热。忽略物性变化，在加热一段时间后，试样的温度在空间的分布相对不变，试样各点的温度随时间的温升速率都相等。具备这种特征的过程称准稳态过程。在此过程中，布置在试样任意方便处的热电偶，都能测到试样的平均温升速率。于是试样的质量定压热容可根据加热功率 q 和温升速率由下式算出。

$$c_p=\frac{1}{m}\left(\frac{q}{\partial t/\partial\tau}-C_0\right) \tag{4-70}$$

式中 C_0——加热器和试样筒的热容，可由不装试样的空筒测得。

这种方法显然优越于间断的定热量加热法。因为定热量加热法每加热一次都要等到热平衡时才能测得平均温度，时间太长；而准稳态法测试速度很快。而且准稳态法测得的是物体的真热容。又加上近 20 年在绝热法中充分运用了电子测量与控制技术和计算机，有效地控制了试样与外界的热交换，可以很容易地实现使试样容器周围的绝热屏与试样容器时时保持零温差，所以这种方法成为目前最常用的一种直接测量物体质量定压热容的方法。但是，绝热卡计法在高温下都难以很好地绝热，这就限制了该方法在高温下的使用。

图 4-26 所示为 1962 年史密特（Schmidt）和雷德弗罗斯特（Leidenfrost）建造的同心球形绝热卡计的结构示意图。该装置的样品容器与补偿层之间的绝热是由布置在球形试样容器外壳面和热补偿层内壁面的差分热电偶、控制器和补偿层的补偿加热丝来实现的。控制器根据

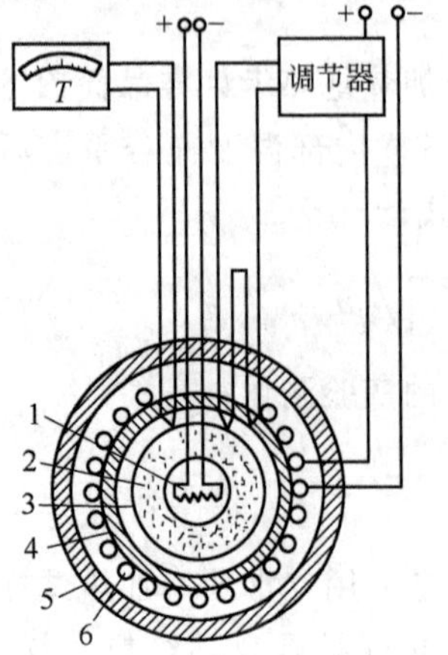

图 4-26　绝热量热计原理图

1—主加热器；2—被测材料；3—量热计壳体；4—恒温器；5—绝热器；6—辅助加热器

差分热电偶提供的信号，自动调节补偿加热丝的加热功率。补偿层装在球形杜瓦瓶内，目的是减少补偿层的热损，提高温度抑制精度。该装置测定了镍等的质量定压热容，温限达 500℃。

4.5.4　定常流量加热法

定常流量加热法是测定流体质量定压热容的一种方法，其测试原理是流体以定常流率流过外侧绝热细管，并被管内的电加热丝加热，达到热稳定时，测定液体流率(在单位时间内的质量流量)$\dot{m}$ 和在进出口处的平均温度 T_1 和 T_2，以及电功率 IV，能量平衡方程为

$$IV=\dot{m}c_p(T_2-T_1)+Q_L \tag{4-71}$$

式中　Q_L——仪器在进出口温度分别为 T_1，T_2时的实际热损。

图 4-27 是由 Callandar 和 Barnes 设计的这种卡计的结构示意图。T_1、T_2用端部带有铜片的电偶测量，流量用称重法测量。稳定流量由恒定水位的水箱提供。

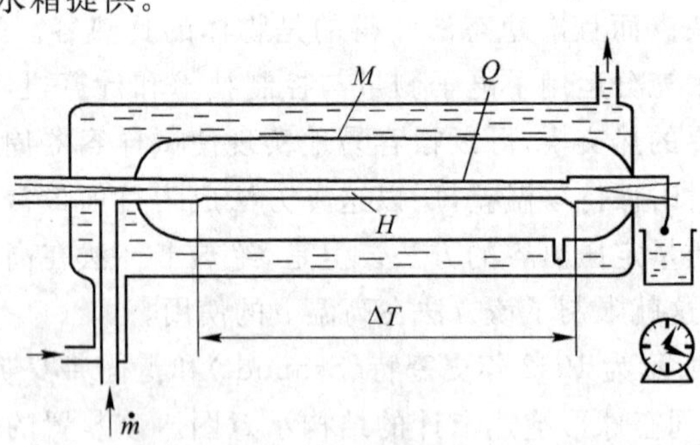

图 4-27　Callandar 和 Barnes 卡计

H—管内螺旋状加热丝；M—镀银真空管；Q—细长玻璃管

为了消除热损 Q_L，必须在维持 T_1、T_2 不变的条件下，改变液体质量流率和加热功率进行二次测定。于是根据式(4-71)，可写出两个方程

$$I_1V_1=\dot{m}_1c_p(T_2-T_1)+Q_L \tag{4-72}$$

$$I_2V_2=\dot{m}_2c_p(T_2-T_1)+Q_L \tag{4-73}$$

式中，下标 1,2 分别表示第一次、第二次的测量值。因为 T_1、T_2 不变，所以 Q_L 也不变，两式相减得出质量定压热容的计算式为

$$c_p=\frac{I_2V_2-I_1V_1}{(\dot{m}_2-\dot{m}_1)(T_2-T_1)} \tag{4-74}$$

4.5.5 差示扫描量热计法

差示扫描量热计法是热分析法的一种。顾名思义，热分析可以解释为以热进行分析的一种方法。确切的定义为：热分析是在程序控制温度下测量物质的物理性质与温度关系的一类技术。这里所说的“程序控制温度”一般系指线性升温或线性降温，当然也包括恒温、循环或非线性升温、降温。最常用的是差热分析(differential thermal analysis,DTA)法以及差示扫描量热计(DSC)法。这里只简单介绍 DSC 法测质量定压热容的原理和技术。

4.5.5.1 DSC 法测量质量定压热容原理

DSC 法是 1964 年由沃森首先提出来的。其基本原理是：待测样品与参比试样以一定的控制速度升降温时，根据两者的温度讯号，由差动热功率补偿单元自动调节试样和参比样品的加热功率，使温度恒定为零，记录为抵消温度差所必需的补偿差动功率随时间和温度变化的值，再按有关公式计算真实质量定压热容 c_p 值。图 4-28 所示为 DSC 法测试质量定压热容原理示意图。

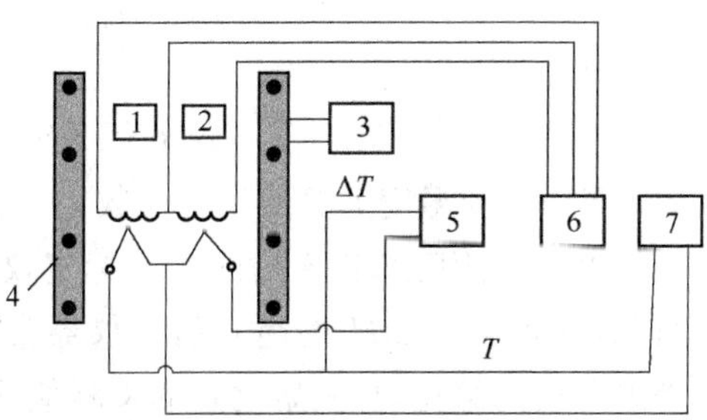

图 4-28 DSC 法测试质量定压热容原理示意图

1—试样；2—参比样品；3—温度控制器；4—加热炉；5—差热放大器；6—补偿单元；7—记录器

在 DSC 法中，质量为 m 的试样按线性温度控制加热，其升温速率为 dT/dt，

则流入试样中的热流速率 $\mathrm{d}H/\mathrm{d}t$ 为

$$\frac{\mathrm{d}H}{\mathrm{d}t}=\frac{\mathrm{d}H}{\mathrm{d}T}\cdot\frac{\mathrm{d}T}{\mathrm{d}t}=m\cdot c_p\cdot\frac{\mathrm{d}T}{\mathrm{d}t} \tag{4-75}$$

则

$$c_p=\frac{\mathrm{d}H/\mathrm{d}t}{m\mathrm{d}T/\mathrm{d}t} \tag{4-76}$$

DSC 法的主要优点是连续扫描，在升温过程中可随时观测到试样质量定压热容的变化，所需样品质量最小时仅数毫克，且形状规格适应性大，有较高的测试准确度。

DSC 法所记录的曲线，与差热分析(DTA)法曲线有本质区别，它不是记录温度或其派生量，而是记录为保证试样和参比样品温度恒等所必须提供的补偿功率 $\mathrm{d}H/\mathrm{d}t$ 与时间 t 的曲线。如图 4-29 所示，试样在发生相变时，要吸收和释放相变潜热，从而使试样的温度低于或高于参比样品，差动功率控制系统就将输入一个相应的补偿功率，因而在 $\mathrm{d}H/\mathrm{d}t$-t 曲线上出现一个相变峰。其峰面积 S 正比于热焓的变化。

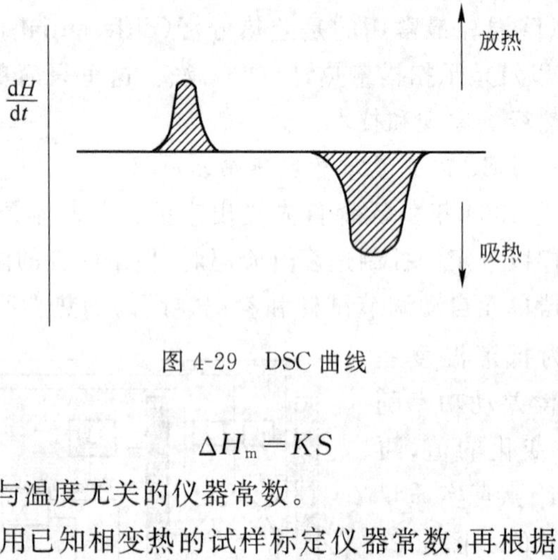

图 4-29　DSC 曲线

$$\Delta H_{\mathrm{m}}=KS \tag{4-77}$$

式中　K——与温度无关的仪器常数。

如果事先用已知相变热的试样标定仪器常数，再根据待测样品的峰面积，就可得到 ΔH 的绝对值。仪器常数标定，可利用测定锡、铅、铟等纯金属的熔化，从其熔化热的文献值即可得到。

4.5.5.2　DSC 法测量的特点

DSC 法与其他热分析法(如 DTA 法)相比，有以下特点：

(1) 差动加热功率起着补偿潜热效应的作用，因此，在 $\mathrm{d}H/\mathrm{d}t$-t 曲线上,相变峰(又称转变峰)的面积,原则上直接指示着潜热的大小。作为定量热分析,其结果比 DTA 法更为可靠。

(2) 在整个升温过程中,可以始终保持试样恒定的升温速率,即使在试样因相变而吸热或放热时,也可以借助控温系统的补偿,使之维持这一条件。而 DTA 法如果强制试样等速升温,热效应峰就会消失。

(3) 由于差动功率补偿作用,热效应峰复原快,峰锐利,相邻峰分辨率高。

(4) 可以用作质量定压热容测定。

虽然 DSC 法的优点很多,但其缺点也是很明显的:所用试剂很少(1～10mg),导致试剂的热物性常常与实际应用中的大块材料的热物性有差别;不能测定热导率和热扩散率等。

本 章 小 结

本章简单给出了常用热物性参数的物理意义及其测量方法,详细介绍了用稳态方法测量热导率 λ 以及用非稳态法测量热导率 λ 和热扩散率 a。稳态法的内容包括纵向热流法、径向热流法和直接电加热法;非稳态法的内容包括闪光法、热线法和探针法、常功率平面热源法、正规工况法、周期热流法和准稳态法,尤其是对准稳态法利用无限大平板和第二类边界条件来设计实验装置,从物理模型到数学模型及实验装置原理进行了详细的介绍。在质量定压热容的测量方面,主要介绍了量热计法,包括绝热卡计加热法、定常流量加热法、差示扫描量热计法。对上述的各种方法都从原理上和具体的实验装置的设计方面给出了研究思路。

思 考 题

4.1 常用的热物性参数有哪些? 简述它们的物理意义及其你对这些参数的使用体会?

4.2 热物性的测试有什么特点?

4.3 测量热导率都有哪些主要方法?

4.4 怎样测量金属的热导率? 怎样测量复合材料或涂层的热导率?

4.5 非稳态法测量热导率和热扩散率主要分哪两大类,具体包括哪些?

4.6 闪光法、热线法、平面热源法、周期热流法各自的特点是什么?

4.7 什么是准稳态? 举例说明。

4.8 准稳态法测量有机玻璃的热导率等热物性参数的方法是如何从数学模型到物理模型,

然后在实验模型上体现的,它的关键环节是什么?

4.9 测量流体(液体或气体)热导率时流体中的热对流对测量有什么影响?

4.10 测量质量定压热容有什么意义,有哪些主要的测量方法?

4.11 质量定压热容随温度的变化是什么规律,不同的物质或同类的物质规律都相同吗?

4.12 差示扫描量热计(DSC)法的特点有哪些?

参考文献

1 Kingery W D. Property Measurement at Elevated Temperatures. NewYork:John Wiley,1959

2 霍尔曼 J P. 传热学(第四版). 马庆芳,马重芳,王兴国译. 北京:人民教育出版社,1981

3 陈则韶,葛新石,顾毓沁. 量热技术和热物性测定. 合肥:中国科学技术大学出版社,1990

4 王子延. 热能与动力工程测试技术. 西安:西安交通大学出版社,1998

5 Zygmunt Sz. Kolenda,Jerzy Nowakowski,Ryszard Oblakowski. Measurements of thermophysical properties of liquid electrolyte by modified heat pulse technique. International Journal of Heat and Mass Transfer,1981,24(5):891~894

6 Stanislaw L Randzio. Thermophysical properties of organic liquids and polymers over wide ranges of pressure and temperature. High Temperatures — High Pressures,1997,29(5):603~612

7 Omar Douzane,Jean—Marc Roucoult,Thierry Langlet. Thermophysical property measurements of building materials in a periodic state. International Journal of Heat and Mass Transfer,1999,42(21):3943~3958

8 Z Tamainot — Telto, Critoph R E. Thermophysical properties of monolithic carbon. International Journal of Heat and Mass Transfer,2000,43(11):2053~2058

9 Bhattacharya A,Calmidi V V,Mahajan R L. Thermophysical properties of high porosity metal foams. International Journal of Heat and Mass Transfer,2002,45(5):1017~1031

10 Gustafsson S E,Karawacki E,Khan M N. Transient hot—strip method for simultaneously measuring thermal conductivity and thermal diffusivity of solids and fluids[J]. J. Phys. D: Appl. Phys.,1979(12):1411~1421

11 Gustafsson S E,Karawacki E,Chohan M A. Thermal transport studies of electrically conducting materials using the transient hot—strip technique. J. Phys. D: Appl. Phys,1986(19):727~735

12 Zhang H F,Cheng S X,He L Q,Zhang A L,Zheng Y and Gao D Y. Determination of Thermal Conductivity of Biomaterials in the Temperature Range 233—313 Using a Tiny Detector Made of a Self—Heated Thermistor,Cell Preservation Technology,2002,1(2):141~147

13 宋青林,夏善红,陈绍凤,张建刚. 微尺度薄膜热导率测试技术. 物理学进展,2002,22(3):283~295

14 奚同庚. 无机材料热物性学. 上海:上海科学技术出版社,1981

15 [美]杜洛金 Y S. 固体热物理性质导论——理论和测量. 奚同庚编译. 北京:中国计量出版社,1987

16 马庆芳,方荣生,项立成等. 实用热物理性质手册. 北京:中国农业机械出版社,1986.

17 余雷,余建祖. 王永坤,SiN_x薄膜热物性参数实验测量与分析研究. 物理学报,2004,53(2):401~405

18 Carslaw H S,Jaeger J C. Conduction of Heat in Solids. 2nd Edition. Oxford University Press,New York,1959,109~112

19 Van Drumen. A method of measuring the thermal conductivity of liquids. Physica,1949(15):865~881

20 寿青云,陈汝东. 金属氧化物纳米流体的导热性能研究. 材料导报,2006,20(5):117~119

21 吴江涛,靳晓刚,刘志刚. 柴油/碳酸二甲酯混合物液相导热系数的实验研究. 西安交通大学学报,2005,39(1):79~82

22 刘顺华,李长茂,耿兆强. 用涂层热线法测量含 SiC 耐火混合料的导热系数. 耐火材料,2002,36(6):357~358,362

23 李保春,董有尔. 热线法测量保温材料的热导率. 中国测试技术,2005,31(6):75−76−117

24 陈则韶,李川,程文龙,胡芃,邱邢海. 据热扩散率最小离散度确定导热系数的新热探针法. 中国科学技术大学学报,2000,30(3):312~317

25 于帆,张欣欣. 热带法测量材料导热系数的实验研究. 计量学报,2005,26(1):27~29

26 Gustafsson S E,Suleiman B. The transient plane source technique:experimental design criteria. High temperatures−high pressures,1991(23):289~293

27 禹国强,刘安伟. 恒功率平面热源法智能热物理参数测试系统. 仪器仪表学报,2000,21(1):98~99,103

28 陈昭栋. 平面热源法瞬态测量材料热物性的研究. 电子科技大学学报,2004,33(5):551~554,593

29 何小瓦,黄丽萍. 瞬态平面热源法热物理性能测量准确度和适用范围的标定——常温下标准 Pyroceram 9606 材料热物理性能测量. 宇航计测技术,2006,26(4):31~42,51

30 王补宣,韩礼钟,王维城等. 同时测定热绝缘材料 α 和 λ 的常功率平面热源法. 工程热物理学报,1980. 2(1):80~87

31 顾毓沁,朱德忠等. 激光加热的周期热流法测量薄膜的热扩散率. 中国科学(E 辑),1996,26(2):103~108

5 相似理论和模化实验

5.1 相似理论的产生和基本定理描述

人们在认知和改造自然的各种科学研究和工程技术中，一般采用实验研究和理论研究方法。相似理论恰恰是一座架起实验研究和理论研究两种方法的桥梁。

实验研究方法是针对自然界和工程中各种复杂、耦合的物理现象，借助各种测试元件、仪表和设备，来研究其规律的一种基本的科学方法。它的特点是：

(1) 可以直接、真实地反映客观物理过程，提供第一手定性和定量的测量数据，并且具有新发现的可能。

(2) 可以人工控制影响客观物理现象的一些因素，将一切次要因素采取措施化小化了，使复杂问题变得简单些。

(3) 由实验方法探索的规律具有一定的近似程度和局限性。因为在一定的技术条件和研究水平上，用各种元件和设备进行实验势必存在着各种误差，而且观察和实验过程要受到各种条件的限制，只能在一定的参数范围内进行，由此所得到的规律不可能很精确地反映客观事物本质及其全部面貌。

理论分析方法是建立在实验结果之后的行为，在一定程度上了解了客观事物的本质，提出一些假设，构造出物理模型，然后用数学工具将物理模型转化为数学模型，建立起各种物理量之间的关联方程式。如质量守恒方程、动量方程、组分守恒方程和能量守恒方程。将这些方程给定单值条件，就可以得到解决自然界和工程中实际问题的理论依据。其结果具有普遍性和预测性，这是实验方法所不及的。同时理论研究方法由于它主要通过理论推导计算手段，所以其研究成本远远不及实验方法，而且它不需要实验设备的设计、制造、安装、调试、维护和繁杂的测量过程，使研究周期大为缩短。另外，理论研究方法能够提供全部的信息资料，不干扰和破坏客观事物的本来面目，也不受测量条件的限制。

当然这些是在所建立的数学模型总体上能够反映客观事物的前提下才成立的，否则不论数学推导多么严密，计算结果如何精确，都是错误的。

即便如此，理论研究方法还有它的不足之处。比如建立符合物理模型的数学模型的过程就具有一定的难度，要想得到方程的解必须做出许多假设，往往有些假设很牵强，与实际并不相符。因此所得出的结果只能近似地反映客观事物及内在规律。最后，这种结果还要拿到实践中去比较，确定其可信赖可应用的程度，并加以修正完善。

基于上述两种研究方法的利弊所在，人们便创造了兼有两者优点的所谓相似理论的研究方法。相似理论把描述客观现象的微分方程用实验环节来求解，既排除了数学方法的困难，又提出了研究结果的普遍应用价值[1,2]。

相似理论萌生于360多年以前，从17世纪到18世纪仅有几位科学家提出相似的概念，如米哈伊洛夫（О. Михайлов）、伽利略（Galileo Galilei）、牛顿（Isaac Newton）；19世纪20年代，傅里叶（J. B. Fourier）提出了个别条件下的相似问题。直到19世纪中叶（1848年），相似第一定理才诞生，法国科学家泊特朗（J. Bertrand）在分析力学方程之后阐明了相似现象的基本性质，即相似现象的对应点的同名相似特征数值相等。

相似第一定理激发了许多科学家的灵感。19世纪末，雷诺（O. Reynolds）应用它研究水等各种流体在通道内流动时流动阻力，整理成相似准则 *Re* 对管道流动的影响规律。20世纪初，俄国空气动力学家茹柯夫斯基（Н. В. Жуковский）将气体力学相似实验结果用于航空航天飞机，紧接着努色尔特（W. Nusselt）用相似理论研究了换热过程。

1911年，俄国费德尔曼（А. О. Федерман）提出了相似第二定理，即微分方程的积分结果可以用相似准则之间的函数关系来表示。1914年美国学者柏金汉（E. Buckingham）推出了在特定条件下的量纲分析的 π 定理。所以相似第二定理也称 π 定理。

相似第一定理和相似第二定理确立了相似现象所具有的性质，但是还没有确定出任何两个现象相似的原则。17年以后（1931年），苏联学者基尔比乔夫（М. В. Кирпичёв）和古赫曼（А. А. Гухман）推出了相似第三定理，并得到了包括基尔比乔夫在内的多人证明。

相似第三定理是，现象相似的充分和必要条件是单值性条件相似，而且由单值性条件包含的物理量所组成的相似准则相等。

至此，相似理论形成了完整的学科，它得到了广泛的应用[3]。

5.2 相似的基本概念

5.2.1 几何相似

几何相似可以分为两种情况。一种是线性几何相似群，如所有的圆球、椭圆都属于一个线性几何相似群；所有的直角平行六面体，包括所有的书、火柴盒、鞋盒也都属于一个线性几何相似群。另一种称为几何相似群，它是指按照同一比例放大或者缩小了的几何相似体。

在相似理论中，往往把以上两种相似群分别放入某一坐标系中来考虑，称为线性几何相似域或几何相似域的几何相似现象。在很多的情况下，相似理论研究的是几何相似域内的物理现象。严格地说，几何相似群要比线性几何相似群的约束条件多。

5.2.2 物理量相似

所谓物理量相似，一般是指在几何相似群（或线性几何相似群）中的各物理参数成比例。这个概念是针对稳定场而言的。对于非稳定场，要引入相似时间段。

5.2.3 现象相似

现象相似也可以按照两种情况来讨论，一种是同类现象，一种是异类现象。就同类现象而言，现象相似至少要发生在线性几何相似域中，而且各同名物理量呈某种比例或者说存在线性变换。比如说，一个现象由 2 个变量的变化所构成，为 x_1，y_1，另一个现象对应的有 x_2，y_2，这两个现象应该存在

$$x_1 = c_1 x_2 \tag{5-1a}$$

$$y_1 = c_2 y_2 \tag{5-1b}$$

式中，c_1、c_2 为比例系数，由式(5-1a)和式(5-1b)构成完整的方程组，即

$$D_1(x_1, y_1)=0 \tag{5-2a}$$

$$D_2(x_2, y_2)=0 \tag{5-2b}$$

这样一来,可以将同类相似的现象描述为:如果形式相同的完整方程组所包含的各变量可以相似变换,则这些方程组所确定的性质相同的现象,称为同类相似现象[4]。

5.3 方程分析法

如前所述,自然界中存在很多现象相似的问题。我们可以通过描述这些现象的微分方程推导出相似准则。

介绍最简单的例子。流体的流动速度 u 可以表示为流体质量在 $\mathrm{d}\tau$ 时间内所经历的路程 $\mathrm{d}l$ 与 $\mathrm{d}\tau$ 的比值,即

$$u=\frac{\mathrm{d}l}{\mathrm{d}\tau} \tag{5-3}$$

对于两个相似的速度场,必然有

$$u_1=\frac{\mathrm{d}l_1}{\mathrm{d}\tau_1} \tag{5-4a}$$

$$u_2=\frac{\mathrm{d}l_2}{\mathrm{d}\tau_2} \tag{5-4b}$$

根据相似现象的定义,对应物理量互成比例

$$\frac{u_2}{u_1}=C_{\mathrm{u}}, \frac{l_2}{l_1}=C_{\mathrm{l}}, \frac{\tau_2}{\tau_1}=C_{\tau} \tag{5-5}$$

由式(5-4b)和式(5-5),$u_2=u_1C_{\mathrm{u}}=\dfrac{\mathrm{d}l_2}{\mathrm{d}\tau_2}$ (5-6)

而 $$C_{\mathrm{u}}=\frac{u_2}{u_1}=\frac{\mathrm{d}l_2/\mathrm{d}\tau_2}{\mathrm{d}l_1/\mathrm{d}\tau_1}=C_{\mathrm{l}}\frac{1}{C_{\tau}} \tag{5-7}$$

将式(5-7)代入式(5-6),得

$$u_1=\frac{C_{\mathrm{l}}}{C_{\tau}C_{\mathrm{u}}}\frac{\mathrm{d}l_1}{\mathrm{d}\tau_1} \tag{5-8}$$

将式(5-4a)和式(5-8)相比较,显然存在 $\dfrac{C_{\mathrm{l}}}{C_{\tau}C_{\mathrm{u}}}=1$

便可以写成 $$\frac{u_1\tau_1}{l_1}=\frac{u_2\tau_2}{l_2}=\frac{u\tau}{l}=\mathrm{constan}t \tag{5-9}$$

又如,边界上的换热问题,根据边界上的换热微分方程,对于两个

相似的一维换热体系，可以写出

$$h_1 \Delta T_1 = -\lambda_1 \frac{dT_1}{dx_1} \tag{5-10a}$$

$$h_2 \Delta T_2 = -\lambda_2 \frac{dT_2}{dx_2} \tag{5-10b}$$

各对应物理量之间互相成比例，便有

$$\frac{h_2}{h_1}=C_h,\frac{\lambda_2}{\lambda_1}=C_\lambda,\frac{T_2}{T_1}=C_T,\frac{x_2}{x_1}=C_x \tag{5-11}$$

将式(5-10a)和式(5-10b)相比，并将式(5-11)代入，得$\frac{C_x C_h}{C_\lambda}=1$

同理，$\frac{h_1 x_1}{\lambda_1}=\frac{h_2 x_2}{\lambda_2}=\frac{hx}{\lambda}=\text{constant}$　　　(5-12)

于是，称 $Ho=\frac{u\tau}{l}$为均时性特征数，为不稳定流动过程中流体的速度场随时间变化情况的相似程度；称 $Nu=\frac{hx}{\lambda}$为努塞尔数，它表示流体与壁面之间对流换热热流与流体在壁面上导热热流之比，它们都是无因次的。

5.4　量纲分析和 π 定理

5.4.1　量纲的概念

在 SI 制中，长度、质量和时间作为基本量纲，分别用[L]、[M]、[T]来表示。其他各物理量的量纲，可以用基本量纲的不同指数幂的乘积来表示。比如，速度＝长度/时间＝[L]/[T]＝[L][T]$^{-1}$，力＝质量×加速度＝[M][L][T^{-2}]。

5.4.2　量纲分析法

量纲分析法也称为因次分析法，它是利用上述量纲的基本概念来导出物理现象中各量之间函数关系的一种方法。

假定某一个物理现象可以用一个变量幂的乘积来表示，即

$$y=x_1^{k_1}x_2^{k_2}x_3^{k_3}\cdots x_n^{k_n} \tag{5-13}$$

式中，x_1，x_2，x_3 和 y 为影响该物理量的各种相互独立的因素，它们相

应的量纲分别为

$$[x_i]=[A]^{ai}[B]^{bi}[C]^{ci} \qquad (i=1,2,3,\cdots,n) \tag{5-14}$$

$$[y]=[A]^{a}[B]^{b}[C]^{c} \qquad (i=1,2,3,\cdots,n) \tag{5-15}$$

式中，A、B、C 为基本量纲，由量纲的一致性，各变量 x_i 的指数 k_i 必须满足下式（将式(5-14)展开后与式(5-15)一起代入式(5-13)得到）

$$\left.\begin{aligned} a_1k_1+a_2k_2+a_3k_3+\cdots+a_nk_n=a \\ b_1k_1+b_2k_2+b_3k_3+\cdots+b_nk_n=b \\ c_1k_1+c_2k_2+c_3k_3+\cdots+c_nk_n=c \end{aligned}\right\} \tag{5-16}$$

式(5-16)为量纲一致性方程组，解之可得指数 $k_1,k_2,\cdots,k_n$，若指数 k_i 的数目 n 多于式(5-17)中方程的个数 m（m 为基本量纲数），则 $(n-m)$ 个指数可以用其他指数值的函数来表示。

归纳起来，量纲分析方法的步骤为：

(1) 找出影响某一物理现象的所有独立的变量，假定一个函数关系，比如变量幂的乘积关系，这是量纲分析是否能得出正确结果的关键。

(2) 将各物理量的量纲用基本量纲表示，列出量纲公式。

(3) 建立量纲一致性方程组，联立求解各物理量的指数。

(4) 代入假定的函数关系式，并进行适当的组合简化。

(5) 通过实验验证，并且求出公式中的待定常数，从而建立该现象的经验公式[5,6]。

[例 5-1]　确定物体在流体中运动时的黏性阻力的函数关系

设黏性阻力 D 与流体的密度 ρ、黏度 η、物体与流体间的相对速度 u，以及物体的特征面积 A 有关。于是将阻力函数关系 $D=f(\rho,\eta,u,A)$ 写成变量幂的乘积关系

$$D=k\rho^a\eta^b u^c A^d \tag{5-17}$$

式中，各物理参数的量纲如下：

k——待定常数，无量纲；

D——黏性阻力，$[\mathrm{kg\cdot m/s^2}]\Rightarrow[\mathrm{M}][\mathrm{L}][\mathrm{T^{-2}}]$；

η——黏度，$[\mathrm{Pa\cdot s}]=[\mathrm{kg/(m\cdot s)}]\Rightarrow[\mathrm{M}][\mathrm{L^{-1}}][\mathrm{T^{-1}}]$：

$\eta=\rho\upsilon$ 其中 υ 为运动黏度，$[\mathrm{m^2/s}]\Rightarrow[\mathrm{L^2}][\mathrm{T^{-1}}]$；

ρ 为流体的密度，$[\mathrm{kg/m^3}]\Rightarrow[\mathrm{M}][\mathrm{L^{-3}}]$；

u——物体与流体间的相对速度，$[\mathrm{m/s}]\Rightarrow[\mathrm{L}][\mathrm{T^{-1}}]$；

A——物体的特征面积，$[m^2]\Rightarrow[L^2]$。

将各参数量纲代入式(5-17)，可写出

$$[MLT^{-2}]=[ML^{-3}]^a[ML^{-1}T^{-1}]^b[LT^{-1}]^c[L^2]^d$$

按基本量纲组合

$$[M][L][T]^{-2}=[M]^{a+b}[L]^{-3a-b+c+2d}[T]^{-b-c}$$

上式两边的基本量纲指数必须相等，即

$[L]$ $\quad -3a-b+c+2d=1$

$[M]$ $\quad a+b=1$

$[T]$ $\quad -b-c=-2$

解之 $a=1-b \quad c=2-b \quad d=1-b/2$

将其代入式(5-17)得

$$D=k'\frac{1}{2}\rho u^2 A\left(\frac{\rho ul}{\eta}\right)^{-b} \tag{5-18}$$

式中，$l=A^{\frac{1}{2}}$ 为物体的特征尺寸。

通常阻力用阻力系数 C_D 来表示，它定义为

$$C_D=\frac{D}{\frac{1}{2}\rho u^2 A} \tag{5-19}$$

将式(5-18)代入式(5-19)，得到

$$C_D=\frac{k'\frac{1}{2}\rho u^2 A\left(\frac{\rho ul}{\eta}\right)^{-b}}{\frac{1}{2}\rho u^2 A}=k'\left(\frac{\rho ul}{\eta}\right)^{-b}=k'Re^{-b} \tag{5-20}$$

式中 $\quad Re=\frac{\rho ul}{\eta}=\frac{ul}{\upsilon}$

为了确定待定系数 k' 和 b，可按雷诺数设计实验模型。在不同的速度下得到雷诺数 Re 和阻力系数 C_D，从而得到 k' 和 b。根据实物和模型的相似，从模型实验中求出的阻力系数经验公式可以适用于原型实验的流动。

5.4.3 π 定理

π 定理的意义是，某一物理现象涉及 n 个变量，其中包括 m 个基本量纲，则此 n 个变量之间的关系，可以用$(n-m)$个无量纲 π 项的关系

式来表示，即

$$F(\pi_1,\pi_2,\pi_3,\cdots,\pi_{n-m})=0 \tag{5-21}$$

各 π 项就是上面所讨论过的相似准则。

用 π 定理来获得某一物理现象特有的物理量之间的函数关系时，采取的步骤为：

(1) 找出影响某物理现象的几个独立变量。

(2) 从 n 个独立变量中选出 m 个基本变量，这些基本变量应包含各变量中的全部基本量纲，通常 m 就等于基本量纲的个数。

(3) 排列 $(n-m)$ 个 π 项，每个 π 由 m 个基本变量与另一个非基本变量组成，且必须满足每个 π 项无量纲的条件。

(4) 将每个 π 项的量纲展开，求出待定的指数。

(5) 该物理现象可用 $(n-m)$ 个无量纲 π 项的函数式表示，必要时各 π 项可以相互乘、除，以组成常用的准则。

(6) 根据实验，决定具体的函数关系式。

[例 5-2]　确定黏性流体在光滑圆管中的流动压力降。

设这个压力降与管长 L、管径 d、平均流速 u、流体的密度 ρ 和黏度 η 有关。

$$f(\Delta P,L,d,u,\rho,\eta)=0 \tag{5-22}$$

在 6 个变量中，选出 ρ、u 和 d 为 3 个基本变量，因为 6 个变量的量纲为

$[\mathrm{Pa}],[\mathrm{m}],[\mathrm{m/s}],[\mathrm{kg/m^3}],[\mathrm{Pa\cdot s}]\Rightarrow[\mathrm{MT^{-2}L^{-1}}],[\mathrm{L}],[\mathrm{LT^{-1}}],[\mathrm{ML^{-3}}],[\mathrm{MTL^{-1}}]$

所以由 3 个基本量纲组成 $(6-3)=3$ 个 π 项。根据式(5-21)，设

$$\begin{aligned}\pi_1&=\Delta P\rho^{a_1}u^{b_1}d^{c_1}\\ \pi_2&=\eta\rho^{a_2}u^{b_2}d^{c_2}\\ \pi_3&=L\rho^{a_3}u^{b_3}d^{c_3}\end{aligned} \tag{5-23}$$

π_1 的量纲公式为

$$[\mathrm{M^0L^0T^0}]=[\mathrm{ML^{-1}T^{-2}}][\mathrm{ML^{-3}}]^{a_1}[\mathrm{LT^{-1}}]^{b_1}[\mathrm{L}]^{c_1}$$

类似前面的分析，可以求出 $a_1=-1,b_1=2,c_1=0$，于是 $\pi_1=\dfrac{\Delta p}{\rho u^2}=Eu$，$Eu$ 为欧拉数。

同理，可以写出 π_2 和 π_3 的量纲公式，用相同的方法，求出 $\pi_2=\frac{\rho ud}{\eta}=Re$，$\pi_3=L/d$，则

$$f(\pi_1,\pi_2,\pi_3)=f(Eu,Re,L/d)=0 \quad 或者 \quad Eu=f\left(Re,\frac{L}{d}\right)$$

再将这一函数式写成指数的形式

$$Eu=kRe^a\left(\frac{L}{d}\right)^b \tag{5-24}$$

式中，k、a、b 都是实验常数，这样得到的实验式，对于一定的相似现象都能适用。

将 $Eu=\frac{\Delta p}{\rho u^2}$代入式(5-24)，并令 $A=2k$，$n=-a$，

则

$$\Delta p=\frac{A}{Re^n}\left(\frac{L}{d}\right)^b\frac{u^2}{2}\rho \tag{5-25}$$

由实验得知，$b=1$，A 和 n 随管道粗糙程度而异。

再令 $\lambda=\frac{A}{Re^n}$，于是

$$\Delta p=\lambda\frac{L}{d}\frac{u^2}{2}\rho \tag{5-26}$$

这便是计算黏性流体在光滑圆管中阻力损失的公式。

[**例 5-3**]　一根输水管，直径 $d=50$mm，为确定它的沿程阻力损失，在安装前做了空气动力模拟实验。已知条件为：

$t=20$℃，　$\upsilon_a=15.6\times10^{-6}$　m²/s

$\upsilon_w=1.1\times10^{-6}$　m²/s

$\rho_a=1.116$　kg/m³

$\rho_w=998.2$　kg/m³

求：(1) 如果输水管投入工程使用，保证水的流速 $u_w=2.5$m/s，为保证相似条件，在实验模型中空气的流速应为多少？

(2) 当空气模拟实验中测得管子的阻力损失压差 $\Delta p=8300$Pa，试问输水管在 $u_w=2.5$m/s 流速下使用时，水头损失多少？

解：(1) 二者属于牛顿流体，根据流动黏性力相似，有 $Re_w=Re_a$，即

$$\frac{u_w d_w}{\upsilon_w}=\frac{u_a d_a}{\upsilon_a}$$

$$\frac{2.5\times0.05}{1.1\times10^{-6}}=\frac{u_a\times0.05}{15.02\times10^{-6}}$$

解得　$u_a=35.5\text{m/s}$。

(2) 由于二者流动介质的压力相似，有 $Eu_w=Eu_a$，即

$$\frac{\Delta p_a}{\rho_a u_a^2}=\frac{\Delta p_w}{\rho_w u_w^2}$$

$$\frac{8300}{1.116\times35.5^2}=\frac{\Delta p_w}{998.2\times2.5^2}$$

解得　$\Delta p_w=36817.5\text{Pa}$。

5.5 模化实验

5.5.1 模化法的概念

相似理论的科学价值是巨大的，它不仅解决了实验中应该测量哪些物理量，应该如何整理实验数据的问题，而且解决了将个别实验的结果推广到相似现象群中去的最重要问题。

相似理论应用的另一个杰作是可以用它来指导模型实验，即模化实验。所谓模化实验，是指不直接研究自然现象或实验设备本身所进行的实验过程，而是利用与它相似的放大或缩小了的模型来进行研究的方法。

在模化法中，首先应用方程分析或量纲分析或 π 定理法，导出相似准则并假定出含有待定系数的准则函数关系式。其次应用相似第三定理确定实验应遵守的条件，这些条件是：①几何条件相似——实物和模型按比例缩小或放大；②物理条件相似——实物和模型内相似准则、初始条件和边界条件中所包含的物理参数相似或呈同一变化规律；③初始条件和边界条件相似——是指实物和模型中进行过程的初始条件和边界条件；④导出的相似准则相等——实物和模型内各相应位置上的导出相似准则相等。然后依据这些条件，正确设计模型实验方案并进行实验。最后根据实验结果，求出准则函数关系式中的待定系数，从而建立所研究对象的经验公式，再推广到实际中去[5]。

5.5.2 近似模化法

完全遵守相似第三定理所规定的模化条件去实验往往是很困难

的。在对热工设备进行实验时，以空气动力模型为例，若保证模型中各点的密度和黏度与实物中各点呈不均匀分布的密度和黏度完全相似，几乎是不可能。如对于钢铁企业高炉热风炉这种庞然大物，如图 5-1 所示的为鞍钢某一大型高炉的 3 座热风炉，每座热风炉内径 11m 左右，高度接近 50m。仅一座 $2500m^3$ 的高炉热风炉燃烧器，它的最大消耗高炉煤气量为 $170000m^3/h$，按每天每座热风炉 8h 工作制（间歇式工作），相当于每天要消耗 $1360000m^3/d$ 高炉煤气。而一个三口之家，平均用城市煤气量每月 $30m^3$，相当于每天 $1m^3$，假如工业煤气与民用城市煤气热值之比为 0.24，那么一座热风炉燃烧器几乎每天要消耗掉 32 万个三口之家的日用煤气量。

图 5-1 鞍山钢铁公司 2003 年建成投产的新 1 号高炉热风炉

要研究这样庞大的热工设备性能，如果完全按照模化条件去做，满足模型中的 Re 与实物 Re 相等，不仅需要超高压超大容量风机，其他的附属条件也是相当苛刻的。对此类问题，可以应用近似模化法。所谓近似模化法，就是在进行模化实验时，根据流体流动和热交换过程的某些特性，可以不完全遵守以上的相似条件去实现过程相似而得到相同的可靠效果。

5.5.2.1 黏性流体流动时的特性

A 速度分布的稳定性

黏性流体在管道中流动时,不论管道进口处的速度分布如何,流体在进入管道一段距离后速度的分布总是按一定曲线固定下来,与进口条件无关。利用这种稳定性,就不必保证管道进口处速度分布相似,只要保证二者几何相似,经过一定管道长度后,就能保证其速度分布相似。

B 自模化性

黏性流体在受迫运动情况下,*Re* 将是对流动状态起决定作用的因素。因此,要使模型和实物相似,就必须保证二者 *Re* 值相等。但是由于黏性流体的自模化性,在自模化区域内,*Re* 值的作用不大,甚至消失。

a. 第一自模区

当流体是层流状态时,流股断面上的速度分布总是呈抛物线形状,与流体的速度无关,即与 *Re* 值大小无关,*Re* 值在一定界限内,这种现象称为“自模性”。*Re* 值小于第一临界值的范围叫“第一自模化区”。

b. 第二自模区

Re 值大于第一临界值后,流动呈湍流状态。随 *Re* 值增大,流体的紊乱程度和速度分布最初变化很大,但以后影响逐渐减小。当 *Re* 大于某一数值后,这种影响几乎不存在。管道断面上的速度保持一定形状而与速度无关,即与 *Re* 无关。流体的流动又进入自模状态,这时 *Re* 称为“第二临界值”。*Re* 大于第二临界值的范围叫“第二自模化区”。

前人的许多实验证明,只要流体速度分布相似,就能实现运动相似,当实物的 *Re* 处于自模化区以内,则模型的 *Re* 就不一定与实物的 *Re* 相等,只要与实物处于同一自模化区就可视为运动相似。

这一性质给模化实验带来很大的方便。当实物的 *Re* 值远大于第二临界值时,只要做到模型中的 *Re* 大于第二临界值,就可以适当变更流体的流量和流体的密度、黏度,而不影响实验效果。

判断流体进入自模化区的标志,就是进入第二自模化区后,流动阻力系数不再变化。

5.5.2.2 近似模化实验的条件

(1) 模型与实物几何相似。如研究气流分布之类问题时,介质接触的表面粗糙度可以不必考虑,而是要求管道形状相似。

(2) 物理参数在模型和实物中的相对位置上保持相似。一般物理参数按某种规律随温度而变化,当流动实物中多点温度不相同时,这些参数也是变化的。模型中只要实现等温流动即可(相当于实物的平均温度)。

(3) 模型和实物的初始条件相似。由黏性流体的稳定性,只要保证模型进口处和实物进口处几何相似就可以。介质温度在模型进口及壁面处的分布,按相似原理原则上应坚持与实物相似,但它对总的流动影响不大,可忽略。

(4) 定型准则在模型和实物中应保持相等。对于黏性、不可压缩性流体的强制稳定等温流动,Re 是定型准则。在单值条件相似的条件下,任意对应截面的 Re 值应相等。根据"自模化"性,当实物中的 Re 大于第二临界值,即处于第二自模区时,只要保证模型内各壁面的 Re 值大于第二临界值即可。

5.5.2.3 模型比例方程式

进行模化实验时,需要经过计算来确定模型的尺寸、模化介质的流量以及将模型的测量结果换算到实物上时所利用的数据。首先根据实验条件(风机能力、场地大小、观察方便)来确定模型尺寸,然后根据确定的定型准则去计算和选择相关参数进行实验。如黏性流体强制流动的模化实验,设实物流动有 Re_1,模型流动有 Re_2,模化条件必须满足 $Re_1=Re_2$,即

$$\frac{u_1 L_1}{\upsilon_1}=\frac{u_2 L_2}{\upsilon_2} \tag{5-27}$$

则比例方程式为

$$\frac{u_1}{u_2}=\frac{L_2\upsilon_1}{L_1\upsilon_2}$$

用相似倍数来表示,可写出

$$C_u=\frac{C_\upsilon}{C_L} \tag{5-28}$$

由实物与模型的流量比

$$C_V=\frac{V_1}{V_2} \tag{5-29}$$

$$C_V=C_u C_L{}^2=C_\upsilon C_L \quad \text{(速度和直径平方的量纲)} \tag{5-30}$$

当流体流动 Re 相等时,欧拉数 Eu 为非定型准则,也应相等,便有

$$\frac{\Delta p_1}{\rho_1 u_1^{\ 2}}=\frac{\Delta p_2}{\rho_2 u_2^{\ 2}}$$

可得比例方程式

$$C_{\Delta p}=C_\rho C_u^{\ 2}=C_\rho \frac{C_\upsilon^{\ 2}}{C_L^{\ 2}}=\frac{C_u^{\ 2}}{C_\rho C_L^{\ 2}} \tag{5-31}$$

当模型与实物中工作介质相同，存在

$$\upsilon_1=\upsilon_2 \qquad C_\upsilon=1$$

由式(5-28)、式(5-29)和式(5-31)便可推出模型比例方程

$$C_u=\frac{1}{C_L} \tag{5-32}$$

$$C_V=C_L \tag{5-33}$$

$$C_{\Delta p}=\frac{1}{C_L^{\ 2}} \tag{5-34}$$

上述几个公式说明，若模型尺寸比实物缩小 C_L 倍，模型流速要放大 C_L 倍，流量缩小 C_L 倍，压力降增大 $C_L^{\ 2}$ 倍。这就是雷诺氏模型定律。

如果模化实验发生在自模化区域内，模型内的 Re_2 不一定等于实物的 Re_1，只要大于自模化的第二临界值即可，这时模型内的速度和流量可以根据模型中实际选择范围内的 Re 数。

当模化法过程中只有一个定型特征数(由方程分析导出的特征数)决定时，工作介质可以任意选择，或者可以选择同一工作介质；当过程受两个定型特征数控制时，就要按几何形状比例来选择介质；当过程受3个定型准则控制时，这时需采用变形模型，固定某一些因素，来确定某种条件下的定型特征数，然后将结果叠加，使复杂过程简化处理。

[例 5-4] 一段管路内通入600℃空气，钢管内径 d_1 为50mm，用模化法观测当空气速度 $u_{a2}=10\text{m/s}$ 时的气流分布和压头损失，试确定第二自模区，以及选择合适的模型参数。

解：首先确定实物在600℃时的流速和雷诺数

$$u_{a1}=10\times(1+600/273)=32\text{m/s}$$

此时空气的运动黏度 $\upsilon_{a1}=96.89\times10^{-6}\text{m}^2/\text{s}$

于是 $Re_1=u_{a1}/\upsilon_{a1}=32\times0.05/96.89\times10^{-6}=16513$。

本应按 $Re_1=Re_2$ 确定模型参数，但模型实验如在第二自模化区域内进行时，就可以允许有不同的 Re 值。

对于空气流动的第二自模区域，可以通过雷诺数 Re 和欧拉数 Eu 的关系来确定。首先给定不同的流速，亦即在不同的雷诺数情况下，测出这段管路系统各种情况下的压力损失 Δp，由此计算出 Eu。这里 Eu 经常是非定型准则。在稳定状态下的强制流动，可以用 $Eu=f(Re)$ 来表示。

通过实验，测得 10 组数据如表 5-1 所示，并绘出 Re 与 Eu 的曲线如图 5-2 所示。由此可见，当 Re 值大于 5000 以后，Eu 不再发生变化。其第二自模区无疑在 $Re\geqslant5000$ 的范围。就是说，只要按照 $Re\geqslant5000$ 以内选择模型参数就可以了。

表 5-1　不同工况下的 Re 和 Eu 测量值

序　号	1	2	3	4	5
Re	1.4×10^3	1.6×10^3	1.8×10^3	2.2×10^3	2×10^3
Eu	5.5	4.6	4.4	4.2	4.3
序　号	6	7	8	9	10
Re	2.5×10^3	4×10^3	5×10^3	6×10^3	7×10^3
Eu	3.8	3.6	3.5	3.53	3.47
序　号	11	12	13	14	15
Re	10×10^3	20×10^3	30×10^3	40×10^3	50×10^3
Eu	3.58	3.51	3.51	3.52	3.51

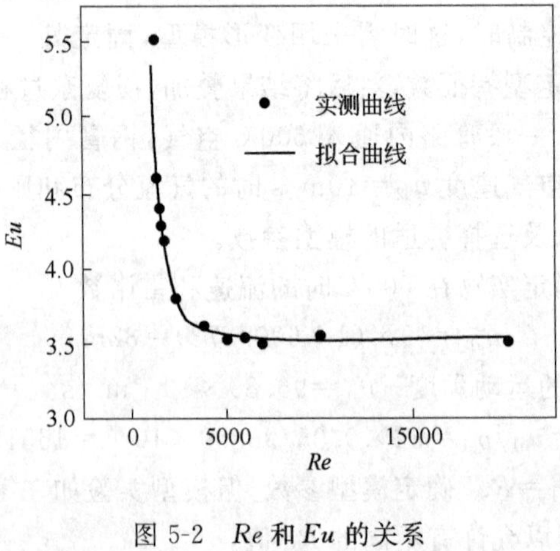

图 5-2　Re 和 Eu 的关系

5.6 模化实验应用研究

5.6.1 高炉出铁沟的水模化实验[6]

高炉出铁是高炉生产工艺中一个体现成果的生产环节，出铁沟是铁水从高炉内经铁口流向铁罐的必不可少的通道。出铁沟的寿命涉及沟衬的铺垫修补次数和时间，当然也直接关系着高炉能否顺利生产。出铁沟的沟衬损坏原因有很多，其中主要包括沟衬的材质和铁水对铁沟的冲刷。

出铁沟出铁的工作状态和沟衬损坏情况如图 5-3、图 5-4 所示。

图 5-3 出铁沟出铁(铁水与渣)流动状态

图 5-4 出铁沟的沟衬损坏情况

为了研究在一定沟衬材质的条件下，铁水对出铁沟的流动冲刷规律，汪琦等人以鞍钢 10 号高炉出铁沟为原型，制作了实物与模型比为 20∶1 有机玻璃模型，用水模拟铁水对铁沟的冲击和铁水在铁沟内的流动状态。测定出铁过程中不同坡度铁沟内残留铁水的替换时间，得出坡度愈小替换时间愈长；铁沟的温度变化愈小，因温度变化对铁沟的损坏愈小。

同时，通过对铁沟内铁水停留时间分布曲线的测定和计算，分析出铁沟内存在活塞流区、死区和循环流区，以及这些区域各自所占的体积分数，与观测到的现象进行对比分析。

还测定出铁过程中铁水在铁沟上的落点和范围，并对铁沟底部的垂直冲击速度进行了计算，得出不同类型铁沟被铁水冲击的情况，分析了铁沟内铁水的循环流对铁沟内衬的冲刷作用。

并根据现代高炉出铁沟类型，调整不同的铁沟坡度模型，分别测定贮铁式、半贮铁式和非贮铁式铁沟的各自流动规律。

5.6.1.1 相似准则的确定

冶金问题所涉及的相似准则很多，这里水模型中的流动和铁水液体流动需要满足力学相似的准则为

$$Sr_{\mathrm{w}}=\left(\frac{\omega L}{u}\right)_{\mathrm{w}}=Sr_{\mathrm{I}}=\left(\frac{\omega L}{u}\right)_{\mathrm{I}} \tag{5-35}$$

即水模型中的斯特劳哈尔数等于实际铁水流动中的斯特劳哈尔数；

同时，水模型中的弗劳德数等于实际铁水流动中的弗劳德数；

$$Fr_{\mathrm{w}}=\left(\frac{u}{\sqrt{Lg}}\right)_{\mathrm{w}}=Fr_{\mathrm{I}}=\left(\frac{u}{\sqrt{Lg}}\right)_{\mathrm{I}} \tag{5-36}$$

以及水模型中的欧拉数等于实际铁水流动中的欧拉数；

$$Eu_{\mathrm{w}}=\left(\frac{\Delta p}{\rho u^{2}}\right)_{\mathrm{w}}=Eu_{\mathrm{I}}=\left(\frac{\Delta p}{\rho u^{2}}\right)_{\mathrm{I}} \tag{5-37}$$

还有水模型中的雷诺数等于实际铁水流动中的雷诺数。

$$Re_{\mathrm{w}}=\left(\frac{uL}{\upsilon}\right)_{\mathrm{w}}=Re_{\mathrm{I}}=\left(\frac{uL}{\upsilon}\right)_{\mathrm{F}} \tag{5-38}$$

式中 ω——脉动圆频率；

u——流体流速；

L——特征长度；

ρ, υ——分别为流体的密度和运动黏度；

g——重力加速度；

Δp——流动阻力。

斯特劳哈尔数表示流动的不稳定性，铁水出沟行为可视为稳定流动，在此可以不考虑斯特劳哈尔数相等。欧拉数表示压力与惯性力的相对大小，在这里它依据雷诺数的变化而变化，故为非定型准则。弗劳德数表示惯性力与重力的相对大小。雷诺数表示惯性力与黏性力的相对大小。因此对出铁沟内铁水的流动模拟实验只要考虑 $Fr_w = Fr_I$ 和 $Re_w = Re_I$ 就可以了。

而在实验研究过程中，只要保证模型内水流动处于第二自模化区，而不必保证二者的 Re 值相等。

于是水模型实验设计规则为：

(1) 水模型与实物几何相似，包括进、出口通道在内。

(2) 保证模型水流动处于第二自模化区，不必保证与实物铁水流动的 Re 值相等。

(3) 模型与实物的 Fr 数相等。

(4) 假设流动在有限长的沟槽内为等温流动，只要使模型中的介质温度维持恒定即可。若用等温流动模拟非等温流动，则模型实验所得的结果应做必要的修正。

5.6.1.2 水模型的制作

已知实际出铁沟的参数如下：

高炉出铁口的平均流量：68.68kg/s；

铁口角度：8°～10°；

主沟尺寸：长 15m，上宽 1m，下宽 0.8m，前端深 1m，末端深 1.2m；

铁口直径：55mm；

砂口深度：1m（沟底距挡板）；

其他略。

根据 $Fr_w = Fr_I$ 相等，可以得到实际铁口和模型铁口的各自平均流速。并给出不同的流速，建立 Re 和 Eu 的关系，从而确定出第二自模区，保证水模拟的力学相似。

制作出的几何相似有机玻璃模型如图 5-5 所示，图(a)为主视图，图(b)为俯视图。

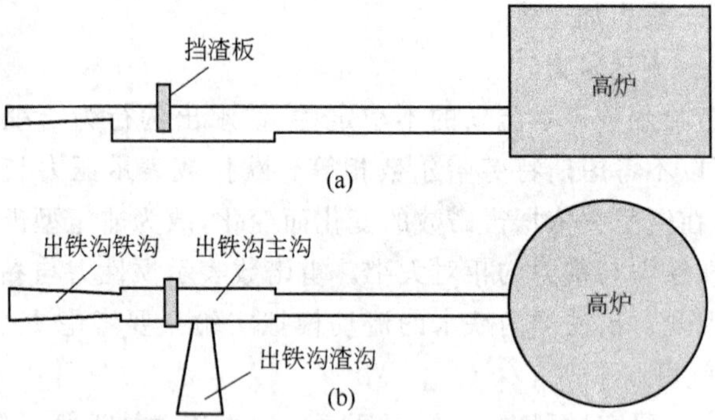

图 5-5　实验水模型示意图(实物与模型比 20：1)
(a) 主视图;(b) 俯视图

图 5-6 所示为水模实验中模拟铁水在铁水沟内的流动显示情况。

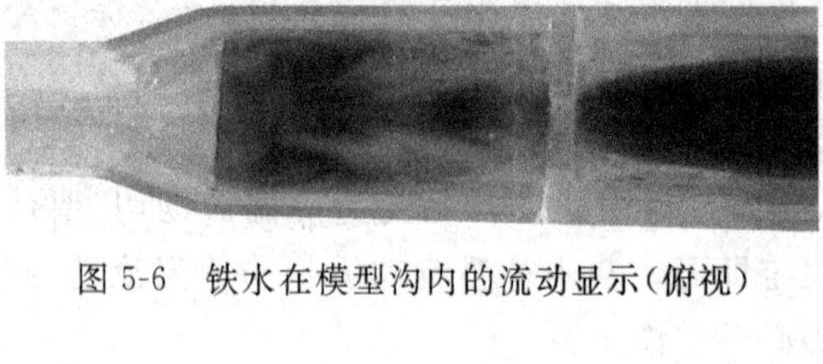

图 5-6　铁水在模型沟内的流动显示(俯视)

5.6.2　RH 真空精炼过程的模拟实验研究

20 世纪中叶以来,世界冶金工业的规模、工艺技术以及相关理论都有了巨大变化。钢的生产工艺流程已由传统的高炉—平炉(转炉)—铸锭工艺改变为现代的高炉—铁水预处理—转炉(复吹转炉)—炉外精炼—连铸—连轧或电炉—炉外精炼—连铸—连轧工艺。炉外精炼的出现大大缩短了铁水在转炉内、废钢在电炉内的停留时间,大幅度地提高了钢水的质量,因而成为现代洁净钢生产必不可少的手段[7]。钢液真空循环脱气装置简称 RH 就是一种多功能的炉外精炼设备。

RH 是 1957 年由德国鲁尔(Ruhrstahl)钢铁公司和黑罗依斯(Heraeus)公司共同设计开发的。RH 主要由钢包、浸入管(上升腿、下降腿)以及真空室和抽真空系统构成。

当抽真空系统将真空室内抽成真空时，钢水被抽入真空室内。在钢水进入真空室的状态下，从上升管的侧壁吹入氩气，吹入的氩气在高温、低压作用下迅速膨胀，导致钢水与气体混合体的密度沿高度方向不断下降，在密度差的作用下钢水从上升管流入真空室，在真空室内钢水完成了脱碳、去气等作用后通过下降管返回钢包，完成一次循环。经过几次循环后，钢水就完成了精炼任务。RH 装置做到了用一个较小的真空设备，分批处理大量钢液的目的，其脱气效果好，处理过程中降温少，处理容量的适应性强，所以发展较快，应用较广。从世界上第一套 RH 装置开发成功至今，经历了 RH 法、RH－OB 法、RH－KTB 法、RH－TB 法、RH－PB 法和 RH－PTP 的发展过程，在处理能力和功能上都有了很大的改进和提高。到目前为止，RH 的主要功能已经由原来单一的脱氢设备转变为包含真空脱碳、吹氧脱碳、喷粉脱硫、温度补偿、均匀温度和成分等多功能炉外精炼设备[7,8]。不过随着冶金品种多样化和高质量钢需求的增长对 RH 法的二次精炼提出了更高的要求。因此就必须提高现有 RH 设备的脱碳、脱气能力，缩短处理时间，以提高精炼效率。针对具体 RH 真空精炼装置进行数学物理模拟研究，对于进一步优化生产设备工艺参数、探索新工艺具有十分重要的意义。

RH 过程中钢水在气泡浮力作用下的循环流动是所发生各种物理化学现象的基础和核心。脱氢、脱氮和脱碳（氧）等现象皆发生在流动的钢水和真空气相之间，确定这些宏观现象、过程速率要依赖对 RH 过程钢水循环流动现象的准确描述。

对高温钢水宏观流动现象的研究，目前能够采用的有效方法主要是在实验室利用相似原理进行水模型实验测量和采用 CFD 数学模型仿真，这是由于实际 RH 精炼钢水过程内部的不可见性和测量技术面临“高温”这一困难，使得人们倾向于在水模型实验中直观地了解其内部的流动状况和采用 CFD 数学模型仿真技术来揭示 RH 精炼过程内部机理和规律。近年来，许多研究者建立了各种模型来描述 RH 处理过程的流动行为和夹杂行为[9～14]，但有关 RH 内部钢液流动的模拟还仅仅局限于钢包部分，上升管和下降管的速度都是直接给定。汪琦等人针对某炼钢厂的 175tRH－TB 真空精炼装置，考虑了 RH 装置内的湍流流动和真空槽与钢包的整体性，从上升管吹氩气这一基本现象着手，在模型与实物的比例为 1∶4 的有机玻璃模型上，通过实验室物理模化试验和数值模拟来分析 RH 真空处理过程中钢液的流动行为规律[15]。其实验装置模型如图 5-7 所示。

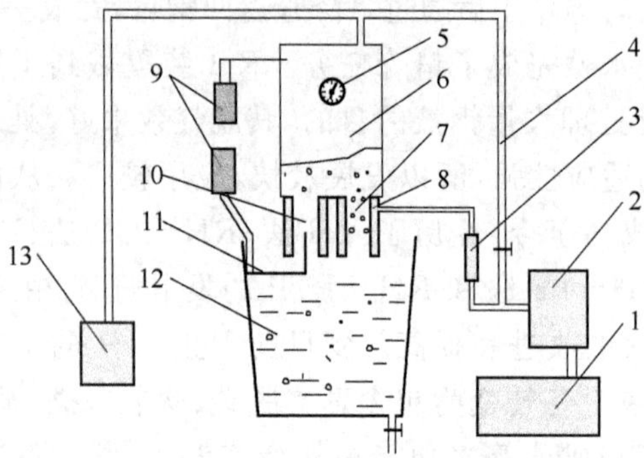

图 5-7　RH 真空处理过程模型实验原理图

1—空压机；2—储气罐；3—流量计；4—真空度调节管；5—真空表；6—真空室；7—上升腿管；8—提升气体分配室；9—测压系统；10—下降腿管；11—皮托管；12—钢包；13—真空泵

实验中用水来模拟钢液，考虑了修正的弗劳德数来确定模型和实际生产中的提升气量。修正的 Fr 数为

$$Fr=\frac{gH_0}{u^2}\cdot\frac{\rho_l-\rho_g}{\rho_g} \tag{5-39}$$

式中　u——特征速度；

ρ_l、ρ_g——分别为液体和气体的密度；

H_0——特征长度。

同时，又考虑两个体系中提升气体上浮过程时温度和压力的影响，得到了在一定压力和吹气量的钢包内流场图，与在相同情况下考虑全浮力作用的 RH 真空精炼过程钢液循环流动三维数学模型的数值模拟结果相一致，如图 5-8 所示。为分析 RH 装置真空精炼过程中的主要操作参数（吹气量）对钢液循环流量的影响具有很好的参考价值。

(a)

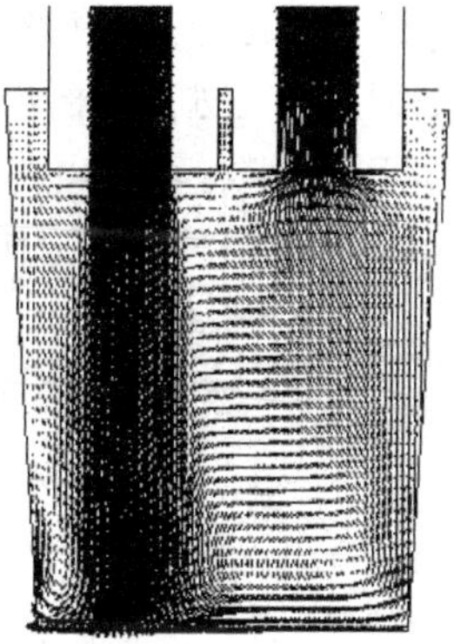
(b)

图 5-8 模拟的 RH－TB 真空精炼过程钢液流动

(a) 水模拟实验结果；(b) 数值模拟结果

5.6.3 高炉热风炉燃烧器冷态与热态模拟实验

现代化高炉体现的先进指标是大型化，富氧煤粉大喷吹，低焦比，长寿命。而热风炉作为高炉炼铁最大的附属设备，为高炉提供氧化还原反应的高风温，它对于降低焦比、强化冶炼、提高高炉利用系数起到重要的作用，是实现高炉上述指标的基本保证。热风炉的核心部件是燃烧器。燃烧器的性能影响着热风炉的送风温度和使用寿命，也直接决定了高炉降低焦比和节约能源的程度[16]。辽宁科技大学的前身鞍山钢铁学院李文忠、康日章等人从 20 世纪 70 年代初开始研究具有中国自主知识产权的热风炉陶瓷燃烧器，1975 年在辽宁西丰 78m^3 的高炉热风炉上建立了我国自行设计的套筒式陶瓷燃烧器，接着与鞍钢合作，为当时炉容为 1050m^3 较大型炉容、鞍钢 6 号高炉热风炉设计了套筒式陶瓷燃烧器，1976 年成功投产；其研究成果 1977 年获得我国首次召开的全国科学大会奖。20 多年以来，采用近似模化方法，不断为国内十几家大型钢铁企业的套筒式、矩形式、栅格式、三孔式等其他变化型式的燃烧器进行冷态和热态实验，为检验和优化热风炉燃烧系统设计、探索高风温大流量稳定燃烧器结构形式做出了很重要的努力[17~21]。图 5-9 所示为某钢铁公司某高炉热风炉用苹果型火井栅格式燃烧器的基本结构，图 5-10 所示为某钢铁公司某高炉热风炉用改进型套筒式燃烧器的简图。实验中，根据实验条件，按照比例制作冷态和热态缩小模型，模型加工中保证尺寸精度，并且以实际生产运行工况如空气和煤气的消耗量为依据，参考式(5-37)和式(5-38)，首先进行自模化区的确定，得出实验的临界 Re。再根据不同的实际工况参数，确定出各种实验条件下的模拟空气量和煤气量，见例 5-4 确定第二自模区的方法。

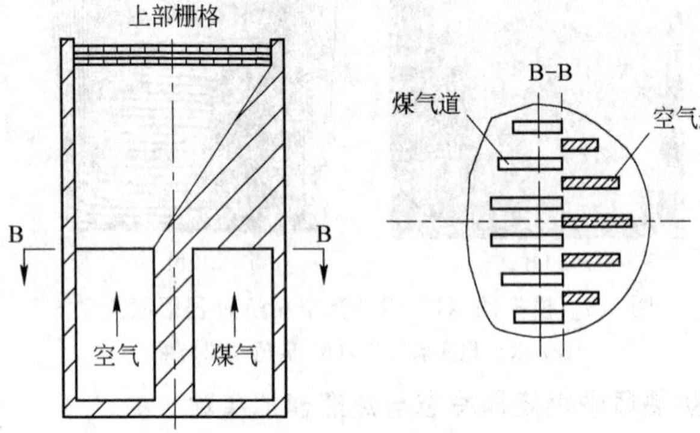

图 5-9　热风炉用苹果型火井栅格式燃烧器内部结构

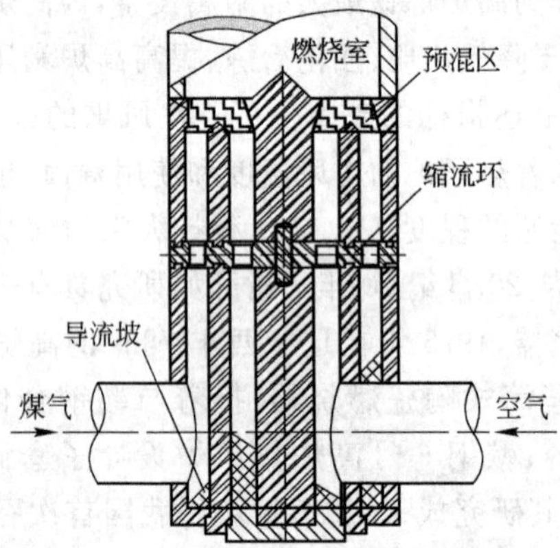

图 5-10　某高炉热风炉用改进型套筒式燃烧器简图

在冷态实验中，可以用空气等分别模拟助燃空气和煤气，只要注意到密度的换算就可以了。但是对于热态实验，因为需要用真实的煤气，并且空气和煤气往往需要预热到很高的温度。因此不仅要注意到临界 Re 值的确定，还要考虑到空气和煤气的压力，要尽量使实验中的压力与实际气体压力相接近。表 5-2 为某热风炉燃烧器典型热态实验参数的对应关系。其模型与实物比为1∶13。通过热态实验，可以测量得到燃烧产物的速度场、温度场、浓度场、着火位置、火焰长度、燃烧的稳定性能、燃烧强度，以及计算出燃烧化学当量比和空气过剩系数。对于分析和评价燃烧器的性能十分必要。

表 5-2 某热风炉燃烧器热态实验工况参数对应关系

工况序号	高炉煤气			助燃空气		
	模拟流量[①] /$m^3 \cdot h^{-1}$	实际流量 /$m^3 \cdot h^{-1}$	预热温度 /℃	模拟流量 /$m^3 \cdot h^{-1}$	实际流量 /$m^3 \cdot h^{-1}$	预热温度 /℃
1	650	110000	常温	436	73700	常温
2	485	82000	常温	325	55000	常温
3	627	106000	300	420	71000	300
4	200	33800	300	140	23660	300
5	150	25350	常温	100	16900	常温
6	100	16900	常温	70	11830	常温
7	730	123000	200	469	79260	550

① 流量系指在标准状态下的。

燃烧器本身的阻力特性可以通过冷态实验测定出来，不同的燃烧器结构具有不同的阻力系数，它是不依流量的大小而改变的。在忽略摩擦阻力的情况下，燃烧器的阻力系数可以用局部阻力系数 k 来表示。实验中改变某个流路中气体的流量，测量出燃烧器入口和出口处的压力降 Δp 和特征流速 u，由公式 $\Delta p = k\rho u^2/2$ 就可以计算出燃烧器的阻力系数 k 及它的平均值来。

图 5-11 所示为某一大型燃烧器热态实验装置简图。

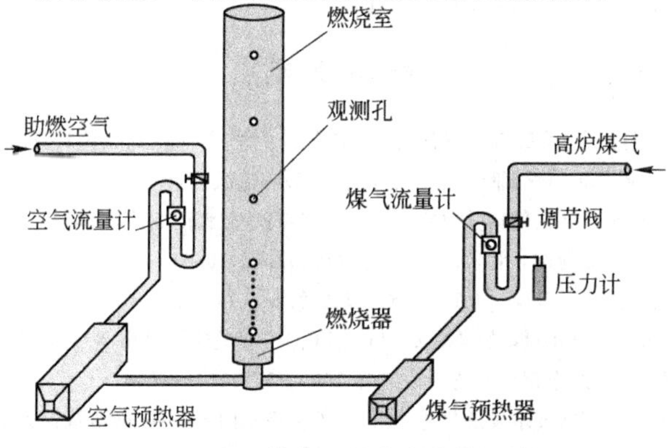

图 5-11 大型燃烧器热态实验装置简图

本章小结

本章介绍了相似的基本概念和相似三定理，对方程分析法、量纲分析法和π定理分析法结合一些例题进行了较详尽的分析介绍，明确地给出了模化法和近似模化的概念，尤其指出对冶金工业的大型设备如热风炉的热工过程进行近似模化研究是很方便的。并通过高炉出铁沟的水模化实验和RH真空精炼过程的模拟实验研究示例，使学习者从某一方面更具体地了解到它的应用，实际上模化实验有着非常广泛的应用领域。最后简单介绍了高炉热风炉燃烧器的冷态与热态实验。通过本章的学习，可以使学习者学会建立研究模型，建立反映自然界和热工过程中符合某些科学规律的准则关系，从而更好地分析和解决各个领域的工程技术难题。

思考题

5.1 相似理论是如何形成的，有哪些科学家做出了什么贡献？

5.2 物理量相似和现象相似有什么区别？

5.3 相似准则的导出有几种方法，各自有什么特点？

5.4 试归纳一下相似三定理的内容和意义。

5.5 模化实验与相似原理之间的内在联系是什么？

5.6 近似模化法理论依据是什么？

5.7 在具有入口供风管路、煤气管路和燃烧器的内燃式热风炉模型中，用什么方法可以测量出燃烧器入口管路到燃烧室出口之间助燃空气或煤气流动的第二自模区？试通过测量和整理出的 Re-Eu 之间关系加以说明。

参考文献

1 霍尔曼 J P. 传热学(第四版). 马庆芳，马重芳，王兴国译. 北京：人民教育出版社，1981

2 杨世铭，陶文铨. 传热学(第三版). 北京：高等教育出版社，1998

3 王丰. 相似理论及其在传热学中的应用. 北京：高等教育出版社，1990

4 邱绪光. 实用相似理论. 北京：北京航空学院出版社，1988

5 刘人达. 冶金炉热工基础. 北京：冶金工业出版社，1980

6 孙长余. 出铁沟内铁水流动的水模实验研究：[硕士学位论文]. 鞍山：鞍山科技大学，2006

7 刘中柱，蔡开科. 纯净钢生产技术. 钢铁，2000，35(2)：64～69

8 [日]梶冈博幸. 钢铁技术发展趋势丛书：炉外精炼—向多品种、高质量钢大生产的挑战. 李宏译. 北京：冶金工业出版社，2002

9 Murai Takeshi, Matsuno Hidetoshi, Sakurai Eiji, Kawashima Hitoshi. Separation mechanism of inclusion from molten steel during RH treatment. Tetsu－To－Hagane, Journal of the Iron and Steel Institute of Japan, 1998, 84(1): 13～18

10 Fumio Obata, Ryoji Waka, Kazutake Uehara, Katsunori Ito, Yosuke Kawata. Circulation characteristics of RH degassing vessel water model with multi－legs. Tetsu－To－Hagane. Journal of the Iron and Steel Institute of Japan, 2000, 86(4): 225～230

11 RH真空脱碳精炼过程的模拟研究．朱苗勇，黄宗泽．金属学报，2001，37(1)：91～94

12 Shichuan Fan, Baokuan Li, Jicheng He. Modeling of circulating flow in RH degassing vessel water model designed for two－and multi－leg operations. Jinshu Xuebao, 2001, 37(10): 1100～1106

13 舒宏富，张建平，宋超，邹宗树．RH－MFB传质特性的物理模拟研究．炼钢，2005，21(6)：37～40

14 郑淑国，朱苗勇，潘时松．RH真空精炼装置内夹杂物行为的实验研究．金属学报，2006，42(6)：657～661

15 韩庆礼．RH真空精炼过程钢液流动数学物理模拟：[硕士学位论文]．鞍山：鞍山科技大学，2003

16 邢桂菊，杨迪光，李文忠．我国热风炉用陶瓷燃烧器．钢铁，1997，32(S)：423～425

17 李文忠，谢安国，邢桂菊．热风炉用半焰式陶瓷燃烧器的试验研究．冶金能源．1993，12(4)：23～28

18 Wenzhong Li, Gui Ju Xing, Diguang Yang. Experimental study on the ceramic burner with air and gas preheated. International conference about the principle of metallurgy stove structure, thermal dynamics and zoology science. Ukraine, 1993

19 杨迪光，李文忠，邢桂菊．热风炉自身预热法陶瓷燃烧器的冷态试验研究．鞍山钢铁学院学报，1994，17(3)：9～14

20 邢桂菊，李文忠，杨迪光．能谱分析法研究热风炉陶瓷燃烧器特性的冷模拟实验．冶金能源，1994，13(3)：18～21

21 Wenzhong Li, Wanzhong Zhang, Guiju Xing, Diguang Yang. Thermal tests on air self－preheating hot stove ceramic burners. Proceedings of the International Conference on Energy and Environmen. Shanghai, China, May. 1995, 685～690

6 表面传热系数和传热系数的测定

6.1 概述

在自然界和工程技术中普遍存在着热量的传递现象。正如热力学第二定律指出的那样，凡有温差的地方就有热量传递。这种热量传递有三种基本方式，即传导、对流和辐射。

传导也称热传导，是指发生在固体或者静止流体内部的热量交换过程[1]，换言之，是指热量从物体中温度较高的部分传递到温度较低的部分，或者从温度较高的物体传递到与之接触的温度较低的另一物体的过程。纯粹的热传导过程具有物体各部分之间不发生相对位移，也没有能量形式转换的特征[2]。

现有的热传导微观机理解释为导热体中自由电子或晶格振动波（声子）的载体作用，但总的来说人们对此尚未完全搞清楚。从宏观上，1822年傅里叶首推的导热热流与温度梯度成正比关系，从而揭示了热传导是依靠导热体温度梯度传输能量的过程[1]。

对流，从广义上说是指流体各部分之间发生相对位移时所引起的热量传递过程。而流体流过固体壁面，而且与壁面存在温度差时所发生的热量交换称为对流换热。对流换热的特点是包括流体的宏观位移运动与紧贴近固体壁面的流体薄膜层的微观热传导，即是对流和热传导的共同作用结果。

影响对流换热的因素有很多。比如，构成流动的原因不同，可以引发自然对流和强制对流；流体的流动状态不同，包括层流、湍流以及中间过渡流，它们的换热规律并不相同；换热表面的几何形状和状态不同以及布置上的差异，对流动和热量的传递有很大影响；流体的物性参数不同，对对流换热会产生截然不同的效果，水的强制对流换热强度是空气强制对流换热的50～150倍；流体发生相变与无相变时相比，也会使换热强度发生很大变化，如水沸腾比水自然对流时的换热强度高12～

125 倍[2]。

辐射是以电磁波的形式传递能量的。电磁波有多种，物体由于热的原因产生电磁波向外传递能量的过程，或者说物体能够发射波长 0.1～100μm 的辐射热射线的过程称为热辐射。

热辐射的微观机理大体为：由于物体内部微观粒子的热运动状态改变，致使其表面或接近表面层的热能变成了电磁波的振动，接着这种电磁波的振动透过了中间的空气传播，最后在接受这种能量的物体表面电磁波又转变成热能，被该物体所吸收。只要物体的温度高于绝对零度，物体就会不断地把热能转换成热辐射能，向外发出；同时物体也不断地吸收周围的物体所发出的热辐射能，并把吸收到的热辐射能重新转变成热能。实际上辐射换热就是指物体之间相互辐射和吸收的总效果[3,4]。

比较热传导、对流和热辐射，不难看出，热传导和对流依附于接触的载体，即只能在固体、液体或气体中存在，同时不会使能量形式改变；而热辐射不需要能量变换的载体，如在真空中仍可以进行，而且具有转化能量形式的特性。它发出能量时将热能转换成辐射能，在接受能量时把辐射能转换成热能。

在实际工程技术中，存在复杂的热传递现象，并非单一的热传导、对流或辐射方式，而是至少包括两种或三种基本传热方式的传热过程。如加热炉内被加热的钢坯表面，既受高温烟气的强制对流作用，又受高温炉壁和高温炉气的热辐射作用，同时钢坯本身从表面到内部还存在非稳态热传导过程以及坯料表面向外辐射作用，如图 6 1 所示。因此说，加热钢坯是一个综合的传热过程，钢坯表面传热系数由炉气与钢坯表面强制对流，炉壁与钢坯表面、炉气与钢坯表面热辐射，金属表面黑度、炉气温度、炉壁温度、炉膛结构尺寸、钢坯尺寸与结构位置等诸多因素所决定。

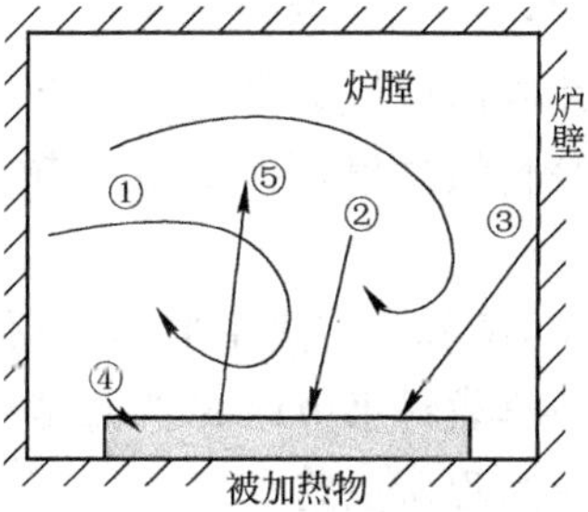

图 6-1　加热炉炉膛内的传热过程

①强制对流；②炉气辐射；③炉壁辐射；④钢坯导热；⑤钢坯辐射

较复杂一些的如锅炉炉膛管的受热情况（见图 6-2）。它不仅存在与加热炉膛内相同的传热过程，而且还有炉膛管壁结垢后的双层热传导（图中的 A 放大），以及管内的汽水混合沸腾传热过程。

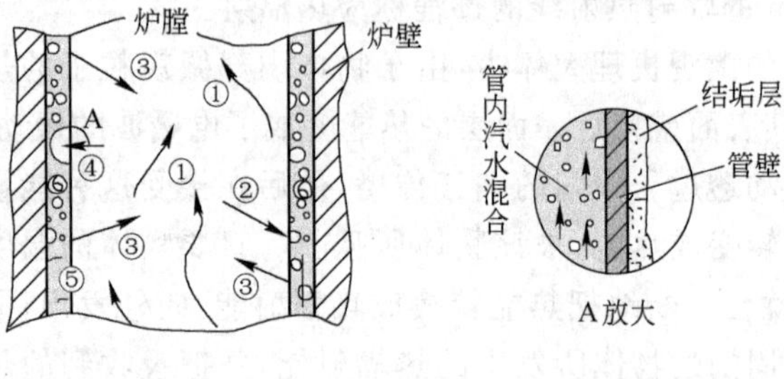

图 6-2　锅炉炉膛内的复杂传热过程

①强制对流；②炉气辐射；③炉膛管表面辐射；④炉膛管壁导热；⑤炉膛管内沸腾传热

稍微简单的是工业过程中应用多种介质交换的换热器传热过程。这些换热器一般为水—水，汽—水，气—气，气—水，油—水，有机质—气或其他交换方式。

牛顿冷却公式是计算对流换热量的基本公式

$$q = h\Delta t \tag{6-1a}$$

或写成

$$\varphi = hA\Delta t \tag{6-1b}$$

式中，h 是一个与热交换过程相关的参数，不是物性参数，可称为对流换热表面传热系数，它的单位是 $J/(m^2 \cdot K)$。而包括对流换热在内的综合传热过程，也可以用牛顿冷却公式的形式来表述，即

$$Q = KA\Delta t \tag{6-2}$$

式中，K 称为传热系数，其单位与对流传热表面传热系数相同。许多传热学教科书中称 K 为总传热系数，它包含的参数成分由具体的综合传热过程所决定。

目前基本上有三种方法可以获得对流换热表面传热系数 h 和传热系数 K 的表达式或数值大小。

(1) 实验研究方法。它是指借用多种测试设备、元件和仪表，来确定对流换热系数的计算式。这种方法可以把比拟试验方法包括进去。

所谓比拟试验方法，基本上分两种：①利用动量传递和热量传递的共性或类似特征，建立起对流系数与动力系数之间的相互关系。如传热学发展初期，科学家们利用测定阻力系数的方法，比拟出湍流换热的计算公式[3]；②利用传热与传质过程的类比性，由测量传质交换系数来确定对流换热系数，如萘升华技术、氨吸收技术等。随着相似理论的产生和完善，利用相似原理指导试验和处理试验数据，以及开展模型化试验，已成为传热学界乃至其他很多工程技术领域必不可少的基本研究手段[5,6]。

（2）理论分析方法。它主要是针对某一类对流换热问题，利用相关的偏微分方程及相应的定解条件进行数学求解，得到速度场和温度场的分析解的方法。由于实际问题的复杂性和数学上的难度，目前通过理论分析的方法只能得到个别简单的对流换热问题的分析解，但这些数学分析解可以深刻阐明各个物理因素对于对流系数的影响，对其他方法将起到指导与评价作用。

（3）数值计算方法。它是指通过有限差分法、有限元法及边界元法等，将所涉及的对流换热偏微分方程离散化，仅以加减乘除四则运算来获得速度场和温度场的近似数值解，从而确定出对流系数。当今计算机技术迅速发展，这种方法越来越显示出它的优势。

本章主要讨论用实验研究的方法来确定表面传热系数、传热系数及其强化技术。

6.2 表面传热系数的测定

如前所述，对流换热即流体流过固体壁面时由于流体和固体表面的温度差所导致热量交换现象。它的特点是流体必须与固体壁面接触，且导热和对流同时共存。研究这一类的对流换热过程主要包括研究自然对流和强制对流过程的表面换热系数的大小及影响因素[3]。

6.2.1 自然对流换热

流体由于各部分存在温度差而流动的现象称为自然对流。人类对自然对流传热的实验研究已经有一百多年的历史了，其间研究者们提出了大量的实验关联式，最具代表性的是垂直和水平的表面自然对流换热系数关联式的建立[7,8]。由于对流现象的普遍存在，因此随着科学的发展，对它的研究应用越来越广泛和深入[9~11]。

在自然界中和工程领域中，对流现象数不胜数，如工业上各种热工设备和热管道在室内或室外散热，以及春暖复苏的大地表面热气上浮，冰雪融化时的空气流动，热水盆在低温环境下的表面气流翻滚等。

对于一个受热的固体表面，在它与流体产生自然对流换热时，包括自然对流表面传热系数的测试关系式可表示为

$$Nu=C(Gr\cdot Pr)^n=CRa^n \tag{6-3}$$

其中，$Gr=\dfrac{g\beta\Delta tL^3}{\upsilon^2}$，$Nu=\dfrac{hd}{\lambda}$，$Pr=\dfrac{\upsilon}{a}$，$Ra=GrPr$

式中 Nu——努塞尔数；

Gr——格拉晓夫数；

Pr——普朗特数；

Ra——瑞利数；

L——物体的特性尺寸，对于圆管，取其所对应的管径；

λ、υ、a——分别为流体的热导率，运动黏度和热扩散率；

β——流体的体胀系数，对理想气体，$\beta=\dfrac{1}{T}$；

h——对流换热表面传热系数；

Δt——固体表面和流体间温差；

C、n——常数。

研究自然对流换热的目的是确定在各种工况条件下，各种固体表面与流体表面与流体之间的换热准则关系式，也就是确定式(6-3)中的C、n值，同时得到对流换热表面传热系数h。

以无限大空间水平圆管(外管)空气自然对流换热实验研究为例。无限大空间即指所研究对象无其他物体，且边界层不受干扰。将铜管水平吊挂在空气不流通的大空间内，管内安装电热丝，通电加热。管端部用绝热材料封堵，同时也起到加热丝与铜管绝缘及支撑加热丝的作用。过去人们用钢管来实验，钢管壁面温度的采集点需设置多一些。因铜管的导热性远远优于钢管，故温度采集点可以减少。把热电偶焊接在管壁上，直径为50mm、管长为1600mm的铜管表面均布两副热电

偶,其温度不大于 0.2℃。

严格地讲,圆管表面是以自然对流和热辐射两种方式向大空间散热的,因此,对流换热过程要去除热辐射的影响。不过,如果将钢管磨光后表面再镀铬抛光,壁表面黑度低于 0.03,其热辐射量仅占加热丝放热量的 5%以下,这样一来,可以采取措施,忽略辐射对于自然对流换热过程所做的贡献。

用电加热的方法来确定水平圆管空气自然对流换热的表面传热系数是比较容易的,如图 6-3 所示。当给定加热丝的加热功率,即得到热平衡时圆管表面散热量 Q,用热电偶测温方法得到圆管表面平均温度,以及大空间环境温度,则对流换热表面传热系数的平均值为

$$h=\frac{Q}{A(\bar{t}_w-t_f)} \tag{6-4}$$

式中 Q——圆管表面散热量,W;

A——圆管外壁表面积,m^2;

$\bar{t}_w$——壁面平均温度,℃;

t_f——大空间环境温度,℃。

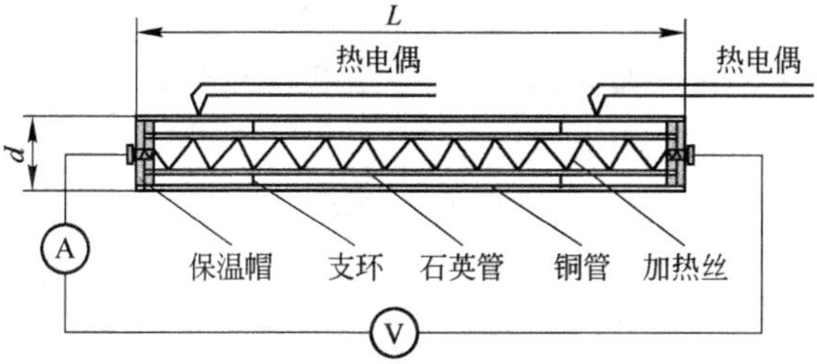

图 6-3 水平外管内部加热测试原理图

根据相似原理,可以采用群管加热的方式得到自然对流换热的准则关联式。群管中几何相似的比例是指管长与管径之比为某一常数。在加热圆管的过程中,应使它们均处于热物理现象相似的条件下,即在同一封闭的大空间环境下产生同一流态的自然对流现象。而热物理现象相似,一般是指几何相似群(或线性几何相似群)中的各物理参数成比例。由于完全按照相似第三定理(现象相似的必要和充分条件是,单值性条件相似,由单值量组成的相似准则相等)完全满足由单值量组成

的相似准则相等是很困难的[5]，因而在保证加热群管单值性条件相似的基础上，可以遵循近似模化的思想，允许它们既具有各自的同名准则，又符合相同的自然对流换热的准则方程。

根据式(6-3)，各圆管的同名准则是由空气的物性参数、特性尺寸、管壁及空气的温度所决定。于是当测得各管实际加热功率 W_i，壁表面温度 t_{wi}，室内空气温度 t_f，便可以求得定性温度 t_{mi}。

$$t_{mi}=\frac{1}{2}(t_{wi}+t_f) \quad (i=1,2,3,\cdots,n) \tag{6-5}$$

再由 t_{mi} 来确定各圆管的空气运动黏度 υ_i、体胀系数 $\beta_i\left(\beta_i=\frac{1}{273+t_{mi}}\right)$、热导率 λ_i 以及普朗特数 Pr_i。而各管的管壁温度 t_{wi} 与室内空气温度 t_f 之差 Δt_i 可表示为

$$\Delta t_i=t_{wi}-t_f \tag{6-6}$$

利用式(6-4)可求出各圆管的表面传热系数 h_i，从而进一步求出 Nu_i、Ra_i。在整理准则关联式时，可以通过建立双对数坐标系，得到 $\lg Ra_i$ 与 $\lg Nu_i$ 的直线关系，该直线的斜率 n 为

$$n=\frac{\lg Nu_{i+1}-\lg Nu_i}{\lg Ra_{i+1}-\lg Ra_i} \tag{6-7}$$

利用式(6-3)进一步求出 C，于是便得到大空间水平外圆管自然对流换热的准则关联式

$$Nu=0.53Ra_m^{0.25} \tag{6-8}$$

式(6-8)适用的范围为 $Ra=10^4\sim10^9$，下标 m 表示定性温度的计算依据为式(6-5)。

当管群中管数较多或要求较高的拟合精度时，n 和 C 可以采用最小二乘法来确定。应用虚拟仪器技术的水平外管大空间空气自然对流换热实验的装置如图 6-4 所示[13]。所谓虚拟仪器技术，是指现代计算机技术、通讯技术和测量技术相结合在一起的新型仪器。从结构上，它包括计算机、应用软件、仪器硬件和接口模块等三部分。它可以代替传统的测量仪器，如电流表和电压表或者功率表、示波器、逻辑分析仪、信号发生器、频谱分析仪等；又可集成自动控制系统；又可自由构建专用仪器系统。这里以 6 根加热管为一管群组的相似域的实验装置，设备简单，实现了模块化和自动化。

如果管内通入恒温的热水，热平衡时热水带给圆管的热量为

$$Q_w = c_p \dot{m} (t_{in} - t_{out})_w \tag{6-9}$$

式中 Q_w——热水带给管的热量，W；

c_p——热水的质量定压热容，J/(kg·℃)；

$\dot{m}$——热水的质量流量，kg/s；

ρ——热水的密度，kg/m^3；

t_{in}、t_{out}——分别为热水的进口与出口的温度，℃，这里 $t_{in} > t_{out}$。

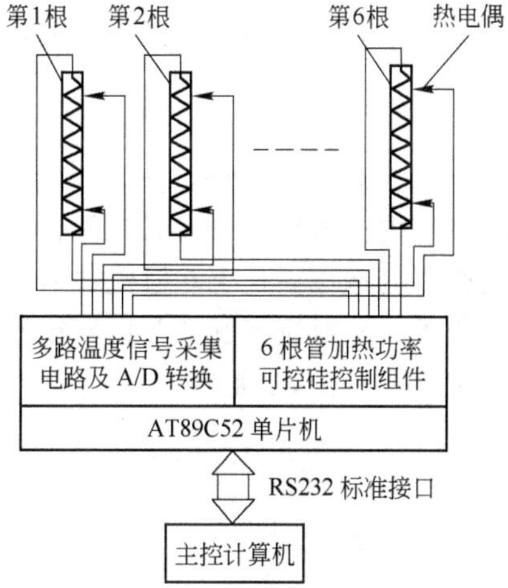

图 6-4 大空间水平外管空气自然对流传热装置原理图

将式(6-9)代入式(6-4)中，同样可以求出圆管在大空间中空气自然对流换热的表面传热系数 h。

如果自然对流现象发生在有限的空间中，如图 6-5 所示的水平和竖直的 3 种夹层，或者其他结构形式的夹层，这时夹层内流体流动和换热受两壁面的温差大小、结构位置及流体的物性参数等约束，具体主要是取决于夹层厚度 δ 和特征尺寸的 Gr_δ 数。

$$Gr_\delta = \frac{g\beta \Delta t L^3}{\upsilon^2} \tag{6-10}$$

当 Gr_δ 值极小时，夹层内处于传导热状态。如对于竖直夹层

$$Ra_\delta = Gr_\delta Pr \leqslant 2000$$

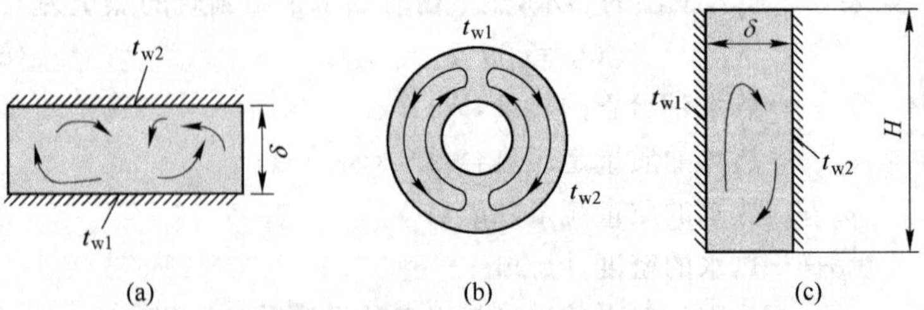

图 6-5　有限空间内自然对流换热形式（$t_{w1}>t_{w2}$）

（a）水平板夹层；（b）水平管夹层；（c）竖直夹层

对于水平夹层

$$Ra_{\delta}=Gr_{\delta}Pr\leqslant 1700$$

随着 Gr_{δ} 增加，夹层内会依次出现环流、层流和湍流换热现象[3]，需要指出，夹层内的热量传递往往是自然对流和辐射换热的综合结果。

一般，对有限空间的自然对流问题常常按导热问题来考虑，引入一个当量热导率 λ_e[6]，使得 $\lambda_e=h\delta$，于是有

$$Q=\frac{\lambda_e}{\delta}A(t_{w1}-t_{w2}) \tag{6-11}$$

准则关联式可写成

$$Nu=\frac{\lambda_e}{\lambda}=CRa_{\delta}^{n} \tag{6-12}$$

对此，主要通过实验的手段来确定当量热导率 λ_e、表面传热系数 h 以及准则关联式中的 C、n。还需要提及的是，竖直夹层的高径比 H/δ 对自然对流换热有一定的影响[3]，为此，关联式的形式通常为

$$Nu=CRa_{\delta}^{n}\left(\frac{H}{\delta}\right)^{m} \tag{6-13}$$

在上述式中

λ_e、λ——分别为当量热导率和流体工质的热导率；

Ra_{δ}——以 δ 为特征尺寸的瑞利数，$Ra_{\delta}=Gr_{\delta}Pr$；

C、n、m——常数；

A——夹层内表面面积，m^2。

对于竖直空气夹层，当 $H/\delta=11\sim42$，比较认同的实验关联式为

$$Nu=0.197Ra_{\delta}^{0.25}\left(\frac{H}{\delta}\right)^{-0.111},Gr_{\delta}=6\times10^{3}\sim2\times10^{5} \tag{6-14}$$

$$Nu=0.073Ra_{\delta}^{0.33}\left(\frac{H}{\delta}\right)^{-0.111},Gr_{\delta}=2\times10^{5}\sim1.1\times10^{7} \quad (6\text{-}15)$$

对水平空气夹层，

$$Nu=0.212Ra_{\delta}^{0.25},Gr_{\delta}=7\times10^{3}\sim3.2\times10^{5} \quad (6\text{-}16)$$

$$Nu=0.061Ra_{\delta}^{0.33},Gr_{\delta}>3.2\times10^{5} \quad (6\text{-}17)$$

水平夹层自然对流换热的一种实验测试方法见图 6-6。

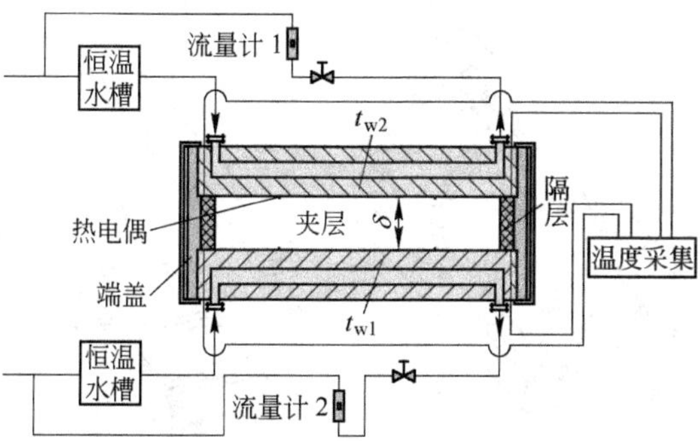

图 6-6 平板夹层自然对流实验装置系统

由两块面积为 A 的平板构成的夹层组成，上下平板中分别通入两种恒定温度的水，水由两个恒温水槽提供，两夹板的内壁磨光镀铬，以减小辐射换热的影响。为测量平板的温度，在内壁上需要焊接若干副热电偶，并通过两端巧妙引出并加以绝缘密封；隔层既可以起到确定和支撑夹层空隙作用，又可加强保温。端盖的密封将进一步减少试验段向外散热。

夹层内除了用空气作为对流介质外，还可以注入其他工作介质。通入两个平板内的水流量分别由流量计 1 和流量计 2 读出，为 $\dot{m}_1$ 和 $\dot{m}_2$ 之和，两平板的各自平均温度由温度采集仪的各热电偶温度计算得到，定性温度由下式确定

$$t_{m}=\frac{1}{2}(t_{w1}+t_{w2}) \quad (6\text{-}18)$$

再由 t_m 可以确定工作介质的物性参数 c_p、λ 和 Pr 等。

于是，参考式(6-9)求出换热量 Q，可以代入式(6-11)求出当量热导率 λ_e，以及很容易地求出夹层自然对流表面传热系数 h。

6.2.2 强制对流换热

在热工设备中常常可以看到流体在管道中流过，管道多为圆形或环形，也有方形或矩形的，如图 6-7 所示。各种流体介质受动力驱动，以一定的流速形式强制对流换热，如管道中的水或重油等液体，预热的可燃气体或助燃空气以及高温烟气等。

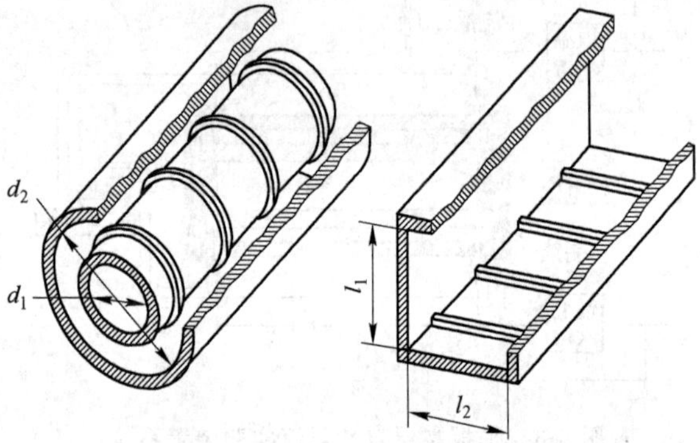

图 6-7 圆形、环形和矩形管道

强制对流换热的准则关联式如下

$$Nu=CRe_f^m Pr_f^n \tag{6-19}$$

式(6-19)中下标 f 表示定性温度采用流体的平均温度。其定性尺寸为管道的当量直径，用 d_e(m)表示

$$d_e=\frac{4A}{U} \tag{6-20}$$

式中 A——管槽通道的断面积，m^2；

U——流体润湿管道壁面的周长，m。

实验研究的任务是确定所研究的范围内准则关联式中的系数 C、m 和 n，这个范围是指管道长度与当量直径的比值 L/d_e、Re_f、Pr_f，从而通过牛顿冷却公式进一步确定表面传热系数 h 值。对于流体与长通道间的平均表面传热系数，需提及的是应该注意平均温度的确定方法。

6.2.2.1 圆管内湍流强制对流换热

流体流动的状态判断依据是临界雷诺数 Re_c，一般情况下：

$Re_c<2300$ 时为层流；

$2300<Re_c<10000$ 时为过渡流；

$Re_c>10000$ 后为旺盛湍流。

用恒热流圆管法可以进行圆管内湍流强制对流换热的实验研究[6]，如图 6-8 所示。

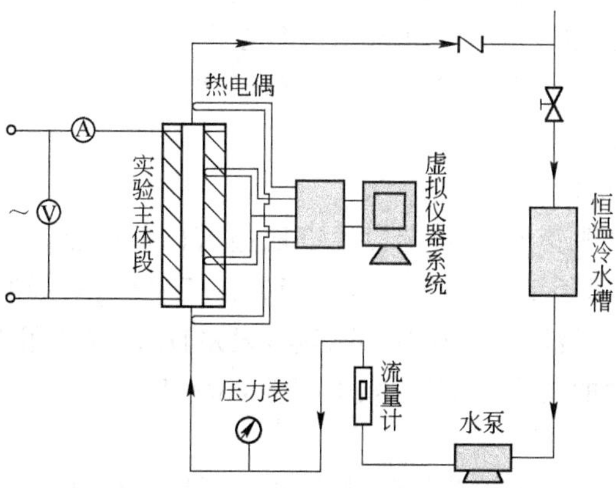

图 6-8 恒热流法圆管强制对流换热实验系统

实验管采用一根薄壁不锈钢管，直接通电加热（可以是低电压大电流），由管两端的电压降 V 和流过的电流 I，得到管壁上的平均热流密度，因为管壁很薄，可以考虑用管径的平均值来计算单位表面积上的平均热流密度 q，即

$$q=\frac{IV}{L(r_2+r_1)/2} \tag{6-21}$$

管内壁温度通过管外壁温度流动方向上敷设的若干副热电偶测出，然后由测得的外壁温度 t_{w2} 计算内壁温度 t_{w1}。

为了保证管外表面为绝热条件，需要用两层以上的绝热材料包扎实验主体段，使包扎的外表面温度与环境温度相同。

水流的流速通过流量计测量并计算。水流的入口温度和出口温度也分别由热电偶或热电阻来测量，温度信号和供电加热信号，均可以通过虚拟仪器的系统进行数据采集并处理。应用虚拟仪器技术的数据处理方法同于大空间水平外管空气自然对流换热实验过程。将相关计算公式和物性参数编入程序中，从而得到沿管长方向上的局部对流表面传热系数 h，并沿管长取平均值，得到管内湍流平均表面传热系数 $\bar{h}$，同时得到相关准则 Nu、Re 和 Pr。

圆管内湍流强制对流实验关联式可按不同情况对照下述准则函数关系式。

迪图斯-贝尔特(Dittus-Boelter)实验关联式

$$Nu=0.023Re_{\mathrm{f}}^{0.8}Pr_{\mathrm{f}}^{m} \tag{6-22}$$

其中 $m=\begin{cases}0.4 & t_{\mathrm{w}}>t_{\mathrm{f}}\\ 0.3 & t_{\mathrm{w}}<t_{\mathrm{f}}\end{cases}$

特征长度取管内径 d，定性温度取进出口截面流体平均温度的算术平均值，适用于 $10^4\leqslant Re_f\leqslant 1.2\times10^5$、$0.7\leqslant Pr_f\leqslant 120$、$L/d\geqslant 60$ 的条件。由于该式没有考虑物性的影响，误差较大，仅适用于壁面与流体温差不是很大的情况。范围是：对气体，$\Delta t<50$℃；对水，$\Delta t<20$℃；对油，$\Delta t<10$℃。

当温度超过以上推荐值时，则可以采用以下任意一个计算公式。

(1) 需要给迪图斯-贝尔特关联式(6-22)加一个修正系数 c_{t}：

当气体被加热时 $c_{\mathrm{t}}=\left(\dfrac{T_{\mathrm{f}}}{T_{\mathrm{w}}}\right)^{0.5}$

当气体被冷却时 $c_{\mathrm{t}}=1$

对液体 $c_{\mathrm{t}}=\left(\dfrac{\eta_{\mathrm{f}}}{\eta_{\mathrm{w}}}\right)^{n}$，其中液体被加热时，$n=0.11$；而液体被冷却时，$n=0.25$；$\eta_{\mathrm{f}}$、$\eta_{\mathrm{w}}$ 分别是按流体平均温度及壁面温度下的黏度。

(2) 考虑了物性的齐德-泰特(Sieder-Tate)实验关联式：

$$Nu_{\mathrm{f}}=0.027Re_{\mathrm{f}}^{0.8}Pr_{\mathrm{f}}^{1/3}\left(\frac{\eta_{\mathrm{f}}}{\eta_{\mathrm{w}}}\right)^{0.14} \tag{6-23}$$

定性温度为管道进出口截面流体的平均温度 t_f，η_{w} 按壁温 t_{w} 确定。管内径 d 为特征长度。适用的参数范围 $Re\geqslant10^4$，$0.7\leqslant Pr_f\leqslant 16700$，$L/d\geqslant60$。

(3) 考虑了物性的米海耶夫(Михеев)实验关联式：

$$Nu_{\mathrm{f}}=0.021Re_{\mathrm{f}}^{0.8}Pr_{\mathrm{f}}^{0.43}\left(\frac{Pr_{\mathrm{f}}}{Pr_{\mathrm{w}}}\right)^{0.25} \tag{6-24}$$

定性温度和特征长度同式(6-23),适用的参数范围为 $Re=10^4\sim1.75\times10^6$,$Pr_f=700$,$L/d\geqslant50$[3]。

6.2.2.2 流体纵掠平板湍流强制对流换热

近些年来,人们对流体的动力边界层和热边界层的理论研究愈益关注,流体纵掠平板时的强制对流换热对于理解这一理论很有帮助。清华大学和北京大学联手合作,采用热线风速仪及 TSI 公司生产的热膜,仔细测量了水流通道中平板边界层流向的平均速度、除去扰动波后的脉动速度的幅值和相位,并运用混沌动力学的相关分析方法,证实了在平板边界层的湍流发生过程中存在着奇怪吸引子,并将这一结论与先前的转捩动力学分析结果相比较,证明了湍流的发生本身具有混沌动力学的本质,从而在平板边界层中的湍流发生与混沌之间建立了联系,这一研究为平板湍流强制对流换热的应用研究进一步开阔了视野[14]。

研究流体纵掠平板的强制对流换热问题,一般在风洞内进行。图 6-9 所示为流体纵掠平板实验测量原理。实验平板由薄的不锈钢皮和胶木衬板做成。胶木衬板的一面用很薄的不锈钢板包覆,目的是获得单面绝热的边界条件。平板水平放置在风洞内,用电加热的方法直接给平板热量。不锈钢皮厚约 0.1mm,整个平板厚度不超过 10mm,板长度是厚度的 15~30 倍。在平板长度方向上安装若干副热电偶,以测量平板表面各点的温度。为了不破坏平板表面换热,热电偶要安装在不锈钢皮的背面,再换算成平板的表面温度。不锈钢皮很薄时,可以将安装造成的温度误差忽略,可以用背面温度代替表面温度。

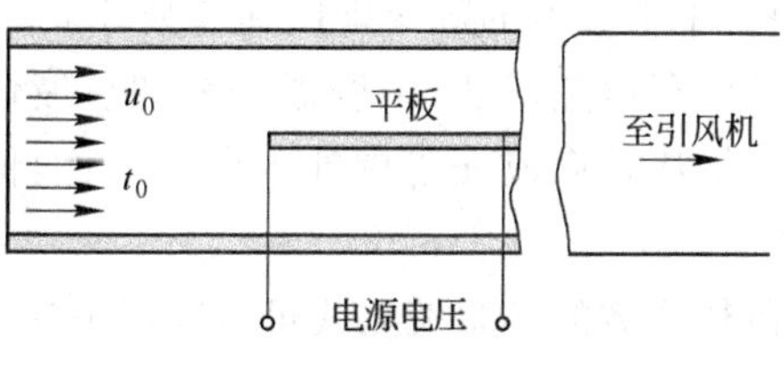

图 6-9 流体纵掠平板实验简图

流体纵掠平板的强制对流换热会涉及到热边界层和速度边界层问题,因为此时在平板表面的薄层内,流体的速度和温度都有很大的变化。而在边界层以外,流体维持恒定的流速 u_0 和温度 t_0。边界层内的流体动力学状态可以通过 Re 来判断。

$$Re=\frac{u_0 x}{\upsilon} \tag{6-25}$$

式中 x——离开平板前缘的纵向距离;

υ——流体的运动黏度。

实验中可测量出不同 x 处的平板表面温度、流体温度、电加热功率值,求出平板表面热流密度。从而确定沿平板纵向的局部对流表面传热系数 h 与 x 之间的关系,并将实验结果整理成通用的准则关联式。

$$Nu_x=CRe_x^n \tag{6-26}$$

6.2.2.3 外掠物体的强制对流换热

人们在很多的工程领域中能看到大量流体扰流物体的现象。如各种管状、片状或复合形式的换热装置。管束的排列方式往往有叉排、顺排及混排[15~17]。在管束中,由于管子与管子之间的相互影响作用,流动和换热的规律与横掠单管时有所不同。对第一排的管子来说,无论哪种排列换热情况都是相同的,但是后边几排管由于受前一排管子尾流的影响,表面传热系数要增大些。经过几排以后,扰动趋于稳定,表面传热系数就不再增大。测定流体横掠管束时的表面传热系数,可以采用整体模拟和局部模拟的方法。一般在温压不大时,可以采用局部模拟,否则要采用整体模拟。

整体模拟就是对所有的管子都进行加热测试;局部模拟仅研究一根管子,再把一根管子上获得的规律推广到整个管束上面去。

加热管束的方法有恒热流法、恒壁温法和加热液体循环法。恒热流法就是直接通电加热管束或在管中插入电热元件,恒壁温法可以用蒸汽冷凝加热。

管束的平均换热系数的实验关联式可以写成下述形式

$$Nu=f\left(Re,Pr,\frac{Pr_{\mathrm{f}}}{Pr_{\mathrm{w}}},\frac{s_1}{d},\frac{s_2}{d},n\right) \tag{6-27}$$

式中 s_1,s_2——分别为管束中管子之间的横向和纵向间管距;

d——管子外径;

n——沿流体流动方向的管排数；

Pr_f，Pr_w——以流体温度和壁面温度为定性温度的普朗特数。

测量方法可以参考前述的在风洞内加热及数据处理的过程。

6.2.3 液体沸腾换热

自然对流换热的机理是固体表面与周围的流体产生密度差时所引起的。当一个加热表面投入到液体中时，在热流密度较低情况下，加热面附近由于液体受热使密度减小，也会引起自然对流换热。随着热流密度的增大，加热面温度超过液体在对应系统压力下的饱和温度，加热面上将产生小气泡，换热便从自然对流转变到有相变的沸腾换热。因此，按照液体主体温度是否达到饱和温度，可以分为饱和沸腾和过冷沸腾。沸腾液体做整体运动时，可称为池内沸腾（大容器沸腾）；当液体受外力作用流过加热面产生沸腾时，称为强制流动沸腾。

正如前述，对于同一工质，有相变与无相变相比，其对流换热强度要大得多。沸腾换热不仅在机械、冶金、石油、化工等传统工业中得到广泛的应用[18~20]，而且近年来在航空航天、核动力、微电子等高科技中也越来越受到人们的关注，它已经发展为传热学研究的一个重要领域[21]。

池内沸腾曲线如图 6-10 所示。曲线由 4 个区域构成：①单相自然对流区域。壁面过热温度 $\Delta t<4℃$，很小。加热面附近的液体轻微过热，但没有气泡产生，液体内部产生自然对流，换热强度低。②核态沸

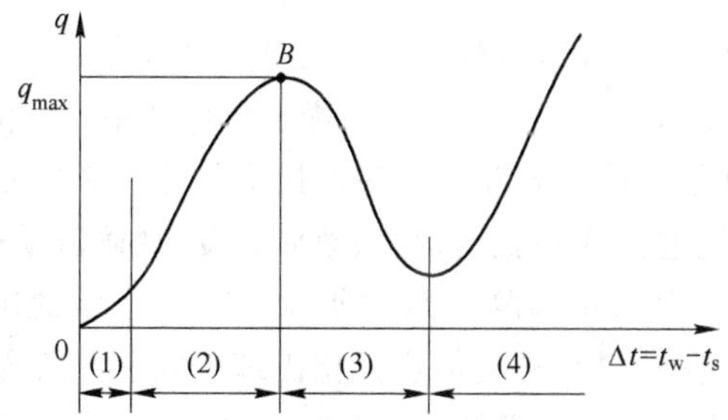

图 6-10 池内沸腾典型曲线形式

腾区域。过热温度 4℃ $<\Delta t<$ 25℃，加热面出现气泡，但此时的过热度仍较小，产生的气泡比脱离加热表面数量少，由气泡的产生、脱离，特别是脱离形成剧烈的扰动，使加热表面传热系数和热流密度急剧增大，直至 B 点。工程上一般都利用这个区域的换热效果。③过渡沸腾区域。随着壁面温度的增加，壁面过热温度为 25℃ $<\Delta t<$ 200℃，加热表面的气泡产生速度会大于气泡脱离的速度，使气泡在脱离之前就联结起来，覆盖在壁面上形成不稳定的蒸汽膜，蒸汽膜热阻作用使得换热强度和热流密度都降低很多，即从 B 点迅速下降。B 点也称为临界点。④稳定态沸腾区域。该区域内壁面过热温度 $\Delta t>$ 200℃，蒸汽膜稳定地存在于加热面上，气泡在汽液分界面上产生。由于蒸汽的热导率远小于液体的热导率，因此表面传热系数大大降低。不过此时的壁面温度远高于液体饱和温度，辐射换热的作用不能忽视，使得换热强度和热流密度又有上升。

通过沸腾换热实验，了解加热面上的气泡产生、长大、脱离及其影响因素规律，研究核态沸腾区域的控制方式，获得计算沸腾换热系数和临界热流密度的实验关联式，是很有必要的。实验研究的主要方法如下。

6.2.3.1 气泡在加热面上生成和脱离的研究

核态沸腾的汽化中心对换热过程起到决定性的作用，控制着换热强度的大小。加热面上的汽化中心主要任务是完成气泡的生成和运动。由于汽化中心微观结构变化的复杂性，目前人们还无法用精确的理论分析来描述它的机理。由此，实验研究至今为研究者们所青睐。

研究汽化中心上气泡成长和脱离规律的实验装置一般是构设一个加热系统和测温系统，将受热表面放置于液体池中，液体可以是水、丙酮、制冷剂或其他。同时安装一个高速摄影是非常必要的，以测量和观察沸腾表面的气泡生成和脱离行为、液体温度、液体流动速度等。采用人工汽化中心表面强化沸腾传热的研究已有几十年的历史[22]。谭盈科、王世平等人在沸腾与冷凝传热强化机理研究上有所突破，提出了利用二维表面张力与翅片粗糙度，促进液膜的对流传热来强化冷凝的构想，同时还提出了在机械加工表面多孔管的隧道内加肋筋增加粗糙度，提供更多汽化核心，促进隧道内气液两相流来强化池沸腾和喷淋降膜沸腾，并借隧道肋槽产生的毛细作用力吸液体进隧道，以防止隧道内过早产生干壁现象，从而提高临界热负荷[23~25]。周定伟、刘登瀛、马重芳等人结合声空化强化沸腾传热的机理，首次从气泡的生成状态入手，对沸腾传热进行了研究，采用超声电子发生器和压电超声换能器，联机产生声空化，得出空化气泡冲击传热表面时，导致同一热流密度下因为声空化场存在而使壁面局部换热系数不均匀程度加大；液体过冷度增加，将使对流传热强化。采用某种纳米颗粒添加于工作液体中，由此抑制了传热表面孔穴内气泡胚胎成核，在相同实验条件下传热表面无法以汽化潜热的形式散失热量，而只能处于单相对流传热状态，沸腾传热能力降低；又考察了圆形液体射流高速冲击驻点，看到对气泡成核产生抑制作用，但是当流速高于 10m/s 时，沸腾传热受到强化[26]。综合研究结果表明，诱发传热表面上气泡的成核可使沸腾换热强化；相反沸腾传热减弱。

6.2.3.2 池内水平表面上的沸腾换热

液体在池内水平表面上的沸腾是最基本的沸腾实验，如图 6-11 所示。

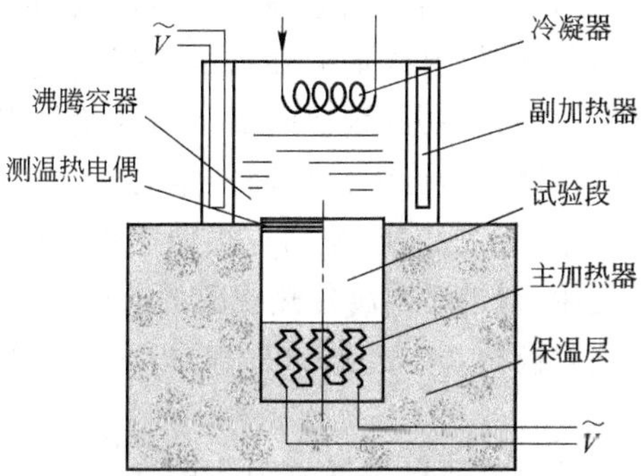

图 6-11 水平表面沸腾实验简图

实验段用纯铜柱加工成形，长径比应符合一维无限长的圆柱假设。实验段上表面放置在耐热玻璃容器内，由副加热器加热保温，以维持液体在低热流密度下的饱和状态。蒸汽在上部冷凝器上凝结，冷凝器可用自来水冷却。主加热器是给铜柱提供热量，在实验段的上部开有 3 个微孔，安装 3 副细直径(ϕ0.7～0.8mm)热电偶，并用绝缘耐热材料充填固化好安装的孔洞，保证绝缘，用测定出的轴线上 3 个点的温度，外推出沸腾表面的温度 t_w。主加热器外罩一定厚度的保温层，以保持实验段中的一维热流。池内液体的饱和温度 t_s 可以用很多方式测量得到。

沸腾表面的热流密度由实验段中心轴线上测得的温度梯度确定：

$$q=\lambda \frac{\Delta t}{\Delta x} \tag{6-28}$$

式中 λ——纯铜当时平均温度下的热导率。

沸腾换热仍可采用牛顿冷却定律

$$q=h(t_w-t_s) \tag{6-29}$$

于是用上述实验方法可以获得常压下液体沸腾表面传热系数 h 和热流密度 q 之间的函数关系，也可以利用不同的液体、不同的实验材料及其表面粗糙度来研究各种因素对沸腾换热的影响。

微重力下的沸腾换热一直是学术界和工程界关注的重点领域之一。尤其是大型载人航天事业的发展对动力、热与流体管理系统需求的急剧增加，激励了世界各航天大国投入大量的人力、物力，开展微重力沸腾传热的相关研究，使得微重力沸腾传热研究成为当前微重力科学的前沿和热点之一。另一方面，空间微重力环境能削弱甚至完全抑制常重力场中因两相密度的巨大差异而产生的浮力效应，从而更凸显沸腾过程中固-液-气界面处相变、流动与热传递过程的本质特征，有利于揭示沸腾传热规律，增进对沸腾传热现象的认识，进而发展更加符合沸腾传热机理的预测模型，并为与之相关的极为广泛的应用技术研发提供理论指导。

中国科学院力学研究所国家微重力实验室从 2005～2006 年连续两次利用空间卫星顺利完成了搭载池沸腾实验全部预定实验任务。2005 年搭载我国第 22 颗返回式科学与技术实验卫星，进行了过冷池沸腾实验。研究人员采用控制加热表面温度的电加热方式，使实验按照“升温-降温-升温”的顺序进行，实现对沸腾起始状态、临界热流现象、核态沸腾规律等的深入研究；并对微重力条件下过冷液体内铂丝表面沸腾过程中的气泡动力学行为图像以及对应传热实验数据进行记录，用来分析池沸腾传热的机理。2006 年在上述空间研究的基础上，搭载我国实践 8 号育种卫星，采用的是平板加热器并控制加热电压按指数形式随时间增长的准稳态实验方法，还对液体温度与压力进行了调控，研究了系统压力、液体过冷度等因素对微重力池沸腾传热现象的影响[27,28]。图 6-12 所示为空间微重力条件下的池沸腾过程图片。

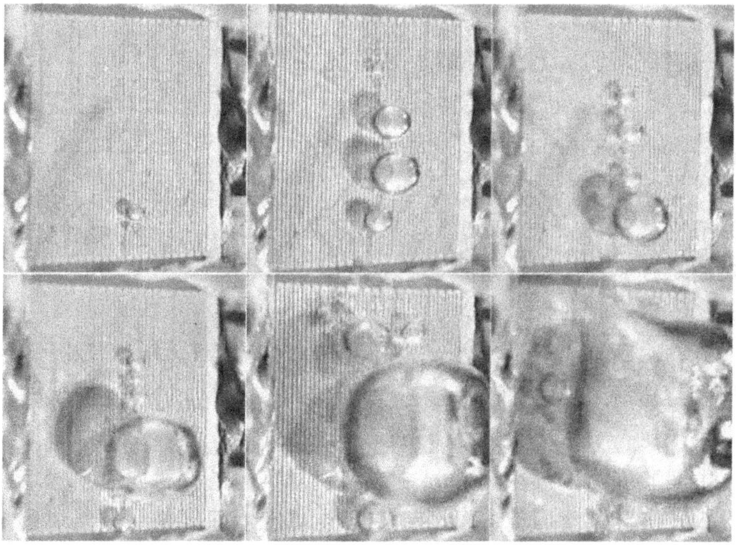

图 6-12 实践 8 号育种卫星上的池沸腾过程图片

6.2.3.3 管内流动沸腾换热

液体在管内发生流动沸腾是能源动力、石油化工乃至微电子领域最常见的一种沸腾现象。它伴随着汽-液两相流动，要比池内沸腾更加复杂。流体的物性参数和流动状态对换热的影响很大。在这一类的实验研究中，不仅需要测量管壁温度、流体温度、壁面热流密度，还要测量实验段前后的流体压力降，从而得出不同流型和流动参数下沿管长的沸腾换热系数和压力降的实验关联式。

6.2.3.4 沸腾临界热流密度的测量

临界热流密度对于热工设备的经济性和安全运行有着重要的意义。特别是一些特殊的运行工况条件下，通过实验的手段确定具体设备的沸腾临界热流密度可以避免设计上的失误。

简单的临界热流密度实验装置如图 6-13 所示。在一个玻璃容器中盛装沸腾液体，实验元件可采用薄壁变径的不锈钢管或变截面的薄不锈钢板，使它与导电铜排连接，两端施加低电压、大电流。实验中调节加热电流，可以观察到实验元件截面最小处首先发红，最后在某一加热电流下被烧断。记下当时的加热功率，可以估计出临界热流密度值来。在缓慢的加热过程中，还可以观察到泡状沸腾中气泡的产生和脱离情况，在实验元件烧断之前，也能观察到膜态沸腾的一些状况。

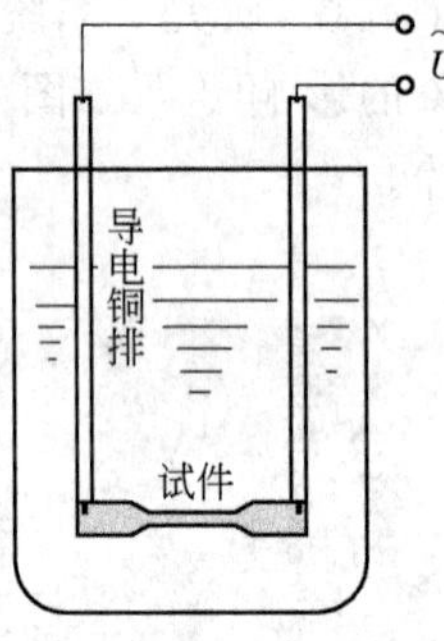

图 6-13 临界热流密度实验装置

流动沸腾临界热流密度 q_{cri} 和流体的入口焓 H_{in}、质量流量 G、管长 L、管径 d 及系统压力都有关系。实验结果一般为如下形式

$$q_{cri}=f(H_{in},G,P,d,L)$$

由实验获得的经验公式只能推广到与实验条件相同的物理场合。

底部封闭的垂直管内的沸腾临界热流密度问题是一个经典的传热学问题，在重力型热管、核反应堆冷却、地热利用、电子设备冷却等领域都可能遇到各种底部封闭圆管内沸腾传热中临界热流密度问题。刘振华等人对浸没在饱和液体中的底部封闭倾斜细管内的沸腾临界热流密度进行了实验研究，考察了管内径、管长、倾斜角和工质对临界热流密度的影响。实验条件是：加热管内径 211mm、312mm 和 410mm 三种；管长 100mm 和 300mm 两种；倾斜角 θ 从 90°到 0°。实验工质为水和 R-113 两种液体。考虑倾斜角对重力的影响，研究者对前人提出的用于预示底部封闭垂直管内沸腾临界热流密度的半理论半经验式进行了修正。修正后的公式能较好地预示倾斜角对沸腾临界热流密度的影响[29]，其实验装置如图 6-14 和图 6-15 所示。

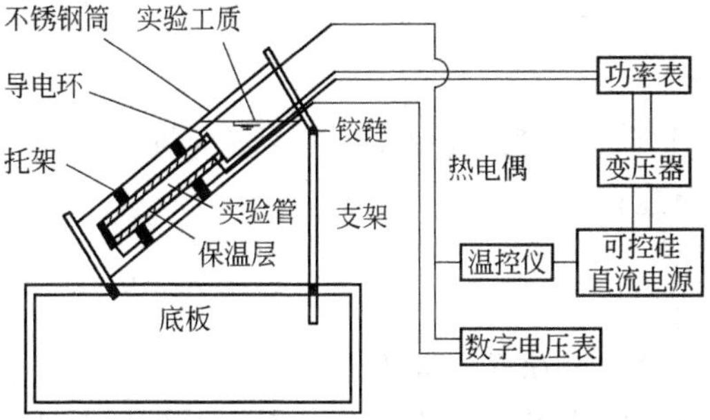

图 6-14 底部封闭倾斜细管沸腾实验装置

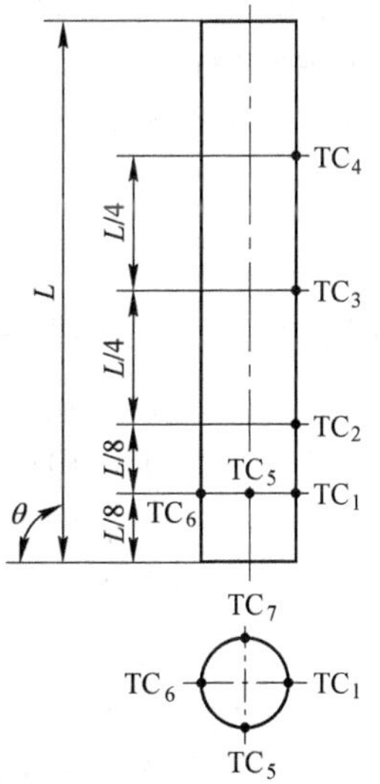

图 6-15 实验管热电偶分布

6.2.4 蒸汽凝结换热

当壁面温度低于蒸汽的饱和温度时，在壁面上就会发生凝结现象。蒸汽释放出汽化潜热，凝结成液体附于壁面上。当凝结液体能润湿壁面时，凝结液会在壁面上形成一层液膜，这种凝结称为膜状凝结。这种膜状凝结将蒸汽和冷壁面分隔开来。蒸汽的进一步凝结只能发生在与蒸汽接触的液膜上，热量必须通过凝结液才能传给冷壁面，从而使膜状凝结的换热系数变小。当凝结液不能润湿壁面时，它就会在壁面上形成一颗颗小液珠。小液珠逐渐长大，达到一定尺寸时受重力作用沿壁面滚下，这些滚下的液珠会合成较大的液滴继续前进，滚光沿途所有的液珠，使那些无液珠的壁面上又重新产生液珠，新的液珠重新形成和长大，并重复上述过程。这种凝结称为珠状凝结。珠状凝结具有比膜状凝结高出一个数量级的换热系数。

纯净的蒸汽在竖壁上的膜状凝结换热强度取决于温压、凝结液的流动特性、物性及凝结膜的厚度。在竖壁的条件下冷凝液膜会出现两种基本流动情况，即在竖壁上部液膜具有层流特性，随着液膜厚度的增加，液膜内的流速液增大，凝结液表面上出现波纹，为层流流动；当液膜向下继续增厚时，液膜从层流转为湍流。其转变的临界雷诺数值为1600[6]。凝结液的雷诺数定义式

$$Re=\frac{D_h\bar{u}}{\upsilon}=\frac{4qL}{r\eta_L}$$

式中　D_h——当量直径，$D_h=\frac{4A}{U}$；

A——流动截面面积；

U——润湿周长，对于单位宽度的竖壁，$U=1$；对于竖管，$U=\pi d$；

$\bar{u}$——液膜的平均流速；

L——竖壁高度；

q——壁面平均流速；

η_L, r——分别为凝结液的黏度和汽化潜热。

竖壁上蒸汽的膜状凝结和珠状凝结换热实验研究在此不做介绍，感兴趣的读者可参考有关文献。

6.3　传热系数测定

关于传热系数 K 的测定，大致可以分成两种：一种是在各类热设备或热工过程中并存着导热、对流和辐射三种传热方式的综合传热系数 K 的测定，如火焰炉窑内综合传热、高温气体除尘器导向流动传热、连铸机结晶器凝固传热、钢材控轧控冷过程传热、锅炉高温过热器综合传热、航天器密封舱流动和传热、石油钻井过程井内流动与传热、建筑物围护结构传热过程等[30~33]，由于实际传热过程十分复杂，一般的测量很难一下子准确地估计出每种方式传热量的大小及其耦合效应下的传热系数 K，往往首先通过热平衡测试，再按照各项传热公式计算出来。另一种是各种换热器中的传热系数 K，相对来说比较容易，可以通过单个过程的单元实验，或者对整个换热器在各类热工水力工况下进行综合测定，便可得出。在受到场地、费用限制的情况下，需要采用模型化方法。下面主要介绍换热器传热系数的测定。

6.3.1　换热器传热系数的测定

近代尖端科技的进步，使人们对各类换热器的要求更高、更苛刻，

如高温、高压、高速、低温、超低温等，也就促进了高强度、高效率、紧凑型换热器层出不穷。不过不论哪种换热器，都可以按照流体的流动方式来区分，如图 6-16 所示[34]。

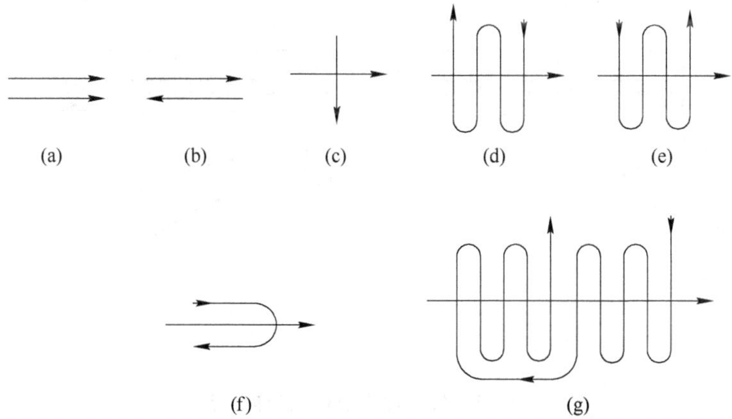

图 6-16 流体的流动形式

(a) 顺流；(b) 逆流；(c) 错流；(d) 总趋势为逆流的四次错流；(e) 总趋势为顺流的四次错流；(f) 先顺后逆的平行混流；(g) 先逆后顺的串联混流

在换热器中，需要交换热量的冷热流体通常分别在固体壁面的两侧流动。热量从壁面一侧的流体通过壁面传到另一侧的流体的过程称为传热过程。传热量 Q 可用式(6-2)表示，即传热量正比于冷、热流体间的温差及传热面积

$$Q=KA\Delta T \tag{6-2}$$

式中 A——传热面积，m^2；

ΔT——冷热流体间的平均温差，℃；

K——换热器的传热系数，$W/(m^2 \cdot ℃)$；

Q——冷热流体间单位时间交换的热量，W。

冷热流体间的平均温差 ΔT 常采用对数的平均温差。对于工业上常用的顺流和逆流换热器，对数平均温差由下式计算

$$\Delta T=\frac{\Delta T_{max}-\Delta T_{min}}{\ln\dfrac{\Delta T_{max}}{\Delta T_{min}}} \tag{6-30}$$

式中　ΔT_{max}——换热器两端冷热流体之间温差的较大者；

　　　ΔT_{min}——换热器两端冷热流体之间温差的较小者。

换热器两端冷热流体间的温差及每一种流体中的温度分布如图6-17所示。

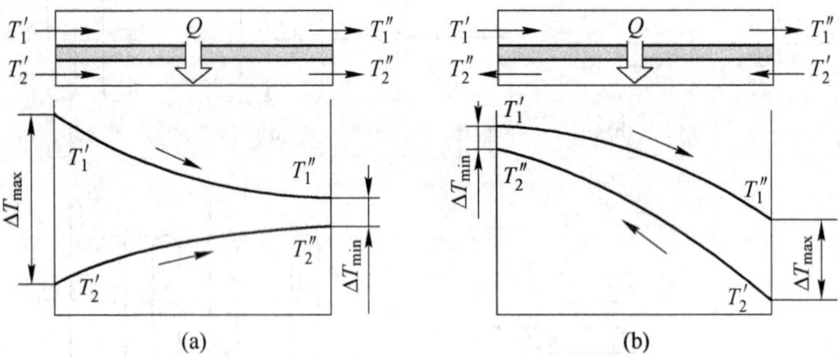

图 6-17　换热器中流体的温度曲线

(a) 顺流；(b) 逆流

当比值 $\Delta T_{max}/\Delta T_{min}$ 小于或等于 1.7 时，对数平均温差可简单地用算术平均温差来代替，即

$$\Delta T=\frac{1}{2}(\Delta T_{max}+\Delta T_{min}) \tag{6-31}$$

除了顺流和逆流按公式计算平均温差以外，其他流动形式的对数平均温差都可以由假想的逆流工况对数平均温差乘上一个修正系数得到。修正系数的值可由各种传热学书上或换热器手册上查到。

换热器实验的主要任务是测定传热系数 K，有时还需要同时测定换热器内流体的压力降。

图 6-18 所示为最简单的套管式水-水交换器的实验系统图。由恒温热水箱中出来的热水经水泵进入换热器内管。从换热器内管出来的已被冷却的热水经转子流量计后仍然回到热水箱中，经再加热供循环使用。冷却水由冷水箱经水泵后，经过一个顺逆流的四通转换阀门，进入换热器套管，出来后经转子流量计后排向外界，在套管中被加热后的冷却水一般不要再循环使用。套管外包有保温层，以尽量减少向外界的散热损失。冷却水和热水进出换热器处水温分别用热电偶或电阻温度计测量，并通过数字表显示或记录。

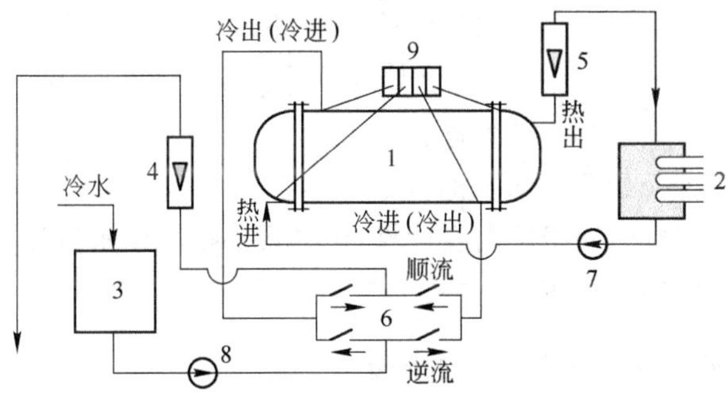

图 6-18 换热器综合实验台装置简图

1—换热器；2—恒温热水箱；3—冷水箱；4—冷水转子流量计；5—热水转子流量计；6—顺流和逆流冷水换向开关；7—热水泵；8—冷水泵；9—冷水和热水温度数字显示表

实验中待各项温度达到稳定工况时，根据冷热流体的热平衡，测出冷热流体进出口的温度和冷热流体的流量，就可以由下式计算通过换热面的总传热量

$$Q=\dot{m}_1 c_{p1}(T'_1-T''_1)\approx\dot{m}_2 c_{p2}(T''_2-T'_2) \tag{6-32}$$

式中 $\dot{m}_2,\dot{m}_1$——分别为冷热流体的质量流量，kg/s；

c_{p2},c_{p1}——分别为冷热流体的质量定压热容，J/(kg·℃)；

T'_1,T''_1——分别为热流体的进出口温度；

T'_2,T''_2——分别为冷流体的进出口温度。

由计算出的传热量和对数平均温差及已知的换热面积，便可由式(6-2)得到传热系数 K。当改变任意侧水的流速，可以获得传热系数与流速之间的实验关系式

$$K=Cu^n \tag{6-33}$$

或者根据实测数据，整理成其他形式的实验关系式。

在工程上经常遇到的是蒸汽-水换热器，热源为蒸汽。对于间壁式换热器，水蒸气将热量传递给水，在管外壁凝结，凝结水用称重法测定。水在管内流动，吸收热量。传热计算仍采用式(6-2)。对于蒸汽和水之间的对数平均温差，由下式计算

$$\Delta T=\frac{T''_w-T'_w}{\ln\dfrac{T_s-T'_w}{T_s-T''_w}} \tag{6-34}$$

式中 T_s——蒸汽的饱和温度；

T'_w，T''_w——分别为冷却水的进出口温度。

换热面积按照管子的内径计算，传热量根据凝结水量计算，之后用冷却水吸热量加以校核。

6.3.2 换热器单侧传热系数的测定

当研发一种新型换热器时，往往需要测定换热器的表面传热系数，然后再计算换热器的传热系数。传统的测量换热器表面传热系数方法有两种，一种是直接法，一种是间接法。

6.3.2.1 直接法

直接法是将换热壁面加热，一般采用电加热的方式，使被测的流体流过该加热壁面，在热平衡的条件下，测定流体与换热面之间的换热量Q、壁面温度 T_w 和流体的平均温度 T_f，还有换热面积 A，然后根据牛顿冷却公式计算平均表面传热系数 h。

$$Q=hA(T_w-T_f) \tag{6-35}$$

在小型或结构复杂的换热器通道上用直接法测量壁面温度，由于测量环境苛刻，要注意一次元件的敷设方法。

6.3.2.2 间接法

在间接法的测量中，目前有热阻分离法、威尔逊图解法和瞬态法三种。

A 热阻分离法

换热器传热系数 K 以热阻形式的定义为

$$\frac{1}{K}=\frac{1}{h_{out}}+R+\frac{1}{h_{in}}\frac{d_{out}}{d_{in}} \tag{6-36}$$

式中 h_{out}，h_{in}——分别为换热器外侧与壁面、换热器内侧与壁面之间的表面传热系数；

R——换热器壁和污垢的热阻；

d_{in}，d_{out}——分别为换热器管内外直径，平壁时，$d_{in}=d_{out}$。

热阻分离法的基本原理是先在稳定的条件下利用上述的热平衡方

法测量出换热器的传热系数 K,然后计算出抛开被测侧流体以外的其他各项热阻,再根据定义式(6-36)将待测侧流体和换热面之间的平均换热热阻$\frac{1}{h}$从总热阻中分离出来,从而求出被测侧流体的表面传热系数 h。

利用热阻分离法测定传热系数,首先需要保证测定传热系数 K 的准确度,其次要满足其余各项热阻之和远小于待测得换热热阻。以此可以大大减小其余各项热阻计算误差对实验结果的影响。当被测流体为气体时,采用蒸汽凝结加热气体的方法可以达到这样的效果。图 6-19 示出了某种换热器采用蒸汽凝结加热空气来测量换热面换热性能的实验装置简图。

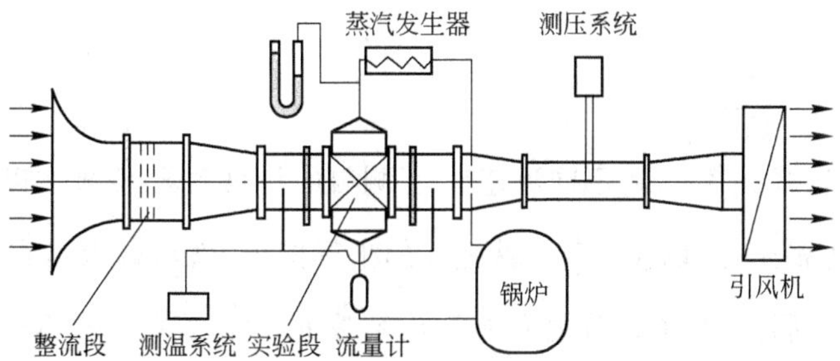

图 6-19 采用蒸汽凝结加热空气测量换热面换热性能的实验装置

如果换热器为翅片状,其翅片管气侧换热热阻根据下式计算

$$\frac{1}{h_{tot}\eta_{tot}}=\frac{1}{K}-R-\frac{1}{h_{ali-in}}\frac{A_{tot}}{A_{ali-in}} \tag{6-37}$$

式中 A_{tot}——翅片侧总表面积;

A_{ali-in}——翅片管内表面积;

η_{tot}——翅片管肋面总效率:

$$\eta_{tot}=1-\frac{A_{ali}}{A_{tot}}(1-\eta_{ali}) \tag{6-38}$$

η_{ali}——翅片效率;

A_{ali}——翅片表面积。

B 威尔逊图解法

如果管内流体处于充分发展湍流区,表面传热系数 h_{in} 与流体的流

速的 0.8 次方成正比

$$h_{in}=C_{in}u^{0.8} \tag{6-39}$$

对于光管式换热器，式(6-37)可以改写成

$$\frac{1}{K}=\frac{1}{h_{out}}+R+\frac{1}{C_{in}u_{in}^{0.8}}\frac{d_{out}}{d_{in}} \tag{6-40}$$

如果实验过程中保持管外侧流体流速和温度不变，h_{out} 也会维持不变。R 在实验中也不会变化，则式(6-40)可写成

$$\frac{1}{K}=a+\frac{1}{C_{in}u_{in}^{0.8}}\frac{d_{out}}{d_{in}},(a\ 为定值)$$

令　$y=\frac{1}{K}$，$x=\frac{1}{u_{in}^{0.8}}$，便有直线方程

$$y=a+mx \tag{6-41}$$

式中　$m=\frac{1}{C_{in}}\frac{d_{out}}{d_{in}}$。

利用式(6-41)，将不同流速 u_{in} 下测得的传热系数 K 画在以流速 $x=\frac{1}{u_{in}^{0.8}}$ 为横坐标，以 $y=\frac{1}{K}$ 为纵坐标的坐标图上，就可以求出直线的斜率 m，从而计算出 C_{in}，管内表面传热系数 h_{in} 便由式(6-39)得到。而 $a=\frac{1}{h_{tot}}+R$，若 R 已知，则由直线的截距 a 也就能求出管外侧表面传热系数 h_{out}。

用威尔逊图解法还可以从 R 中分离出污垢热阻，它在工程上很实用方便。

C　瞬态法

瞬态法测量换热系数的原理是，当流体流经换热表面时，流体被加热或冷却，流体离开换热面时的温度(出口温度)随时间的变化是流体与该换热面之间传热单元数 N_{TU} 的单值函数。因此，只要预先计算出一系列在一定的流体入口温度和给定的换热面条件下的流体出口温度曲线，然后与实验中测定的流体出口温度曲线相比较，与实测的流体出口温度曲线最符合的那条理论计算曲线所对应的 N_{TU} 数，就是该实验工况下的 N_{TU} 数。由 N_{TU} 数就可以求出平均换热系数

$$h=\frac{N_{TU}}{A/(\dot{m}\cdot c_p)} \tag{6-42}$$

式中 A——被测侧换热面积；

$\dot{m}, c_p$——分别为流体的质量流率(kg/s)和质量定压热容。

瞬态法的优点是不需要测出壁面温度，而且只要有流体从一侧换热面流过就可以。可见该方法对实验设备要求简单，测试时间短，测量工况范围大。但要注意实验中流体入口参数一定要与理论模型计算的入口参数相吻合[6]。

6.4 场协同原理与强化传热技术

利用对流传热理论来指导和解决科学研究和工程技术领域的传热问题，属于常规性技术之一。但是随着世界能源的紧迫性，人们关于强化传热技术的研究越来越深入。从 20 世纪 80 年代的二三十年中，强化对流传热技术由第二代发展到第三代。这些技术大致可分为无源强化技术和有源强化技术两大类。无源强化技术的核心是依靠流体和换热表面本身激发的能量来达到强化的目的。如改变换热表面的结构形状和粗糙程度，增强流体边界层的扰动性；扩展换热表面，增大换热面积；加大流动速度，形成冲击射流换热。有源强化的技术要旨在于施加外力包括添加物。如对流体做机械搅拌，施加电磁场力，对流体做添加或抽吸作用力，也包括添加悬浮固体颗粒、振动换热表面等[35]。2004 年国际强化传热研究的权威学者 Bergles 又提出了第四代传热技术的概念，也就是将几种强化措施同时采用的复合强化传热技术。这种复合技术虽然可以使传热增强的比例较单种技术要大，但同时阻力系数增加的比例也往往更大。因此从节能的角度来看，第四代传热技术并不是最有效的。因为阻力系数的大幅度上升会增加流体的压力损失，尽管所传递的热量有所增加，却以消耗较多的更高品位的能量为代价。

1998 年，我国著名学者过增元从流场和温度场相互配合的角度，对流动和热边界层的能量方程进行分析，提出了强化对流的场协同原理，并证明了减小速度矢量与温度梯度之间的夹角是强化对流换热的有效措施。这一新概念，不仅能使人们重新审视各种对流换热和强化措施的物理本质，更重要的意义在于它指导发展新的传热强化技术的同时，开阔了人们研究和应用新的节能措施的视野，由此更加推动传热学领域出现新的技术革命。

6.4.1　流场和温度场的协同原理

从大家所熟悉的对流现象来看，流场和温度场的协同原理是流体的宏观运动可以携带热量；而场协同原理是要求人们从另外的角度去重新认识对流换热的机理。

6.4.1.1　二维平板对流换热的微分方程

将二维平板层流边界层问题与具有内热源的两平行平板间的导热问题相比较，如图 6-20 和图 6-21 所示，图中的 $T_c > T_h$，在 x 处边界层的厚度为 δ_T。从图中可发现它们的温度分布曲线十分类似。其能量守恒方程分别为

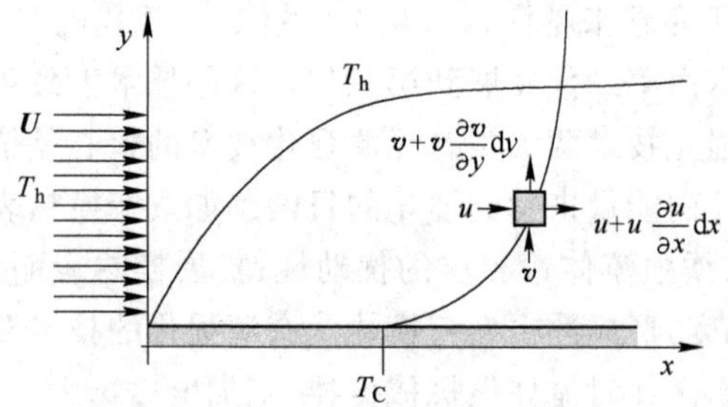

图 6-20　平板边界层内温度分布

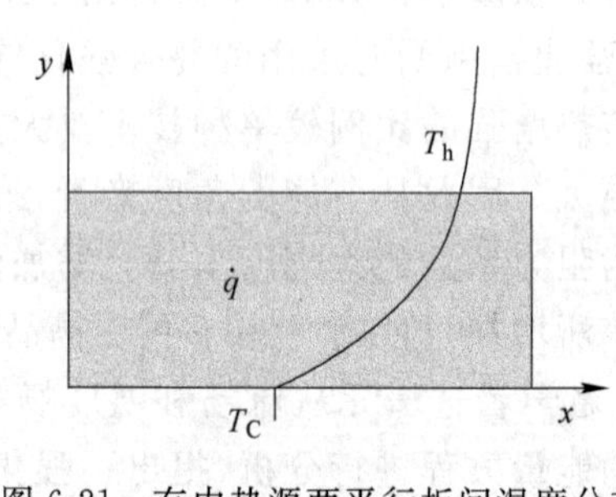

图 6-21　有内热源两平行板间温度分布

二维平板层流边界层的能量守恒方程，仅考虑 y 方向的扩散项为

$$\rho c_p\left(u\frac{\partial T}{\partial x}+v\frac{\partial T}{\partial y}\right)=\frac{\partial}{\partial y}\left(\lambda\frac{\partial T}{\partial y}\right) \tag{6-43}$$

具有内热源的平板导热能量守恒方程，仅考虑 y 方向的导热为

$$-\dot{q}(x,y)=\frac{\partial}{\partial y}\left(\lambda\frac{\partial T}{\partial y}\right) \tag{6-44}$$

式中 ρ——流体密度，kg/m^3；

c_p——流体的质量定压热容，$kJ/(kg\cdot ℃)$；

u,v——分别为层流边界层中 x 和 y 方向上的速度，m/s；

λ——流体的热导率，$W/(m\cdot ℃)$；

$\dot{q}$——导热体中热源强度，W/m^2。

分别对式(6-43)和式(6-44)在所讨论域中积分(在 x 处对应的边界层厚度为 $\delta_{T,x}$)，可得

$$\int_0^{\delta_{T,x}}\rho c_p\left(u\frac{\partial T}{\partial x}+v\frac{\partial T}{\partial y}\right)dy=-\lambda\frac{\partial T}{\partial y}\bigg|_w=q_w(x) \tag{6-45}$$

$$\int_0^{\delta_{T,x}}\dot{q}(x,y)dy=-\lambda\frac{\partial T}{\partial y}\bigg|_w=q_w(x) \tag{6-46}$$

将式(6-45)和式(6-46)比较，式(6-45)中左端的对流项可比拟为导热问题的源项，即它作为流体运动速度的函数，是 x 处边界层中对应源项的总和，而式(6-46)中左端为两平板间 x 处热源的总和。以上两式中的右端均为各自 x 处的壁面热流。

将以上讨论的例子推广到一般的情况，三维对流换热的能量方程为

$$\rho c_p\left(u\frac{\partial T}{\partial x}+v\frac{\partial T}{\partial y}+w\frac{\partial T}{\partial z}\right)=\frac{\partial}{\partial x}\left(\lambda\frac{\partial T}{\partial x}\right)+\frac{\partial}{\partial y}\left(\lambda\frac{\partial T}{\partial y}\right)+\frac{\partial}{\partial z}\left(\lambda\frac{\partial T}{\partial z}\right)+\dot{q} \tag{6-47}$$

式(6-47)中 $\dot{q}$ 是真实的热源项，它包括黏性耗散热、化学反应热、电磁加热等。将式(6-47)再进一步整理，在热边界层内积分可得

$$\begin{aligned}\int_0^{\delta_{T,x}}\left\{\rho c_p\left(u\frac{\partial T}{\partial x}+v\frac{\partial T}{\partial y}+w\frac{\partial T}{\partial z}\right)-\left[\frac{\partial}{\partial x}\left(\lambda\frac{\partial T}{\partial x}\right)+\frac{\partial}{\partial y}\left(\lambda\frac{\partial T}{\partial y}\right)+\frac{\partial}{\partial z}\left(\lambda\frac{\partial T}{\partial z}\right)\right]-\dot{q}\right\}dy\\=-\lambda\frac{\partial T}{\partial y}\bigg|_w\\=q_w(x)\end{aligned} \tag{6-48}$$

将式(6-47)与式(6-48)对应去分析，可知式(6-48)中左端为各种源项在热边界层中的总和，其中第一项为流动引起的当量热源，称为对流源项；第二项为流体中平行壁面方向导热引起的当量热源，称为导热源

项；第三项为真实源项。而它的右端仍然为壁面热流。

6.4.2 场协同角

如果仍从二维热边界的角度来分析，将式(6-45)改写为矢量形式

$$\int_0^{\delta_{T,x}} \rho c_p (\boldsymbol{U} \cdot \nabla T)\mathrm{d}y = -\lambda \frac{\partial T}{\partial y}\bigg|_{w} = q_w(x) \tag{6-49}$$

引入无因次变量，将上式改写一下，设

$$\overline{\boldsymbol{U}} = \frac{\boldsymbol{U}}{U_\infty}, \nabla \overline{T} = \frac{\nabla T}{(T_\infty - T_w)/\delta_T}, \overline{y} = \frac{y}{\delta_T}, T_\infty > T_w$$

当 $y=0$ 时，$\overline{y}=0$；当 $y=\delta_{T,x}$时，$\overline{y}=1$；

于是，式(6-49)写成

$$\int_0^1 (\overline{\boldsymbol{U}} \cdot \nabla \overline{T})\mathrm{d}\,\overline{y}\,\delta_T \rho c_p U_\infty (T_\infty - T_w) = -\lambda \frac{\partial T}{\partial y}$$

整理得

$$\int_0^1 (\overline{\boldsymbol{U}} \cdot \nabla \overline{T})\mathrm{d}\,\overline{y}\, Re_x Pr = -\frac{1}{T_\infty - T_w} \frac{\partial T}{\partial \overline{y}} \tag{6-50}$$

引入固体和流体间对流换热微分方程

$$q_w = h(T_\infty - T_w) = -\frac{\lambda}{\delta_T} \frac{\partial T}{\partial \overline{y}}$$

将其代入式(6-50)，于是可得无因次关系式

$$Nu = Re_x Pr \int_0^1 (\overline{\boldsymbol{U}} \cdot \nabla \overline{T})\mathrm{d}\,\overline{y} \tag{6-51}$$

式(6-51)中的 Nu_x、Re、Pr 的定义与以往相同。将右端中被积函数写成

$$\overline{\boldsymbol{U}} \cdot \nabla \overline{T} = |\overline{\boldsymbol{U}}| \cdot |\nabla \overline{T}| \cos\beta \tag{6-52}$$

其中，β 是速度矢量和温度梯度或热流矢量的夹角，可称为场协同角。

不难看出，当 $\beta=0°$ 和 $\beta=180°$ 时，速度矢量的绝对值与温度梯度的绝对值的点积最大，对一定物性的流体来说，Nu 与 Re 的一次方成正比，即换热量与流速的一次方成正比。这时场的协同最好，如图 6-22 所示。图(a)中 $T_{i+1}-T_i>0$，流体被加热；图(b)中 $T_{i+1}-T_i<0$，流体被冷却。

当 $\beta=90°$ 时，相当于图(c)的情形，$T_{i+1}-T_i>0$。这时速度矢量的绝对值与温度梯度的绝对值的点积为零，就是说无论速度有多大，Nu

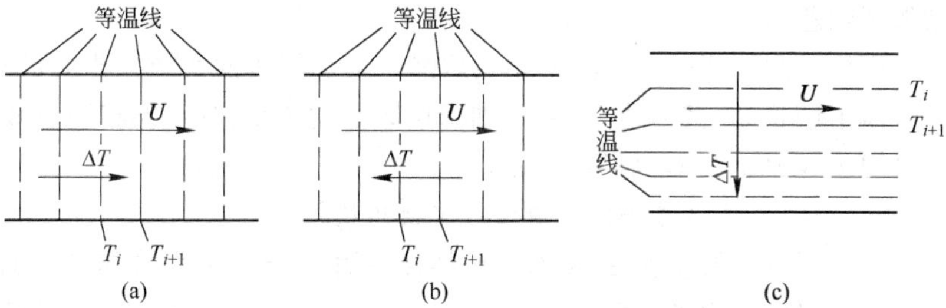

图 6-22　场协同最好和最差的极限情况

(a) $\beta=0°$；(b) $\beta=180°$；(c) $\beta=90°$

都为零，也就是对流换热量为零，流动对传热不做贡献。这是场协同最差的极限情况。

6.4.3　场协同数

根据场协同原理，定义

$$Fc=\int \overline{\boldsymbol{U}}\cdot\nabla\overline{T}\,\mathrm{d}\,\overline{y}=\frac{Nu}{RePr} \tag{6-53}$$

为对流换热的场协同数。它是衡量速度场（流场）和热流场（温度场）的协同程度的指标。

当 $Fc=\dfrac{Nu}{RePr}=1$ 时，称速度场和热流场完全相同。表 6-1 所示为几种典型对流换热情况下的场协同表达式。

表 6-1　几种流动边界层的场协同数表达式

流动状态	场协同表达式
平板层流边界层	$Fc=0.332Re^{-0.5}$
平板湍流边界层	$Fc=0.0296Re^{-0.2}$
湍流管流	$Fc=0.023Re^{-0.2}$

6.4.4　场协同原理的应用

速度场与温度场协同的改善能够使传热强化的原理称之为场协同原理。简言之，对流换热的性能不仅取决于流体的速度和物性以及流体与固体壁面的温差，而且还取决于流体速度场与流体热流场间协同的程度。在相同的速度和温度边界条件下，它们的协同程度愈好，则换热强度就愈高。

用场协同原理可以更清楚地认识强化换热问题的实质。比如，增加流体中的扰动，减薄边界层，增加壁面附近的速度梯度，都相当于减小协同角 β，从而使对流换热强化。

6.4.4.1　流体诱导振动强化对流换热技术

流动可以诱发振动，振动有它破坏性一面，但同时它对换热设备也存在强化促进的积极一面。程林从 20 世纪 90 年代初开始关注和研究换热器内流体诱导振动强化传热问题，实验研究了较低频率下流体横向冲刷振动圆管时管外的对流传热系数，得出了随着振动频率的增加，传热系数在一定范围内显著增大，以及同频率下，振幅增加，传热系数增大的结论。他提出了一种悬臂组合盘管结构的传热元件用于换热器中，不消耗外界的能量，仅依靠元件本身的振动特性，通过系统阻尼控制振幅大小，使得不论是漩涡生成与脱落、湍流抖振还是流体弹性激振都不能诱发共振，既保证换热器具有高的换热性能，又可以长期安全稳定地运行。其结构如图 6-23 所示。图中的 A、B 为固定端，C、D 为自由端，呈水平状多层地安装在换热器内。热流体自 A 进入，从 B 流出，C、D 处与管路刚性连接，这种结构的固有频率在外流体作用下，诱发出足够的振幅，振动使流体绕流时的附面层发生变化，增加了漩涡的生成和脱落，它不同于非振动圆柱体的对流换热系数主要是依赖于流体的流动 Re 数，在这里主要是依赖于振动 Re_v 数（$Re_v=\dfrac{2\pi Af}{u}$，其中 A 是振幅，f 是频率，u 是速度）。从而通过悬臂组合盘管结构方式将热传输过程中的振动有源强化变成无源强化，使低速下的对流传热系数得到很大提高。

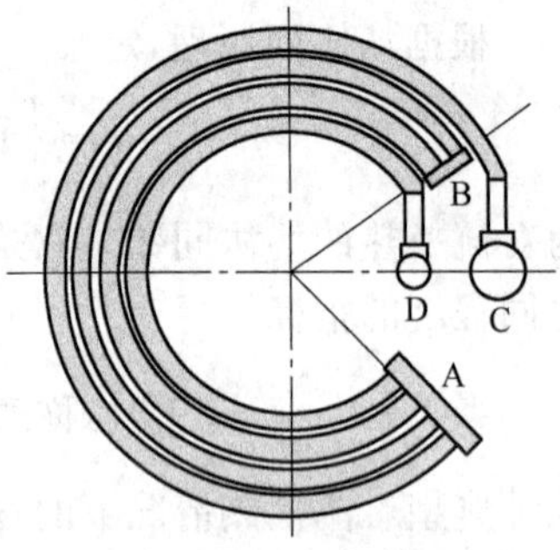

图 6-23　悬臂组合盘管

6.4.4.2　单相射流冲击强化传热技术

在单相对流传热方式中，射流冲击具有极高的传热传质速率，该技术被广泛地应用到各个工业生产领域。如钢板轧制时的水幕冷却，内燃机的射流冲击冷却，高温烟气喷流换热器，高炉煤气水力喷淋降温除尘，大型计算机芯片的水射流冷却等。

单相射流冲击通过各种形式的喷嘴，将流体直接喷射到需要加热或冷却的固体表面，在射流驻点区附近形成很薄的边界层。在边界层内，不仅温度梯度非常大，而且传热系数比通常的对流传热系数要高出几倍甚至1个数量级。从表6-2中可以清楚地看出这种对比关系。

表6-2 不同对流情况下的表面传热系数

对流情况	传热系数 h/W·(m^2·℃)$^{-1}$
空气自然对流	3～10
水自然对流	2×10^2
水强制对流	10^3～1.5×10^4
单相流体射流冲击	5×10^3～3×10^4

对单相射流冲击的局部传热规律的研究是国内外研究的重点，马重芳等人在射流冲击方面做了大量的基础性研究工作，诸如：

（1）单相射流冲击局部传热和流动形态转变方面的研究。他们先后采用水、R113、FC72、煤油、乙烯乙二醇、变压器油以及空气共10种工质，对微尺度圆形射流冲击传热规律进行了系统的实验研究，不仅考虑了工质的物性，还考察了射流速度、喷射间距、喷嘴结构等，得出在直径小于1mm的条件下，局部换热系数仍呈古代钟形分布，即驻点处换热系数最高，随着径向位置偏离驻点，其值逐渐减小。图6-24所示为在较小的间距（$z/d=2.5$，z为喷嘴到壁面的距离，d为离开驻点的径向范围）时，随着射流速度的增大，局部传热系数不断增大。得到令人惊奇的、国内外迄今为止没见报道的现象是，在靠近驻点处传热系数出现二次峰值，而且射流Re数越高，这种局部传热强化的现象就越明显。这种现象是由于射流流体在壁面射流区的流动边界层发生层流向湍流转变造成的，它与射流到达速度和湍流度有密切的关系。

（2）高Pr液体射流冲击的恢复效应研究。这方面的内容是指高速流体工质冲击到传热壁面时，法向速度突然为零，动能瞬间耗散掉，驻点附近的流体温度上升，将对局部传热产生一定的影响，这种影响便

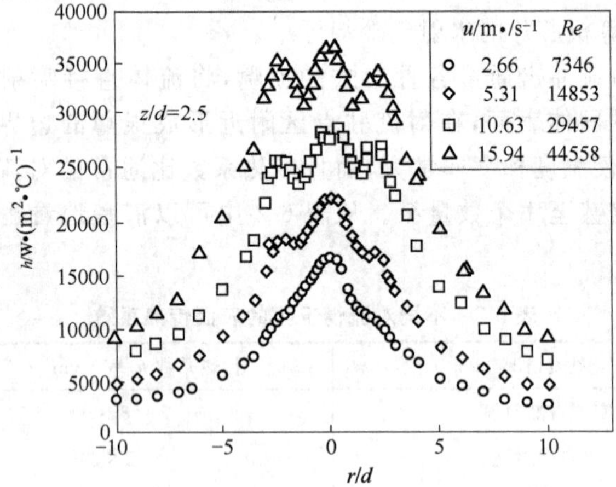

图 6-24　FC72 在不同的 Re 数下圆形浸没射流的局部表面传热换热系数

称之为恢复效应。特别是对高 Pr 数的流体的实验研究和理论分析，由此得出，在一般情况下，射流冲击过程中的恢复效应可以忽略不计，但是对于高 Pr 来说，这种恢复效应的负面作用是很显著的。在以驻点为核心的邻近范围内，恢复系数曲线出现 M 形，或者说在驻点左右出现倒钟形。图 6-25 所示为不同的 Pr 数对局部恢复系数的影响。

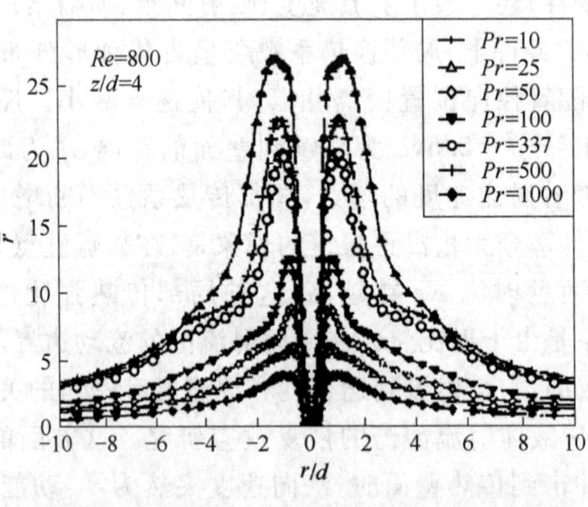

图 6-25　不同的 Pr 数对局部恢复系数的影响

恢复系数的表达式

$$\bar{r}=\frac{T_{aw}-T_j}{u^2/2c_p} \tag{6-54}$$

式中 T_{aw}——绝热壁面温度,K;

T_j——射流静温,K;

u——射流出口速度,m/s;

c_p——射流流体的质量定压热容,kJ/(kg·K)。

(3) 射流倾角的影响研究。一般的射流方向与固体表面之间夹角为 90°,也就是垂直射流到固体表面。当射流方向与固体表面之间夹角<90°时,其传热机理会有什么变化,应用上将受到什么限制等。马重芳等人对这种射流冲击的传热规律进行了细致的实验研究,得出射流倾斜角度的变化将改变换热规律,不仅使最大换热系数值降低,同时也使换热分布由对称状态成为非对称状态。

20 世纪 70 年代美国人首创了折流杆管壳式换热器,主要特点是用折流杆组成的折流圈代替折流板,既可以对换热管起支撑作用,又对流体起扰动作用。之所以要取代折流板,因为折流板存在两大缺点:一是容易引起强烈诱导振动,导致换热器损坏;二是存在流动死区和漏流,换热不充分。进入到 80 年代,国内许多学者开始关注折流杆换热器的研究,并取得了许多成果。黄素逸等人在 90 年代以后,对折流杆换热器进行了详细的研究,得出了传热和阻力的经验公式,为国内自主设计和深入推广这种新型换热器提供了宝贵资料。同时还针对横掠椭圆矩形翅片管、三角形管、螺旋椭圆扁管等异型强化换热管进行了实验研究和理论分析,得出了许多可借鉴的准则关联式,并成功地应用于工业界。

在射流冲击传热强化方面,人们的视角除了放在射流冲击本身的潜力挖掘外,如在射流圆管内插入扭转带,使射流流体产生旋转冲击力,从而更加强化了传热;另外就是在固体表面做文章,如在固体表面涂上磁液薄膜,使局部换热系数在驻点以外的壁面射流区增大,从而使整个传热面的平均换热效果大大改善。

6.4.4.3 换热管结构的强化措施

管壳式换热器是工业上应用最广泛的设备,在所有的换热器中它约占70%，因此，研究各种各样的管壳式换热器，包括管壳断面结构形状对换热的影响，成为科学界和工业界的热门。

孟继安等人应用对流换热的场协同理论分析发现，管内纵向涡流对强化换热器具有很好的贡献，因而设计出一种新型传热强化元件——交叉缩放椭圆换热管，如图6-26所示。这种交叉缩放椭圆管的截面形状可以是标准椭圆形截面或近似椭圆形截面，也可以是长圆形截面或多段弧线拟合的具有长短径的对称和近似对称的截面形状。

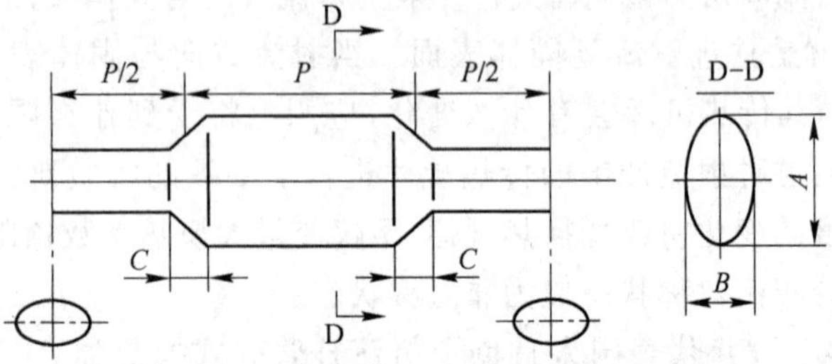

图6-26 一段交叉缩放椭圆换热管的结构

由于它以椭圆形断面为主，而且在每一段都存在一个渐缩渐扩段，使得管内流体不仅在纵向产生涡流还会产生径向二次流，由此加强了对流换热的能力，同时，由于这种结构特征，流动阻力并不增加很多。另外，椭圆形断面在压力作用下容易产生弹性变形，使结垢层容易脱落，加之二次流和纵向涡的作用，管内也不易结垢，因此这种换热管具有持久的优良性能[36]。

本章小结

本章明确地给出了表面传热系数和传热系数的概念，详细地介绍了它们的各自测量研究方法，包括自然对流、强制对流、液体沸腾换热、蒸汽凝结换热过程的表面传热系数以及换热器中的传热系数。在自然对流换热中，列举了大空间水平外管空气自然对流传热实验原理和装置以及有限空间水平夹层内自然对流传热的测试方法；在强制对流换热中，主要介绍了用恒热流法进行圆管内湍流强制对流换热及其有关的实验关联式，同时对流体纵掠平板实验原理、外掠物体的强制对流换热也做了介绍。在液体沸腾换热中，重点介绍了池沸腾的相变传热机理及典型的水平表面沸腾实验，同时关注到我国近年来搭载空间卫星完成的微重力下池沸腾最新研究成果，也提到了临界热流密度、底部封闭细管内的沸腾研究。对蒸汽凝结换热简单地做了介绍。

关于传热系数测定，分别从换热器传热系数和换热器单侧表面传热系数两个方面介绍了测定方法，包括热平衡法，以及热阻分离法、威尔逊图解法和瞬态法。在强化传热技术中，介绍了我国传热学界的许多知名学者关于场协同原理的新概念以及基础性和应用性研究成果，从中可以获得重新审视对流换热本质的新思维，对许多强化传热新技术和研究方法有一个初步的认识和了解。通过本章的学习，可以学会如何测量传热过程重要参数和获得强化传热的研究及应用方法。

思 考 题

6.1 表面传热系数与传热系数有什么区别？

6.2 对流传热过程是否存在导热和辐射？它们各自的机理是什么？

6.3 举例说明工程上综合传热现象。

6.4 试述自然对流换热的研究方法和实验准则关系。

6.5 试述强制对流换热有哪几种主要研究方法和相应的实验准则关系。

6.6 描述池内沸腾曲线，气泡在加热面上生成和脱离、池内水平表面上的沸腾换热和管内流动沸腾换热的实验研究方法。

6.7 什么叫膜状凝结和珠状凝结？

6.8 在换热器中流体的流动形式有哪几种，它们的传热方程有区别吗？

6.9 换热器传热系数和单侧表面传热系数的定义和测量方法有什么不同？

6.10 解释传热系数实验测定方法中的热平衡法、热阻分离法、威尔逊图解法和瞬态法。

6.11 如何确定夹角内自然对流换热准则关联式，借鉴无限大空间的自然对流换热的研究思路。

6.12 简述流场和温度场协同原理提出的背景？

6.13 试推导二维平板对流换热的微分方程。

6.14 场协同角提出的数学依据和物理意义有哪些？

6.15 描述一下场协同最好和最差的情况，为什么？

6.16 有多少应用场协同原理强化对流传热的措施你了解的？

6.17 如果一根水平圆管在空气中自然对流的状态是过渡流，描述它的准则方程式为

$$Nu=0.53(GrPr)^{0.25}$$

它的流场与温度场的协同角是多少？如果将水平圆管倾斜放置呈 θ(在水平面基础上

旋转),这时描述它的准则方程式将如何变化?

6.18 在水平管空气自然对流传热实验的基础上,根据场协同原理,自行设计倾斜管的角度 θ,研究当协同角 $\beta\neq0°(\beta\neq180°)$ 和 $\beta\neq90°$ 时的对流换热问题,并与水平放置时加以比较。

参考文献

1 陈则韶,葛升石,顾毓沁. 量热技术和热物性测定. 合肥:中国科学技术大学出版社,1990

2 杨世铭. 传热学. 北京:人民教育出版社,1980

3 杨世铭,陶文铨. 传热学(第三版). 北京:高等教育出版社,1998

4 葛绍岩,那鸿悦. 热辐射性质及其测量. 北京:科学出版社,1989

5 王丰. 相似理论及其在传热学中的应用. 北京:高等教育出版社,1990

6 施明恒,薛宗荣. 热工试验的原理和技术. 南京:东南大学出版社,1992

7 Khalifa, Abdul-Jabbar N. Natural convective heat transfer coefficient - a review Ⅰ. Isolated vertical and horizontal surfaces. Energy Conversion and Management, 2001, 42(4): 491~504

8 Khalifa, Abdul-Jabbar N. Natural convective heat transfer coefficient - a review Ⅱ. Surfaces in two- and three-dimensional enclosures. Energy Conversion and Management, 2001, 42(4): 505~517

9 Ozsunar A, Baskava S, Sivrioqlu M. Experimental investigation of mixed convection heat transfer in a horizontal and inclined rectangular channel. Heat and Mass Transfer/Waerme- und Stoffuebertragung, 2002, 38(3): 271~278

10 Kaeser M, Pritchard Colin L. Heat transfer at the surface of sieve trays. Chemical Engineering Research and Design, 2005, 83(8 A): 1038~1043

11 Ben Amara Sami, Laquerre Onrawee, Flick Denis. Experimental study of convective heat transfer during cooling with low air velocity in a stack of objects. International Journal of Thermal Sciences, 2004, 43(12): 1213~1221

12 Terenzi A, Terra F. External heat transfer coefficient of a partially sunken sealine. International Communications in Heat and Mass Transfer, 2001, 28(2): 171~179

13 邢桂菊,丁梧林,赵治国,王贤,周丽雯. 大空间外管空气自然对流传热实验装置. 中国发明专利,CN1696678,2005-11-16

14 李睿劬,李存标. 平板边界层中湍流的发生与混沌动力学之间的联系. 物理学报,2002,51(8):1743~1749

15 钱颂文,江楠,吴家声. 纵向流混合管束换热器试验研究. 石油化工设备,2001,30(1):1~3

16 欧阳新萍,熊高鹏. 顺排与叉排套片式换热器的热力性能对比研究. 中国动力工程学报,2005,25(2):271~274

17 余小玲,冯全科,刘启鹏. 一种复合型散热器传热性能和流动特性的研究. 西安交通大学学报,2003,37(7):670~673

18 柴立和，彭晓峰，王补宣. 沸腾传热基础理论的拓展. 工程热物理学报，2000，21(5)：605～609

19 沈自求. 沸腾传热研究. 大连理工大学学报，2001，41(3)：253～259

20 赵耀华，苑中显，马重芳，雷道亨，刘立志，增冈隆士. 高温壁面液体射流冲击瞬态沸腾传热的实验研究. 工程热物理学报，2000，21(1)：101～104

21 周云龙，孙斌，陈听宽，陈学俊. 螺旋管中汽-水两相流强制对流沸腾传热研究. 核科学与工程，2002，22(3)：217～219，228

22 陈嘉宾，蔡振业，林纪方. 人工汽化中心表面核状沸腾传热的研究. 化工学报，1986，37(3)：2692～2696

23 Yingke Tan，Guoqing Wang，Shiping Wang，et al. An Experimental Research of Spray Falling Film Boiling on the Second Generation Mechanically Made Porous Surface Tubes. Proc 9th Int Heat Transfer Conf，1990(6)：269

24 钟理，谭盈科，王世平. 肋形隧道表面多孔管强化沸腾传热的研究. 化学工程，1990，18(4)：26～32

25 王国庆，谭盈科. 表面多孔管降膜沸腾传热研究. 化学工程，1993，21(5)：25～29

26 周定伟，刘登瀛，马重芳. 汽泡生成状态对沸腾传热影响的实验研究. 应用基础与工程科学学报，2002，10(1)：63～67

27 中国教育和科研计算机网. 力学所返回式卫星搭载过冷池沸腾实验完成. http://www.edu.cn/yu_zhou_da_guan_1131/20060323/t20060323_140071.shtml，2005-09-14

28 汪清. 实践 8 号育种卫星搭载池沸腾实验顺利完成. http://www.imech.ac.cn/info_www/news/detailnewsb.asp? infono=7343，2006-09-26

29 刘振华，张彤. 底部封闭倾斜细管内沸腾临界热流密度的实验. 航空动力学报，2006，21(2)：303～307

30 李东辉，白金兰，邱以清，刘相华，王国栋. 方坯连铸机结晶器凝固传热的模型研究. 特种铸造及有色合金，2004(6)：37～39

31 唐铁训，邢桂菊. 高温炉壁在辐射传热中的作用. 钢铁，2001，36(10)：57～60

32 施太和，傅建红，方铎，钟兵. 钻井过程中井内流动与传热的耦合数值计算. 天然气工业，2001，21(4)：57～59

33 刘强，钟奇. 航天器密封舱流动和传热的数值研究. 宇航学报，2002，23(5)：44～48

34 史美中，王中铮. 热交换器原理与设计(第二版). 南京：东南大学出版社，1996

35 Inaqki Yoshiyuki，koisoHiroshi，Ioka Ikuo，Miyamoto Yoshiaki. Experimental study on heat transfer characteristics of a high-temperature gas-gas heat exchanger with helically coiled tube bundles. In：Proceedings of the 1996 4th ASME/JSME International Conference on Nuclear Engineering，ICONE-4. Part 1B (of 5). New Orleans，LA，USA：ASME/JSME，1996，633～638

36 过增元，黄素逸等. 场协同原理与强化传热新技术. 北京：中国电力出版社，2004

7 气体的成分分析原理和方法

工业界许多热工设备都需要应用燃料燃烧产生的能源。如高炉炼铁需要热风炉供热风,热风炉的运转就需要燃烧掉大量的高炉煤气或高炉煤气与少量的焦炉煤气混合气体;钢材轧制前的钢坯加热及钢材的热处理,需要用加热炉或各种热处理炉,这些工业炉窑根据当地条件,有的用焦炉煤气,有的用发生炉煤气,有的用高炉煤气,有的用两种混合煤气,有的用煤来加热;在锅炉的运行中,我国绝大部分采用煤作为燃料。诸如此类,燃烧是人类利用能源的主要方式。

燃烧的排放中不仅含有大量的 CO_2,还包括来自于燃料本身和燃烧过程中产生的灰粒、炭黑、NO_x、SO_x、CO 以及未燃尽的碳氢化合物、微量有害元素等。同时燃烧过程还存在噪声、臭味,这些都是造成人类生存环境恶化的元凶。因此,人们需要了解和把握燃烧产物的各种成分及含量,以便采取措施控制污染物的生成和排放。同时,掌握燃烧产物成分,对于判断燃烧质量及进行热工设备设计和操作,都是十分必要和重要的。

7.1 仪器分析方法的分类

人类对于燃烧排放物成分的分析,主要采用分析化学的方法。从分析化学的发展历史来看,大致可以分为化学分析和仪器分析两大类。化学分析方法是指利用化学反应以及化学计量关系来确定被测物质的含量,属于经典的非仪器分析方法。比如,以往使用的奥氏分析仪、气体成分全分析仪,通过一定量的化学反应来确定烟气中的 CO_2、O_2、SO_2、CO、N_2 等各成分含量。进入 21 世纪以后,仪器分析的方法占据了分析化学的主要领地。它是以测量物质的某些物理或物理化学性质的参数来确定其化学组成、含量或结构,以及相关的信息,不仅具有灵敏、简便、快捷的特征,而且大部分使用便携式仪器,能够实现在线、实时、自动化等功能,因而得到广泛的应用。

仪器分析一般分为电化学分析法、色谱法与质谱分析法以及光学分析法。

电化学分析法是建立在溶液电化学性质基础上的一类方法，包括电位分析法、电重量分析法、库仑分析法、伏安分析法，极谱分析法和电导分析法。

色谱分析法也称层析法，是一种分离和分析方法。主要是利用混合物中各组分不同的物理和化学性质进行组分分离，并可以对分离后的组分进行定性或者定量的分析，有的分离和测定同时进行，有的先分离后测定。色谱分析法又分为两种：一种是气相色谱法，另一种是液相色谱法。

质谱分析法中的质谱仪是一种测量带电粒子质荷比的装置。它利用带电粒子在电场和磁场中的运动行为（偏转、漂移、振荡）进行分离与测量。然后根据所得的质谱图，得到待测样品的组分和各组分的比例。

光学分析法是建立在物质和电磁辐射互相作用基础上的一类分析方法，包括原子发射光谱法、原子吸收光谱法、紫外-可见吸收光谱法、红外吸收光谱法、核磁共振波谱法和荧光光谱法等多种。其中红外吸收光谱法多用于烟气成分的分析[1,2]。

当今对气体成分分析可以采用上述很多方法。本章主要介绍电化学分析法以及色谱、质谱和红外谱技术，此外还对色谱和质谱联用，色谱和红外谱联用做简要介绍。

7.2 电化学分析方法

电化学分析是利用溶液的电化学性质，包括构成电池的电化学性质和化学性质，通过传感元件——电极，将被测量的气体浓度转换成电学参数的测量方式。

按照电学参数来考虑，又可以将电化学分析法再细分。以溶液电导作为被测量参数的方法，成为电导分析法；通过测量电池电动势或者电极电位来确定气体浓度的方法，称为电位分析法；通过称量电解过程溶液中被测金属离子电析出在电极上的重量，确定析出物的含量的方法，称为电解分析法；而通过测量电解过程中消耗的电量求出被测物质含量的方法，称为库仑分析法；利用电解过程中得到的电流-电压曲线来测定的方法，称为伏安法或者极谱分析法。

7.2.1　电化学方法的基本原理

7.2.1.1　原电池和电解池的概念

化学能与电能互相转变的装置称为电池。所有的电化学方法都离不开电池的作用。每个电池由两支电极和适当的电解质溶液组成，一支电极与它所接触的电解质溶液构成一个半电池，于是两个半电池便构成了一个电池，如图 7-1 所示。

电池分为原电池和电解池两种。原电池可以将化学能转换为电能，在外电路的接通情况下，反应可以自发地进行，并且向外电路供给电能，如锌-铜原电池(图 7-2)。

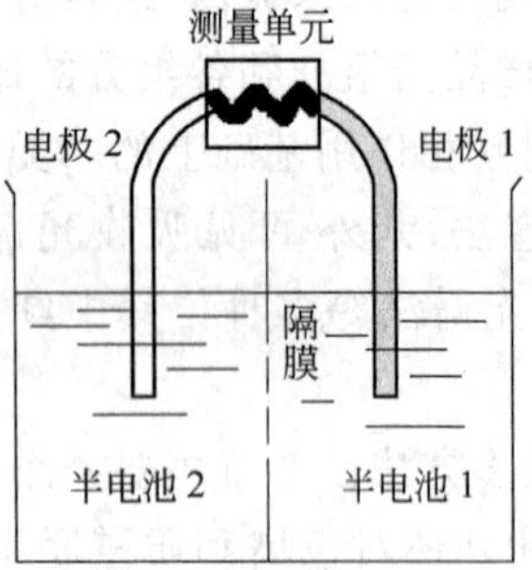

图 7-1　电池示意图

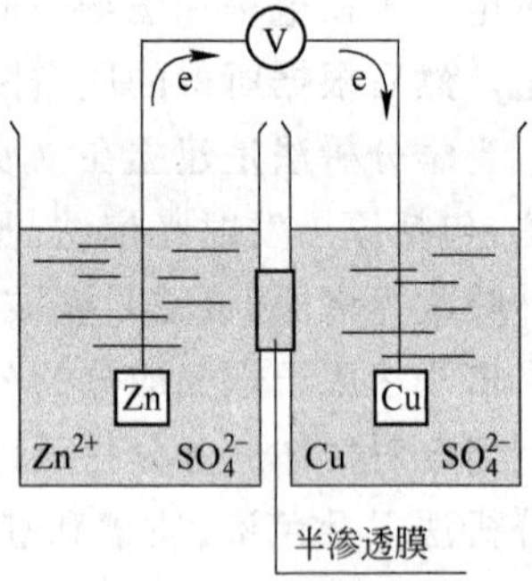

图 7-2　锌-铜原电池

将锌片放入 $ZnSO_4$ 溶液中，铜片放入 $CuSO_4$ 溶液中，两电解质溶液用半渗透膜隔开。当两电极接通后，锌电极上发生氧化反应：

$$Zn \rightleftharpoons Zn^{2+} + 2e \qquad (7\text{-}1)$$

铜电极上发生还原反应

$$Cu^{2+} + 2e \rightleftharpoons Cu \qquad (7\text{-}2)$$

电池的总反应为

$$Zn + Cu^{2+} \rightleftharpoons Zn^{2+} + Cu \qquad (7\text{-}3)$$

Zn 失去两个电子氧化成 Zn^{2+} 进入溶液，Zn 失去的电子留在锌电极上，通过外电路流到铜电极，使溶液中的 Cu^{2+} 还原为 Cu，沉积在铜电极上。锌电极带负电，是原电极的负极，铜电极带正电，是原电极的正极。电流从电势高的正极流向电势低的负极。

由于在两种电解质界面上存在电位差，这种电位差称为液接电位，不容易测定。当用充满饱和 KCl 的溶液及琼脂组成(装入玻璃管中)盐桥放入电池中，如图 7-3 所示，这时液接电位可以不考虑，电池电动势可以写成

$$E=\varphi_1-\varphi_2 \tag{7-4}$$

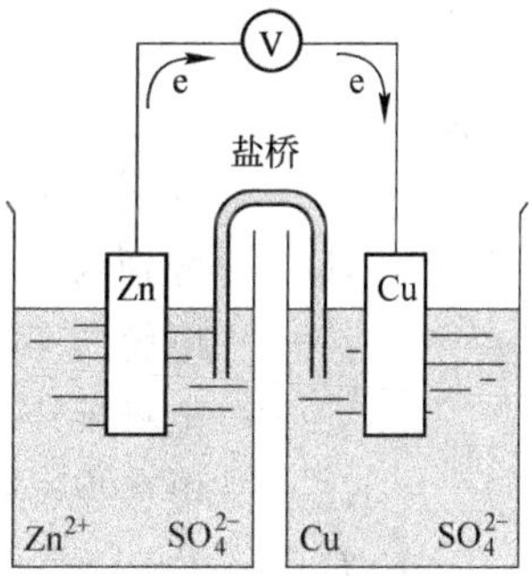

图 7-3 有盐桥的电池

式中 φ_1——右侧还原电位；

φ_2——左侧还原电位。

根据式(7-4)可以判定电池的属性。当 $E>0$ 时，表示电池反应能自发地进行，是原电池；若 $E<0$ 时，则是电解池，要使反应进行下去，必须施加一个大于该电池电动势的外加电压。

7.2.1.2 能斯特方程

能斯特方程(Nernst Equation)表示电极电位与电极表面溶液活度之间的关系，或者说是表示电池的电动势与电极表面溶液活度间的关系。

所谓活度，是指由于电解质溶液中离子之间以及离子与溶剂之间的作用，使溶液的实际浓度与有效浓度不同，为遵循化学热力学的规律而给予实际溶液浓度某种校正后的校正浓度，也称为有效浓度。

对于电池总反应，可写出通式

$$a\text{A}+b\text{B}\rightleftharpoons c\text{C}+d\text{D}$$

在一般温度下

$$E=E^0-\frac{RT}{zF}\lg\frac{(\alpha\text{C})^c(\alpha\text{D})^d}{(\alpha\text{A})^a(\alpha\text{B})^b} \tag{7-5a}$$

在 298.15K 条件下，能斯特方程为

$$E=E^0-\frac{0.0592}{z}\lg\frac{(\alpha\text{C})^c(\alpha\text{D})^d}{(\alpha\text{A})^a(\alpha\text{B})^b} \tag{7-5b}$$

当电池反应达到平衡时，$E=0$，则式(7-5b)为

$$E^0=\frac{0.0592}{z}\lg\frac{(\alpha\text{C})^c(\alpha\text{D})^d}{(\alpha\text{A})^a(\alpha\text{B})^b}$$

$$=\frac{0.0592}{z}\lg K^{\ominus} \tag{7-6}$$

以上诸式中

a,b,c,d——分别为电极反应物和生成物的摩尔数；

A,B,C,D——分别为电极反应物和生成物；

α——电解质溶液的活度；

z——电极反应中电子的计量数；

$K^{\ominus}$——电极反应中的平衡常数；

E、E^0——分别为电势和标准电势，V。

7.2.1.3 电极-溶液界面的传质过程

实际上，在电极和溶液之间存在传质过程，才使电极反应得以进行。当电极上接受一定电压发生电极反应，电极反应物在电极-溶液界面上被消耗，其浓度降低，而生成物在电极表面积聚而浓度增加。只有当电极反应物从溶液本体不断地向电极表面传送，电极生成物从电极表面不断地向溶液本体或向电极内传送，电极反应才能维持不断地进行。这就是传质过程。它包括对流传质、电迁移传质和扩散传质三个方面，所产生的电流分别为对流电流、迁移电流和扩散电流。

所谓对流传质，是指物质随流动的溶液而移动，受控于外部机械力作用或温度差的影响，前者称为强制对流，后者称为自然对流。电化学分析中有时候采用电磁搅拌或旋转电极来强化对流传质。

电迁移传质是由电场作用力引起的。在外加电压下，带正电荷的离子向负电极移动，带负电荷的离子向正电极移动。电荷通过溶液中离子的迁移而传送，溶液中离子在电场作用下都会发生电迁移。

扩散传质是由于溶液中的浓度梯度所形成的，物质从高浓度区会自然向低浓度区扩散。

7.2.1.4 定电位电解法确定气体的浓度

当烟气中含 CO 的气体扩散流经过传感器，进入电解池，被一定的电解溶液吸收，在恒电位工作电极上便发生氧化反应，反应式为

$$CO+H_2O \rightleftharpoons CO_2+2H^{+}+2e \tag{7-9}$$

与此同时，产生相应的极限扩散电流，其大小与 CO 浓度成正比。应用科垂尔(Cottrell)方程，可以写出在特定的电解溶液条件下的电流

表达式

$$i=\frac{zFSD}{\delta}c \tag{7-10}$$

式中 δ——扩散层厚度，m；

c——扩散气体的浓度，mol/m^3。

当电极反应中电子计量数 z、法拉第常数 F、反应面积 S、扩散系数 D 和扩散层厚度 δ 为已知时，只要测得电极间电流，就可以获得 CO 的浓度值。

同理，当含有 SO_2 的烟气扩散流经过传感器，进入相应的电解池，其氧化反应为

$$SO_2+2H_2O \rightleftharpoons SO_4^{2-}+4H^++2e \tag{7-11}$$

于是用相同的方法可求出 SO_2 气体的浓度值。

其他的气体成分浓度依此类推[2]。

7.2.1.5 科垂尔方程和法拉第定律

了解和掌握科垂尔方程和法拉第定律（Faraday's law），对于应用电化学方法测量气体成分是很有必要的。

要清楚平面电极的扩散过程是一个线性扩散过程。在平面电极上时间 t 时刻，电解产生极限电流可表示为

$$i=\frac{zFSDc}{\sqrt{\pi Dt}} \tag{7-7}$$

式中 i——电解极限电流，A；

F——法拉第常数，$F=96485$C/mol；

S——电极反应面积，m^2；

D——物质在溶液中的扩散系数，m^2/s；

c——物质的浓度，mol/m^3；

t——电极反应时间，s。

式(7-7)便为科垂尔方程。

英国物理学家化学家法拉第（Michael Faraday）在 1834 年确定了关于电解的两条基本定律。其中电极的第一定律是在电极上析出（或溶解）的物质的质量 m 同通过电解液的总电量 Q（即电流强度 i 与通电时间 t 的乘积）成正比，用数学式表示为

$$m=\frac{Q}{zF}M \tag{7-8}$$

式中　m——物质的质量，g；

Q——电解质消耗量，$Q=it$，若 1A 的电流通过电解质溶液 1s，则电量是库仑(C)；

M——析出物质的摩尔质量，g/mol。

7.2.2　电化学方法的应用

电化学方法的应用有很多，本节仅介绍利用该方法分析烟气的 KM9106 综合烟气分析仪。该仪器是英国 Kane 国际有限公司的产品。它可以测量轻油、重油等液体燃料的燃烧产物成分，各种煤和焦炭固体燃料的燃烧产物成分，还可以测量包括天然气、液化石油气、焦炉煤气等在内及自定义煤气成分和热值的各种混合气体燃料的燃烧产物成分，还有 C-H 系列气体燃料的燃烧产物成分。由于它的便携式和模块化的结构，具有轻便、在线、自动、实时、数据存储和下载等功能[3]。

7.2.2.1　仪器外观

KM9106 综合烟气分析仪主体装置如图 7-4 所示，测量探针形式如图 7-5 所示。

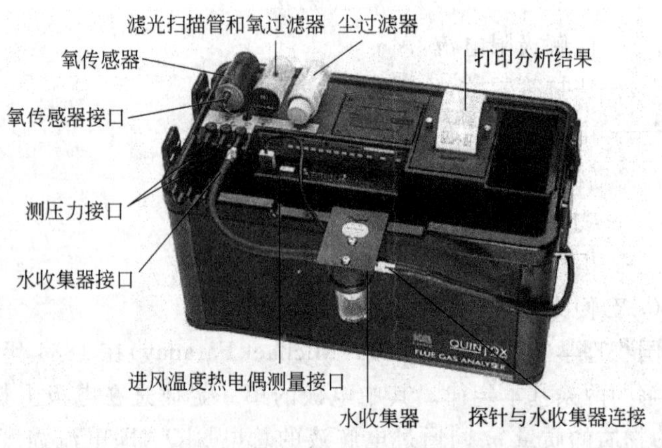

图 7-4　KM9106 综合烟气分析仪外部结构

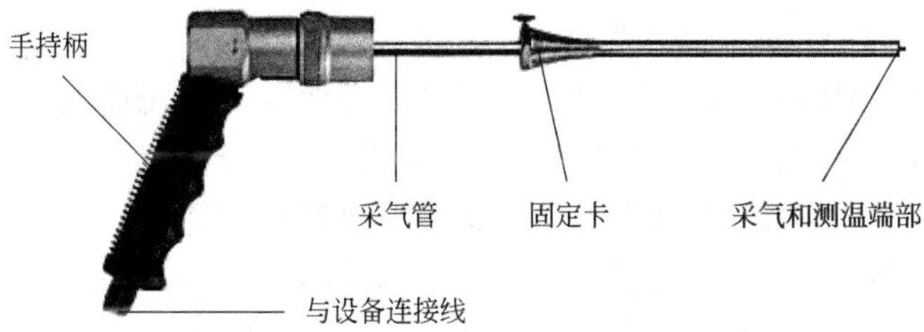

图 7-5 测量探针外部形状

该仪器在使用过程中由手操器控制监测，手操器的外观如图 7-6 所示。

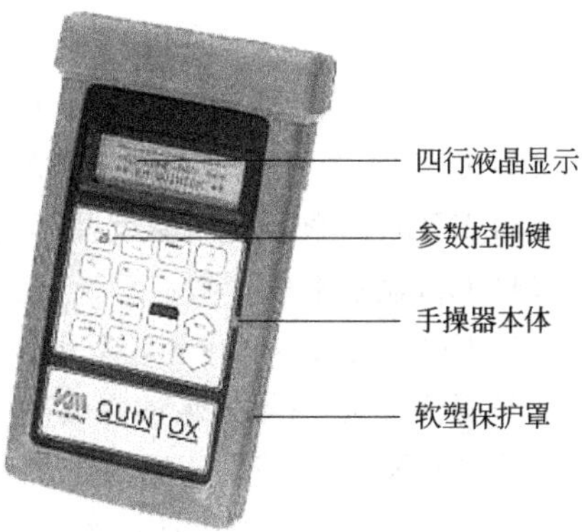

图 7-6 手操器外观

7.2.2.2 主要功能

KM9106 综合烟气分析仪可以实现以下功能：

(1) 测量烟气中 CO、O_2、NO、NO_2、SO_2 及 HC 气体成分含量，可以用 10^{-6} 形式表示也可以用 mg/m^3 形式表示。

(2) 计算出烟气中 CO_2 含量和有害气体指数，即 CO/CO_2 的比率。

(3) 计算空气过剩系数 α(XAIR)和燃烧效率 η(Eff)。

(4) 测量烟气管道的压力和压差。

(5) 测量烟道温度、环境温度、送风温度和计算净温度(烟道温度和环境温度差值)。

(6) 计算总的热损失，其中包括干烟气热损失、湿烟气热损失和不完全燃烧热损失。

7.2.2.3 控制面板参数键定义

手操器面板上共有 16 个按键，其中有 1 个黑白转换键，1 个向上键，1 个向下键，其余为双行键。

上行参数键包括：

(1) SCALE，显示参数设定的标准。

(2) AMBIENT，显示环境温度及传感器性能、烟道温度、送风温度。

(3) SO_2，显示二氧化硫读数及净温度、O_2、CO。

(4) NO_2，显示二氧化氮读数及 NO、净温度、CO。

(5) NO，显示一氧化氮读数及 NO_x、净温度、CO。

(6) NO_x，显示氮氧化物读数及 NO_x、净温度、CO。

(7) PRESSURE，显示压力读数及烟道温度、净温度、O_2。

(8) LOSSES，显示所有四种损失。

(9) λ，显示空气过剩系数及 CO、Eff、CO_2。

下行键包括：

(1) NETT，显示净温度及 O_2、CO、Eff。

(2) FLUE，显示烟道温度及环境温度、压力、O_2。

(3) INLET，显示送风温度及环境温度、O_2、烟道温度。

(4) O_2，显示氧气读数、CO、CO_2 及净温度。

(5) CO_2，显示二氧化碳计算值及 CO、净温度、空气过剩系数。

(6) CO，显示一氧化碳读数及净温度、O_2、CO_2。

(7) AUX，显示辅助传感器 1 及总烃读数、净温度、CO。

(8) FUEL，显示燃料种类及其有关参数。

(9) Eff，显示总效率及 O_2、CO。

7.2.2.4　烟气采集气路简图

KM9106 综合烟气分析仪的烟气采集气路系统如图 7-7 所示。

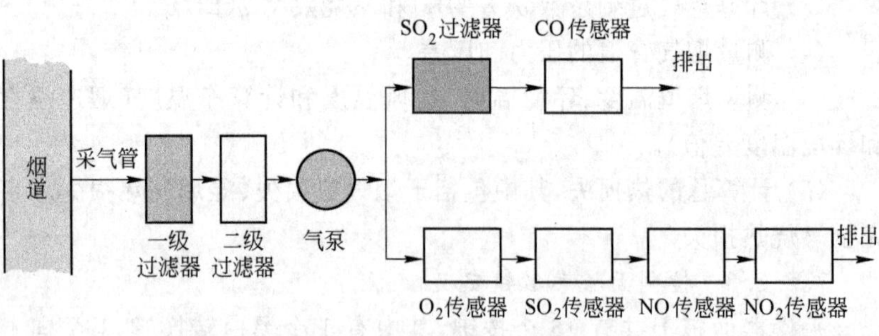

图 7-7　烟气采集气路图

7.2.2.5 测量分析专用软件

KM9106 综合烟气分析仪测量到的数据既可以通过手操器，也可以实时传输到微机上，其数据下载是通过专用 Fireworks 软件来完成的。该软件具有以下功能：

(1) 将以前存储的和当前的数据用图形及图表方式表示或打印。

(2) 柱状图和大型液晶信息显示。

(3) 编制报告。

(4) 查看表格格式的存储信息。

(5) 把文件输出为标准表格形式。

(6) FUEL 显示燃料种类及其有关参数。

(7) 在微机上用虚拟手操器实时监控。

7.3 色谱分析技术

色谱分析法(chromatography)是基于混合物各组分在体系中两相的物理化学性能差异(如吸附、分配差异等)而进行分离和分析的方法[1,2,4,5]。

色谱法创始于 20 世纪初，1906 年俄国植物学家茨维特(M. Tsweet)将碳酸钙放在竖立的玻璃管中，从顶端倒入植物色素的石油醚浸取液，并用石油醚冲洗。在管的不同部位形成色带，因而命名为色谱。管内填充物称为固定相(stationary phase)，冲洗剂称为流动相(mobile phase)。随着其不断发展，色谱法不仅用于有色物质的分离，而且大量用于无色物质的分离。虽然“色”已失去原有意义，但色谱法名称仍沿用至今。

色谱分析法的分类比较复杂。根据流动相和固定相的不同，色谱分析法分为气相色谱法和液相色谱法。其简单分类如表 7-1 所示。

色谱分析法的特点是：

(1) 分离效率高。可分离性质十分相近的物质，可将含有上百种组分的复杂混合物进行分离。

(2) 分离速度快。几分钟到几十分钟就能完成一次复杂物质的分离操作。

表 7-1　色谱分析法的分类

流动相	气体	气体	液体	液体	液体	液体	液体	液体	超临界流体
固定相	液体	固体(吸附剂)	液体	液体；固体(吸附剂)	固体(吸附剂)	固体(键合固定相)	固体(多孔固体)	固体(离子交换剂)	键合固定相
固定相形状	柱	柱	柱	薄层纸	柱	柱	柱	柱	柱
名称	气-液色谱(GLC)	气-固色谱(GSC)	液-液色谱(LLC)	薄层色谱 纸色谱 (TLC)(PC)	液-固色谱(LSC)	键合相色谱(CBPC)	凝胶色谱(GPC)	离子交换色谱(IEC)	超临界流体色谱(SFC)

(3) 灵敏度高。能检测含量在 10～12g 以下的物质。

(4) 可进行大规模的纯物质制备。

色谱分析法在化工、石油、生物化学、医药卫生、环境保护、食品检验、法医检验、农业等各个领域都有广泛的应用。在各种色谱法中，以气液色谱法和液固色谱法应用最广。气相色谱法分离中小分子化合物比较理想。中等大小的分子可用液-液色谱和液-固色谱分离。

7.3.1　色谱分析法的基本原理

色谱分析法体系中的两相作相对运动时，通常其中一个相是固定不动的，称为固定相；另一相是移动的，称为流动相。在色谱分析过程中，物质的迁移速度取决于它们与固定相和流动相的相对作用力。溶质和两相的吸引力是分子间的作用力。被较强吸引在固定相上的溶质相对滞后于较强吸引在流动相中的溶质，随着移动的反复进行与多次分配，使混合物中的各组分得到分离。

7.3.1.1　色谱分析过程

色谱分析过程是物质分子在相对运动的两相间分配“平衡”的过程。混合物中，若两个组分的分配系数(distribution coefficient)不等，则被流动相携带移动的速度不等(称为差速迁移)而被分离。

吸附柱色谱法的操作及色谱过程如图 7-8 所示。把含有 A、B 两组分的样品加到色谱柱的顶端，A、B 组分均被吸附到固定相上。然后用适当的流动相冲洗，当流动相流过时，已被吸附在固定相上的两种组分又溶解于流动相中而被解吸，并随着流动相向前移行，已解吸的组分遇到新的吸附剂颗粒，又再次被吸附，如此在色谱柱上不断地发生吸附、解吸，再吸附、再解吸……的过程。若两种组分的理化性质存在着微小的差异，则在吸附剂表面的吸附能力也存在微小的差异，经过反复多次的重复，使微小的差异积累起来就变成了大的差异，其结果就使吸附能力弱的 B 组分先从色谱柱中流出，吸附能力强的 A 组分后流出色谱柱，从而完成各组分的分离。

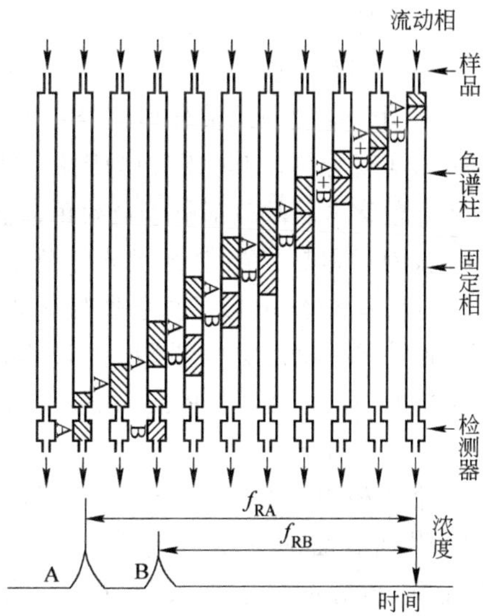

图 7-8 色谱过程示意图

A 分配色谱法

分配色谱法利用被分离组分在固定相或流动相中的溶解度差别而实现分离。其固定相为液体，气液色谱法（GLC）和液液色谱（LLC）都属于分配色谱法范围。

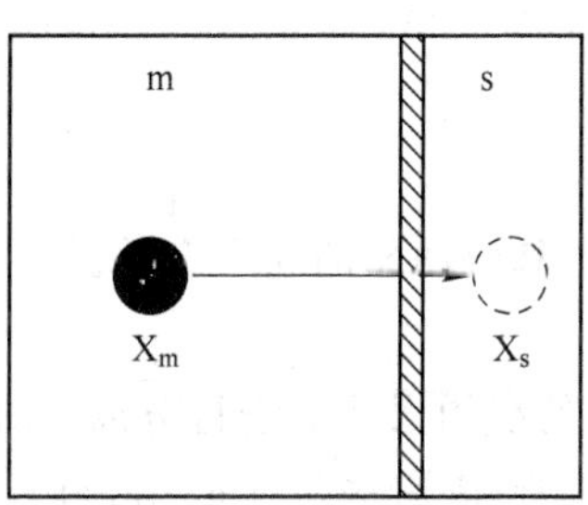

图 7-9 液-液色谱示意图

X_m—流动相中的溶质分子；

X_s—进入固定相内部的溶质分子

分配色谱法如图 7-9 所示。图中 X 代表样品中某组分（溶质）分子，下标 m 与 s 分别为流动相与固定相。溶于流动相与溶于固定相的溶质分子处于动态平衡，平衡时浓度之比（严格应为活度比）为狭义分配系数（partition coefficient）：

$$K=\frac{c_s}{c_m}=\frac{X_s/V_s}{X_m/V_m} \qquad (7\text{-}9)$$

溶质分子在固定相中溶解度越大，或在流动相中溶解度越小，则 K 越大。在

LLC 中 K 主要与流动相的性质(种类与极性)有关;在 GLC 中,K 与固定相极性和柱温有关。

B　吸附色谱法

吸附色谱法利用被分离组分对固体表面活性吸附中心吸附能力的差别而实现分离。其固定相为固体吸附剂,大部分气固色谱法(GSC)和液固色谱法(LSC)都属于吸附色谱法。

吸附过程是样品中各组分的分子(X)与流动相分子(Y)争夺吸附剂表面活性中心(即为竞争吸附)的过程,如图 7-10 所示。吸附平衡可以表示为

$$X_m + nY_a \leftrightarrow X_a + nY_m \quad (7\text{-}10)$$

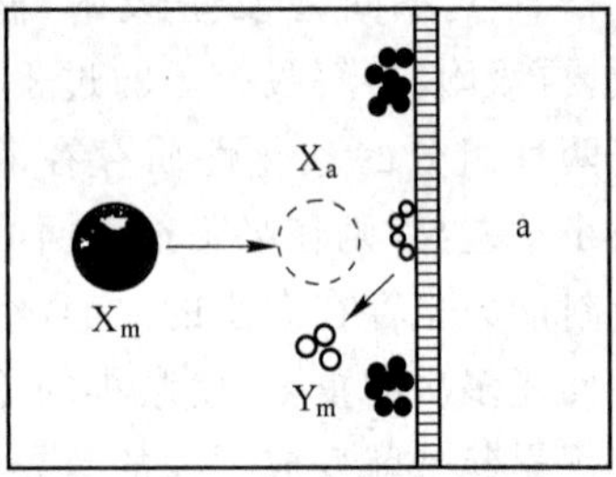

图 7-10　吸附色谱示意图

X—溶质分子;Y—流动相分子;A—吸附剂;m—流动相

流动相中组分的分子 X_m 与吸附在吸附剂表面的 n 个流动相分子 Y_a 相置换,组分的分子被吸附,以 X_a 表示。流动相分子回至流动相内部,以 Y_m 表示。吸附平衡常数称为吸附系数(K_a),可近似用浓度商表示为

$$K_a = \frac{[X_a][Y_m]^n}{[X_m][Y_a]^n} \tag{7-11}$$

因为流动相的量很大,$[Y_m]^n/[Y_a]^n$ 近似于常数,且吸附只发生于吸附剂表面,所以,吸附系数可写成

$$K_a = [X_a]/[X_m] = (X_a/S_a)/(X_m/V_m) \tag{7-12}$$

式中　S_a——吸附剂的表面积;

　　V_m——流动相(展开剂)的体积。

吸附系数与吸附剂的活性、组分的性质和流动相的性质有关。

C　空间排阻色谱法

空间排阻色谱法根据被分离组分分子的线团尺寸而进行分离。其固定相是多孔性填料凝胶,故此法又称为凝胶色谱法(gel chromatography),也称为分子排阻色谱法。空间排阻色谱法按流动相的不同分为两种类型,一种是以有机溶剂为流动相的称为凝胶渗透色谱法(gel permeation chromatography,GPC);另一种是以水溶液为流动相的称

为凝胶过滤色谱法(gel filtration chromatography,GFC)。

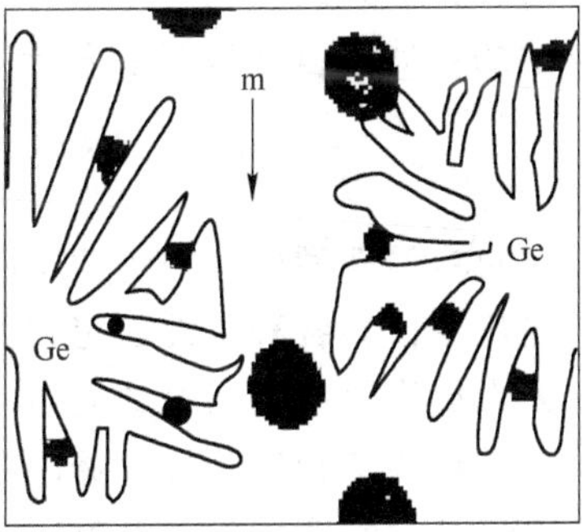

图 7-11 凝胶色谱分离示意图

Ge—凝胶;m—流动相

凝胶色谱法的分离机制与前三种色谱法完全不同,它只取决于凝胶的孔径大小与被分离组分线团尺寸之间的关系,与流动相的性质无关。其作用类似于分子筛的作用(反筛子),如图 7-11 所示。

凝胶色谱法的分离机制有多种说法,空间排斥理论是目前被多数人所接受的理论。该理论有两条假设:

(1) 孔内外同等大小的溶质分子处于扩散平衡状态:

$$X_m \Leftrightarrow X_s$$

X_m 与 X_s 分别为在流动相与凝胶孔隙中同等大小的溶质分子。平衡时,两者浓度之比为渗透系数 K_p(permeation coefficient)

$$K_p = [X_s]/[X_m] \tag{7-13}$$

(2) 渗透系数的大小只由溶质分子的线团尺寸及凝胶孔隙的大小所决定。

在凝胶孔径一定时:① 当分子大到不能进入凝胶的所有孔隙时,$[X_m]=0$,则 $K_p=0$;② 当分子小到能进入所有孔隙时,$[X_s]=[X_m]$,$K_p=1$;③分子尺寸在上述两种分子之间时,$0<K_p<1$。在高分子溶液中,相同成分的分子的线团尺寸与其分子质量成比例。因此,在一定分子线团尺寸范围内,K_p 与分了质量相关。

以上是三种基本类型的色谱法,这三类色谱法都可用于液相色谱法,而气相色谱法主要用前两类。此外,还有其他分离机制的色谱法。近年来最常见的一种色谱法是化学键合相色谱法(chemically bonded-phase chromatography),从分离机制讲,键合相色谱法并未超出上述基本类型。对于特定固定相在特定实验条件下,哪一种机制起主要作用仍是当前研究较多的问题。

7.3.1.2　色谱分析法的发展趋势

色谱分析法的发展趋势主要是两个方面，一方面是色谱方法及其硬件的进一步研究，另一方面是联用技术的发展。以下从五个方面加以说明[4]。

A　新型固定相和检测器的研究

新型固定相和检测器虽然已有很多种类，但新型固定相仍然不断出现，从而使色谱分析方法的应用越来越广泛。如各种手性固定相的出现使手性药物的分析变得十分方便，大大促进了手性药物的立体选择性研究。从1985年以来发展了内表面反相固定相等几种浸透限制固定相，允许体液如血浆等直接进样。1989年又出现了灌注色谱固定相，用于各种生物大分子的分离分析。此外，还有各种特殊用途的固定相的研制。新型检测器也在不断研制，如蒸发光散射检测器和半导体激光荧光检测器等。后者对靛菁绿(indocyanine)标记后的白蛋白的最低检测限为1.3pmol，优于普通光度法两个数量级。

B　色谱新方法的研究

目前色谱方法的研究仍然十分活跃。新近发展起来的电色谱法兼有毛细管电泳和微填充柱色谱法的优点，其应用研究越来越多，它将成为最重要的色谱方法之一。1995年又出现了以激光的辐射压力为色谱分离驱动力的光色谱，按几何尺寸对组分进行分离，但其应用还在研究之中。

C　色谱-光谱(或质谱)联用技术

把色谱作为分离手段，光谱(或质谱)充作鉴定工具，各用其长，互为补充。已有GC-MS、气相色谱-傅里叶变换红外光谱(GC-FTIR)、SFC-MS、HPLC-UV、HPLC-MS及TLC-UV等多种联用仪器的商品。还有毛细管区带电泳(CZE)-MS和HPLC-NMR等联用技术。由于计算机的运用，这些联用仪多数都能绘制光谱-色谱三维谱，即在一张图上可以同时获得定性与定量信息。

D　色谱-色谱联用技术

将两种色谱法联用称为二维或多维色谱法。两种色谱法可以互相弥补，分离一些难分离的物质对，常见的有GLC-GSC、HPLC-GC、LC-SFC及HPLC-HPLC(如LLC-IEC、LLC-SEC)等，还有非手性固定相与手性固定相连用的 HPLC。在色谱-色谱联用技术中常用到柱切换技术。这种联用技术能够获得更多的定性信息,也可提高定量的准确度。

E 色谱专家系统

这是一种色谱-计算机联用技术。色谱专家系统是指模拟色谱专家的思维方式,解决色谱专家才能解决问题的计算机程序。完整的色谱专家系统包括了柱系统推荐和评价,样品预处理方法推荐,分离条件推荐与优化,在线定性、定量及结果的解析等功能。色谱专家系统的应用,将大大提高色谱分析工作的质量和效率。

7.3.2 色谱分析法的应用

气固色谱的分离原理是基于不同的物质(特别是气体)在固体表面的吸附能力不同。它常用于永久气体及低碳数化合物的分离。例如采用长度 10m、直径 0.53mm 的多孔分子筛柱可以分离 He,Ne,Ar,O_2,N_2及甲烷等气体;采用多孔层高聚物开管柱可以分离 He,CH_4,CO_2,CO,C_2H_4及 C_2H_6等气体,也可以用来分离低碳数的卤代烃。

气液色谱法的应用面要远远广于气固色谱法。只要在气相色谱仪允许的条件下可以汽化而不分解的物质,都可以用气相色谱法分析。对部分热不稳定物质,或者难以汽化的物质,通过化学衍生化的方法,仍可以用气相色谱法分析。所谓的化学衍生化,就是通过合适的化学反应,使原先热不稳定物质或难以汽化的物质转变成酯类、醚类等衍生物,以降低沸点和极性,增加稳定性和挥发度。

气相色谱法除了用于一个样品的定性及定量分析之外,还可以用于物理化学研究中多种参数的测量。例如测量固体的比表面积;利用溶质与溶剂的相互作用,研究溶液热力学过程;通过测量吸附热可以研究吸附剂与被吸附物质之间的作用;通过分析在不同时间间隔的反应混合物成分的变化来研究化学反应动力学过程等[6~8]。

7.4 质谱分析技术

7.4.1 基本原理

质谱仪是一种测量带电粒子质荷比的装置。它利用带电粒子在电场和磁场中的运动行为(偏转、漂移、振荡)进行分离与测量。在离子源中样品分子被电离和解离,电离后成为带单位电荷的分子离子。其解离后则生成一系列的碎片,这些碎片可能形成带正电荷的碎片离子、或带负电荷或呈中性。

将分子离子和碎片离子引入到一个强的正电场中,使之加速,加速电位通常为 6～8kV,此时所有带单位正电荷的离子都将获得动能。由于动能达数千电子伏,可以认为此时各种带单位正电荷的离子都有近似相同的动能。但是,不同质荷比的离子则具有不同的速度,利用离子不同质荷比及其速度差异,质量分析可将其分离,然后由检测器测量其强度记录后获得一张以质荷比(m/z,其中 m 为离子的质量,z 为离子携带的电荷数)为横坐标,以相对强度为纵坐标的质谱图。

质谱分析的基本过程可以概括为以下四个环节:(1)通过合适的进样装置将样品引入并进行汽化;(2)汽化后的样品引入到离子源进行电离,即离子化过程;(3)电离后的离子经过适当的加速后进入质量分析器,按不同的质荷比(m/z)进行分离;(4)经检测、记录,获得一张质谱图。根据质谱图提供的信息,可以进行无机物和有机物定性与定量分析、复杂化合物的结构分析、样品中同位素比的测定以及固体表面的结构和组成的分析等。

以上四个环节中,实现样品离子化是核心,不同的离子化过程,降解反应的产物也不同,因而所获得的质谱图也随之不同,而质谱图也正是质谱分析的依据。

使样品离子化的方法有:电子轰击离子化,化学离子化,场致离子化,场解吸电离,火花电离,快速原子轰击等。其中电子轰击离子法是最通用的电离法,它是用高能电子流轰击样品分子,产生分子离子和碎片离子。这种离子化的效率高,电子电离源的结构简单,其缺点是分子离子的谱峰很弱或不出现,大量的分子离子由于具有较高的内能,被进一步裂解为碎片离子,使获得的质谱图的碎片离子的谱峰较多,增大了质谱图的解析难度。

质谱图中出现的离子峰,归纳起来有下面几种类型:分子离子峰、同位素离子峰、碎片离子峰、重排离子峰、亚稳离子峰及多电荷离子峰等。这些离子峰是质谱分析的基础,例如,分子离子峰的主要用途是确定化合物相对分子质量，利用高分辨率质谱仪给出精确的分子离子峰质量数，是测定有机化合物相对分子质量的最快速、可靠的方法之一。

7.4.2 系统组成

根据质量分析器的工作原理，质谱仪可分为动态仪器和静态仪器两大类型。在静态仪器中，质量分析器采用稳定磁场，按空间位置将不同质荷比(m/z)的离子分开。如单聚焦和双聚焦质谱仪。在动态仪器中，质量分析器采用变化的电磁场，按时空来区分不同质荷比的离子，如飞行时间和四极滤质器式质谱仪[2,8]。

典型质谱仪一般由真空系统、进样系统、离子源、质量分析器和计算机控制与数据处理系统（工作站）等部分组成。图 7-12 所示为质谱仪的工作方框图。

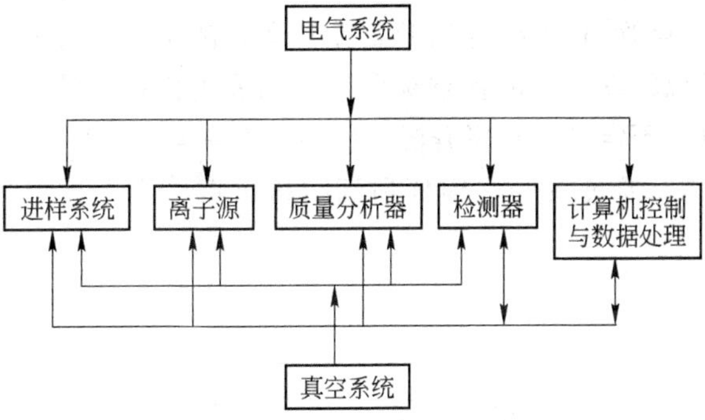

图 7-12 质谱仪工作方框图

7.4.2.1 真空系统

质谱仪的离子源、质量分析器和检测器必须在高真空状态下工作，以减少本底的干扰，避免发生不必要的离子-分子反应。离子源的真空度应达 10^{-3}～10^{-4} Pa，质量分析器和检测器的真空度应达 10^{-4}～10^{-5} Pa。

质谱仪的高真空系统通常由机械泵和油扩散泵或涡轮分子泵串联组成。机械泵作为前级泵将真空系统抽到 10^{-1}～10^{-2} Pa，然后再由油扩散泵或涡轮分子泵继续抽到高真空。一般的质谱仪中离子源和质量分析器各由一台油扩散泵或涡轮分子泵保证它们的高真空度。但为使仪器更加小巧紧凑，近来一些小型台式气相色谱-质谱联用仪中，离子源和质量分析器也共用一台抽速较大的油扩散泵或涡轮分子泵。

7.4.2.2　进样系统

进行质谱分析时，先要将分析样品送入离子源。进样系统将样品引入离子源时，既要重复性非常好，还要不引起离子源真空度降低。对进样系统的要求是：(1)在质谱分析的全过程中，能向离子源提供稳定的样品，并保证样品质谱峰达到应有的强度和稳定度；(2)进样过程中，尽量减少样品分解、分馏、吸附和冷凝等不良现象；(3)进样系统的时间常数小；(4)易于安装，便于操作。

目前常用的进样系统有间歇式进样系统、直接进样系统，以及色谱-质谱联用时将色谱仪的分离部分作为质谱仪的进样系统。图 7-13 所示为一种常用的直接进样系统。将装有样品的玻璃毛细管装在顶端有小洞的石英管内，进样杆携带石英管送入离子源。进样杆进入离子源时，离子源的真空度由真空锁保证。调节进样杆前端的加热线圈的电流，可以按预定升温程序升温。样品在高真空下被加热汽化，进入离子源被电离。通过改变进样杆顶端结构可以满足不同电离方式的要求。

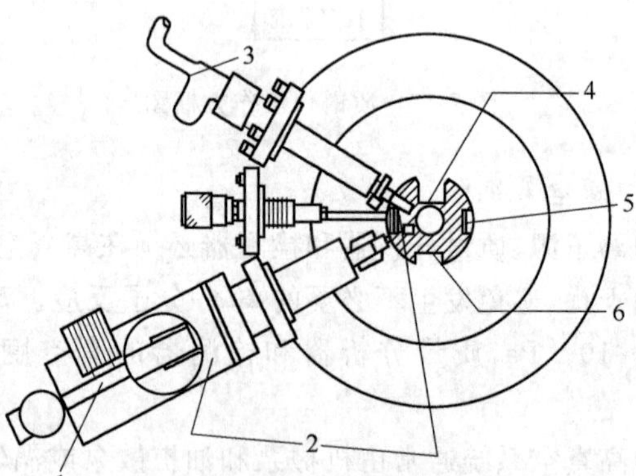

图 7-13　直接进样系统示意图

1—真空锁；2—直接进样器；3—加热器；4—灯丝；5—离子源；6—阳极

7.4.2.3 离子源

离子源的作用是使被分析的物质电离成带电的正离子或负离子，并使这些离子在离子光学系统的作用下，会聚成有一定几何形状和一定能量的离子束，然后进入质量分析器被分离。离子源的结构和性能与质谱仪的灵敏度和分辨率有密切的关系。样品分子电离的难易则与其分子组成和结构有关。对离子源的主要要求是：(1)离子流强度能满足测量精度的要求；(2)离子束散角小；(3)离子流稳定性好；(4)电子利用率高；(5)工作压力范围宽。

在诸多离子源中，电子轰击电离源是应用最多、最广泛的离子源，也是色谱质谱联用仪，特别是气相色谱质谱联用仪中应用最多的离子源。图 7-14 示出了电子轰击电离源的原理图。

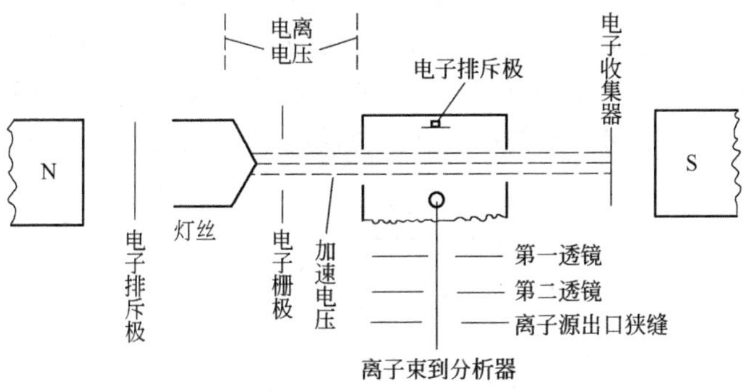

图 7-14 电子轰击电离源的原理图

电子轰击电离的特点是稳定，操作方便，电子流强度可精密控制，电离效率高，结构简单，控温方便，所形成的离子具有较窄的动能分散，所得的质谱图重现性好。

7.4.2.4 质量分析器

质量分析器是质谱仪的重要组成部分，其作用是将离子源产生的离子按其质荷比的不同、在空间的位置、时间的先后或轨道的稳定与否进行分离，以便得到按质荷比(m/z)大小顺序排列而成的质谱图。质量分析器的类型很多，如磁质量分析器、四极滤质器、飞行时间质量分析器、粒子阱质量分析器和离子回旋共振质量分析器等。其中磁质量分析器为静态质量分析器,其他为动态质量分析器。

下面仅介绍常用的磁质量分析器和四极滤质器。

A　磁质量分析器

磁质量分析器是根据离子束在一定场强的磁场中运动时,其运动的曲率半径与离子的质荷比和加速电压有关。当离子的加速电压一定时,不同质荷比的离子将有不同的运动曲率半径,于是不同质荷比的离子得到了空间位置上的分离。磁质量分析器是质谱仪中最早使用的质量分析器。磁质量分析器可分为单聚焦磁质量分析器和双聚焦磁质量分析器。

图 7-15 所示是单聚焦磁质量分析器示意图。它是由一块扇形磁铁组成。由离子源产生的离子束通过磁质量分析器的入口狭缝,先以等速直线运动通过长度为 l_1 的无场空间,然后进入开角为 φ_m 的磁场中。在与离子束运动方向垂直的均匀磁场作用下,离子束进行圆周运动。离子束离开磁场后又以等速直线运动的方式通过无场空间 l_2,重新汇聚在磁质量分析器的出口狭缝处,然后进入检测器被检测。

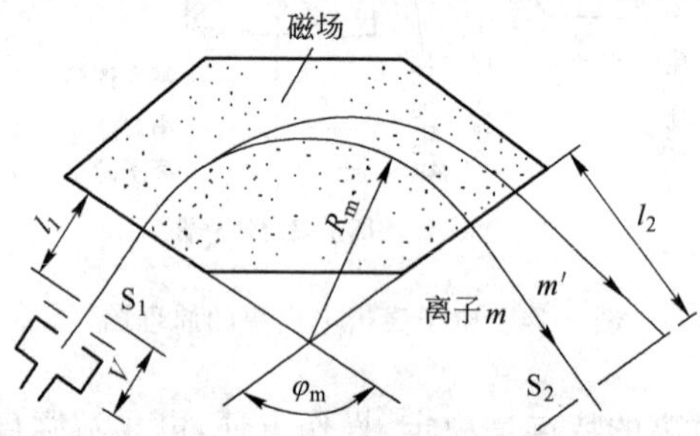

图 7-15　单聚焦磁质量分析器示意图

S_1—入口狭缝;S_2—出口狭缝

因此为使具有不同质荷比的离子依次通过分析器的出口狭缝而到达检测器,可采用固定离子加速电压而连续改变磁场强度的方法,或采用固定磁场强度而连续改变离子加速电压的方式。

单聚焦磁质量分析器的缺点是分辨率较低,只适合于能量分散较小的离子源,如电子轰击电离源、化学电离源。

双聚焦磁质量分析器如图 7-16 所示。在单聚焦磁质量分析器中，离子源产生的离子在进入加速电场之前，其初始能量并不为零，且各不相同，因此具有相同质荷比的离子，由于初始能量的差异，通过分析器后并不能完全聚焦在一起。为解决离子能量分散问题，提高分辨率，出现了双聚焦磁质量分析器。

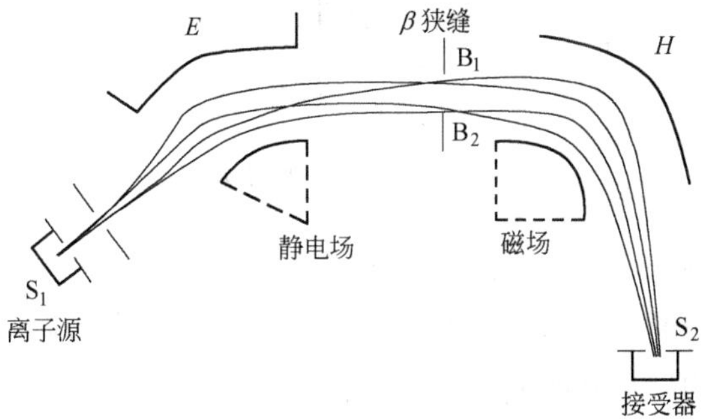

图 7-16 双聚焦磁质量分析器

所谓双聚焦，是指同时实现方向聚焦和能量聚焦。在磁场前面加一个由两个扇形圆筒组成的静电分析器，外电极上加正电压，内电极上加负电压。在某一恒定电压下，加速的离子束进入静电场，不同动能的离子具有不同的运动曲率半径，只有运动曲率半径适合的离子才能通过狭缝 β 进入磁分析器。磁分析器则对具有相同质荷比而能量不同的离子束进行再一次分离。

B 四极滤质器

四极滤质器是一种新型的动态质谱仪，它由四根截面呈双曲线的平行杆组成。对角的两个杆分别构成一对电极，加到两对电极上的电压数值相等，方向相反，每个电压都具有直流和射频两个分量。离子的质量分离是在电极形成的四极场(射频场)中实现的。图 7-17 所示为四极滤质器示意图(图中电极用圆形电极代替)。被加速后的离子束穿过 4 根电极之间的小孔。离子进入射频场后，受到电场力的作用其中只有合适质荷比的离子的振荡是稳定的，可以顺利通过射频场进入检测器。通过改变直流电压和射频电压及其两者的比值，可实现不同质荷比的离子的检测。

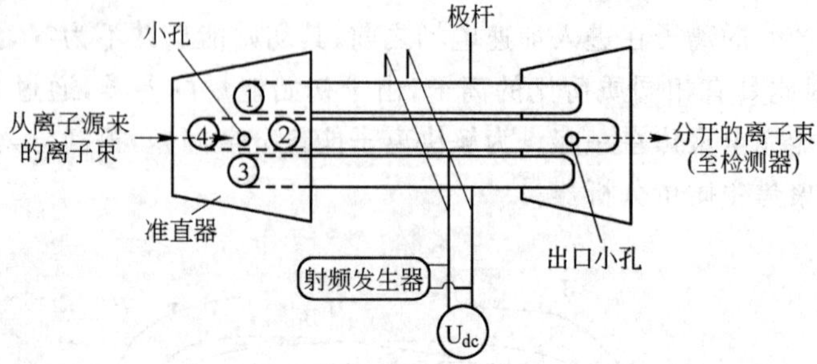

图 7-17 四极滤质器示意图

四极滤质器具有重量轻、体积小、造价低廉等优点，因此发展很快。近年来四极滤质器的分辨率和质量范围都有很大提高，大部分质谱仪纷纷采用四极滤质器。

7.4.2.5 检测器

质谱仪常用的检测器有直接电检测器、电子倍增器、闪烁检测器和照相底板等。

A 直接电检测器

直接电检测器是用平板电极或法拉第杯接收由质量分析器出来的离子流，然后由直流放大器或静电计放大器进行放大，而后记录。

法拉第杯是最简单的一种直接电检测器，其结构如图 7-18 所示。

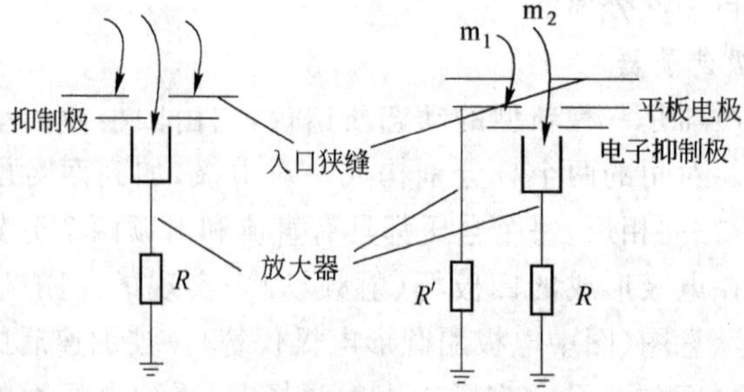

图 7-18 法拉第杯的结构原理图

(a) 单接受器；(b) D 接受器

法拉第杯与质谱仪其他部分保持一定的电位差，以捕获离子。当离子通过一个或多个抑止栅极进入杯中时，将在高电阻 R 上产生大的压降，并经放大记录。法拉第的入口狭缝是用来控制进入杯中离子的种类，阻止不需要的离子进入杯中。通过调节入口狭缝的宽度，可以在一定程度上改变质谱仪的分辨率。另外进入法拉第杯的离子可能轰击出二次电子，二次电子飞出杯外则会引起质谱峰畸形。为抑止二次电子飞出杯外，常在法拉第杯上加一个带负电压的抑止栅极。

B 电子倍增器

电子倍增器利用质量分析器出来的离子轰击电子倍增管的阴极表面，使其发射出二次电子；再用二次电子依次轰击一系列电极，使二次电子获得不断倍增，最后由阳极接受电子流，使离子束信号得到放大。近代质谱仪中常采用隧道电子倍增器，其体积小，可多个隧道电子倍增器串联使用，并同时检测多个不同质荷比的离子，从而大大提高了分析效率。

C 闪烁检测器

由质量分析器出来的高速离子打击闪烁体使其发光，然后用光电倍增管检测闪烁体发出的光，这样可将离子束信号放大。

7.4.3 计算机控制与数据处理系统

现代质谱仪均配有完善的计算机系统，它不仅能快速准确地采集数据和处理数据，而且能监控质谱仪各单元的工作状态，实现质谱仪的全自动操作，并能代替人工进行化合物的定性和定量分析。计算机控制与数据处理系统通常包括以下功能：

(1) 数据的采集和简化。一个被测的化合物可能有数百个质谱峰，若每个峰采样 15～20 次，则每次扫描采样的总数将在 2000 次以上，这些数据需在 1s 到数秒内采集，并进行运算和简化，最后得到每个峰的峰位(时间)和峰强(谱峰强度)。

(2) 质量数的转换。质量数的转换就是把获得的峰位(时间)谱转换为质量谱，得到质量数-峰强关系图。对于低分辨质谱仪需先用参考样做出质量内标，而后用指数内插及外推法，将峰位(时间)转换成质量数。在作高分辨质谱图时，未知样和参考样同时进样，未知样的谱峰夹在参考样的谱峰中间，并能很好地分开。按内插和外推法用参考样的精确质量数计算出未知样的精确质量数。

(3) 扣除本底或相邻组分的干扰。利用"差谱"技术将样品谱图中的本底谱图或干扰组分的谱图扣除，得到所需组分的纯质谱图，以便于解析。

(4) 谱峰强度归一化。把谱图中所有峰的强度对最强峰(基峰)的相对百分数列成数据表或给出棒图(质谱图)，也可将全部离子强度之和作为100，每一谱峰强度用总离子强度的百分数表示。归一化后，有利于和标准谱图比较，以便于谱图的解析。

(5) 标出高分辨质谱的元素组成。对于含碳，氢，氧，氮，硫和卤素的有机化合物，计算机可以给出高分辨质谱的精确质量测量值，按该精确质量计算得到的差值最小的元素组成以及测量值与元素组成计算值之差。

(6) 用总离子流对质谱峰强度进行修正。在色谱-质谱联用时，色谱分离后的组分在流出过程中浓度在不断变化，质谱峰的相对强度在扫描时间内也会变化，为纠正这种失真，计算机系统可以根据总离子流的变化自动对质谱峰强度进行校正。

(7) 谱图的累加、平均。使用直接进样或场解析电离时，有机化合物的混合物样品蒸发会有先后的差别，样品的蒸发量也在变化。为观察杂质存在情况，有时需要给出量的估计。计算机系统可按选定的扫描次数把多次扫描的质谱图累加，并按扫描次数平均。这样可以有效地提高仪器的信噪比。同时从杂质谱峰的离子强度也可估计杂质的量。

(8) 输出质量色谱图。计算机系统将每次扫描所得质谱峰的离子流全部加和，以总离子流输出，称为总离子流色谱图或质量色谱图。根据需要，可按扣除指定的质谱峰后的总离子流输出(称为重建质量色谱图)，也可以按指定的质谱峰输出单一质谱峰的离子流图(称为质量碎片色谱图)。

(9) 单离子检测和多离子检测。在质谱仪的质量扫描过程中可利用计算机系统控制扫描电压"阶跃变化"，实现单离子检测和多离子检测。单离子检测的灵敏度可比全扫描检测高2～3个数量级。单离子检测和多离子检测主要用于定量分析。

(10) 谱图检索。利用计算机能够存储大量已知化合物的标准谱图,因此可以利用标准谱图去检索待测样品,计算机可按一定程序比对两张谱图(待测样品谱图与标准谱图),并根据峰位和峰强比对结果计算出相似性指数,最后根据相似性指数排序结果及样品的其他已知情况(物理的和化学的),给出待测样品的分子式和结构式。现在谱图检索已成为气相色谱-质谱联用仪主要定性手段。值得注意的是,由于标准谱图绝大多数是用电子轰击电离源获得的,故待测样品也必须采用电子轰击电离源。

7.4.4 气相色谱-质谱联用分析技术

7.4.4.1 概述

色谱是一种很好的分离手段,可以将复杂混合物中的各个组分分离开,但它的定性、定结构的能力较差,通常只是利用各组分的保留特性来进行定性分析。对待测组分完全未知的情况,仅靠色谱分析技术来进行定性和定量分析就更加困难了。而随着一些定性和定结构的分析手段——质谱、红外光谱、原子吸收光谱等技术的发展,确定一个纯组分是什么化合物,其结构如何已是比较容易的事。因此将色谱分析技术和这些定性、定结构的分析技术结合起来就成为必然的发展趋势。在联用分析技术发展初期,人们往往是将色谱分离后的待测组分收集起来,经过一些处理,将待测组分浓缩和除去干扰物质后,再利用上述定性、定结构的分析技术进行分析。这种联用是脱机、非在线的联用[4]。

脱机、非在线的色谱联用只是将色谱分离作为一种样品纯化的手段和方法,操作很繁琐,在收集色谱分离后的待测组分及收集后的再处理时也容易发生样品的污染和损失。因此实现联机、在线的色谱联用分析技术已成为当今的发展方向。

实现联机、在线的色谱联用分析技术的关键是,寻找一种被称为“接口”的装置,并将经色谱仪分离后的各种组分逐一通过接口送入到第二种仪器中进行分析。因此色谱联用仪的后一级仪器实质上是前一级色谱仪的一种特殊的检测器。当然从某种意义上讲,通过“接口”连接起来的联用仪器已是一种新的仪器了。目前市场上已有越来越多的联用仪可供用户选择。

色谱联用中对接口的要求是：

(1) 可进行有效的样品传递，以保持整个联用仪器的灵敏度。

(2) 样品通过接口的传递应有良好的重现性，以保证整个分析的重现性。

(3) 样品在通过接口时应不发生任何化学变化，如发生化学变化，则要遵循一定规律，通过后一级仪器分析结果，可推断出发生变化前的组成和结构。

(4) 接口应保证前级色谱分离产生的色谱峰的完整性。

(5) 接口本身的操作简单、方便、可靠，样品通过接口的速度要尽可能的快。

在色谱联用仪中，气相色谱-质谱联用仪是开发最早的色谱联用仪器。由于从气相色谱柱分离后的样品呈气态，流动相也是气体，与质谱的进样要求相匹配，最容易将这两种仪器联用。因此最早实现商品化的色谱联用仪器就是气相色谱-质谱联用仪。它也是目前市场上发展最完善，应用最广泛的联用仪。

7.4.4.2　气相色谱-质谱联用系统的组成

气相色谱-质谱联用仪组成框图如图 7-19 所示。其中气相色谱仪分离样品中各组分，起着样品制备的作用；接口把气相色谱流出的各组分送入质谱仪进行检测，起着气相色谱和质谱之间适配器的作用，由于

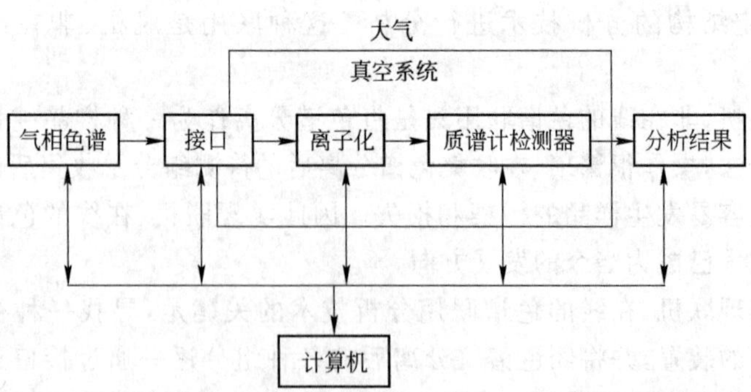

图 7-19　气相色谱-质谱联用仪组成框图

接口技术的不断发展，接口在形式上越来越小，也越来越简单，质谱仪对接口依次引入的各组分进行分析，成为气相色谱仪的检测器；计算机系统则交互式地控制气相色谱、接口和质谱仪，进行数据采集和处理。

在联用系统中接口技术要解决的问题是气相色谱仪的大气压的工作条件和质谱仪的真空工作条件的连接和匹配。接口要把气相色谱柱流出物中的载气尽可能多地除去，保留或浓缩待测物，使近似大气压的气流转变成适合离子化装置的真空，并协调色谱仪和质谱仪的工作流量。

通常从毛细管色谱柱流出的成分可直接引入质谱仪的离子化室，但从填充柱流出成分必须经过分子分离器，降低气压并浓缩样品。在分子分离器中，来自气相色谱仪的载气和样品组分经一小孔喷射进入喷射腔中，样品组分的分子质量较大，将在惯性作用下继续直线运动，因而进入捕捉器并被引入离子源。载气由于质量较小扩散速率较快，容易被真空泵抽走，必要时可使用多次喷射，经分子分离器之后，50%以上的样品组分被浓缩并进入离子源，并且压力由 1.0×10^{5} Pa 降至 1.3×10^{-2} Pa。图 7-20 所示为喷射式分子分离器的示意图。

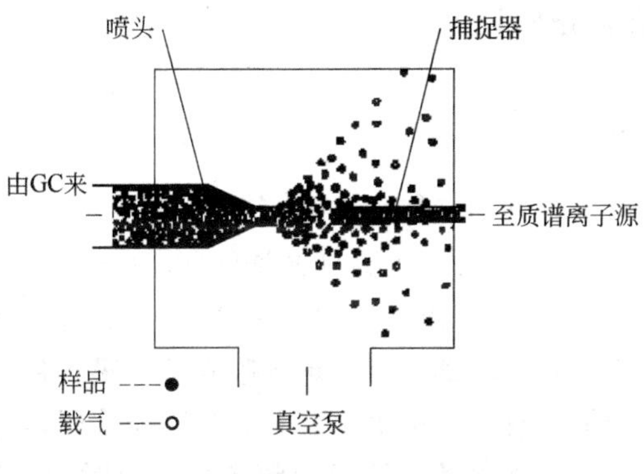

图 7-20 喷射式分子分离器示意图

此外，没有和色谱仪连接的质谱仪一般对扫描速度要求不高，而和气相色谱仪连接的质谱仪，由于气相色谱峰很窄，故要求质谱仪有较高的扫描速度，这样才能在很短的时间内完成多次全质量范围的质量扫描。

7.4.4.3 气相色谱-质谱联用和其他气相色谱法的比较

气相色谱-质谱联用和其他气相色谱法的比较有如下优点：

(1) 气相色谱-质谱联用定性参数增加，定性可靠。气相色谱-质谱联用不仅与气相色谱法一样能提供保留时间，而且还能提供质谱图，由质谱图、分子离子峰的准确质量、碎片离子峰强比、同位素离子峰等使气相色谱-质谱联用定性远比气相色谱法可靠。

(2) 气相色谱-质谱联用是一种通用的色谱检测方法，其灵敏度远高于其他气相色谱法。通常灵敏度至少高1个数量级。

(3) 虽然采用气相色谱仪的选择性检测器，能对一些特殊的化合物进行检测，不受复杂基质的干扰，但难以用同一检测器同时检测多类不同的化合物，而不受基质的干扰。而在气相色谱-质谱联用中，由于采用离子色谱、选择离子检测等技术，可降低化学噪声的影响，提高信噪比。

值得注意的是，在气相色谱法中，经过一段时间的使用，某些检测器需要清洗。而在气相色谱-质谱联用中，检测器不常需要清洗，最常需要清洗的是离子源或离子盒。离子源或离子盒是否清洁，是影响仪器工作状态的重要因素。

7.5　红外光谱分析技术

7.5.1　基本原理

红外光谱位于可见光谱红端之外，其波长为0.76～1000μm，通常又将红外光谱划分为三个区：近红外光谱区(0.76～2.5μm)，中红外光谱区(2.5～25μm)，远红外光谱区(25～1000μm)。根据红外理论，许多化合物分子在红外波段都具有一定的吸收带。吸收带的强弱及所在的波长范围由分子本身的结构决定。只有当物质分子本身固有的振动和转动频率与红外光谱中某一波段的频率相一致时，分子才能吸收这一波段的红外辐射能量，并将吸收到的红外辐射能转变为分子振动能和转动动能，使分子从较低的能级跃迁到较高的能级。实际上，每一种化合物的分子并不是对红外光谱内任意一种波长的辐射都具有吸收的能力，而是有选择性地吸收某一个或某一组特定波段内的辐射。这个特定的波段就是分子的吸收带。气体分子的特征吸收带主要分布在1～25μm波长范围内的红外光谱区。特征吸收带对某一分子来说是确定的，就像是“物质指纹”。通过对特征吸收带及其吸收光谱的分析，可以鉴定识别分子的类型；也可以通过测量这个特征带所在的一个窄波段的红外辐射的吸收情况，得到待测组分的含量。

对近红外光谱区，一些物质的低能电子跃迁及含氢原子团（如OH、NH、CH）的倍频吸收，就出现在此光谱区。可据此研究稀土和其他过渡金属离子的化合物，并用于水、醇及某些高分子化合物及含氢原子团的分析测定。对中红外光谱区而言，该区辐射的频率和绝大多数有机化合物的振动基频相对应。由于有机物的基频振动能级跃迁的吸收最强，由此中红外光谱区是研究和应用最多的光谱区。一般所说的红外光谱就是指中红外光谱区的红外光谱。

需要说明的是，在对气态物质进行红外光谱分析时，同一原子构成的多原子气体，如 N_2、O_2、Cl_2、H_2 及各种惰性气体如 He、Ne、Ar 等，它们并不能吸收 1～25μm 的波长范围内的红外辐射，所以红外光谱分析器不能分析这类气体。工业红外线气体分析器主要分析对象为 CO、CO_2、CH_4、C_2H_2、NH_3、C_2H_5OH、C_2H_4、C_2H_6 及水蒸气等，其中最常分析的一些气体的红外吸收光谱如图 7-21 所示。图的横坐标为红外辐射波长，纵坐标为透过气体的红外辐射的百分率。由图可以看出，例

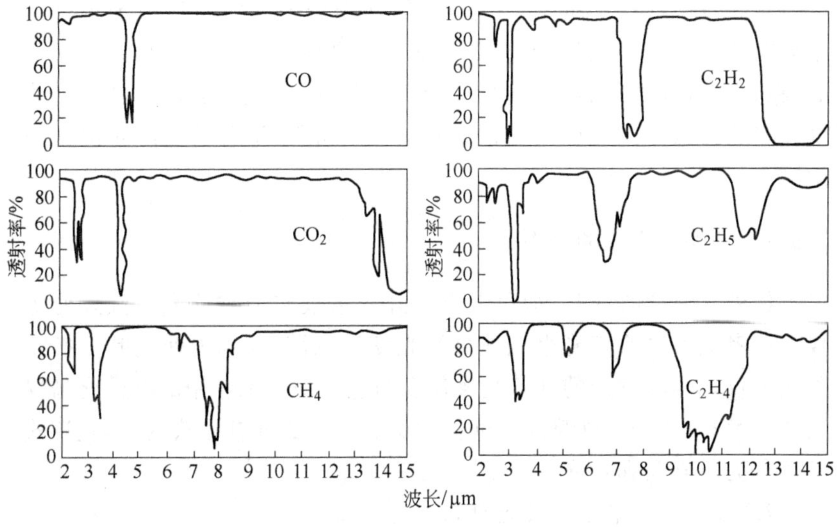

图 7-21 某些气体的红外吸收光谱

如 CO 气体能吸收的红外辐射波长(又称为特征吸收波长)为 2.37μm 和 4.65μm,而且在波长 4.65μm 附近 CO 对红外辐射有很大的吸收能力。而 CO_2 对波长为 2.78μm 和 4.26μm 红外辐射具有最大的吸收。CH_4 的特征吸收波长则为 3.3μm 及 7.65μm。

另外,近红外光谱区的另一特点是它的热效应。一个炽热物体向外辐射能量,大部分是通过红外光谱辐射出来的。与此相对应,当红外辐射作用于物质时,其辐射能被物质所吸收,并转换成其他形式的能量。气体在吸收红外辐射能后其温度将升高。利用这一关系,就可以确定物质吸收红外辐射能的多少,从而可以确定物质的含量。红外辐射通过物质前后能量的变化和待测组分浓度之间的关系,可以用贝尔定律描述,其公式为

$$I = I_0 e^{-k_\lambda cl} \tag{7-14}$$

式中 I——通过待测组分前的光强度;

I_0——通过待测组分后的光强度;

k_λ——待测组分的吸收系数;

c——待测组分的浓度;

l——光通过待测组分的长度。

从式(7-14)可以看出,当光通过待测组分的长度 l,以及通过待测组分前的光强 I 一定时,由于 k_λ 对某种待测组分而言是一个确定的常数,在这样状况下,光被待测组分吸收以后透过的光强 I_0 仅是组分浓度的单值函数。据此可以通过测定透过的光强 I_0 来确定待测组分的浓度[2]。

7.5.2 红外光谱仪的类型

红外光谱仪有两类,即色散型红外光谱仪和干涉分光型红外光谱仪。前者又称之为双光束红外分光光度计,后者则称为傅里叶变换红外光谱仪。实验室用的红外光谱仪多为色散型。工业用的红外光谱仪则两者都有;其中干涉型红外光谱仪又有直读式和补偿式两类,直读式又可分为单光束和双光束。

7.5.2.1 色散型红外光谱仪

色散型红外光谱仪的基本结构如图 7-22 所示。样品室位于辐射

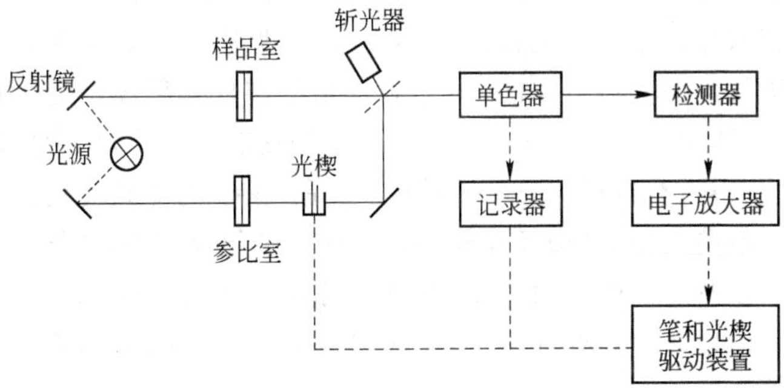

图 7-22 色散型红外光谱仪的基本结构

光源和单色器之间。从光源发出的红外辐射分成两束，一束通过样品室，另一束通过参比室，在单色器之前装有斩光器。斩光器以一定频率转动，使样品光束和参考光束交替进入单色器，最后两束光交替作用于检测器，转变为电信号。

红外光谱分析中的单色光通常以波数来描述，而不是采用波长来表示。通过单色器的某波数的单色光如果不被试样吸收，此时两光束的强度相等。交替作用检测器时，将不产生交流信号；反之，检测器上就会产生一定频率的交流信号。此时，通过伺服系统调节参比光路中的光楔（光学衰减器）进行补偿，使两束光重新处于平衡。光楔部位的改变相当于试样的透过率。记录与光楔同步进行光谱扫描，获得红外谱图。谱图的纵坐标为试样的透过率，横坐标则为波数。

7.5.2.2 干涉分光型红外光谱仪

干涉型红外光谱仪的工作原理如图 7-23 所示。图中 MCT 是汞

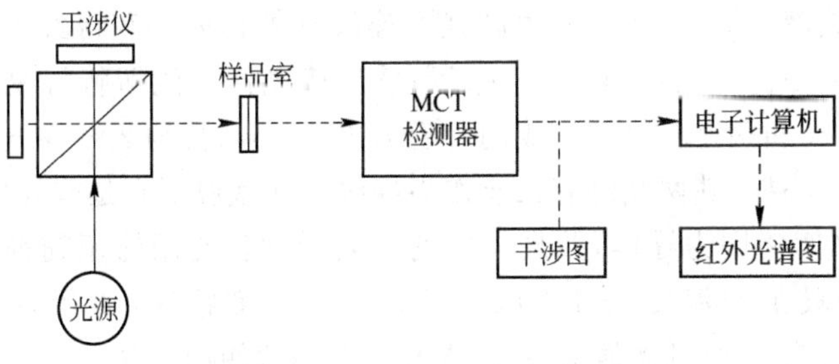

图 7-23 干涉型红外光谱仪的工作原理

铬碲检测器的简称,它的工作温度比较低,需要液氮冷却,检测灵敏度很高。它采用的单色器是迈克耳孙干涉仪,见图 7-24。迈克耳孙干涉仪位于辐射光源和试样中间,由光源发出的红外辐射经迈克耳孙干涉仪,产生干涉图。当光通过试样后.干涉图发生了变化,然后再作用于检测器,获得带有试样信息的干涉图,这是一种信号强度随时间周期性变化的函数曲线图,必须经计算机进行快速傅里叶变换,才能得到为我们熟悉的以透过率随波数变化的红外光谱图。由于干涉型红外光谱仪必须采用傅里叶变换处理,所以这类红外光谱仪一般又称为傅里叶变换红外光谱仪。

傅里叶变换红外光谱仪不用狭缝,消除了狭缝对光能量的限制,可以同时获得光谱所有频率的信息。因此傅里叶红外光谱仪具有较多的优点,如扫描速度快,测量时间短,适应于快速反应过程的追踪,也便于和色谱联用,灵敏度和分辨率高,光谱范围广等。

7.5.3　红外光谱气体分析器的组成

红外光谱仪属吸收类的光谱仪。它通常由光源、单色器、气室、检测器和信号处理系统等五部分组成。

7.5.3.1　光源

光源包括辐射源、反射镜及斩光器三部分。对光源有以下几点要求:(1)辐射的光波稳定;(2)辐射能量应大部分集中在待测组分特征吸收波段的范围内,这样可以增加待测组分吸收的能量,提高测量的灵敏度;(3)通过各气室的红外光要平行于气室的中心轴,否则在气室内红外光多次折射就易造成测量误差。

加热惰性固体,使之发射高强度连续红外辐射是获得红外光源最常用的方法。常用的有能斯特灯和硅碳棒光源。能斯特灯是由氧化锆、氧化钇和氧化钍烧结而成的直径为 1～3mm、长约 20～50mm 的中空棒或实心棒,其两端绕有铂丝作为导线。在室温下它是非导体,但加热至 800℃时则为导体,并具有负的电阻特性。使用前用辅助加热器预热,一般工作温度为 1750℃,发出的光强度很高,使用寿命约为 0.5～1.0 年。但机械强度差,经常开关会缩短使用寿命。

硅碳棒光源为两端粗中间细的实心棒,直径约 5mm,长约 50mm,

中间为发光部位。硅碳棒具有正的电阻特性，在室温为导体，所以使用前不需预热，工作温度为1200～1400℃。它的优点是坚固、寿命长、操作方便、发光面积大、价格便宜、使用波长范围较能斯特灯宽。缺点是碳硅棒在温度大于1400℃以上时会升华，因此工作时电极接触部位需用水冷却。

光源的反射镜的表面粗糙度要低，表面不易氧化，反射效率高。通常用黄铜镀金，铜镀铬或铝合金抛光等办法制成。单光源都采用平面反射镜。双光源以抛物面反射镜最好，易得到平行光，但加工复杂。为加工方便起见，反射面常做成球形或圆柱形。

斩光器起着调制光束的作用，它由同步电机带动旋转，一般由镀黑的铝合金制成。

7.5.3.2 单色器

色散型红外光谱仪的单色器采用光栅为色散元件，而干涉型红外光谱仪的单色器为迈克耳孙干涉仪，其工作原理如图7-24所示。向分光器BS均匀移动动镜，两光束的光程差将连续改变，通过检测器转换为电信号，即可获得干涉图。

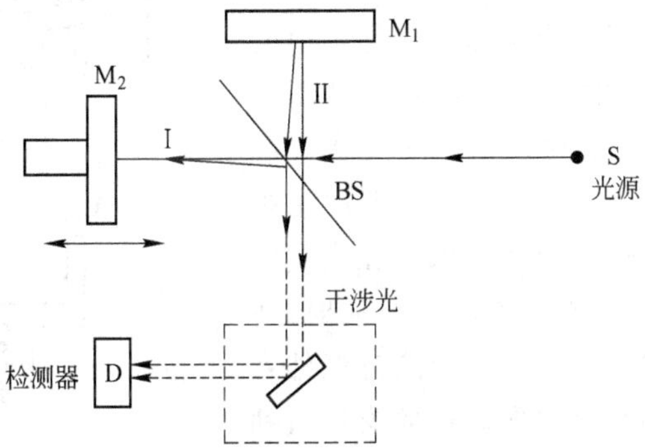

图7-24 迈克耳孙干涉仪的工作原理

M_1—固定镜；M_2—动镜；BS—分光器

7.5.3.3 气室

气室包括测量气室、参比气室和滤波气室，它们的构造基本相同，都是圆筒形，两端用窗口密封，除了测量气室带有气样进出口以外，参比气室和滤波气室都是密闭的，它们的结构特点是内壁光洁，不吸收红外线，不吸附气体，化学性能稳定。因此，选用的材料一般为黄铜镀金或玻璃镀金或用铂合金管，但内部表面要经过抛光。

气室两端的窗口，既要保证气室的密封性能，又要有高的透光系数，因此窗口要的晶片应具有足够的机械强度，能经受温度变化，防腐蚀、防潮解，常用的晶片材料有氟化理、氟化钙、石英、蓝宝石等。

7.5.3.4　检测器

红外光谱区的光子能量不足以引发光电子发射，因此光电管和光电倍增管不能用作红外光谱仪的检测器。红外光谱仪必须采用热检测器。常用的红外热检测器有高真空热电偶、热释电检测器和碲镉汞检测器。真空热电偶检测器热响应较慢，只适用于色散型红外光谱仪。热释电检测器和碲镉汞检测器响应快，适合于快速扫描，多用于干涉型红外光谱仪。

高真空热电偶是红外光谱仪中最常用的一种检测器，其结构如图 7-25 所示。

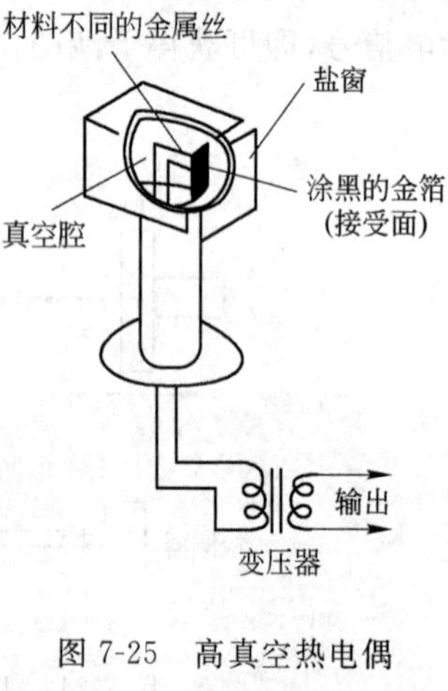

图 7-25　高真空热电偶

一小片涂黑的金箔作为红外辐射的接受面，在金箔的另一面焊有两种不同的金属或合金、半导体作为热接点。在冷接点(室温)连有金属导线(图中未画出)，形成热电偶。此热电偶封在高真空的腔体内。为了接收各种红外辐射，在腔体对着金箔的侧面开有能透过红外光的小窗口。当红外辐射通过此窗口射到涂黑的金箔时，热接点的温度上升，冷、热接点之间产生温差电势，该电势的大小与红外辐射强度成正比。

热释电检测器是利用某些单晶薄片作为检测元件，如硫酸三苷肽、氘化硫酸三苷肽、硫酸三苷氨酸酯、钽酸锂等。在晶体薄片的正面真空镀铬，背面镀金，形成构电极，并让其充电。在一定的温度条件下这些晶体能产生很大的极化效应。极化强度与温度有关，温度升高，极化强度下降。当红外辐射到薄片上，引起温度升高，晶体极化强度下降，使晶片表面的两电极“释放”出部分电子，因而可将红外辐射信号转换为电信号。这类检测器的特点是响应快，能实现快速扫描，故被应用于傅里叶变换红外光谱仪中。

碲镉汞检测器是由半导体碲化镉和半金属化合物碲化汞制作而成。该检测器分为光电导型和光伏型两种类型。光电导型是利用入射光子与检测器材料中电子能态起作用，产生载流子来进行检测。光伏型则是利用不均匀半导体受光照射时，产生电位差（光伏效应）来进行检测。碲镉汞检测器是一种光子检测器，响应很快，灵敏度高，适合于快速扫描。

大部分工业自动红外分析器多采用薄膜电容接收器作为红外线的检测器。这种检测器有其不少优点，主要是温度变化影响小，选择性好，灵敏度高。但近年来由于半导体材料的迅速发展，半导体红外辐射探测器也随之发展，采用光电导检测器也越来越多。

7.5.4　气相色谱和红外光谱联用

众所周知，色谱法是物质分离和定量分析的有效手段，但在未知物的结构鉴定方面，仅靠保留指数定性未知物或未知组分可靠性不高。而红外光谱法能提供丰富的分子结构信息，是非常理想的定性鉴定工具。但它原则上只适用于纯化学物质，对混合物常常无能为力。将色谱技术的高效分离及定量检测能力与红外光谱独特的结构鉴定能力结合在一起，用于复杂试样的分析，无疑是一种具有很高实用价值的分离鉴定手段。形象地说，红外光谱仪变为色谱的“检测器”，并提供色谱馏分的结构信息[7,8]。

气相色谱常和傅里叶变换红外光谱联用，其联用系统由以下几个单元组成：(1)气相色谱单元，对试样进行气相色谱分离；(2)联机接口；(3)傅里叶变换红外光谱仪，同步跟踪扫描、检测各馏分；(4)计算机数据系统，控制联机运行及采集、处理数据。

联机检测基本过程为：试样经气相色谱分离后各馏分按保留时间顺序进入接口，与此同时，经干涉仪调制的干涉光汇聚到接口，与各组分作用后干涉信号被碲镉汞液氮低温光电检测器检测。计算机数据系统存储采集到的干涉图信息，经快速傅里叶变换得到组分的气态红外谱图，进而可通过谱库检索得到各组分的分子结构信息。

联用的接口是联用系统的关键部分，接口有两种类型，即光管接口和冷冻捕集接口。目前广泛使用的是光管接口，其结构如图 7-26 所示。它是一个内壁镀金的硬质玻璃管，管两端装有能透红外光的窗口，连接处用耐高温的垫圈密封。接近窗口的地方分别装有气体进入和流出的导管。工作时从色谱柱流出的气体，经过其中一个细长传输导管进入光管，再通过另一根导管进入联用仪的检测器。

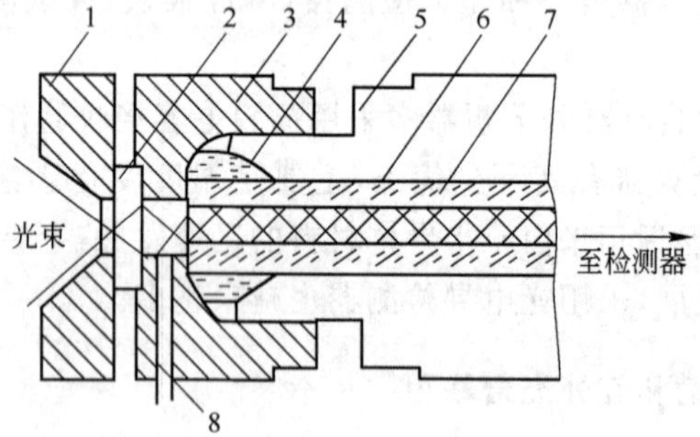

图 7-26　光管接口的结构

1—窗架；2—窗口；3—管帽；4—密封垫圈；5—光管支架；
6—硬质玻璃管；7—镀金反射层；8—气体入口

为保证联机效果，对连接管线主要有以下几点要求：(1)为了防止载气中气态样品冷凝，传输线和光管均需加热保温，也可将其安装在色谱炉内；(2)传输管线的内壁应是化学惰性的，一般采用石英管、玻璃管或有惰性内衬的不锈钢管，以防止色谱馏分在高温下被管壁催化分解；(3)连接管线的体积尽量小，以便使色谱的柱外效应降到最低。

红外干涉光束经反射聚焦后，透过窗口射入光管，在光管的镀金层间不断反射，最后光束透过另一窗口后，再由反射镜汇聚到高灵敏度的碲镉汞光导检测器上，完成气相色谱-红外光谱的动态在线测量。

光管中采用的是内壁镀金的反射层，金对红外光束反射最强，可使红外光在较短的光管内壁多次反射测量管内的气体样品而能量损失最小，故能提高灵敏度，而且金的化学惰性可以防止高温下样品被催化分解。此外在联机检测中，色谱柱流出进入光管的气态样品量很少，而检测用的红外光又在长的光管中经多次反射能量衰减很快，故必须使用一个灵敏度极高、响应速度极快的检测器。现在通用的气相色谱-红外光谱多采用灵敏度高的碲镉汞光导检测器。

光管接口具有可实时记录、价格相对便宜、易于操作等优点。其缺点是信噪比不够高，使检测范围受到限制。为提高信噪比可采用冷冻捕集接口。冷冻捕集接口又称低温收集器，属于一种基体隔离技术。冷冻捕集接口的关键部分是冷盘。冷盘由高热导率的铜材制成，表面镀金，其侧面抛光成精密的圆柱面。此盘放置于真空舱内，借助于液氮将其保持在 12K 左右。色谱载气携带馏出组分经保温的传输管和安装在真空舱壁上的喷嘴射向冷盘的侧面（反射面）。虽然冷冻捕集接口信噪比高，检测限低，但不能实时记录，操作繁琐、检测时间长；此外仪器昂贵，实验费用高，不利于普及使用。

目前，商用气相色谱和红外光谱联用仪一般均带有谱图检索软件，可对色谱馏分进行定性检测。一般是将色谱馏分的傅里叶变换红外光谱图与计算机存储的气态红外标准谱图比较，以实现未知组分的确认。需要指出的是，各厂商提供的气相红外光谱图库，尚难以满足实际检测的需要，还需做进一步的工作以丰富其标准谱库。

本章小结

本章在仪器分析方法分类的基础上，较详细地介绍了电化学分析气体成分的基本原理，包括原电池和电解池的概念、能斯特方程、电极—溶液界面的传质过程以及定电位电解法确定气体的浓度，以及电化学方面两个重要的公式——科垂尔方程和法拉第定律。作为应用，给出了英国 Kane 国际有限公司 KM9106 综合烟气分析仪的特点和功能。本章还介绍了在成分分析中被广泛采用的色谱分析技术、质谱分析技术和红外分析技术的基本原理、仪器组成以及应用中的注意问题。还介绍了色谱-质谱联用技术，色谱-红外光谱联用技术。

思 考 题

7.1　化学分析和仪器分析有什么区别,仪器分析有哪些类型?

7.2　简述原电池和电解池的区别。

7.3　了解能斯特方程的意义和应用。

7.4　科垂尔方程和法拉第定律的内容是什么?

7.5　了解和掌握 KM9106 综合烟气分析仪的工作原理和使用方法。改变燃料时,在测量烟气成分浓度范围内,如何调节设备,准确测量?

7.6　在 KM9106 综合烟气分析仪中,为什么要设置水收集器?

7.7　色谱法主要依据什么原理,它有什么优点?

7.8　简述质谱系统的组成。色谱-质谱联用有什么优点?

7.9　红外光谱仪有哪几种类型,气相色谱和红外谱联用时要注意些什么问题?

7.10　质谱仪的数据处理系统有哪些主要功能?

参 考 文 献

1　方惠群,于俊生,史坚. 仪器分析. 北京:科学出版社,2002

2　何金兰,杨克让,李晓戈. 仪器分析原理. 北京:科学出版社,2002

3　KM9106 综合烟气分析仪使用说明书. 北京:Kane International Limited 中国技术服务中心,2003

4　汪正范等. 色谱联用技术. 北京:化学工业出版社,2001

5　刘志广,张华,李亚明. 仪器分析. 大连:大连理工大学出版社,2004

6　范玉久. 化工测量及仪表(第二版). 北京:化学工业出版社,2002

7　孙学新. 燃煤锅炉燃烧试验技术与方法. 北京:中国电力出版社,2002

8　吕崇德. 热工参数测量与处理(第二版). 北京:清华大学出版社,2001

8　流动显示技术

8.1　概述

作为流动介质的流体，它们大多数都是颜色单一或透明介质，因此用人眼直接观察难以辨清它们的流动。为了辨认和记录流体的运动，需要提供一种使流动可视化的技术，这种技术称为流动显示（flow visualization）技术。

流动显示技术的主要目的，除了演示性目的外，更重要的是能够从所获得的流动图像中得到定量的数据。它们的最大优点是能够在流动不受干扰或受小干扰的情况下提供有关整个流场的信息。与此相反，单一的流动测量仪器，如速度探针、压力和温度传感器，只能提供流场中某一点的数据。此外探针或传感器的存在还会对流动产生某种较大程度的干扰。因此尽量缩小探针或传感器的实体尺寸，不断改善对流动显示的技术，是流动显示技术研究中亟待解决的问题。

现在流动显示技术已是流体力学和空气动力学研究中的主要手段，也是热工实验的重要内容之一。人们借助这一技术对流体流动状态进行直接的感性观察，从而获得流动的直观图像、整个流动发展物理形态乃至全场流动的定量信息，这对于了解复杂的流动现象，发现新问题，解明流动的本质、建立新概念及反映主要流动特征的理论模型具有十分重要的意义[1,2]。

流动显示是一项古老的技术，最早反映出流动显示的思维并用文字来表达者当数中国。早在公元前 247～前 195，中国古代汉高祖刘邦在击破英布军以后回长安时，途经他的故乡沛（今江苏徐州市沛县），曾设宴招待家乡的父老乡亲，酒酣时自己击筑（古代乐器）而歌："大风起兮云飞扬，威加海内兮归故乡。安得猛士兮守四方？"在这著名的《大风歌》中刘邦以"云飞扬"流动显示大气运动的物理图像，来抒发衣锦还乡、荣归故里的壮志豪情以及居安思危的忧患意识。而唐宋以来的李白、杜甫、苏轼、范成大等用诗形象地描述江河湍流漩涡之惊险等千古绝句，更是数不胜数。

西方一些人认为，达·芬奇（Da. Vinci，意大利文艺复兴时期的艺术家和科学家 1452～1519），是第一个运用流动显示的方法来叙述涡旋构图的人。

实际上流动显示技术是伴随着流体力学的发展而来的，马赫（Mach. Ernst，奥地利物理学家，1838～1916）是对流动显示技术起开拓作用的人，因为他早就精通纹影和干涉测量技术、高速摄影及其他方法。科学界更熟悉的是，雷诺（O. Reynolds，英国科学家，1842～1912）在流动显示方面对现代流体力学发展做出了重要贡献。1883 年，他将苯胺染液注入长的水平管道水流中做示踪剂，看到了管中水的流动状态。当流速小时，苯胺染液形成一根纤细的直线与管轴平行，表示流动是稳定的和有规则的流动，称为层流；当流速慢慢地增加，达到某一数值时，流动形式突然发生变化，那根苯胺染液细线受到激烈的扰动，苯胺染液迅速地散布于整个管内，表示流动已十分紊乱，称为湍流。这种流动显示试验明确提出了两种不同的流动状态及其转捩的概念，以及重要的无量纲参数——雷诺数。至今湍流研究的历史，一般都公认从 1883 年雷诺这个经典的流动实验算起[3,4]。

普朗特（L. Prandtl，德国科学家，1875～1953）1904 年用在水中撒放粒子的方法，获得了水沿薄平板运动的画面。由于画面上粒子留下的轨迹正比于流动的速度，在靠近壁面有一薄层，其中速度比离壁面较远处的速度明显较小，且有大的速度梯度。正是对这一流动显示画面的观察和分析，使他提出了边界层的概念，指出在远离壁面处，可不计黏性，可以应用理想流体力学的研究结果；而在物体表面附近的薄层中，由于有很大的速度梯度，从而产生很大的剪切力，不能忽略黏性。这一基于流动显示的新观点，使得人们利用边界层很薄的特点，大大简化了繁琐的数学处理。普朗特的这一理论成为黏性流体力学最重要的基础理论之一。在控制边界层的措施上，普朗特提出了很多人工的办法，以防止气流发生分离。如：令垂直于流向的被扰流柱体旋转，并使其周向速度等于或大于柱面处本来所出现的最大流速；在容易堆积和回流的流体与物体接触的地方，开设些缝隙或小孔，把流体吸入到物体内部;利用外流来增大边界层内流体的冲量;沿切于壁面的方向或近于切向,向外喷射物体。另外通过抽吸流体,可以使层流的稳定性在两方面得到改善[5,6]。

正是20世纪初普朗特的著名边界层理论,架起了理想流体力学和实际的流体运动行为之间的桥梁,使很多领域与流体运动有关的工程技术问题在流体力学方面找到了理论和方法。如冶金、石油、化工、水利、计算机、微电子、海洋、环保工程乃至大气、天文学都离不开流体力学的知识,特别是航空、航天技术和水陆交通工具更是对此具有依赖性[7]。为了解决相关的流体力学问题,除了理论方面的探索外,还在采用诸多测量方法的同时,越来越重视观测显示的方法。半个世纪以来,人们开创出来的壁面显迹法、丝线法、示踪法和光学法等,给传统的流动显示立下了汗马功劳[8,9]。而随着科技不断进步和人类对自然界认识的不断加深,对流体力学的深入探索也越来越迫切,人们已经不能满足于传统的研究方法和手段,来观测诊断流体运动;尽管几十年来在实现系统化、微型化、提高精度和数据采集智能化方面有了很大的进步,但是,人们清楚地认识到,研发一种无干扰、高分辨率、空间和瞬态的全场观察并能定量、精细测量与分析的流动显示技术,已成为近代流体力学研究中攻克湍流与转捩、漩涡和分离、非定常流动、多项流动等疑难问题一条重要的途径[10~12]。

近几十年来,近代光学、激光、电子、计算机、信息处理技术的迅猛发展,也促进了新一代流动显示技术的问世和发展,其突出特征是:

(1) 在显示的基本原理及流动分析理论方面取得了很大的进展。深入应用动力学系统的定性理论、奇点分析和拓扑学等数学理论来丰富和发展流动图形分析理论。

(2) 新技术的应用,使传统的流动显示技术发展为简便、实用,并由定性化走向定量化[13],特别是数字图像处理技术为显示图谱的定量分析和处理提供了有力的工具。

(3) 激光技术在流动显示中得到广泛的应用。

这些现代的显示新技术主要是指:

激光多普勒测速(laser doppler velocimetry,LDV);

多普勒全场测速(doppler global velocimetry,DGV);

激光诱导荧光(laser induce fluorescent,LIF)流动显示;

激光分子测速(laser molecule velocimetry,LMV);

激光散斑全场测速 (laser speckle velocimetry,LSV);

粒子跟踪测速(particle tracking velocimetry, PTV);

粒子图像测速(particle image velocimetry,PIV);

数字粒子图像测速(digital particle image velocimetry,DPIV);

全息粒子图像测速(holography particle image velocimetry, HPIV);

压敏涂层测压技术(pressure sensitive paint, PSP)。

这些显示新技术虽然发展起点不同,有着各自的特色,但是都拥有共同的特点,即依靠微粒子可以在全场空间瞬间流动显示[14~17]。

读者在学习和了解现代流动显示技术中,除应很好掌握其本身的实验技术与技巧外,还必须深入理解和掌握显示技术的三个基本问题。

(1) 在显示实验中看到的流谱图形究竟反映了流动现象中的什么流动参数的特性。例如,外加粒子显示法,使人们能看到的是外加粒子的流谱图画,而它所反映的是流动现象中的哪一个流动参数的特性应该认识清楚。

(2) 为了使流动现象可视化,要在流场中加入示踪粒子或注入能量。由此往往对真实绕流带来附加的干扰,所以必须掌握显示技术的使用条件、范围及显示结果的误差量级。

(3) 流动显示技术的目的在于了解流动现象,所以还应通过对显示的流谱分析来揭示流动现象的复杂流动结构。

实际上,为了清楚地揭示一个复杂流动结构,只用一种显示方法或技术是不够的,还需要多种显示手段,从各个不同的角度出发,揭示复杂流动中的各种特性,有时甚至还应与其他的测量技术如测压技术、空间流场测量技术等一起配合进行[18]。

8.2 流动显示方法

8.2.1 基本显示方法

流动显示包括的内容十分广泛,主要有物体表面流动现象的显示、流体内部和外部流场的显示、流场速度和压力的显示和测量，以及流体温度场的显示和测量等。

目前采用的流动显示方法有多种，归纳起来大体上可以分为三大类。

8.2.1.1 添加外来物显示法

这是一种古老又是最常用的流动显示方法，常用于低速的流场中。在流场中加入有别于原流动介质的可见微小物质来显示流动，如果外加物质足够小，则可以认为，在速度的大小和方向上，这些外加粒子的运动和流体微团的流动是一致的，人们就可以通过可见的外加粒子来观察流体的运动了。因此这种显示是一种间接的显示，所看到的是外加粒子的运动而不是流体本身的流动，外加粒子运动和流体运动之间是存在差别的。只要使外加粒子的密度和流体的密度近似相等，差别可以减至最小。为了更清晰地观察和记录外来物的流动情况，常常与其他方法共同使用。

一般外加粒子常用烟雾、染料和固体颗粒等。

8.2.1.2 光学显示方法

可压缩流动中各点流体的密度是随流动变化的，其光学折射率与流体的密度有一定的关系，而可压缩流体的密度又与其压力、温度、成分、浓度等有关，所以应用光学方法显示出折射率场，就能对可压缩流体的热力学状态参数的三维分布进行定性或定量的显示。目前常用的折射率场的显示方法有纹影法、阴影法和干涉法。当流场或边界层内温度梯度不大时，多采用干涉法；纹影法和阴影法主要用于研究激波和火焰现象，在激波和火焰中都存在很大的温度和密度梯度。

8.2.1.3 添加能量显示法

添加能量显示法是上述两种显示方法的结合，主要在流动介质中引入能量而不是粒子，使流体微团的能级提高，以区别于其余流体，从而显示流动的。稀薄气体流动的火花示踪法、电子束激发、电子辉光放电、化学发光以及烟线示踪等流动显示法都属于这一类。

(1) 火花示踪法是指在气体流动两侧安装针状或板状或棒状电极，当给两个电极之间加上高电压时，就会产生火花放电。电离了的流体单元会由于放电而被照亮，从而作为流动中的可见示踪物。在垂直于主流方向上发生的放电，可用于显示某些流场中的速度分布。

(2) 电子束激发的概念是，一束具有高能量的窄电子穿过所研究的气体流，由于电子与气体分子之间非弹性碰撞，使一些气体分子受到激发后返回基态释放辐射能。因而电子束就像一个明亮的荧光柱，在气体流动的特定平面内以恒定速度移动电子束，通过曝光拍摄就可以获得该平面内气体密度的分布图形。

(3) 电子辉光放电的过程类似于电子束激发的方法。当电场中的自由电子和离子被外电场加速，与中性气体分子发生碰撞而产生一连串的二次电子和离子，同样它们会激发气体分子的能量，自发跃迁返回基态而发出辐射。其辐射强度是气体密度的函数，在一定的气体密度范围内，发射光的强度随激发碰撞的次数增多而增加。超过一定的密度值时，电子的自由程变小，电子激发受限。

图 8-1 所示为显示低密度风洞中的可压缩流的辉光放电装置。

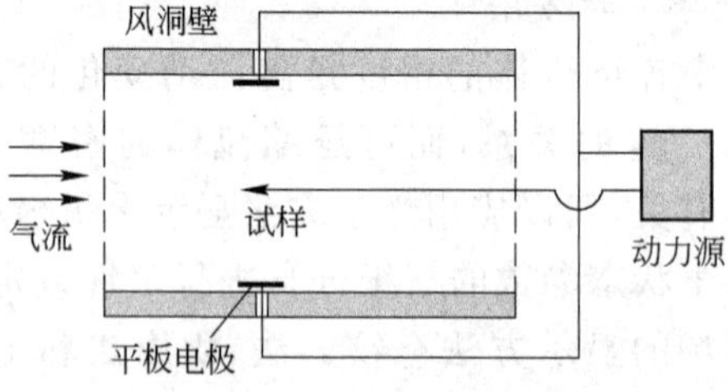

图 8-1 用于低密度超声速风洞的辉光放电装置

如果使用气体混合物，也会由于气体不同组分之间的化学反应引起余晖发出辐射，产生化学荧光，从而达到流动可视化的目的[1]。

(4) 烟线示踪是在气体流场中张挂细金属丝，并涂上可燃烧的矿物油和染料，通电加热金属丝，使之产生油烟(通电加热功率要小于油着火所需要的热量)，利用油烟的走向来观察流体流动的方法。

应当指出，添加能量的显示方法对流场有一定程度的干扰，因为释放能量的大小也会或多或少地影响原有的流场。

随着对流动显示技术不断的研究和发展，上述三大类方法也有向相互融合和综合使用发展的趋势。但限于篇幅本章仅介绍添加外来物的显示法。

8.2.2 流场的照明和记录

为了获得清晰的流动图像，以便对其进行定量分析，在流动显示技术中照明和记录是十分重要的内容。

8.2.2.1 照明

常用的普通照明系统均可用作流动显示的照明。采用扩散光源，如水银灯、卤素灯、聚光灯时，要特别注意照明的方向。在拍摄流动图像时应先将光源调整好角度和方向，多试验几次，以求得最佳的照明效果。例如，对水体进行染色示踪时，从后面照明的效果比侧面照明好。此外，还可根据示踪粒子的色调，选用不同的色光和照明强度以及适当的背景色，以获得最好的对比度和视觉效果。流动显示技术中最常用的照明系统还是所谓片光。片光通常高几十毫米，厚度约为 1mm。产生片光的最简单方法如图 8-2 所示。它是激光束通过柱形透镜扩展后，再穿过汇聚透镜形成的。前面提到的粒子图像测速(PIV)技术中的照明就是采用片光[1]。

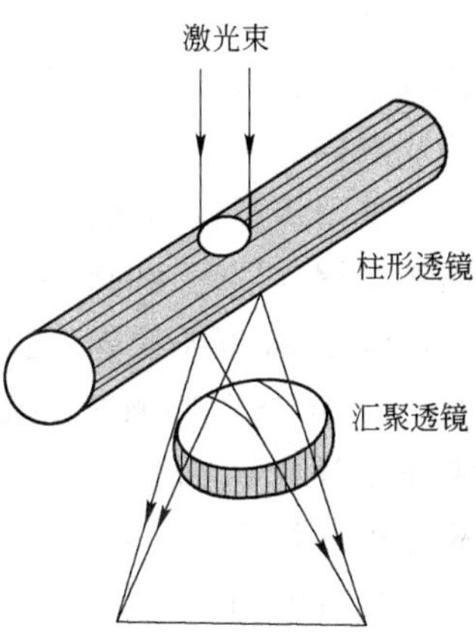

图 8-2 产生片光的方法

在分离流动、边界层和尾流等的研究中，只需对感兴趣的某一个平面用片光进行照明，这样某些流动结构就会变得清晰、可见。在用示踪粒子通过拍摄其轨迹来确定其速度大小和方向的流动显示中，用片光可以显示某一平面上的两个速度分量。将片光匀速地移动并对流动图像进行扫描，以及用具有不同颜色的好几个平行片光来代替单一的片光，是对片光照明的进一步发展。

8.2.2.2 记录

对流动图像有两种不同的记录方法：一种是直接用眼睛观察，或者用照相机、高速摄影机、电影摄影机、摄像机等对流动图像进行拍摄；另一种是用光电倍增管接受来自流场的光信号。前者记录的信息在空间上是连续的，在时间上是不连续的（尽管高速摄影机可部分地解决这一问题），即它记录的是某一特定时刻的流场信息。后者主要用于光学显示与测量，它记录的信息在时间上是连续的，在空间上是不连续的（尽管光电倍增管阵列可部分地解决这一问题），即它记录的是某一特定点的信息随时间的变化。

对随时间迅速变化的过程，高速摄影机是进行图像记录的有力工具。高速摄影机必须满足以下要求：每单张图像的曝光时间要短，以避免运动图像模糊，但由于曝光时间短，就要求有强照明系统；图像频率要高到足以分辨所研究对象的快速运动；曝光和高速运动的研究对象的运动要同步。

与普通摄影机不同，高速摄影机是采用旋转棱镜，被拍摄对象通过旋转棱镜聚焦到运动的胶片上，胶卷以很高的速度从一个转筒绕到另一个转筒上，中间不停顿。胶片的运动和旋转棱镜同步。一般胶片从上往下运动，棱镜则顺时针旋转，旋转速度是可调的，从而可以根据拍摄对象选择摄影速度。一盒胶片通常为 30 m 长，当采用四边棱镜时，拍摄速度可达 10000 帧/s，采用八边棱镜时，拍摄速度为 20000 帧/s。如要求更高的拍摄速度，就需采用如图 8-3 所示的闪频光高速拍摄系统了。图 8-4 所示是用高速摄影机拍摄到的螺旋桨叶片背面生成的空泡涡带。

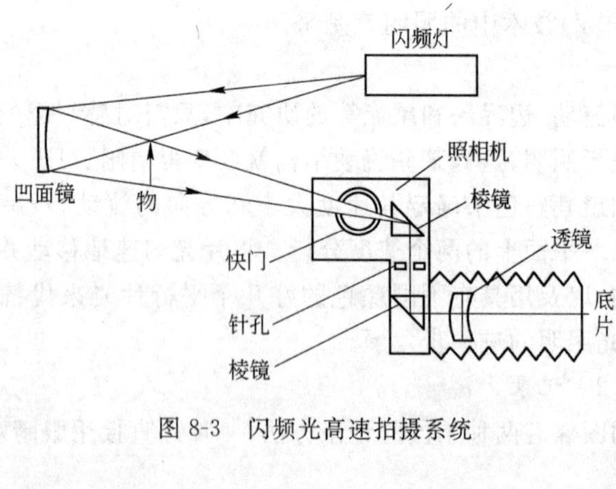

图 8-3　闪频光高速拍摄系统

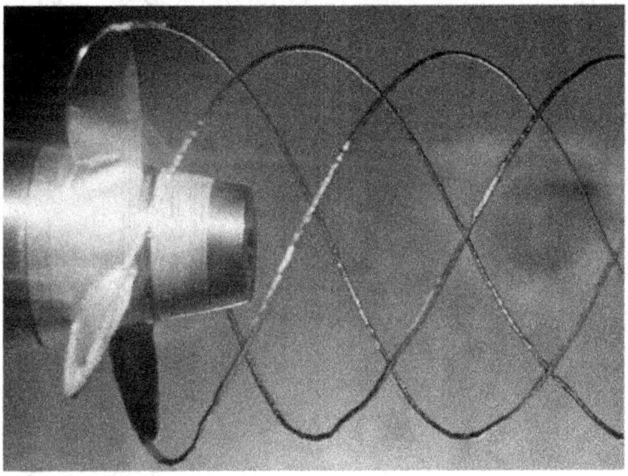

图 8-4 高速摄影拍摄到的螺旋桨叶片背面生成的空泡涡带

值得注意的是，随着数字摄影技术的发展，数码摄影的图像记录可以被直接进行图像数值分析，这为流动显示的定量数值分析带来极为便利的条件。

闪频灯高速拍摄系统通常采用 8 个闪频灯，每个闪频灯的闪光持续时间约为 10^{-8}s，它们布置在不同的高度上。光由一凹面镜反射到被拍摄的对象，然后会聚到照相机上，快门开一次即可接受 8 个闪光。由于闪频灯排在 8 个不同的高度上，所以胶片上可得到 8 个不同位置的像。如果 1μs 内 8 个闪频灯依次闪过，则在 1μs 内可以得到 8 个图像，这是非常高的拍摄速度了。

8.2.3 流动图像的计算机显示

流动图像的计算机显示，是随着计算机技术的发展而出现的一种显示方法，通常并不将其归于前述三种显示方法之中。因为一个数字摄像机就可将拍摄的流动图像直接输入计算机，并通过显示器再现出来。一种由光导摄像管成像系统及光电二极管点阵组成的流动图像处理系统已经问世，它特别适合于低信号强度的快速记录。上述情况类似于流动图像的先进记录手段，而不是流动图像的计算机显示。

流动图像的计算机显示，通常是指用一个传感器通过三维坐标架对整个流场进行扫描测量，测量结果用计算机进行实时采集和处理，将测得的电信号数字化，并用不同的灰度级或不同的颜色显示在屏幕上，这些灰度级或颜色则显示了测量信号的不同水平。通过上述方法就可获得定量的黑白或彩色的有关流场的信息。

图 8-5 所示是压力彩色流场显示方法的示意图。在风洞内将一个带有压力传感器及光导纤维的组合探头 5 通过支杆插入。扫描控制系统 3 可使探头在选定的观察面上按一定的轨迹均匀移动，总压探头接受的信号经压力传感器转换成电压信号后送至信号处理控制器 1，经放大、极性判别以及减幅处理后转变为数字化的二进制的编码信号，再将此信号送至彩色电视信号发生器，经处理转换成视频信号。彩色电视机再将这些视频信号转换成各种颜色的光信号。光导纤维 6 接收这些光信号并传给照相机 4，从而获得彩色的能够用不同颜色来显示流场速度大小及其分布的图像。这种风洞和计算机相结合的先进的流动显示技术，可以实时、定量、直观地显示出气流流过模型的压力场和速度场。所使用的测量传感器也可以是热线探针、五孔探针或七孔探针等[19~22]。

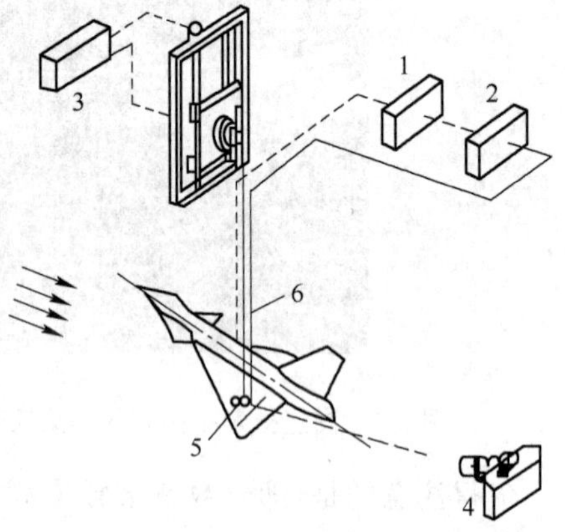

图 8-5　压力彩色流场显示方法示意图

1—信号处理系统；2—多色光源；3—扫描控制系统；4—照相装置；5—组合探头；6—光导纤维

8.3　添加外来物的流动显示技术

在气流或液流中添加外来物是一种最常用的流动显示技术。它不但可以显示流动的方向和流动的轮廓，显示速度剖面，而且还可以利用外加的示踪粒子来测量速度。

8.3.1　添加外来物的类型和添加方法

添加外来物的显示方法简单，显示流场直观。但由于外来物质的跟随性问题，这种方法只能对稳定流动获得满意的结果。对于不稳定流动，由于粒子有一定尺寸，就会带来很大的误差，尤其当流体的热力学状态在流场中有变化，如可压缩流动，添加外来物的方法就难以给出正确的结果。

液体流场显示比气流流场显示更为困难，应用上述方法都在不同程度上受到限制。图 8-6 所示是在研究同心圆环的自然对流时，用外加烟雾的方法所获得的流动图像。

图 8-6 加热同心圆环中自然对流所形成的流动图像

可添加的外来物的类型很多，应根据工作流体的性质和欲显示的对象来选择合适的外来物质。

8.3.1.1 油膜法

油膜显示法是即可用于气体流场显示，又可用于液流流场的一种设置外来物质的显示法，主要用于表面流动的显示。油膜法是在物体表面涂上油膜（油和颜料的混合物），观察流体在油膜上留下的痕迹，以此来判断表面附近的流动状况。但是要使油膜上的流动痕迹保存下来，必须经过几次预备实验，以掌握油膜接触流动的适当时间。若采用照相记录手段即可广泛采用此法。近年来，国外也有报道油膜法用来测量剪应力测量的[23]，是通过在物体表面涂抹油膜或油沫点得到油膜局部厚度的改变或它的移动量，定量地测量剪应力分布。

8.3.1.2 丝丛法

丝丛显示方法也是一种设置外来物质的显示法，用于表面流动的显示。将一束纤维丝直接贴在物体表面或利用支柱在离开表面的位置上插入流动的流体中，只要速度足够高，这些线便相当准确地顺着流动方向，于是，就很容易得到流向分布的全貌，有时还可把一些羊毛纤维规则地固定在所研究的物体表面如叶片模型上，这些纤维便指出流动方向，由此便能清楚地看出液流分离的区域。

8.3.1.3 染料法

当工作流体为液体（大多数情况是采用水为工作流体）时，染料是首选的外加粒子。染料应具有良好的可见度，抗混合的稳定性好，浮力可忽略，价格便宜。完全满足这些要求是很困难的，可在显示时根据具体情况采取一些有效的措施。例如当工作液体为水时，可将所用染料与酒精混合以使其与水的密度相一致，从而可以忽略浮力的影响；又如将染料和牛奶混合，既可以增加染料的反射性，又可提高稳定性，从而获得更为清晰的流迹线。染料的种类很多，在流动显示中常用的染料有食品颜料、墨水、高锰酸钾、亚钾蓝染料等。有时为了增加可见度也采用荧光染料，如荧光素（黄）、荧光墨水、若丹明等。对荧光染料常常需要采用特殊的光源，如汞灯和氩离子激光等。若丹明 B 在氩离子激光下发深红色的荧光，若丹明 6G 发黄色光，荧光素（黄）会发出绿色光。当工作液体为水时，通常是将上述染料先在水中完全稀释，再将其用作示踪剂。

染料的注入或产生方式通常有

(1) 在流场中所要求的位置上，用直径小于 1mm 的小注射器施放染料。这种施放染料的方法最为简单，但对原有的流场会产生一定的干扰。减小干扰的办法是尽量减小施放管的尺寸，并将它置于实验模型上游足够远处；染料注入的速度应和工作液体的流动速度相匹配。

(2) 在实验模型上开若干小孔，通过小孔施放染料。这种施放方法对原有流场也有干扰，因此为减小这种干扰，通过小孔施放染料的垂直速度分量应越小越好。

(3) 在两种流动的交界处引发一种能生成染料的化学反应。这种方法主要用于显示两股不同流动之间的轮廓和边界。其方法的原理是利用 pH 指示剂的变色临界值。例如将 pH 指示剂溶于喷管的射流中，该射流喷射到另一原来静止的流体中。两种流体有不同的 pH 值，分别高于或低于变色的临界值，随后利用产生染料的反应，观察两种流体的混合。

一些常用的 pH 指示剂及其变色临界值如表 8-1 所示。

(4) 利用生成染料的定时化学反应。这种方法的特点是，工作溶液是由两种化学溶液混合配制的，从两种化学溶液混合的时刻起，经过一定时间，混合物会在一瞬间突然变色，从而可以利用它测量流体通过任意形状容器的平均流动时间。

表 8-1 pH 指示剂及其变色临界值

指示剂	pH$^{(1)}$/颜色	pH$^{(2)}$/颜色
溴甲酚绿	3.6/黄色	5.2/蓝色
溴苯酚红	5.2/黄色	7.0/红色
溴百里酚蓝	6.0/黄色	7.6/蓝色
亚甲酚紫	7.6/黄色	9.2/紫色
百里酚蓝	8.0/黄色	9.6/蓝色
酚 酞	8.3/无色	1.0/红色

注：pH$^{(1)}$和 pH$^{(2)}$表示两种不同 pH 值下的变色临界值。

最常用的有两种混合物，一种是硫酸钠和碘化钾，另一种是硫代硫酸钠和淀粉。硫酸钠和碘化钾起缓慢的化学反应，产生碘；碘和硫代硫酸钠迅速反应还原出碘化钠。当所有硫代硫酸钠用完后，自由碘就会和淀粉起反应，使溶液立即变为蓝色。反应时间（即变为蓝色的时间）取决于碘化钾、硫代硫酸钠和硫酸钠的起始浓度。

值得注意的是，在工作液体中注入染料后，循环水道中的水会变色，影响流动显示效果，因此应定期更换循环水。

8.3.1.4 烟雾法

如果显示的是气体流动，烟雾是最常用的外加粒子。值得注意的是，这里的“烟雾”并不限于燃烧产物，它们可能是水汽、蒸气、气溶胶、油雾或示踪气体（即可见气体或被激光激发能发出荧光的气体）。上述“烟雾”中所含的液体或固体颗粒，从浮力影响的角度看，其直径应越小越好，通常都小于 1μm 或大大小于 1μm，这样浮力的影响才能减至最小；但从可见度来看，颗粒的直径又不能太小，否则显示效果就很差。因此应根据具体情况选择合适的“烟雾”。

烟雾产生的方法有：

(1) 燃烧香烟、烟草、木屑、蚊香、白松木等；

(2) 烃类油的不完全燃烧（汽化）；

(3) 四氯化钛和水反应生成反射性很强的白色浓雾。

烟雾的引入最常用的是烟管，此外烟线法也被广泛应用。正如前所述，烟线法是在金属丝上涂上矿物油和染料组成的糊状物，然后将金属丝通电加热，即可产生有色的烟雾。

8.3.1.5　气泡法

在低速流动中常用氢气泡和氦气泡显示速度剖面，其中氢气泡法用得最为普遍。氢气泡产生的原理是，在水中置两电极，两电极间加一直流电压，水由于电解会在阴极上形成氢气泡，在阳极上形成氧气泡，因为氢气泡比氧气泡的尺寸小得多，因此用氢气泡作为示踪粒子。

在垂直于平均流动方向上置一细长的金属丝（通常为铂丝，也可以用钨丝或不锈钢丝，其直径为 5～20μm）作为阴极，阳极为任意形状，置于流场中的另一位置。普通自来水即可作为电解液，如水质太软，可加少许硫酸钠，以增加电导率。在阴极上加一脉冲电压（电压值为 100～600V，脉冲宽度为 1～4μs），这时随着脉冲在阴极上产生的一行行的氢气泡，它们将随液体一起流动，显示出流体的局部速度剖面或模型后形成的尾流。氢气泡法也常用于研究湍流边界层的结构。

氦气泡法是用氦气泡枪发出小氦气泡作为跟随流动的示踪粒子，当把它们射入到模型前方的自由来流中时，会顺流而下绕过模型，其运动迹线显示了模型周围的流动状态。氦气泡法的最新发展是用彩色氦气泡显示流动轨迹，从而使迹线的分辨力大大提高。彩色氦气泡法与水洞中的彩色染色法相比，实验雷诺数高，而且还可对非定常流进行定性显示和定量测量。

8.3.1.6　示踪粒子法

在图形处理技术和计算机技术水平越来越提高的条件下，往流场中添加微小颗粒物，即示踪粒子的显示方法是用得最多的。表 8-2 所示为常用于测量流体速度的示踪粒子。

表 8-2　测量流体速度的一些示踪粒子

工作流体	粒　子	直径/μm	备　注
水	聚乙烯甲苯丁二烯（固体的白色树脂）	40～200	不溶于水，高反射性，密度 1.02g/cm^3
水/水-甘油	聚苯乙烯	10～200	密度略大于水，在甘油中可忽略浮力
水	真空玻璃球	25	
水/甘油，硅油	蜂　蜡	200～1000	

续表 8-2

工作流体	粒 子	直径/μm	备 注
水	铝-镁片状粉末	10～100	片状,长 20～50μm,厚 5μm,显示表面流动
水	纯铝粉末	10～30	粒状,显示流体流动
水	混合液滴	20～200	矿物油和四氯化碳混合而成,浮力可忽略
空气	滑石粉	10	重力不能忽略
空气	石松子	30	重力不能忽略
空气	玻璃球	20	重力不能忽略
空气	油 滴	1	重力不能忽略
空气	氦气泡(充满氦气的肥皂泡)	1000	重力可忽略

8.3.1.7 碲云和油沫法

碲云也是用于速度剖面的显示,它是水电解时,碲离子与氧结合而形成的一种黑色染料。油沫,一般用于表面流动的显示。在此不作详述。

8.3.2 关于示踪粒子的应用特性

在第三章中关于激光多普勒测速问题,已经简单地提到了一些粒子及其投放。由于示踪粒子的行为是现代粒子示踪流场测试技术关键环节之一,它关系到显示的成败,故在此就示踪粒子的应用特性单独加以介绍。

示踪粒子的应用特性可以概括为它的动力学特性、光学特性以及掺粒混合性。从动力学角度讲,粒了和流体流动之间的相对运动应尽可能的小,跟随性要好;而从光学的角度讲,粒子应具有良好的光散射性,可见度高。但是,一般粒子的尺寸越小对流动的跟随性越好,可见度却越来越差,这样的矛盾就使得人们必须选择与具体流场显示相适应的示踪粒子。

L.E. 特瑞恩从湍流流动中考察了示踪粒子的流体动力学特性[24]。认为,在粒子和它周围的流体之间有相对运动而产生黏性拖曳作用力，这个力的大小和粒子惯性力的关系决定了粒子对流体脉动速度的响应能力。

作用在粒子上的黏性拖曳作用力和粒子与流体的相对速度有关，这个关系由斯托克斯定律确定。粒子的运动方程可以写成

$$F_p = m_p \frac{dv_p}{dt} = 6\pi\eta d(u - v_p) \tag{8-1}$$

当 u 为常数时，这个方程的解是

$$v_p(t) = u + [v_p(0) - u]\exp(-t/\tau_p) \tag{8-2}$$

当 u 改变时，粒子的速度经过一个固定的时间 τ_p 达到了新值，τ_p 为

$$\tau_p = \frac{m_p}{6\pi\eta d} = \frac{2\rho_p d^2}{9\eta} \tag{8-3}$$

上述公式中 F_p——作用在粒子上的外力，即主要考虑了黏性拖曳作用力；

m_p、ρ_p——分别为粒子的质量和密度；

η——流体的黏度；

u、v_p——分别为流体和粒子的速度；

$v_p(0)$、$v_p(t)$——分别为流动初始时刻和 t 时刻粒子的速度；

τ_p——粒子对流体速度脉动响应时间。

应用以上概念，考察空气流场中施放液体粒子的场合。当直径为 1μm、相对密度为 1 的液滴，对于空气的黏度 $\eta = 1.8 \times 10^{-5}$ Pa·s 的速度脉动响应时间常数 $\tau_p = 3\mu s$。很明显，对于大多数流动来说，这个时间是足够短的。如果研究激波问题，当流体的速度突然变化，这样微米级尺度的粒子通过空气激波时的响应时间约为 $\tau_p = 4\mu s$。在大多数应用激光多普勒技术里，这样大小的粒子也是合适的。

为了定量地研究粒子对于速度脉动的频率响应，假设流体速度按照正弦规律变化，它的振幅等于 A_0，频率为 f_u，则运动方程为

$$\frac{dv_p}{dt} = [\bar{u} + A_0\cos(2\pi f_u t) - v_p]/\tau_p \tag{8-4}$$

其中 $\bar{u}$ 是流体的平均速度。该方程的定解为

$$v_p(t) = \bar{u} + \frac{A_0\cos(2\pi f_u t + \varphi_1)}{(1 + 4\pi^2\tau_p^2 f_u^2)^{1/2}} \tag{8-5}$$

这里 φ_1 是相位滞后，$\tan\varphi_1 = 2\pi f_u \tau_p$。

适用于普遍情况的响应逼真度判据是在最大脉动频率下粒子速度 v_p 的幅值与流体 u 的幅值相对差值在1%以内，由这个条件从方程(8-5)和式(8-3)可推出

$$d^2 < 0.1\frac{\eta}{f_u \rho_p} \tag{8-6}$$

为了满足这个判断式，密度为 1000kg/m^3 的粒子，在空气里它的直径必须小于 $2.7\mu\text{m}$ 才可以跟随1kHz的脉动，或小于 $0.8\mu\text{m}$ 的粒子才可以跟随10kHz的脉动。

对于液体流动，很容易满足判断式(8-6)，因为液体的黏性比空气的黏性大，它的湍流脉动频率一般不高于几百赫兹，从流体力学角度考虑，粒子的直径不超过 $30\mu\text{m}$ 通常是可行的。

应当指出，上述关于纯黏性拖曳力给出的分析要求 $2\pi f_u d^2/\eta$ 远远小于1才能成立。不过一般情况下均可以满足。

与上述的讨论相类似，G. 鲁丁格利用阻力系数 C_D 来表示黏性阻力，在忽略了重力等因素后，牛顿运动定律可写成[25]

$$\frac{1}{6}\pi d^3 \rho_p \frac{dv_p}{dt} = C_D \cdot \frac{1}{2}\rho(u - v_p)|u - v_p| \cdot \frac{1}{4}\pi d^2 \tag{8-7}$$

式(8-7)中把流体与粒子之间相对速度的平方写成 $(u - v_p)|u - v_p|$，这种形式是为了保证阻力总是具有正确的符号。而阻力系数是颗粒雷诺数 Re_p 的函数

$$Re_p = \frac{\rho d|u - v_p|}{\eta} \tag{8-8}$$

C_D 与 Re_p 之间的关系曲线称为标准阻力系数曲线，它们的函数关系是

$$C_D = \left(\frac{24}{Re_p}\right) f(Re_p) \tag{8-9}$$

对应于斯托克斯阻力，$f(Re_p) = 1$，于是式(8-9)可写成

$$C_D = \frac{24}{Re_p} \tag{8-10}$$

将式(8-8)和式(8-9)代入式(8-7)，得到

$$\frac{dv_p}{dt} = \frac{(u - v_p)f(Re_p)}{\tau_v} \tag{8-11}$$

上式中
$$\tau_v=\frac{\rho_p d^2}{18\eta} \tag{8-12}$$
称为流体运动的速度松弛时间。这与 L. E. 特瑞恩关于粒子对流体速度脉动响应时间意义是相同的，不过二者相差在系数上，$\tau_p/\tau_v=4$。

如果颗粒在重力影响下在静止空气中下降，将重力加速度 g 加入到式(8-11)中，并取 $u=0$，便有粒子运动速率
$$\frac{dv_p}{dt}=-\frac{v_p}{\tau_v}f(Re_p)+g \tag{8-13}$$

当颗粒下降到粒子运动速率$\frac{dv_p}{dt}\to 0$ 的 τ 时刻，得到沉降终速
$$v_{p,\tau}=\frac{\tau_v g}{f(Re_p)} \tag{8-14}$$

其中颗粒的雷诺数
$$Re_p=\frac{\rho v_{p,\tau} d}{\eta} \tag{8-15}$$

如果示踪粒子的直径 d 小于 100μm，雷诺数很小，可认为 $f(Re_p)=1$，则斯托克斯沉降速度为
$$(v_{p,\tau})_{st}=\frac{\rho_p g d^2}{18\eta} \tag{8-16}$$

参考式(8-16)可以确定颗粒直径。

对于斯托克斯阻力，式(8-13)的一般解为
$$v_p=g\tau_v\left[1-\exp\left(-\frac{t}{\tau_v}\right)\right]=(v_{p,\tau})_{st}\left[1-\exp\left(-\frac{t}{\tau_v}\right)\right] \tag{8-17}$$

该式证明了当速度松弛时间等于 τ_v 以后，颗粒速度达到其沉降速度的 2/3。

而 J. 舍克里将颗粒与流体流动按照标准阻力系数曲线的四个区域来讨论，这四个区域划分为：

(1) $10^{-3}<Re_p<2$，为缓慢流动或斯托克斯定律区。在该区，阻力符合式(8-10)，并有
$$v_p=\frac{d^2}{18\eta}(\rho_p-\rho)g \tag{8-18}$$

(2) $2\leqslant Re_p\leqslant 500$，为过渡区。该区存在
$$C_D\approx\frac{18.5}{Re_p^{0.6}} \tag{8-19}$$

(3) $500 \leqslant Re_p \leqslant 2\times 12^5$，为牛顿定律区。在这一区域中，阻力系数与雷诺数无关，近似为常数，$C_D \approx 0.44$。有

$$v_p = \left(3d\frac{\rho_p-\rho}{\rho}g\right)^{1/2} \tag{8-20}$$

(4) $Re_p > 2\times 12^5$。在这最后的区域，阻力系数突然减到 0.09，然后随雷诺数增加而略有增加。

J. 舍克里强调，以上的公式应用的条件是：①球形固体颗粒；②流体稳定流动；③颗粒在静止流体或在速度场均匀且无湍流的流体中运动；④ 单个颗粒在离固体表面相当远处运动。

不过，他也认为这些条件过于严格。对于常见的斯托克斯定律区和牛顿定律区，式(8-12) 和式(8-14)很有实用价值。实际上，人们将这些公式常用于估计各种流动体系。当然，有些情况下会得到满意的结果，而在另外一些情况下会出现很大的误差[26]。发现误差较大时，一般需要尝试几种方法，加以比较，或者做些修正。

综上所述，颗粒的跟随性是不难判别的。实际的示踪颗粒是存在于任意流中，流体的流速也许是恒定的，也许处处都在变化。希望的是示踪颗粒对流体速度脉动响应时间或速度松弛时间越短越好。而颗粒的尺度越小、流体的黏度越大以及示踪颗粒与流体的密度差越小，则示踪颗粒的沉降速度越小，对流场变化的反应越快，即跟随性越好。

薄壁铸件充填过程的非定常流动特性，有人通过反重力充填二维流形来观察显示[27]，涉及到示踪颗粒的选择，赞同在水-丙三醇混合液中用以下示踪颗粒，如表 8-3 所示。

表 8-3 某些示踪颗粒的物理性质

示踪颗粒	颗粒直径/μm	密度/g·cm^{-3}	色 泽
铝 粉	30～100	2.67	银 灰
聚苯乙烯	10～200	1.1(可调)	白 色
沥 青	50～100	1.04	黑 色
煅烧多孔材料	100～150	1.1～1.5	浅 黄

粒子的散射性对于 PIV 图像质量有很大影响。直径大的粒子可以拥有足够大的体积散射光，但是它在不同角度的散射强度变化并不

相同；而同一直径粒子对光线在不同角度的散射强度也有很大差别；直径太小的粒子由于不易被图像接收装置捕捉，或者声噪比太低，也是不可取的。如果用大幅度增加激光强度来提高图像的清晰度，并不是经济的做法。目前还没有一个具体的标准来规范某一实验条件下示踪粒子的散射强度，它必须在具体的实验中参考选择合适的值。

蔡楚江、沈志刚、肖昆等人[28]采用化学镀银的方法在空心玻璃微珠表面包覆一层金属银，在空心玻璃微珠的装载量 5g/ L、化学镀银时间 1h 的条件下，获得了表面具有足够高光散射效率和合适密度的性能优异示踪粒子。阮驰、孙传东、白永林等人也利用聚苯乙烯微球表面化学镀银，研制了一种适合于水流场测量的示踪粒子，其粒子直径为 100～200μm，表面反射率大于 80 %，可以较好地应用于水洞流场测试[29]。

掺粒混合性是判断直径和密度之间恰当与否的表征。直径大、密度大的粒子，容易结团，跟随性能变差，同时会造成图像接收和分析判别失误等。另外，一些固体示踪颗粒由于不透明，会在运动过程中阻挡光线穿过视场，而影响观测质量，这时应选择合适的种类。王键等人在观测内燃机缸内流场的研究中发现了硅油粒子比常用的二氧化钛、铝粉粒子效果要好，并设计出相应的硅油粒子发生器[30]。

一些常用的示踪粒子的尺寸范围如表 8-4 所示。

表 8-4 一些常用示踪颗粒的尺寸范围[32]

物 质	颗粒直径/μm	物 质	颗粒直径/μm
烟草产生的烟	0.01～1	飞 灰	1～200
油 烟	0.03～1	雾	2～80
细 菌	0.3～50	雾 滴	6～6000
煤 烟	1～100	花 粉	10～100
粉 煤	3～600	雨 滴	600～6000

图 8-7 所示为一弯管水流中以铝粉为外来添加物的定性流动显示，示踪粒子为直径 20～30μm 的铝粉，管内水流动处于 $500 \leqslant Re_g \leqslant 2\times12^5$ 的牛顿定律区，铝粒子在水中具有很好的跟随性、散射性和颗

粒混合性。图中主流区和边界湍流层区的流迹线清晰可见[31]。

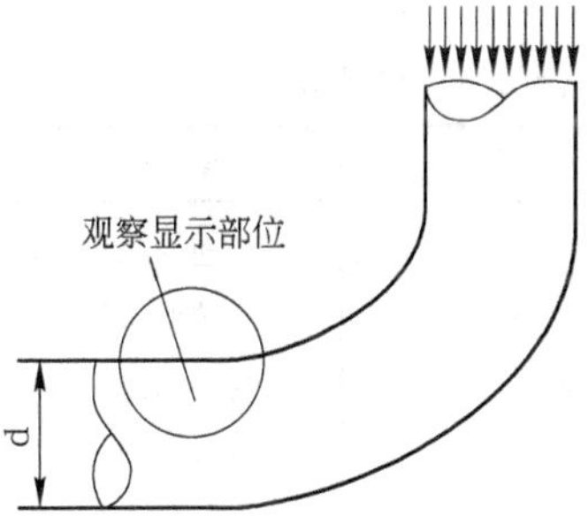

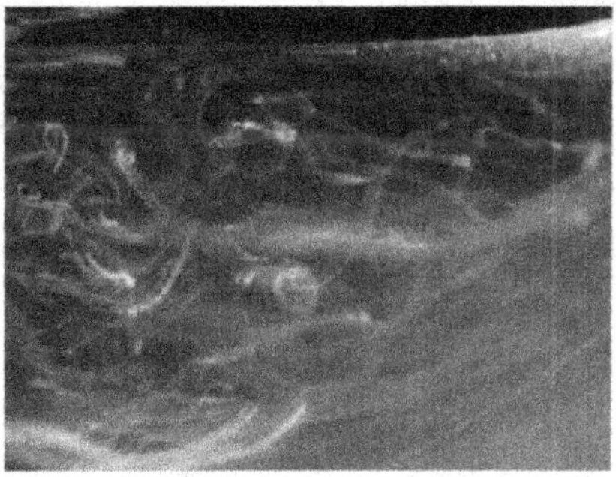

图 8-7 弯管水流的定性流动显示

对气固或液固多相流场的观察显示，往往需要至少两种示踪粒子来代表不同的相流，因此实验中比单相流场要复杂、困难得多[33]。王希麟等用平均粒径为 5μm 的氧化铝粉示踪液相，用粒径 1.5mm(密度 1.265kg/m^3)的小米示踪固相，对一个直槽道中液固两相流场进行了二维瞬时全场速度分布观测，提出了两相相容性原则[34]；在继续的研究中，又用平均直径分别为 150μm 和 350μm 的烟气作为示踪粒子，观察了两相圆湍射流中喷口(直径 40 mm)加装两个三角形小突片对射流混合的作用。从流动显示中得到，在低雷诺数(Re=2350)、喷口不加小突片时，150μm 和 350μm 粒子都能使漩涡卷吸提前，特别是后者的粗颗粒；而单相射流中加小突片的喷口会加强射流与周围流体的混合；颗粒或喷口加小突片分别能使射流湍流度增加，在 150μm 和 350μm 颗粒存在的情况下，小突片使射流核心区明显缩短，而对射流的扩散作用却有所抑制[35]。

8.3.3 流动方向和流动轮廓的显示

流动显示中最直观的是流动方向和流体轮廓的显示。最常用的方法是液体中的染色法和气体中的烟雾示踪法。

8.3.3.1 液体中的染色法

液体中的染色法主要适用于层流流动和低速流动，它广泛用于水洞之中以显示水流过模型所产生的附着或分离流动，漩涡的形成、发展与破裂,尾流等。不同研究者用于显示流迹线和流动轮廓的常用染料溶液如表 8-5。

表 8-5　用于显示流迹线和流动轮廓的染料溶液

工作液体	染　料	工作液体	染　料
水	牛奶和食品颜料	水	晶体紫
盐　水	牛奶	水	亚钾蓝染料
水	食品颜料	盐　水	蓝代血浆染料
聚合物溶液	食品颜料	水	黑苯胺灰
水	墨水	水	若丹明
聚乙烯/乙二醇溶液	墨水	食品颜料	盐水
水	印刷白粉	水	荧光亲(黄)
水	高锰酸钾	水	荧光墨水

中国科学技术大学火灾科学国家重点实验室曾经用盐水的扩散来模拟火灾烟气的蔓延过程,研究了建筑物内初起火灾产生的烟羽流和顶篷射流所诱发的空气运动,并对走廊空气层生长规律和运动特性进行了测量和分析,得出走廊内烟气和空气有着明显的分层现象,而交界面上基本没有掺混;除了火源强度外,火源位置对于诱导空气运动、进入着火区的时间等有着重要的影响[36]。

8.3.3.2　气体中的烟雾示踪法

烟雾示踪法是烟风洞和低速风洞显示流态的经典方法,近来也被用于高速风洞中。从实验室的安全角度考虑,蒸气和油雾比燃烧产物更适用。常用的油雾发生器主要由一个加热设备和一个混合器组成,如图 8-8 所示。从粒子的平均尺寸、光散射特性、汽化温度及可燃性等方面看,选择煤油最合适。

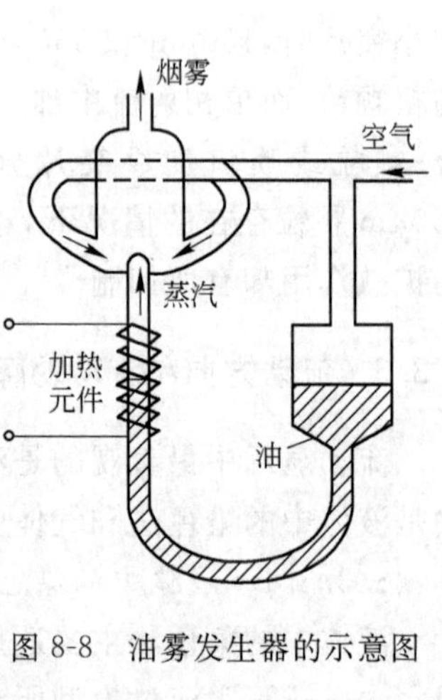

图 8-8　油雾发生器的示意图

产生白色浓雾最常用的方法是 $TiCl_4$ 与 H_2O 反应。在这种白雾发生器中，压缩空气被泵入充满液态 $TiCl_4$ 的容器中，很小的 $TiCl_4$ 液滴被空气夹带送到第二个装满水的容器中，反应结果产生有很好的光反射特性的 TiO_2 白雾。图 8-9 所示为 J. W. Bitting 等人用 TiO_2 作为示踪粒子实验所得到的圆形和正方形喷嘴可以更换的喷射流场图[37]。

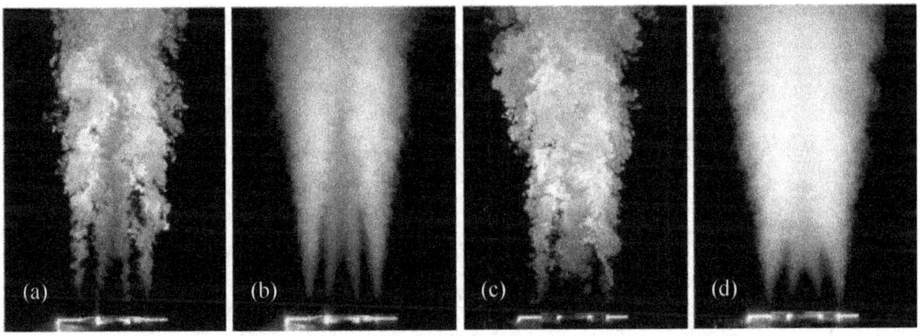

图 8-9 用 TiO_2 示踪的一种方形喷嘴喷射时的流场图

(a) 喷嘴出口瞬间中心平面显示；(b) 喷嘴出口轴对称累积平均图像；
(c) 同轴喷嘴喷射瞬间图像；(d) 同轴喷嘴喷射累积平均图像

气体中的烟雾示踪可以获得很好的流动图像。图 8-10 所示是低雷诺数风洞中机翼周围的烟线。图 8-11 所示则是大众汽车公司在风洞中对全尺寸的汽车模型进行烟示踪时所获得的流动图像。此外，烟雾还能很好地显示涡流、尾流和其他分离流动的轮廓。

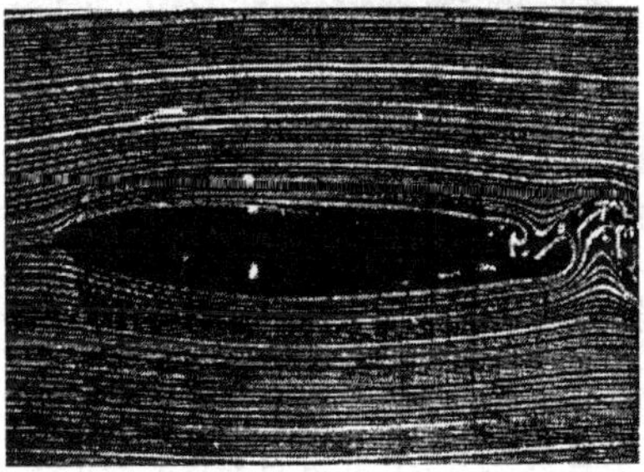

图 8-10 低 *Re* 风洞中机翼周围的烟线

图 8-11 汽车周围的烟线

图 8-12 所示为一个风洞流场中采用烟线法的实验装置简图。金属加热丝用的是 ϕ0.2mm 的镍铬丝，长度 400mm，把 2 根拧在一起使用。照明用的是闪光放电管，由 SONY 公司生产的 DCR-VX2000 型、30 帧/s 的摄像机记录流动图像。流场中放置一个直径 ϕ20mm 的圆柱和边长 20mm 的方柱，流体来流状态相同，均为 $Re=3300$。两种流场显示结果如图 8-13 所示[38]。

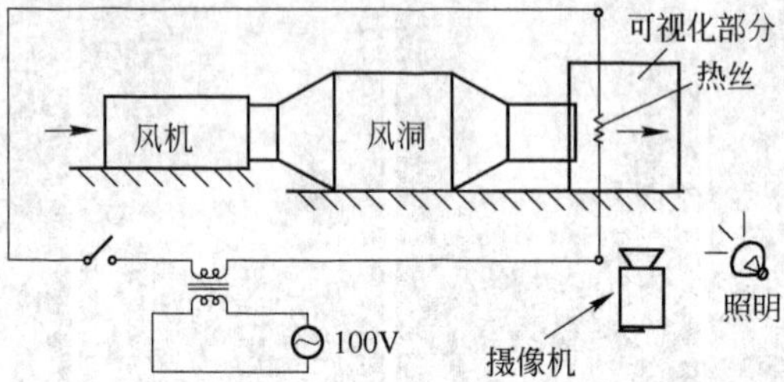

图 8-12　烟线法的流动可视化装置简图

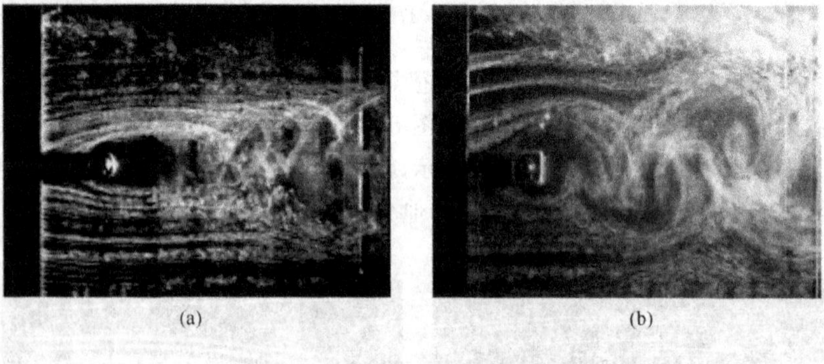

(a)　(b)

图 8-13　两种柱体周围流动用烟线法显示对比

(a) 圆柱周围的流场；(b) 方柱周围的流场

Hiroaki HASEGAWA 等用烟线法显示了纵向涡发生喷射过程在喷出口附近漩涡的结构[39]，实验装置如图 8-14 所示。热丝用 0.1mm 的 SUS304 线(不锈钢丝)，并沿着互为垂直两个方向布置，水平方向的热丝直接涂抹液体石蜡，垂直方向的热丝采用滴下法自动涂层，如图 8-15 所示。

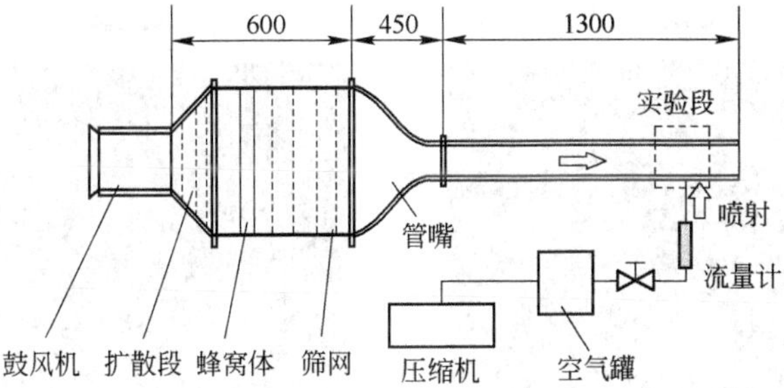

图 8-14　纵向涡发生喷射过程实验装置简图

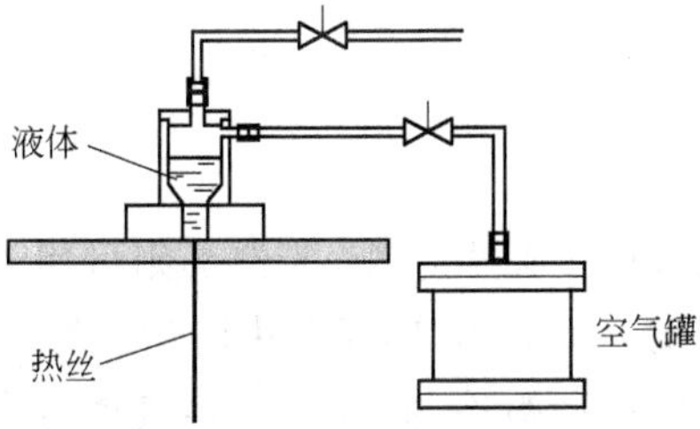

图 8-15　热丝用滴下法涂石蜡

设主流方向为 x，速度为 u_0，喷射方向为 y，速度为 v_j，速度比为 $v_R=v_j/u_0$。图 8-16 和图 8-17 所示分别为喷射口垂直喷射时垂直和水平面的二维流场图像。

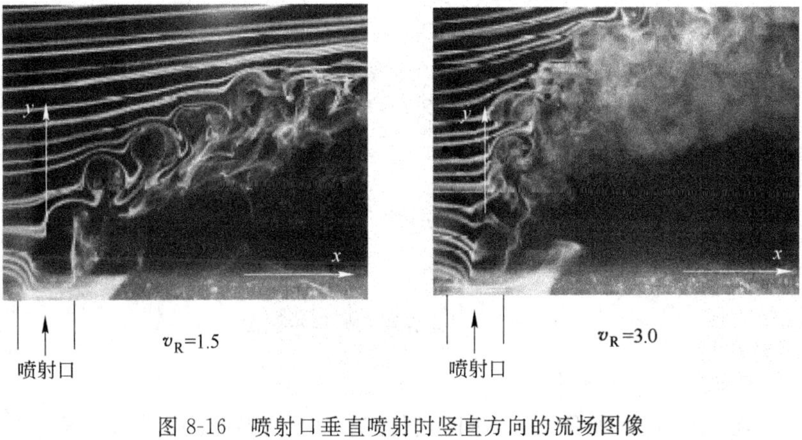

图 8-16　喷射口垂直喷射时竖直方向的流场图像

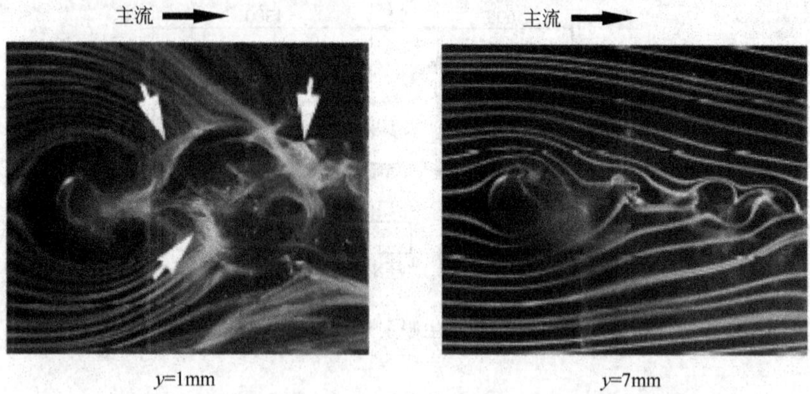

图 8-17　水平面热丝高度分别为 1mm 和 7mm 时的流场图像

8.3.3.3　汽屏

烟风洞的应用仅限于亚声速流，而汽屏则可用于观察超声速风洞中的流动。汽屏法的基本原理是，风洞中流动的是湿空气，湿空气通过超声速喷嘴时由于膨胀而被冷却，其中水蒸气就会在实验段内凝结成雾。于是实验段中的模型（如飞机）附近的流动图像就变成可见的了。不过在不同的马赫数实验工况下需要不同的增湿比。图 8-18 所示为汽屏法流动显示的实验原理示意图。

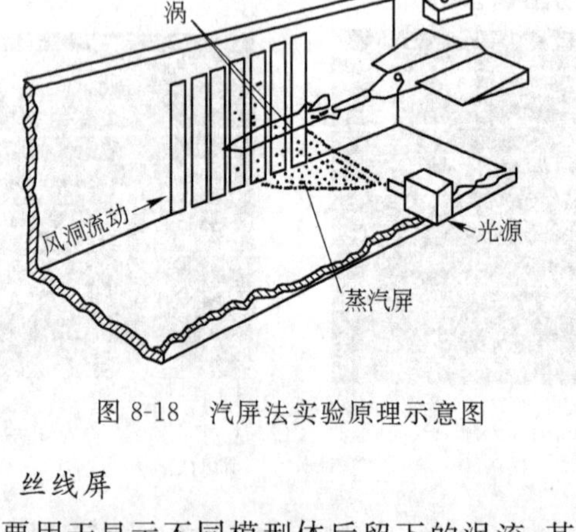

图 8-18　汽屏法实验原理示意图

8.3.3.4　丝线屏

丝线屏主要用于显示不同模型体后留下的涡流，其原理与丝丛显示方法相同。在模型后置一金属丝组成的栅格，在栅格的节点上粘上短的丝线束，在流动的下游方向进行观察或摄影。丝线屏法也可研究空气射流与一般交叉侧风之间的相互作用。

8.3.4 速度剖面显示

速度剖面的测量显示方法有很多，主要有气泡法、碲云法、百里酚蓝法和光致变色染料等。

8.3.4.1 气泡法显示

以常用的氢气泡法加以介绍。20 世纪 60 年代由 Schraub 等人提出了氢气泡定量测速法，申功炘等人在 80 年代末曾用氢气泡法研究了湍流边界层的结构[40]，后来又提出了一种改进的氢气泡法，即氢气泡网格图像测速法，使空间分辨率和测量精度有所提高[41]。

通常的方法是，将电解阴极丝(多用极细的铂丝)分段绝缘，并在两电极加上周期性脉冲电压，在流场中形成氢气泡块显示阵列，每一个氢气泡块的角点是特定时刻由阴极丝上的特定位置产生的，具有时间和位置特征，也就相当于流场中的一个质点，由每个氢气泡块角点的位移便可确定流场的速度。氢气泡网格图像测速法是在此基础上，采用计算机图像处理技术，由阴极丝同一位置处产生的所有氢气泡块的边界点拟合生成连续的染色线，由阴极丝上同一时刻形成的所有氢气泡块的边界点拟合生成连续的时间线，拟合出来的染色线及时间线形成纵横交错的网格图像，其中的网格节点为氢气泡块角点的拟合点，由网格结点位移确定流场速度，如图 8-19(a)所示。对于非定常流动，确定流

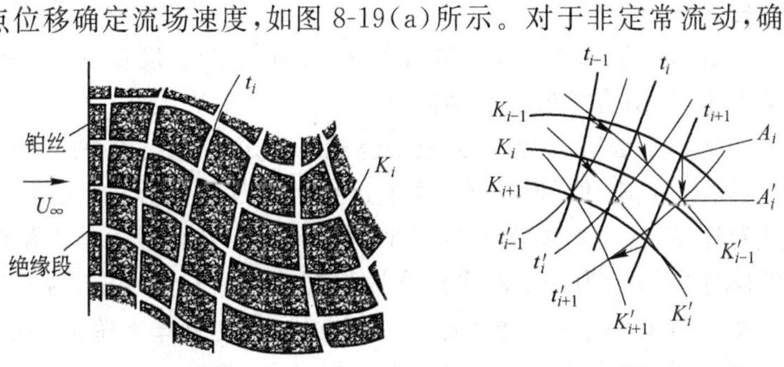

图 8-19 氢气泡网格图像测速法流动显示和结点位移确定流场速度原理图

(a) 流动显示示意；(b) 结点位移速度示意

场速度需要有一个时间间隔 T 的两幅网格图像，如图 8-19(b)所示。

图中 $K_{i,j}$、$t_{i,j}$ 和 $K'_{i,j}$、$t'_{i,j}$ 分别表示出两幅网格图像中相对应的拟合染色线及拟合时间线，其交点位置分别为 $A(x_{i,j},y_{i,j})$、$A'(x'_{i,j},y'_{i,j})$，该点的速度大小 $v_{i,j}$ 及方向角 $\theta_{i,j}$ 分别为

$$v_{i,j}=\frac{1}{T}\sqrt{(x_{i,j}-x'_{i,j})^2+(y_{i,j}-y'_{i,j})^2} \tag{8-21}$$

$$\tan\theta_{i,j}=(y_{i,j}-y'_{i,j})/(x_{i,j}-x'_{i,j}) \tag{8-22}$$

用氢气泡法测速应该说是全场测速的原始技术，它的缺点是空间分辨率低，测量误差大。在强剪切和三维流动中，氢气泡块可能扭曲变形甚至堆积，使之难以辨别，无法生成网格图像。但是这种方法投入设备少，操作简单，在测量精度要求不高的情况下还是可行的。

王晋军等用氢气泡技术[42]加激光技术进行沟槽面湍流边界层特性及近壁区拟序结构的流动显示，来探索湍流减阻的问题。国内也有人曾将氢气泡法用于连铸结晶过程的研究[43]。

关于氢气泡的跟随性问题，有人根据湍流中散射粒子的跟随性理论公式，专门做过计算(流体流速 1～26cm/s，阴极丝直径 10～15μm)，得出了氢气泡所能跟随的湍流脉动频率范围，可参考文献[44]。

8.3.4.2 *碲云法显示*

碲云法的原理与氢气泡法类似，其不同处是阴极为一根碲丝。当电极上加有电压时，带两个负电荷的碲离子就会从碲丝表面离解出来，由于流体中有氧，碲离子与氧结合就形成了胶溶悬浮体状的黑色染料。这些黑色染料，随流体一起流动，从而显示出速度剖面，或模型周围的绕流。碲云所产生的悬浮粒子直径约为 1μm，沉降速度仅 0.1 mm/s，扩散速率也低，适合于低速流动的显示。

在实施碲云法时，为使碲云胶溶体状态稳定，常在水中加有少量氢氧化钾，以增加 pH 值(通常使 pH 值达到 9 或 10)。此外加几滴 H_2O_2 可改进对比度，还可增加水中的氧含量，有利于形成碲胶溶体。碲丝上所加的脉冲电压约为 300V，电流强度根据碲丝的长度决定，通常每厘米长的碲丝需 1A 电流。碲丝可以由碲拉拔，或在钢丝上蒸镀一层碲。碲丝寿命有限，大约可做 100 次实验。

8.3.4.3 *百里酚蓝法显示*

百里酚蓝法的原理是利用 pH 指示剂的变色反应。百里酚蓝的水

溶液在酸性环境中(pH 值小于 8.0 时呈橘黄色,如果溶液变为碱性 pH 值大于 9.6),它就由橘黄色变为蓝色。如将两电极置于流体中,阴极是一根细金属丝(如氢气泡法),当所加电压很低(仅几个伏特)时,阴极上不会产生氢气泡,但在阴极附近会出现过剩的 OH 离子而呈碱性。当工作流体的酸性很弱,并接近于变成碱性的转变点,则阴极附近 pH 值的微小变化就会使该区域呈碱性而使溶液变为蓝色。如果采用脉冲电压,在阴极附近就会形成一深蓝色的小圆柱(像碲云一样),它随流体一起流动并显示出局部的速度剖面。

具体实施百里酚蓝法的方法是,在蒸馏水中按重量比溶解 0.01%~0.04% 的百里酚蓝。为使溶液刚好呈酸性,先加入几滴 NaOH,使其颜色变成深蓝,而后再一滴一滴地滴入 NaCl,直到溶液变为黄色为止。这样制备的溶液寿命可达几个月。阴极丝为直径 0.01mm 的铂丝,电压一般不超过 10V,电流不大于 10mA,为了增加橘黄色液体与蓝染料之间的对比度,可选用黄色照明光,钠灯是最合适的光源。因染料生成数量有限,工作流体的流速不能超过 5cm/s。

8.3.4.4 *光致变色染料法显示*

这种方法的特点是在流体中加入发光的示踪粒子,这些粒子在紫外线、氙灯或激光的照射下激发出荧光,从而显示流动的速度剖面或流迹线。常用的光致变色染料是吡啶和吡喃这一类物质。

8.3.5 表面流动显示

流动流体与壁面之间的相互作用包括机械的作用(如剪切应力)、热学的作用(如传热)和化学的作用(如传质)。而表面流动的显示将有助于了解流体与壁面之间的各种相互作用过程。

8.3.5.1 *表面流动图像的显示*

表面流动图像的显示方法很多,其中最常用的是油膜法和壁面丝束法。

A 油膜法

表面油膜法是一种显示表面流动的标准方法,已有很长的历史。它是将一种由油剂和颜料混合配制的特殊涂料涂在模型的表面上,观察流体在油膜上留下的痕迹,以此来判断表面附近的流动状况。当进行油膜显示实验时,流体将使油沿模型表面流动,由于边界层内的不同流动状态对油膜剪切应力不同，在模型表面会形成不同的条纹状颜料痕迹，这些条纹就给出了有关表面流动的信息。但是要使油膜上的流动痕迹保存下来，必须经过几次预备实验，以掌握油膜接触流动的适当时间。若采用照相记录手段即可广泛采用此法。

油膜法的优点是：适用的流速范围广，对流场扰乱小，可得到绕流物体表面的全部流动情况。适用于研究水流流动的油膜，是润滑油和氧化铝、氧化钛或铬酸铅等的组合物，为了使平板平面上有最鲜明的液流痕迹的模型，可按图 8-20 所示选用各种颜料和油的混合比例，当用不同的比例时，其流经油膜的时间和流速的关系不同，由图可知，流速和流经油膜最合理的时间成反比。因此要使各部分流速不同的整个表面都有鲜明的油膜痕迹，必须在不同流速处分别涂上混合比不同的油膜。将油膜涂成点状或线状可以判别复杂流动的方向，各部分用不同颜色的油膜可以弄清分离的边界和流动的源，因此可以有效地解释油膜痕迹模型。图 8-21 所示是轴流

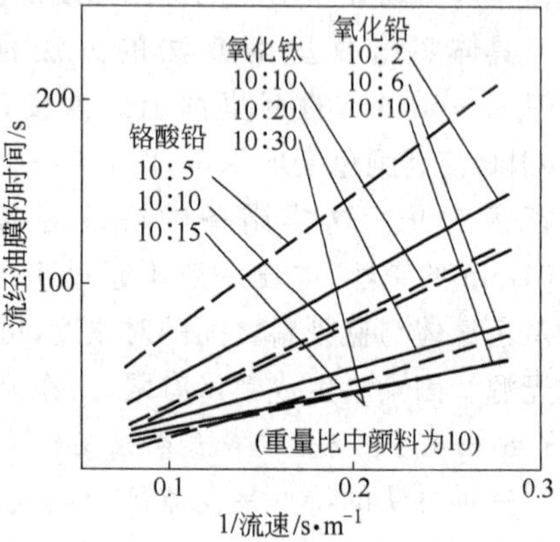

图 8-20 选用各种颜料和油的混合比例

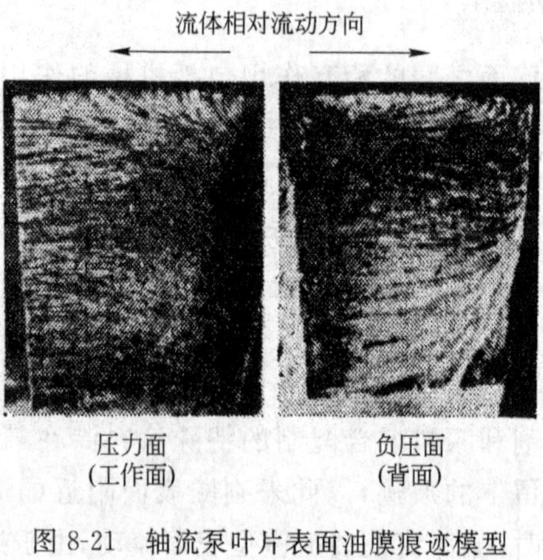

图 8-21 轴流泵叶片表面油膜痕迹模型

泵叶片表面在最高效率点附近时的油膜痕迹模型。油膜法所得的模型是平均速度矢量作用的痕迹，不能看出流动随时间的变化。

油膜法显示表面流动的关键是选好油和颜料，使之混合成一种黏度适当的涂料。例如在风洞试验中，理想的涂料在风洞启动直达到所要求的流动速度前不流动，且当风洞停车时，模型表面的条纹应不受影响。

常用的油类有煤油、轻柴油和轻变压器油。当气流速度低时也可以采用酒精，对高速风洞则应选用真空泵油。常用的颜料应视模型背景来选择，对深色模型可选用白色的二氧化钛或瓷土粉末，对光亮模型多用炭黑。有时在机油中加上荧光粉和丙酮涂在模型表面，风洞吹风时，油层随气流吹走或挥发，只在模型表面留下一薄层显示流态的油膜，实验后，把模型放在紫外灯下照射，就可看到彩色流动图像。

油膜法使用的涂料可连续地涂在模型表面上，亦可在模型表面上打上不连续的圆点。后一种方法可使油条纹能更清晰地显示流动方向，条纹的长度分布甚至可以作为表面剪切力的度量，并进行定量计算。

B　壁面丝束法

为了显示靠近固体壁面处空气的流动方向，一种最简单的办法是在物体表面上贴上短的丝线束，吹风时丝束的状况就反映壁面处空气的流动状态。这种壁面丝束法在层流时能很好反映局部流动的方向；但当空气流变为湍流时，丝线束将呈现不稳定的运动，它可以作为壁面边界层变为湍流的标志。丝线束更剧烈的运动或者有从表面上离开的趋势，则可以作为分离流动状态的标志。

丝线束的尺寸与材料的选择与流动状态及试验模型的尺寸有关。壁面丝束法的发展是采用荧光尼龙单线，线径 20μm，在拍摄时用紫外线照明，能获得很清晰的图像。

8.3.5.2　表面传质的显示

流体流过固体表面时和固体表面之间的传质过程，可借助于表面传质显示来加深理解。表面传质显示的方法主要有升华法和利用传质引起的化学变化。

升华法是在模型表面上涂上易升华的固体，或者模型本身就是由升华固体制成的。将模型抛光后置于风洞中，由于升华物质汽化，会在模型表面上形成不同深度的沟槽。通过对这些沟槽的测量即可获得模型各处的局部传质系数，以及整个模型的平均传质系数。此外还可从模型表面的状况确定边界层的状态，以及边界层转捩的位置。常用于升华实验的物质有萘(樟脑)和六氯甲烷等。其中萘用起来最方便，可将它溶于丙酮或汽油中，配成质量分数为10%的溶液，然后用喷枪均匀地喷在模型表面上。

利用传质引起的化学反应来改变模型表面的颜色也可用于表面传质的显示。例如，在模型表面覆盖一层含 $MnCl_2$ 和 H_2O_2 水溶液的潮湿层(滤纸)，在流动气体中脉冲式地加入少量氨气。氨被潮湿层吸收而引起化学反应，形成白色的 MnO_2，因此根据其白色的程度，即可决定传质速率。

8.3.5.3　表面传热的显示

显示流动流体与固体表面之间传热的方法很多，常用的有热敏涂料和液晶涂层。热敏涂料由好几种物质成分组成，每一种成分在某一特定的温度下，其内部结构或物相会发生可见的变化。两种颜色之间的边界线就是等表面温度线。如果模型是由低导热性材料制成，则指示的温度可以当作绝热壁温。最常用的热敏涂料随温度的变化可以出现4～5种颜色变化。

由于热敏涂料的上述特性，多年来高速风洞实验中就常采用热敏涂料法。在实施热敏涂料法时，覆盖有涂料的模型必须尽快地放进风洞中，因为热敏涂料的颜色变化也与涂料暴露在某一温度下的时间有关。其向表面的传热则可通过记录颜色随时间的变化来确定。为了获得有关传热的定量结果，可对观察到的颜色变化先进行标定。标定的方法是，先将所用的热敏涂料涂在一个球体上，并将球体像实验模型一样放入同样流动状况的风洞中。因为球体表面与流体之间的传热关系是已知的，因此，由球体表面所产生的颜色变化及已知球的传热系数即可获得一组校准曲线。值得注意的是，通常热敏涂料的颜色变化过程是不可逆的，故只能使用一次。

也可以用液晶涂层来代替热敏涂料。液晶涂层的优点是：颜色变化可逆，可多次使用；对温度敏感，且敏感的频带宽，通常用眼睛即可分辨出 10 种颜色。液晶涂层的缺点是使用温度低。热敏涂料的使用温度可达上千摄氏度，而液晶涂层最多只能在 250℃以下使用。

应该说，红外热成像技术也是研究表面传热的有力工具。

8.3.6 粒子跟踪测速技术

在 20 世纪 60 年代发展起来的激光多普勒测速 LDV 技术，是利用流场中粒子的散射，测量散射光对原入射光的多普勒频移量，计算粒子的运动速度，实现了对流场的无接触测量，它在一定时期内得到了广泛的应用。但是它仍然是逐点式的测量方法。到了 70 年代末兴起的激光散斑全场测速技术 LSV ，后来逐渐发展为粒子跟踪测速技术(PTV)和粒子图像测速技术 PIV 或数字粒子图像测速技术 DPIV 等。这些技术都是利用示踪粒子，融和现代计算机技术、光学技术、图像分析处理技术显示全场信息、从定性到定量瞬态测量流体速度的现代先进技术。

当流场中施放的粒子浓度比较低时，用计算机图像处理技术识别、跟踪单个粒子随流场的运动，从记录的粒子图像中测得单个粒子的位移和时间，从而获得流速。这种低粒子图像密度模式的测速方法即为 PTV。当流场中粒子浓度很高，需要用激光（相干光）照明时，粒子衍射图像在成像系统像面上相互干涉形成激光散斑图案(散斑已经掩盖了真实的粒子图像)，这种极高粒子图像密度模式的测速方法即为 LSV，此时底片判读测出的是粒子图像散斑位移。因为高粒子浓度对流场干扰较大，故目前 LSV 已很少采用。

在国外的早期 PTV 研究中，对示踪粒子的跟踪有单幅图像单次曝光法和单幅图像多次曝光法。单幅图像单次曝光法需用较长的曝光时间记录像面上粒子运动的迹线，由曝光时间和粒子运动迹线的长度来计算速度。这种方法仅在于跟踪不需要识别粒子，并且可以通过强光方法标识粒子运动迹线的起始点或终止点。这种方法要求流场中粒子浓度要很低，否则会出现粒子之间粘连、不同粒子的迹线相互重叠交错使粒子跟踪困难。然而粒子稀疏会使可提取的流场速度信息量少，从而限制了对流场细微结构的研究，误差较大。该方法有时也称为粒子轨迹测速(particle streak velocimetry，PSV)。单幅图像多次曝光法分为两次曝光方式和按照时间编码多次曝光方式。一般都采用两次曝光方式，这样的曝光控制容易实现[45]。不过当粒子密度稍高的情况下，粒子位置的识别比较困难，并且存在速度方向判别二义性。二义性，顾名思义出现两种判别理解。过去有用多种速度偏置技术或双色技术处理这个问题。双色技术中粒子位移前后的两次曝光分别用不同颜色的片光照明，粒子图像用彩色胶片记录，由此决定粒子位置的时序次序。时间编码多次曝光方式中粒子识别容易，可以解决速度方向测量二义性[46]。也有人开发了三色光照明技术[47]。

另外，一种由 CCD 相机摄取的时间序列图像记录法(digital particle tracking velocimetry，DPTV)，不需要底片湿处理，可根据图像序列确定速度方向。随着 CCD 摄像能力的提高，跟踪粒子的时间分辨率和空间分辨率将不再成为制约 PTV 技术精度提高的障碍。目前 2D-PTV 正在朝着 3D-PTV 方向快速发展[48,49]。

国外的 PTV 技术应用很早，在流体力学、传热学、燃烧学、化学及生命科学等相关领域研究中广泛应用[50～53]。德国 Ch. Brücker 等人在 20 世纪 90 年代采用 PTV 技术对漩涡破裂问题进行了系列研究。通过对驻点位置变化的观测，对 3 种漩涡破裂的形态有了更深刻的认识，并定量地研究了细长的螺旋状漩涡的破碎机理，揭示了破裂模型的时间序列(time-dependent)结构和发展[54～56]。日本有很多学者利用 PTV 技术从事相关研究。如 F. YAMAMOTO、Y. Murai 等研究人员十几年来在气泡流方面一直注入精力，从气泡运动的 PTV 测量数据中判定液体流场的运算方法，用 3D-PTV 分析自由上浮的气泡流中气泡之间的相互作用，评判泡状流中湍流剪应力剖面等，以及应用速度梯度张量再建速度矢量的系列化研究[57～60]。Nao NINOMIYA 等应用 3D-PTV 技术，就轴对称自由射流的湍流场特性也持续进行了研究；就射流的充分发展区的湍流流动结构，不论是实验研究还是 DNS 计算，与有关的学者得出非常一致的结论。即在自模化的充分发展区，出现与流动方向呈 45°倾角的发卡涡（涡套）。这是在射流的平均剪应力作用下所形成的一圈绕轴的发卡涡，这些涡受到湍流运动发生变形，在主应力方向被强力拉伸。其结果在圆周方向产生以主应力方向为轴的反向旋转的漩涡，使得射流内侧的高速流体从它的中心向外侧转移。这些流体具有较强的雷诺应力，可以承载具有活力的运动能量。进而，随射流流经之处随机产生这些相同的流动结构，并且长时间保持。于是周围的流体从这种流动结构的外侧被卷入到射流中心，与内部流体混合[61]。图 8-22 所示为 Nickels 的发卡涡（涡套）模型图。

相比之下，国内在 PTV 相关技术方面的研究应用得投入比较少。

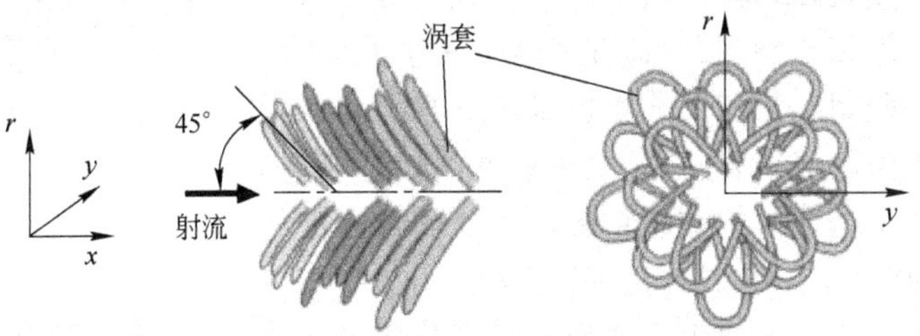

图 8-22　轴对称自由射流充分发展区的发卡涡（涡套）（Nickels 涡模型）

8.3.7　粒子图像测速和数字粒子图像测速技术

8.3.8.1　PIV 和 DPIV 基本概念和测量计算方法

从 20 世纪 80 年代起，在多普勒测速的基础上，R. J. Adrian 等人便引领了粒子图像测速技术 PIV[62]。PIV 源于一种瞬态流动平面二维速度场测量技术，其基本原理是在流场中施放合适的示踪粒子，用脉冲激光片光照射所测流场切面区域，通过成像记录系统得到两次或多次曝光的粒子图像，形成 PIV 底片；再用光学杨氏条纹法或粒子图像相关分析等方法逐点处理，获得每一判读点小区中粒子图像的平均位移，由此确定流场切面上多点的二维速度。所提到的光学杨氏条纹法，是指相干光源（激光）对单帧双曝光照片上的各子域进行照射时，各子域内的粒子像点就好像一个个点光源，当来自两粒子像的两光波相遇时，就会形成一组干涉条纹。来自两个任意粒子像的光波干涉条纹的间距和方向是不固定的，而来自具有相同位移粒子像对的光波的干涉条纹具有相同的间距和方向，于是后者的干涉条纹就会叠加，比前者亮度加强，从而形成一簇明暗相间的干涉条纹图谱，这就是光学杨氏条纹。图谱中的条纹间隔与粒子像对的位移成反比，条纹方向与粒子像对的位移方向相正交。由此只要确定出这些杨氏条纹的间距和方向，通过二维傅里叶变换，就可以计算出该子域内的平均流速。粒子图像相关分析也可以称为灰度分布图像相关分析，其基本原理是同一示踪粒子群所形成的有灰度特征的团块在流动过程中具有一定的类似度，于是可根据团块的灰度分布特征进行图像识别。粒子图像相关分析有自相关和互相关的区别。

自相关在相关测量中两次曝光的粒子成像于同一张图像上，速度和方向不能自动判断，即存在速度矢量方向的二义性问题，并且测速范围也受限制。自相关分析也是通过两次二维傅里叶变换来计算。与杨氏条纹法的区别是，自相关分析方法代替了复杂的光学系统，不需要做底片的湿处理。它首先将底片上子域内的粒子放大成像到CCD系统，然后对该图像做二维傅里叶变换。

第一次二维傅里叶变换得到杨氏干涉条纹，第二次二维傅里叶变换得到位移场。但是自相关在处理两次曝光的粒子图像过程中，常常将无效粒子作为背景噪声，而影响了判断处理的准确性，对零位移毫无办法。

在粒子图像信号中，设二维离散的信号分别是 $f(x,y)$ 和 $f(x+m,y+n)$，$(x+m,y+n)$ 是相对于 (x,y) 的粒子信号点，则它们的相关函数可写成

$$R(m,n)=\iint f(x,y)f(x+m,y+n)\mathrm{d}x\mathrm{d}y \tag{8-23a}$$

或者

$$R(m,n)=\sum_{m=-\infty}^{\infty}\sum_{n=-\infty}^{\infty}f(x,y)f(x+m,y+n) \tag{8-23b}$$

注意，式(8-23a)和式(8-23b)从数学上是不相等的，但是它们可以分别用来计算相关函数，只是精度不同。如统一用式(8-23b)，此时 $R(m,n)$ 最大时表征了 $f(x+m,y+n)$ 相对于 $f(x,y)$ 的位移。由于PIV两次曝光的粒子图像的亮度不均匀，并存在计算机的计算速度的影响，故一般情况下采用被规格化了的相互关系

$$\rho(m,n)=\frac{R(m,n)}{\sqrt{\sum_{m=-\infty}^{\infty}\sum_{n=-\infty}^{\infty}f^2(x+m,y+n)}} \tag{8-24}$$

式(8-24)计算方法称为乘积相关法，它有很大的计算量，耗时间

长；为提高计算速度，又提出了一种快速实用的减相关法。这种方法是寻找图像子域与样板图像之间的差别作为相似性指标，含大量的减法计算，速度快，比乘积相关法省时。相关函数为

$$R(m,n)=\sum_{m=-\infty}^{\infty}\sum_{n=-\infty}^{\infty}|f(m,n)-f(x+m,y+n)| \tag{8-25}$$

这时，当 $R(m,n)$ 最小时，$y(x+m,y+n)$ 与 $f(x,y)$ 达到最相似[63]。

互相关分析是在相关测量中两次曝光的粒子成像形成的两张图像上，可以自动寻找最大相似度的子区域，即自动判断速度方向，降低了相关处理中的背景噪声，使相关的有效粒子数增加，信噪比提高，判断识别的准确率大大提高，且速度测量范围比自相关大很多。

判识子区域之间的相似程度可以用互相关系数或方差值或灰度差值来描述。设 f_{ij} 和 g_{ij} 是 2 幅连续图像中 2 个查询窗口（子区域）的像素灰度值，而且每个窗口都有 $M\times N$ 个像素点，$\bar{f}$ 和 $\bar{g}$ 是各自所在窗口内的灰度平均值。在 2 幅图像中移动查询窗口，当互相关系数 C_{fg} 值最大，方差值 D_{fg} 或 E_{fg} 最小时，就可以认为这 2 个窗口是相似的，可匹配的。即说明所查询的一幅图像的窗口中的大部分粒子经过一段时间运动到达了另一幅图像中的位置被确定出来了[2]。计算公式如下：

$$C_{fg}=\frac{\sum_{i=1}^{N}\sum_{j=1}^{M}f_{ij}g_{ij}}{\sqrt{\sum_{i=1}^{N}\sum_{j=1}^{M}f_{ij}^{2}\times\sum_{i=1}^{N}\sum_{j=1}^{M}g_{ij}^{2}}} \tag{8-26a}$$

$$C_{fg}=\frac{\sum_{i=1}^{N}\sum_{j=1}^{M}(f_{ij}-\bar{f})(g_{ij}-\bar{g})}{\sqrt{\sum_{i=1}^{N}\sum_{j=1}^{M}(f_{ij}-\bar{f})^{2}\times\sum_{i=1}^{N}\sum_{j=1}^{M}(g_{ij}-\bar{g})^{2}}} \tag{8-26b}$$

式(8-26a)和式(8-26b)具有相同判别能力，可任用其一。

$$D_{fg}=\frac{1}{NM}\sum_{i=1}^{N}\sum_{j=1}^{M}(f_{ij}-g_{ij})^{2} \tag{8-27}$$

$$E_{fg}=\sum_{i=1}^{N}\sum_{j=1}^{M}|f_{ij}-g_{ij}| \tag{8-28}$$

基于互相关分析的技术实际上就是在 PIV 基础上的数字化粒子图像测速 DPIV。目前它是 PIV 技术的重要发展方向。

DPIV 工作原理可以用图 8-23 形象而简要地说明。在一个流场中(该流场中有一流线型物体)撒入示踪粒子,由激光光源发出的光经透镜等形成片光,照射流场中的机翼,便显示出流经翼形断面的流体内粒子分布情况,接着用数字照相机,在曝光间隔 $\Delta\tau$(或多个时间间隔)内,对粒子运动情况分别进行记录,粒子运动距离 Δx,运动速度 $\bar{V}=\Delta x/\Delta\tau$,$\Delta\tau$ 时间内粒子流动轨迹即为其速度方向。PIV 所得到不只是流动某一点的速度,而是整个流场。该技术关键是,根据粒子的位移 Δx 和曝光间隔 $\Delta\tau$,用图像分析技术对众多粒子进行相关分析,确认出前后两张图像中同一粒子的行踪,从而得到流场中各点的速度矢量,同时计算绘制出流场速度矢量图、流线图等。

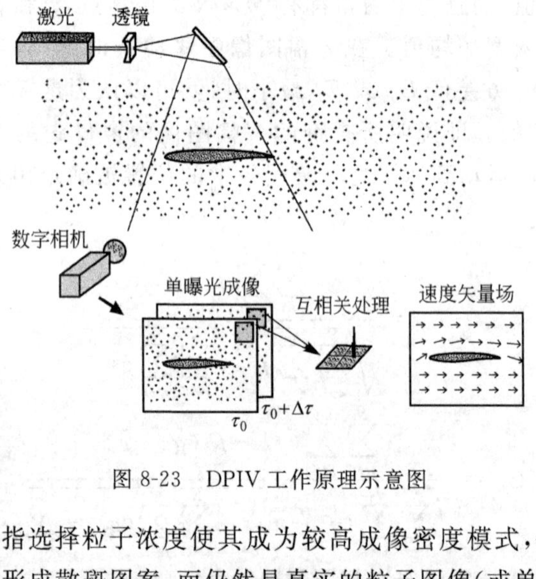

图 8-23　DPIV 工作原理示意图

PIV 是指选择粒子浓度使其成为较高成像密度模式,但成像系统像面上并未形成散斑图案,而仍然是真实的粒子图像(或单个粒子的衍射图像)。在这些粒子已无法识别的情况下,底片识别只能获得一个子区域中多个粒子图像位移的统计平均值。那么就要用到上述灰度平均值的计算方法。

由于判识图像中相似子区域的计算量非常大,为了减少计算量,目前许多人应用 Willert 提出的 DPIV 快速傅里叶变换方法[14]。这种方法将数字化的图像看作是随时间变化的离散的二维信号场序列，利用信号分析的方法，通过计算连续 2 幅图像中相应位置上两个子区域的互相关函数，得到图像中子区域上粒子图像平均位移大小和方向。用框图表示如图 8-24 所示。

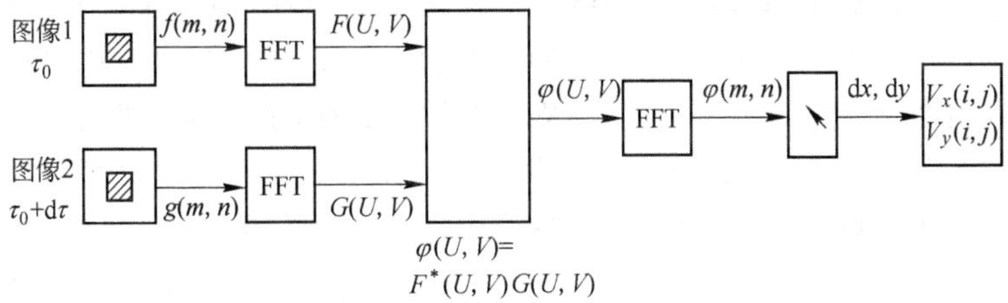

图 8-24 DPIV 计算方法说明框图

关于 PIV 的速度提取算法，许联锋总结得比较详细。除了上述提及的方法之外，还有粒子分布图像相关法、弹性模型法、速度梯度张量法等。

8.3.8.2 PIV 和 DPIV 的研究应用

20 世纪 90 年代，申功炘、康琦、马广云等人在我国应用 PIV 技术进行流体力学、空气动力学方面的研究做出了许多引导性的贡献[8,11,41,47,64,65]。近几年来，国内对 PIV 技术的研究应用越来越多，出现了一些改进的 DPIV 方法。如田晓东、李玉梁、陈嘉范等综合分析了 Willert 提出的方法存在速度快、精度较低，Huang 的改进[66]使精度提高但处理时间长的问题，在前人的 DPIV 基础上，提出了一种兼有快速和较高精度的数据处理方法，适合于多工况、非恒定流的测量[67]。聂毅强、包雨云、施力田简化 PIV 数据采集系统，对 AUTOCAD 二次开发，将改进的 PIV 技术应用于搅拌槽流场的测量[68]。一些研究者从示踪粒子研究入手，力图提高 PIV 的测量精度[28,29]。

冯宾春、崔桂香、张兆顺采用 DPIV 和定量流动显示（quantitative flow visualization，QFV）技术，研究了充分发展的圆管湍流，得到了常规流动显示所不及的测量结果，与直接数值模拟（direct numerical simulation，DNS）比较，表明了自行开发的 DPIV 技术测量精度令人满意；测量出在圆管湍流的近壁区存在横向强脉冲现象，并观察到上抛结构占主导地位[69]。在 DPIV 系统中，相机往往要放置一定的角度来拍摄流场状态，于是会带来图像的几何畸变的系统误差。黄湛、申功炘通过图像修正的办法，以扭曲变形的图案为模板，用插值法将扭曲变形的图案校正过来[70]。图 8-25 所示是扭曲的图像和修正的图像对应关系。在插值法中通过建立一个二次函数 $\dot{G}(x,y)=\dot{a}x^2+\dot{b}y^2+\dot{c}xy+\dot{d}x+\dot{e}y+\dot{f}$ 来反映扭曲图像上的点的对应关系，即在扭曲的图像和修正的图像上分别选取 6 个点，建立 6 个线性方程，解方程组求出二次函数的 6 个系数 $\dot{a}$、$\dot{b}$、$\dot{c}$、$\dot{d}$、$\dot{e}$、$\dot{f}$。于是由二次函数的关系通过修正点找到对应的扭曲点，对扭曲点中较集中的 4 个点所围成的子区域进行双线性插值，便可以得到子区域(X,Y)的灰度值。如图 8-26 所示的点(X_a,Y_a)、(X_b,Y_b)、(X_c,Y_c)、(X_d,Y_d)，其各点灰度值为 g_a、g_b、g_c、g_d。

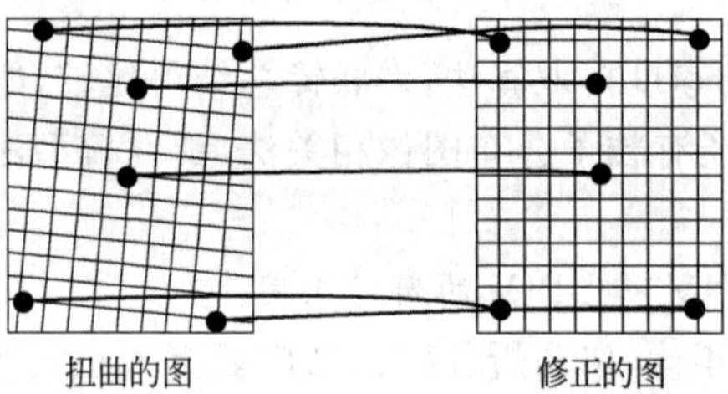

图 8-25 扭曲的图像与修正的图像各点的对应关系

换热器是工程领域普遍使用的设备，测定换热器传热系数已经不能满足人们对高效能传热机制的探索，因此利用 PIV 或 DPIV 技术对各种结构型式换热器流动观察，有着重要的工程意义。

C. Iwaki、K. H. Cheong、H. Monji 和 G. Matsui 用 PIV 技术测量了顺排和叉排换热器管束中两种结构的流动情况。

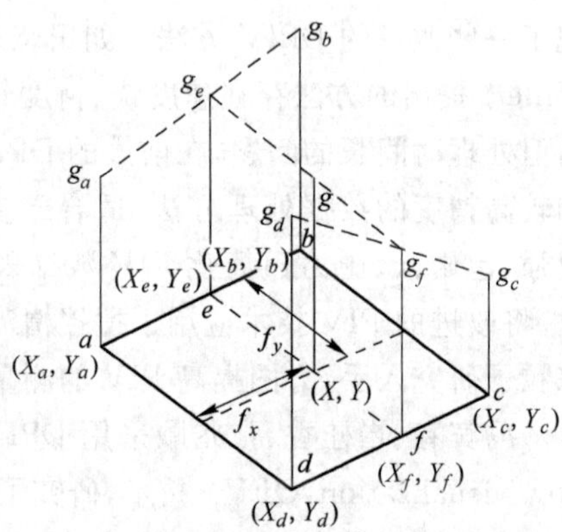

图 8-26 双线性插值示意图

每种模型的管束均为 20 排，每排有 5 列，管束中的管直径为 15mm。为减小边壁效应，管束通道断面为矩形，宽度为 D，长度为 L，管间距 p 与管径 d 的比值 $p/d=1.5$，两种实验模型如图 8- 27 所示。通道用丙烯酸树脂制作，管束用硼硅酸（耐热）玻璃制成。Na-YAG 激光器，波长为 532nm，光束直径为 2.5mm，光能为 15MJ/pulse。引人注意的是，在水中放入了质量分数为 56.9%的 NaI 溶液，使工作液体的折射率与玻璃棒管束的折射率相匹配。并将直径 10μm 的若丹明作为粒子，其荧光波长峰值为 580nm，与所用的激光波长不同，因此，反射的 YaG 激光被 50nm 的高通过滤层过滤掉后，只有示踪粒子的光能够通过过滤层，最后被 CCD 相机捕捉到。实验本体系统和流动显示系统分别如图 8-28 和图 8-29 所示。该实验成功地显示了两种结构管束周围的速度矢量分布、漩涡结构及湍流强度的差别[71]。其中观察到的顺排尾流漩涡特性如图 8-30 所示。

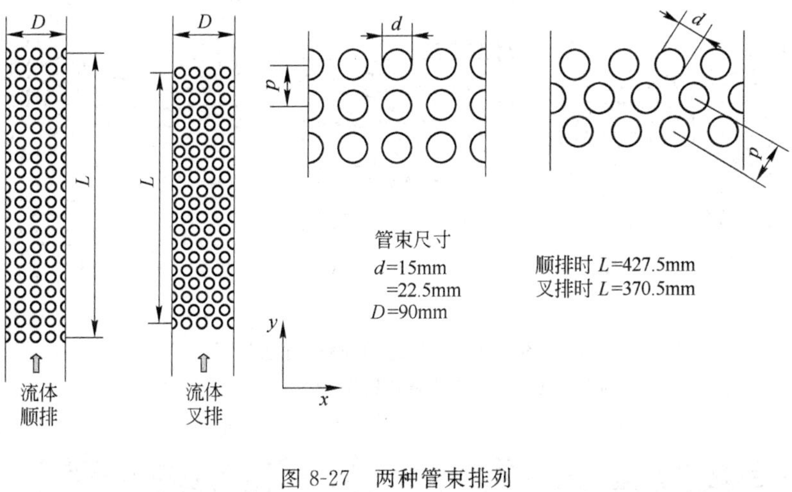

图 8-27　两种管束排列

S. HASEGAWA，S. UMEDA，A. TANIGUCHI 等人用 PIV 技术观察分析了菱形角柱群内水的流动[72]。通过速度矢量变化，在菱形分流区发现了三维流向涡及其涡联结振动、流场的对称性、菱形角柱壁后流能量提供点以及该点回流性增强等特点。图 8-31 所示为两个时刻从第 3 到第 5 排(共有 6 排)间菱形角柱间合流、分流 PIV 的速度矢量分布。

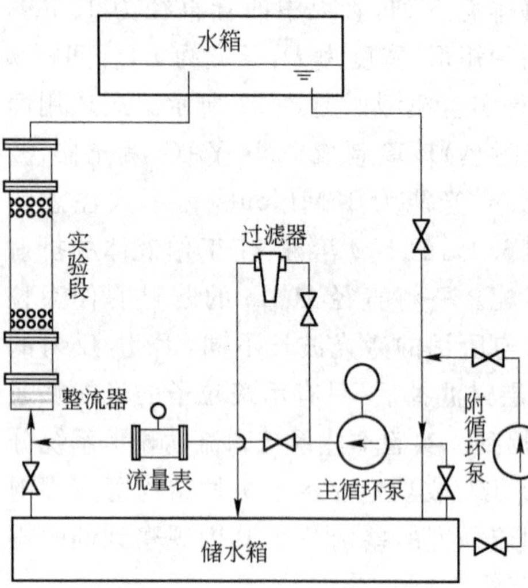

图 8-28　实验本体系统

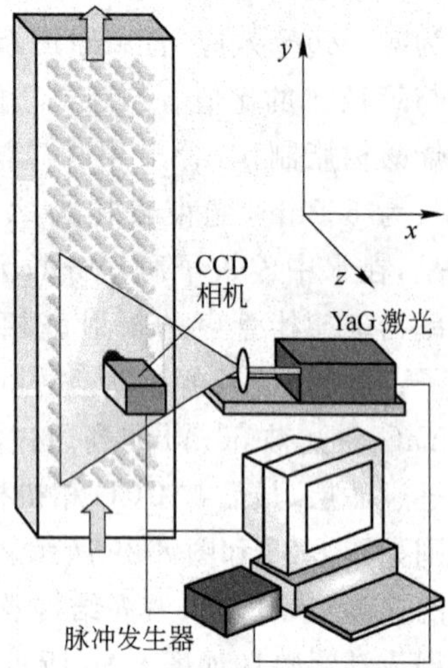

图 8-29　PIV 系统

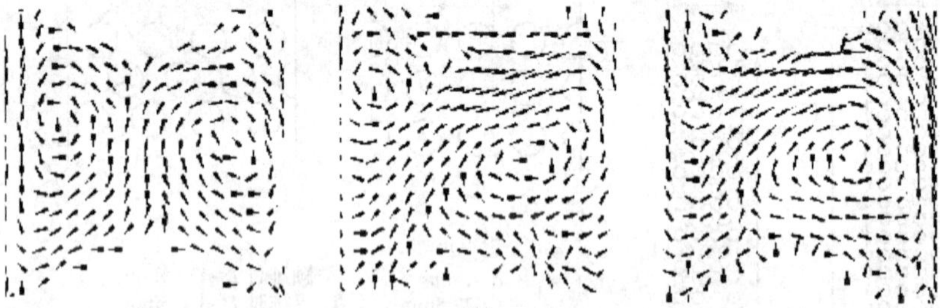

图 8-30　顺排时尾流的漩涡特性状态

(a) 一对对称的漩涡；(b) 大涡伴随着一个小涡；(c) 一个单涡；

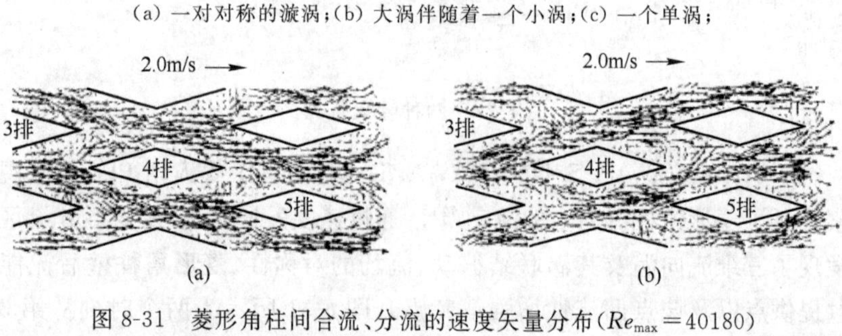

图 8-31　菱形角柱间合流、分流的速度矢量分布($Re_{max}=40180$)

(a) $t=t_0$；(b) $t=t_0+19/15$

为了降低 PIV 测量过程中出现的错误速度矢量和流场噪声的影响,最近 K. HOSOTANI, T. SUZUKI 和 Y. OCHIAI 试用了固有正交分解法(proper orthogonal decomposition method,POD)再建 PIV 测量后的复杂流场,取得了一定的效果[73]。但是这种方法还不能充分地再现微小流动变化结构。

随着纳米技术的发展,人们向微光尺度的探索越来越迫切。显微 PIV 技术近年来也受到关注。由长福、祁海鹰等自行建立了一套可用于微观流动测量的 Micro-PIV 系统,主要由光学显微镜、高功率激光器、高速摄影组成的硬件和 IMPACT 软件组成。其中软件中关于颗粒识别、配对过程吸取了 F. YAMAMOTO 等人计算方法(BICC,VGT,SPRINGMODEL,4-FRAME 多种数据处理与分析算法)[74]。

经过众多学者多年的努力,二维 PIV 或 DPIV 技术应该说是比较成熟的了。用它研究湍流边界层中常见的拟序结构(在尺度为边界层厚度的量级的空间内,流动特征一致或紧密相关的流动。例如快斑、慢斑、上升流、下扫流和各种涡结构,都符合此定义)[75],可以获得清晰的显示。但是拟序结构是随时间演变的立体结构,二维的显示只是立体结构的一个切片,不能整体描述这些立体结构。为了揭示非稳态连续流场和湍流机理,不断有人推出不同版本的 PIV 技术,如全息粒子图像测速(holography PIV, HPIV)、立体 PIV(tridimensional PIV),3DPIV 和时间分解 PIV(time-resolved PIV)[76~78]等。最近,一种断层 X 光摄影粒子图像测速(tomographic particle image velocimetry,TPIV)刚刚问世,它的工作原理如图 8-32 所示。示踪粒子在流场中被一个三维区域的双脉冲激光发射的照明下,由来自不同方向的 4 架 CCD 相机系统分别记录粒子的散射光,2 次曝光后,得到从 t 到 $t+\Delta t$ 的 8 张图像。再利用光照强度分布即光学断层摄影术,获得从 t 到 $t+\Delta t$ 的三维重建体。然后通过三维互相关算法得到一个优化的三维速度矢量场。该技术打破了 PIV 要用片光源照明的传统限制,实现了人们多年来梦想的三维测量[79]。

tomographic 原理早已在医学成像中广泛应用,TPIV 实际上是把光学断层扫描原理和 PIV 相结合的产物。这里的重建过程主要是指应用乘法代数重建技术(multiplicative algebraic reconstruction tech-

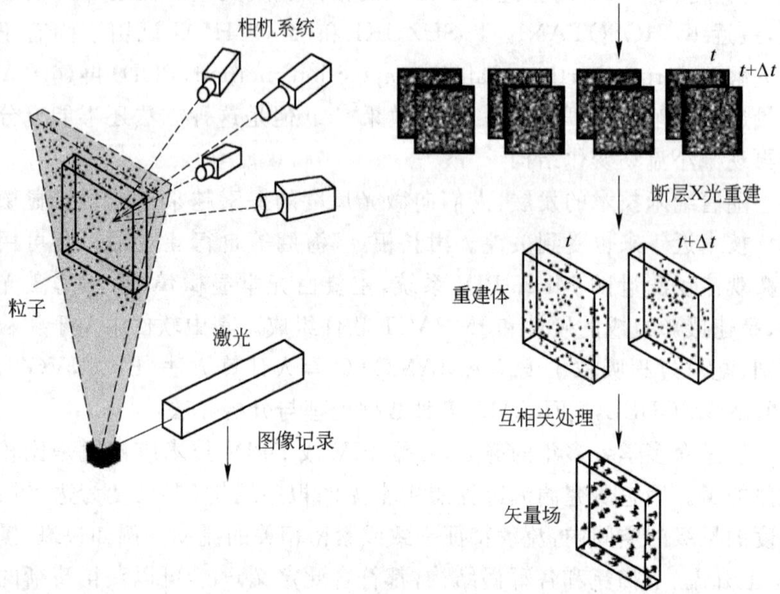

图 8-32　断层 X 光摄影装置粒子图像测速工作原理

niques,MART,是一种改进的代数迭代法[80])来建立光照强度分布。这一技术用于一个低速风洞中圆柱体近壁湍流的测量($Re=2700$),4 架相机的角度和实验用圆柱体如图 8-33 所示,圆柱尾流瞬时的三维速度矢量场如图 8-34 所示。瞬时速度反映出流场中逆旋转的卡门涡街,以及二次流漩涡的结构。实验结果证明,TPIV 适合复杂三维流场的

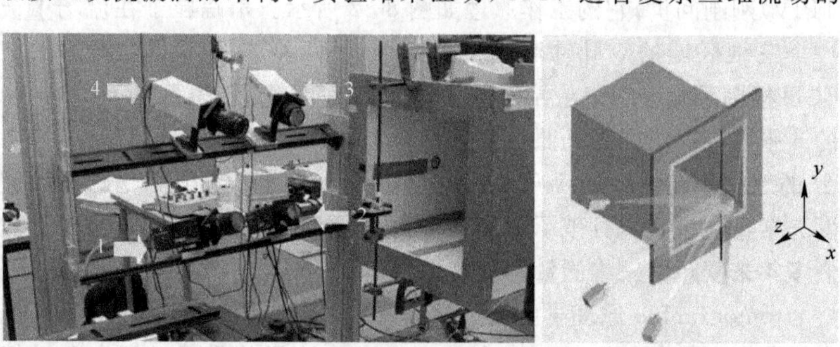

图 8-33　在低速风洞中光路系统和实验圆柱体的布置

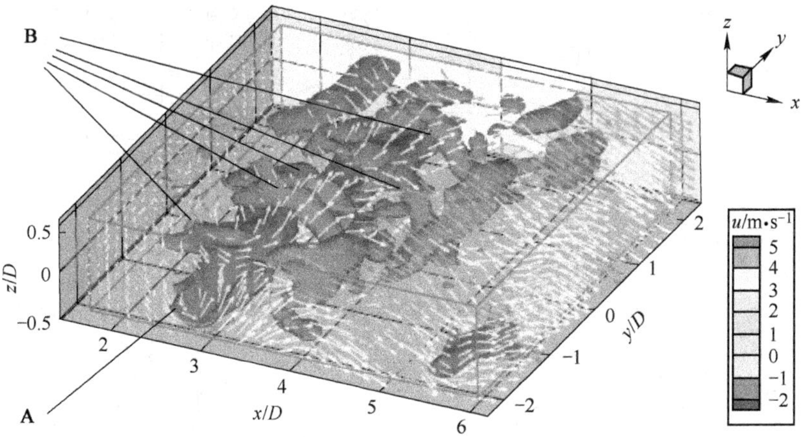

图 8-34　圆柱尾流瞬时三维速度分布

A—漩涡强度最大的漩涡；B—等强度表面的二次流漩涡

研究。

虽然三维 TPIV 技术尚不成熟，但是其研究应用前景越来越看好。

8.4　超声速流动显示

高速或超声速流动边界层问题，不仅是航空航天领域多年来一直研究的内容，也越来越受到冶金等工业的极大关注，如多头氧枪射流、高速高效无污染喷射燃烧等新工艺过程所涉及的流动机理和影响因素亟待人们去研究。这方面的流动显示有纹影法和火花跟踪法。

纹影法在空气动力学和热力学实验中是应用最多的一种，而且已经从流动显示过渡到定量测量。纹影系统由光源、透镜（或反射镜）、刀口和观察屏（或记录图像装置）所构成。Shoji SAKAUE 等人最近采用纹影法对主流马赫数为 2.4 的超声速流动边界层进行了二维定量测量，实验中通过一套纹影光学系统和一个高速数字摄像机，将边界层内的密度分布以图纹的光照强度分布测量出来，进而确定密度场和速度分布[81]。其纹影光学系统结构原理如图 8-35 所示。

当气体的折射率接近于 1，与密度的关系为

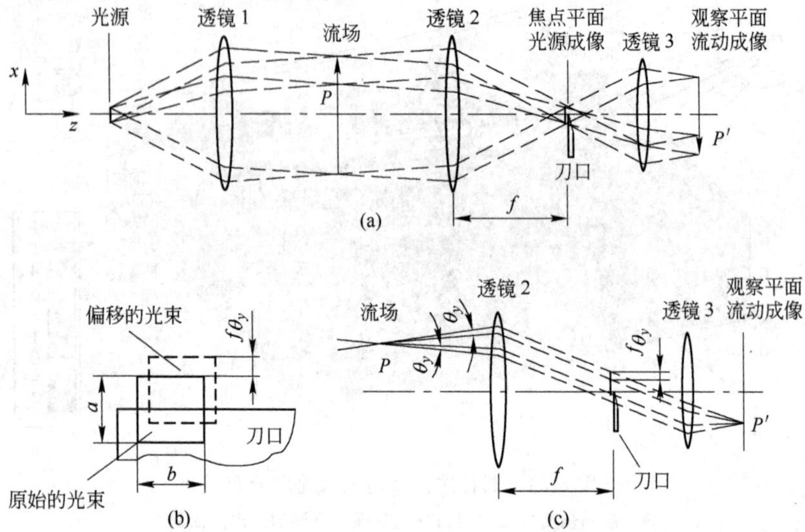

图 8-35　纹影光学系统结构原理

$$n = 1 + K\rho \tag{8-29}$$

式中，K 为正的常数。当流体为空气，波长 $\lambda = 607.4\text{nm}$ 时，$K = 0.2259 \times 10^{-3}\text{m}^3/\text{kg}$。

在直角坐标系下，通常规定流动沿 x 方向，则密度分布主要沿 y 方向。这时，入射到 z 方向的平行光在折射率（密度）增加的方向折射，其折射角为

$$\theta_y = \int_0^d \frac{K}{n} \cdot \frac{\partial \rho}{\partial y} \mathrm{d}z \tag{8-30}$$

式中，d 为流场中 z 方向的宽度。

在密度梯度$\dfrac{\partial \rho}{\partial y}$沿 z 方向不变化的二维流动中，式(8-24)可以表示为

$$\theta_y = \frac{Kd}{n} \cdot \frac{\partial \rho}{\partial y} \simeq Kd \cdot \frac{\partial \rho}{\partial y} \tag{8-31}$$

图 8-35(a)为光学系统的基本构成图，从光源发出的光，经过透镜 1 变成平行光，入流场后，在透镜 2 后的焦点平面形成光源像。从光源各点出来的光束通过流场中所有的点，在透镜 3 像面（观察平面）处形

成它的流场图像。图(b)所示为，由于密度的变化，通过点 P 的光束折射时，如果透镜 2 的焦距为 f，则焦平面上的光源像就会偏离原来的位置，有 $f\theta_y$ 的位移。不过观察平面的成像位置 P' 并不变化。因此，在焦平面放置的刀口就会把光源像遮挡住一部分，留在观察平面上的各点的照度随着折射量(密度梯度)的变化而产生明暗变化。

在二维流场中任取 2 点，它们在观察平面上的照度分别为 I_1 和 I_2，当不考虑光学系统的收差(通过透镜的光线不是正好集中到一点上，而形成不完全的图像)和受力变形(图像伸长、收缩和扭转等)，将得到光强分布均匀的矩形光源像，则照度差 $\Delta I=I_2-I_1$ 与垂直于刀口方向上的密度梯度成比例，则

$$\Delta I=Ab\cdot f\cdot(\theta_y|_2-\theta_y|_1)=Ab\cdot fKd\cdot\left[\left.\frac{\partial\rho}{\partial y}\right|_2-\left.\frac{\partial\rho}{\partial y}\right|_1\right]\tag{8-32}$$

另外，从式(8-32)可以得到

$$\frac{\Delta I}{I_{\max}}=\frac{fKd}{a}\cdot\left[\left.\frac{\partial\rho}{\partial y}\right|_2-\left.\frac{\partial\rho}{\partial y}\right|_1\right]\tag{8-33}$$

式中 $I_{\max}$——光源像不被遮挡时的照度；

a、b——分别为刀口上垂直和水平方向上的光源幅值；

A——光源像中的光照强度。

由此可知，边界层内的某一点的照度与边界层外侧密度梯度为零的那一点照度差 ΔI 正比于该点的密度梯度。式(8-32)和式(8-33)中的比例系数为理想状态下推导出来的，实际的测定中要加以修正。用上述方法就可以通过测定纹影图像的照度来确定边界层内的密度分布，进而再将这种近似于超声速边界层的密度求积分，便得到边界层内的速度分布。

Nao NINOMIYA 等用火花示踪法研究高速气流问题，经历了从二维到三维的发展过程[82]。近年来，该课题组的研究人员对压力 138.13kPa 的压缩空气通过一个直径为 ϕ5.2 mm 的喷口时的流动，采用高速相机和立体布置相结合的摄影法，成功地显示出火花线列的三维形状，并对获得的火花线列，再运用声音识别领域应用的 DP 匹配法，求出连续的火花线间三维速度矢量分布，实验原理如图 8-36 所示，火花线列三维速度矢量分布如图 8-37 所示。

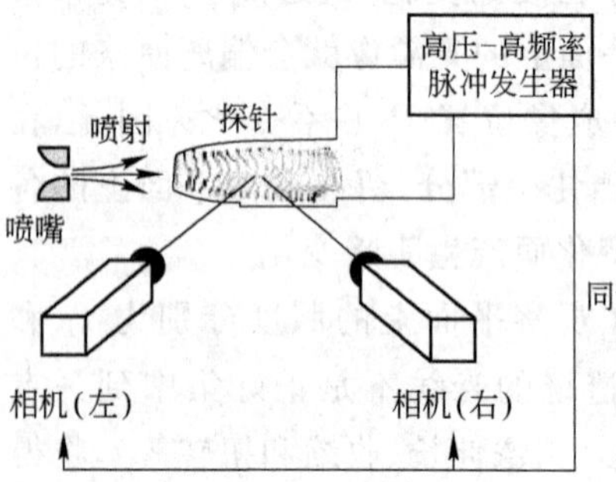

图 8-36　火花示踪法实验原理

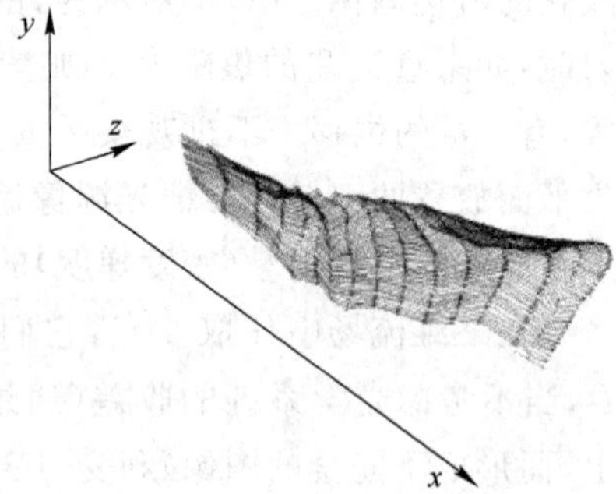

图 8-37　三维速度矢量分布

Hiroaki NAKAMURA 等人在极超声速风洞中采用火花示踪法观察了空间飞机周围三维流场的冲击波[83]，风洞参数为：马赫数 $Ma=10$，速度 $u=1500\text{m/s}$，静压 $p=70\text{Pa}$，静温度 $T=54\text{K}$，空气密度 $\rho=4.5\times10^{-3}\text{kg/m}^3$，气流的持续时间为 20ms。实验中使用的高压回路如图 8-38 所示，同时对于迎角分别为 0°和 10°的情况，用数值计算方法加以对比分析。

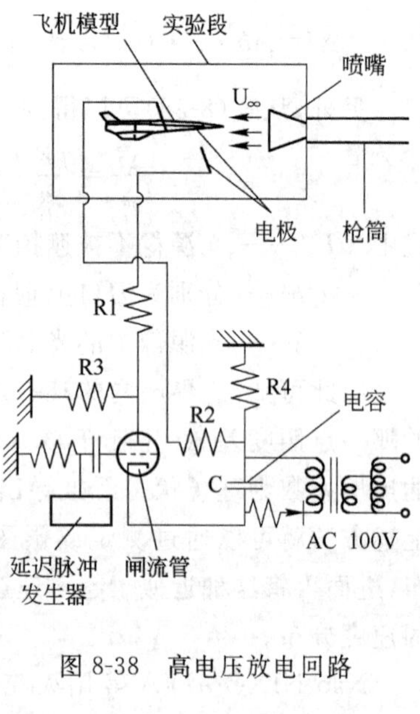

图 8-38　高电压放电回路

魏润杰、申功炘经过多年的 PIV 测试研究，已经成功地研制出国内第一套完善的实时 DPIV 系统，可用于各种流体力学的实验测量中，包括 $Ma=1.5$ 的超声速喷流实验[84]。

8.5　振动管流的流动显示

流动诱导振动问题，是人们在日常生活和工程领域中常见到的现象，大致可以分成两类。一类是扰流物体所诱发的振动，其机理是在一定的来流速度下，流体流过非流线形物体时，在物体的后部形成卡门涡街，这种漩涡周期性地产生和脱落，使物体在与来流垂直的方向上受到大小和方向呈周期性变化的激振力，也称为脉动升力[85]，从而诱发物体振动。对这类问题，A. Marris、E. Berger 和 R. Wille 以及 R. King 等人很早就给出了相关的研究论述[86～88]。近些年来，Cornell 大学 C. H. K. Williamson等人对圆柱体后涡诱导振动进行了系统的研究，包括漩涡生成的物理机制、振荡规律与模态分析、共振模型以及幅频响应等[89～91]。基于这类问题的重要应用价值，国内许多学者也致力于其基础性研究[92,93]。

另一类是管内流动致振问题。所有的工程领域都离不开各种输流管路。管流致振一般有几种诱因，其中不乏漩涡诱导振动，因为当管路转弯或变径时，会产生边界层分离，由此出现漩涡生成和脱离的现象；同时由于离心力的作用，二次环流也会周期或非周期性地出现在管路中，形成对管路的激振力而诱发振动[94]。而振动的管路反过来又作用于流体，从而改变流体的流动结构、作用力的大小和方向，亦称为流固耦合现象。充分发展的流体湍流也会诱导管路振动和声音辐射，当流体激振力频率与管路系统结构频率相近时，就会发生共振。

为了考察振动管流的流动特性，采用 PIV 与频谱测试相结合的方式加以研究。图 8-39 所示为在日本 Sitama 工业大学合作制作的流动致振管流显示实验装置，在管入口设置的一个喷嘴，高速流的湍动加上

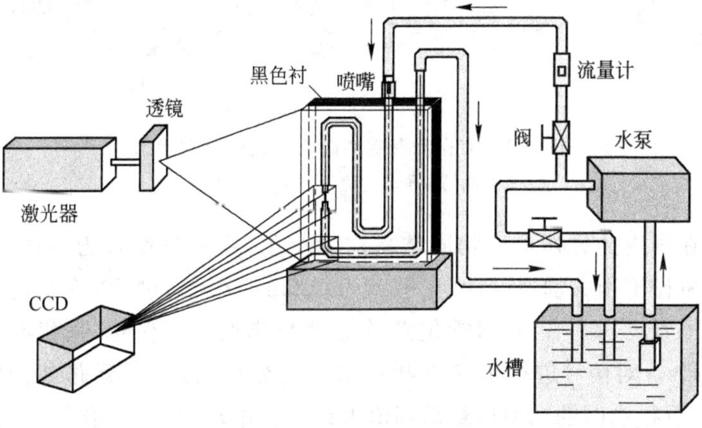

图 8-39 振动管路流动显示

管路中的文氏管和弯管结构引发涡流激振力，使得系统在一定条件下产生振动和噪声，直至达到共振。以图 8-39 所示弯管处的照射点为例，没有振动和噪声时（无喷嘴，管平均流速 1.84 m/s）的流场和速度矢量分布如图 8-40 所示，发生振动和噪声时（喷嘴流速 14.2 m/s）的流场和速度矢量分布如图 8-41 所示。流场中施放的粒子为直径 30～40μm 的铝粉。从二维流场速度矢量分布来看，可以看到振动时的管流多个湍流涡的存在和湍流强度的增强。

(a)　　(b)

图 8-40　无振动和噪声时弯管处的流动状态

(a) 流场粒子流动显示；(b) 速度矢量

(a)　　(b)

图 8-41　有振动和噪声时弯管处的流动状态

(a) 流场粒子流动显示；(b) 速度矢量

在国内的另外一套相同结构的系统上，用一只型号为 ADXL105 微硅机械平衡式加速度计（灵敏度为 250mV/g），通过 DY-3 动态信号采集系统采集了相同弯管位置的振动与非振动时信号，采集频率为 1000Hz。对信号进行了傅里叶和功率谱分析，得出了管路共振频率值，以及振动时的功率谱最高幅值大约是非振动时的 80 倍[95]，如图 8-42 和图 8-43 所示。

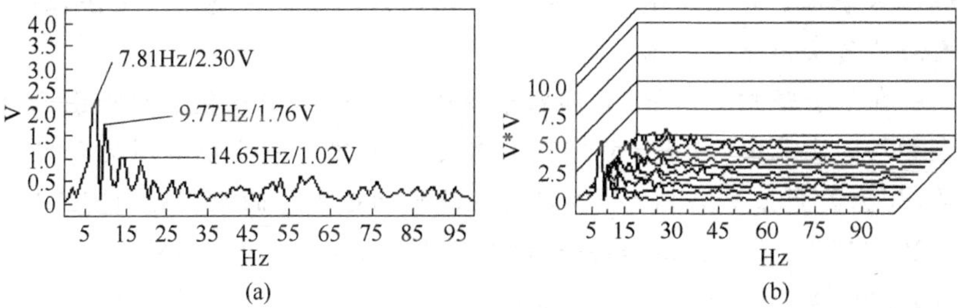

图 8-42 无振动和噪声时流动管路频谱分布(入口流速 3.8m/s)

(a) 频率结构;(b) 功率谱

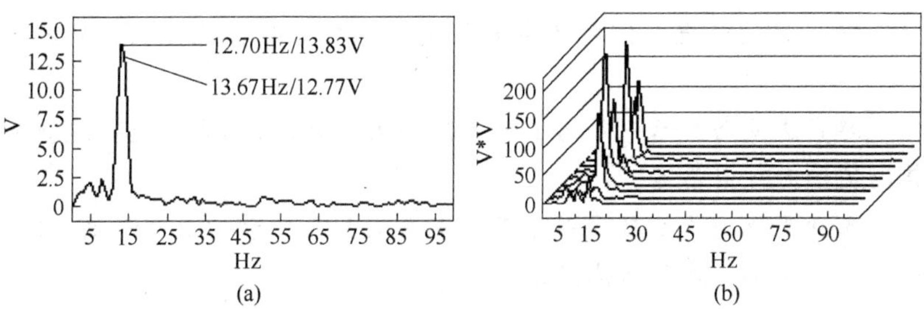

图 8-43 有强烈振动和噪声时流动管路频谱分布(入口流速 23.8m/s)

(a) 频率结构;(b) 功率谱

本章小结

本章介绍了现代流动显示的基本方法,即添加外来物、光学和添加能量的显示方法。在显示过程中,流场的照明和记录是非常必要的,常用的是片光照明和拍摄的手段。而流动图像的计算机显示,是不同于上述三种方法的,它主要是用数字摄像机将可拍摄的图像直接输入到计算机中,然后由屏幕显示。实际上这是一种先进的记录手段。本章以主要篇幅介绍了添加外来物的流动显示技术。除了说明外来物的类型和添加方法外,还较详细地论述了示踪粒子的应用特性,包括它的动力学特性、光学特性以及掺粒混合性等。在最直观的流动方向和流体轮廓显示技术中,有常用的液体中的染色法和气体中的烟雾示踪法。速度剖面法里主要有氢气泡显示,还有碲云法、百里酚蓝法等。表面流动显示分为表面流动图像显示，最常用的是油膜法和壁面丝束法，还有表面传质及传热的显示。

在粒子跟踪测速 PTV 和粒子图像测速 PIV 以及数字粒子图像测速 DPIV 技术中，本章搜集了国内外近些年来的一些较典型的研究成果，如德国 Ch. Brücker 等人对漩涡破裂问题进行的系列化研究；日本 F. YAMAMOTO 等在气泡流方面的系列化研究，N. NINOMIYA 等对射流的充分发展区湍流流动研究；美国 R. J. Adrian 等人在 PIV 技术方面的开拓性的工作；我国申功炘、康琦、马广云等人在流体力学、空气动力学方面对 PTV 和 PIV 技术研究所做出的许多研究贡献。也介绍了一些研究者利用 PIV 技术对各种换热器管流特性的研究。二维向三维 PIV 的新进展体现在断层 X 光摄影粒子图像测速-TPIV 技术上。

超声速流动显示中介绍了纹影法和火花示踪法，当研究高速或超声速流动时可以借鉴。

振动管流的流动显示例可以启发人们利用振动的有利一面，去想办法强化流动而实现传热强化。

思考题

8.1　流动显示有什么意义，有哪几种流动显示的方法？

8.2　添加外来物和添加的方法有哪些？

8.3　对示踪粒子有什么要求？

8.4　哪些问题需要掌握流动方向和流动轮廓，如何显示？

8.5　速度剖面如何测量显示？

8.6　能同时显示流动图像并测量流速吗？

8.7　怎样了解流体与壁面之间的各种相互作用过程，如何显示表面流动？

8.8　什么是 PTV，它可以在哪些方面应用？

8.9　叙述 PIV 工作原理。PIV 与 DPIV 有什么区别？

8.10　弄清自相关和互相关分析的概念。

8.11　纹影法和火花跟踪法有什么特点？

8.12　你了解流动致振的机理吗，显示振动流的结构和规律有什么意义？

参考文献

1　[德]梅尔兹科奇 W. 流动显示. 黄素逸，王志国，张浩然译. 北京：科学出版社，1991

2　许联锋,陈刚,李建中,邵建斌.粒子图像测速技术研究进展.力学进展,2003,33(4):533～540

3　王振东.踪迹随风叶,程途犯斗搓——漫谈流动显示及应用.力学与实践,1996,18(2):75～77

4　王振东.大风起兮云飞扬——漫话流动显示及纳斯方程.自然杂志,2006,28(5):292～294

5　普朗特 L,奥斯瓦提奇 K,维格哈特 K.流体力学概论.郭永怀,陆士佳译.北京:科学出版社,1980

6　章梓雄,董曾南.黏性流体力学.北京:清华大学出版社,1998

7　周恒.新世纪对流体力学提出的要求.自然科学进展,2000,10(6):491～494

8　申功炘.激光空间流动显示及其应用.空气动力学学报,1992,10(3):281～292

9　戴昌辉.流体流动测量.北京:航空工业出版社,1992

10　Ronald J Adrian. Particle Imaging Techniques for Experimental Fluid Mechanics. Annu. Rev. Fluid Mech,1991(23):261～304

11　申功炘.全场观测技术概念、进程与展望.北京航空航天大学学报,1997,23(3):332～340

12　Settles G S. Modern Developments in Flow Visualization,AIAA Journal, 1986, 24(8): 1313～1323

13　Merzkirch W, Vitkin D, Xiong W. Quantitative Flow Visualization. Meccanica, 1998, 33(5): 503～516

14　Willert C E,Gharib M. Digital particle image velocimetry. Experiments in Fluids, 1991, 10(4):181～193

15　Roehle I,Willert C E. Extension of doppler global velocimetry to periodic flows. Measurement Science and Technology,2001,12(4):420～431

16　MORY GHARIB,FRANCISCO PEREIRA,DANA DABIRI,JAY R HOVE,DARIUS MODARRESS. Quantitative Flow Visualization: Toward a Comprehensive Flow Diagnostic Tool. Integr. Comp. Biol. ,2002,42:964～970

17　范洁川.近代流动显示技术.北京:国防工业出版社,2002

18　黄素逸.动力工程现代测试技术.武汉:华中科技大学出版社,2001

19　Price S J, Sumner D, Smith J G, Leong K, Paigdoussis M P. Flow Visualization Around a Circular Cylinder Near to a Plane Wall. Journal of Fluids and Structures,2002,16(2): 175～191

20　李建威.水力测试技术.北京:机械工业出版社.1985

21　村井等.透平机械内部可视化方法.流体机械译文集.重庆:科学技术出版社重庆分社,1980

22　Ohyama Ryu-ichiro,Kaneko Kiyoji,Chang Jen-Shih. Flow Visualization and Image Analysis of Gas-Phase AC Corona Discharge Induced Electrohydrodynamics Liquid Flow in a Stratified Fluid. IEEE Transactions on Dielectrics & Electrical Insulation,2003, 10(1): 57

23　Atsushi Nashimoto, Nobuyuki Fujisawa, Eiichi Kimura ,Tsuneo Akuto. Visualization of

Surface Flow over a Blade of Rotating Machinery by Oil-Film Technique and Measurement of Shear Stress Distribution by Image Analysis. Transaction of the Visualization Society of Japan, 2000, 20(79): 350～355

24 [英]特瑞恩 L E. 激光多普勒技术. 王仕康, 沈熊, 周作元译. 北京: 清华大学出版社, 1985. 224～227

25 [美]鲁丁格 G. 气体-颗粒流基础. 张远君译. 北京: 国防工业出版社, 1986. 15～39

26 [美]舍克里 J. 冶金中的流体流动现象. 彭一川, 徐匡迪, 樊养颐译. 北京: 冶金工业出版社, 1985, 257～269

27 曾建民, 程功善, 张赋生. 反重力充填二维流形的显示、观察及分析. 光子学报, 1995, 24(4): 366～369

28 蔡楚江, 沈志刚, 肖昆, 邢玉山, 麻树林. 一种高散射率 PIV 实验用示踪粒子的制备. 实验流体力学, 2005, 19(4): 65～68

29 阮驰, 孙传东, 白永林, 王屹山, 任克惠, 丰善. 水流场 PIV 测试系统示踪粒子特性研究. 实验流体力学, 2006, 20(2): 72～77

30 王键, 刘德新, 王天友, 胡华, 刘书亮, 赵新顺. 内燃机缸内流场测量示踪粒子的选取与供给. 天津大学学报, 2004, 37(3): 212～215

31 王贤. 高炉热风炉管道系统的稳定性研究: [硕士学位论文]. 鞍山: 辽宁科技大学, 2006

32 方丁酉. 两相流动力学. 长沙: 国防科技大学出版社, 1988

33 石惠娴, 王勤辉, 骆仲泱, 岑可法. PIV 应用于气固多相流动的研究现状. 动力工程, 2002, 22(1): 1589～1593

34 王希麟, 张大力, 常辙, 何崧. 两相流场粒子成像测速技术(PTV-PIV)初探. 力学学报, 1998, 30(1): 121～125

35 崔金雷, 张会强, 容易, 杨武兵, 王希麟. 两相圆湍射流喷口小突片对强化射流混合作用影响的流动显示. 实验流体力学, 2005, 19(3): 14～20

36 张和平, 张人杰, 麻柏坤, 范维澄, 霍然. 建筑物内火灾烟羽流和顶篷射流诱发的空气运动盐水模拟实验研究. 实验力学, 1997, 12(1): 70～79

37 Bitting J W, Nikitopoulos D E, Gogineni S P, Gutmark E J. Visualization and two-color DPIV measurements of flows in circular and square coaxial nozzles. Experiments in Fluids, 2001, 31(1): 1～12

38 池田悠太, 山岸真幸. スモークワイヤー法による流れの可視化. 流体力学研究室. http://www.nagaoka-ct.ac.jp/me/events/presen/H16-33.pdf, 2006

39 Hiroaki HASEGAWA, Katsuyuki OKUBO, Kazuo MATSUUCHI. Vortical Structure in the Near Field of Vortex Generator Jets. Nagare, 2005, 24(1): 93～103

40 Shen Gongxin, Lian Qixiang, Huang Zheng, Ma Guangyun, Yuan Youming. Visualization of flow structures in a turbulent boundary layer using a new technique. Acta Mechanica Sinica, 1989, 5(4): 376～382

41 申功炘, 马广云. 氢气泡网格图像测速法——瞬态二维速度场测量. 空气动力学学报,

1994,12(2):186～190

42 王晋军,兰世隆,陈光. 沟槽面湍流边界层结构实验研究. 力学学报,2000,32(5):621～626

43 陈秀娟,杨秉俭,苏俊义. 氢气泡测速法在连铸水模拟实验中的应用. 甘肃工业大学学报,1994,20(4):21～24

44 李岭,周建和. 氢气泡显示流动的跟随性问题. 气动实验与控制,1994,8(1):42～46

45 Adamczyk A A, Rimai L. 2-Dimensional particle tracking velocimetry (PTV): Technique and image processing algorithms. Experiments in Fluids,1988,6(6): 373～380

46 康琦,申功炘. 全场测速技术进展. 力学进展,1997,27(1):106～120

47 SUGAWARA HIROYUKI, MORI SADAO, YODA SHINICHI, IMAI RYOJI, OTSU MAKOTO, TSUNEHIKO TAKAKUSAGI, NARUO WATANABE. Development of Three-Dimensional Flow Measurement Technology with a Three-Color Flashlight for Particle Tracking Velocimetry. Journal of the Visualization Society of Japan, 2000, 20 (78):235～242

48 Suzuki Y, Ikenoya M, Kasagi N. Simultaneous measurement of fluid and dispersed phases in a particle-laden turbulent channel flow with the aid of 3-D PTV. Experiments in Fluids,2000,29(7):S185～S193

49 Kieft R,Schreel K,van der Plas G,Rindt C. The application of a 3D PTV algorithm to a mixed convection flow. Experiments in Fluids,2002,33(4):603～611

50 Inasawa A, Lundell F, Matsubara M, Kohama Y, Alfredsson P. Velocity statistics and flow structures observed in bypass transition using stereo PTV. Experiments in Fluids, 2003, 34(2):242～252

51 Kieft R N, Schreel K R A M, van der Plas G A J, Rindt C C M. The application of a 3D PTV algorithm to a mixed convection flow. Experiments in Fluids, 2002,33 (4): 603～611

52 Kuwahara K, Ando H. Diagnostics of in-cylinder flow, mixing and combustion in gasoline engines. Measurement Science and Technology, 2000, 11(6) :95～111

53 Haidn O J, Habiballah M. Research on high pressure cryogenic combustion. Aerospace Science and Technology, 2003, 7(6): 473～491

54 Brücker Ch, Althausl W. Study of vortex breakdown by particle tracking velocimetry (PTV). Experiments in Fluids, 1992,13(5): 339～349

55 Brücker Ch. Study of vortex breakdown by particle tracking velocimetry(PTV) Pat. 2. Experiments in Fluids,1993, 14(1-2):133～139

56 Brücker Ch, Althaus W. Study of vortex breakdown by particle tracking velocimetry (PTV) Pat. 3. Experiments in Fluids, 1995, 18(3):174～186

57 CHENG Wen, MURAI Yuichi, ISHIKAWA Masa-aki, YAMAMOTO Fujio. An Algorithm for Estimating Liquid Flow Field From PTV Measurement Data of Bubble Motion.

Transaction of the Visualization Society of Japan,2003,23(11):107～114

58 Murai Yuichi, ISHIKAWA Masa-aki, ASHIHARA Masa-aki, KINUGAWA Kosuke, YAMAMOTO Fujio. 3-D PTV Measurement of Bubble-Bubble Interaction Appearing in a Free-Rising Bubbly Flow. Transaction of the Visualization Society of Japan, 2003,23(1):1～8

59 Murai Y, Oishi Y, Takeda Y, Yamamoto F. Turbulent shear stress profiles in a bubbly channel flow assessed by particle tracking velocimetry. Experiments in Fluids, 2006, 41(2): 343～352

60 ISHIKAWA Masa-aki, IDO Takehiro, MURAI Yuichi, YAMAMOTO Fujio. A Development of a Rearrangement Method Using the Velocity Gradient Tensors for PTV. Transaction of the Visualization Society of Japan,2000,20(79):365～372

61 NINOMIYA Nao. Coherent Structure of a Free Jet. Nagare,2004,23(5):355～363

62 Adrian Ronald J. Image shifting technique to resolve directional ambiguity in double-pulsed velocimetry. Applied Optics, 1986 , 25(21): 3855～3858

63 段俐,康琦,申功炘. PIV技术的粒子图像处理方法. 北京航空航天大学学报,2000,26(1):79～82

64 马广云,申功炘. PIV测速技术实验参数分析. 空气动力学学报,1995,13(3): 274～282

65 马广云,申功炘. 应用PIV研究二维后向台阶起动涡流动结构特性. 航空学报,1996,17(3):257～264

66 Huang H T,Fiedler H E,Wang J J. Limitation and improvement of PIV(Part 1) Experiments in Fluids, 1993, 15(2): 263～273

67 田晓东,李玉梁,陈嘉范,余常昭. 一种新改进的DPIV方法. 水科学进展,2000,11 (1): 59～63

68 聂毅强,包雨云,施力田. 改进PIV技术在测量搅拌槽内流场中的应用. 北京化工大学学报,2002,29(1):6～9

69 冯宾春,崔桂香,张兆顺. 充分发展圆管湍流的实验研究. 力学学报,2002,34(2):156～167

70 黄湛, 申功炘. 槽道湍流近壁结构的DPIV观测实验. 力学学报,2006,38(2):236～245

71 Iwaki C, Cheong K H, Monji H, Matsui G. PIV measurement of the vertical cross-flow structure over tube bundles. Experiments in Fluids,2004,37(3):350～363

72 HASEGAWA Seizo, UMEDA Shinzaburo, TANIGUCHI Akira and YANG Wen-Jei. Flow Visualization by Means of PIV in a Diamond-Shaped Cylinder Bundle. Transaction of the Visualization Society of Japan,2004,24(11):55～61

73 HOSOTANI Kazunori, SUZUKI Toyohiko and OCHIAI Yoshitaka. Reconstruction of the Complex Flow with POD Method(An Application to Flows Passing Across Tube Banks Measured by PIV Method). Transaction of the Visualization Society of Japan, 2006,26(12): 114～122

74 由长福，祁海鹰，徐旭常. 显微 PIV 系统与实现. 流体力学实验与测量，2003，17(4)：84～88

75 连祺祥. 湍流边界层拟序结构的实验研究. 力学进展，2006，36(3)：373～388

76 张军，徐洁，赵峰，洪方文. 3D-PIV 技术数值模拟研究. 船舶力学，2000，4(4)：6～14

77 Foeth E J, van Doorne C W H, van Terwisga T, Wieneke B. Time resolved PIV and flow visualization of 3D sheet cavitation. Experiments in Fluids，2006，40(4)：503～513

78 Parker K, von Ellenrieder K D, Soria J. Using stereo multigrid DPIV (SMDPIV) measurements to investigate the vortical skeleton behind a finite-span flapping wing. Experiments in Fluids，2005，39(2)：281～298

79 Elsinga G E, Scarano F, Wieneke B, van Oudheusden B W. Tomographic particle image velocimetry. Experiments in Fluids, 2006, 41(6)：933～947

80 李尊营，宋一中. 复杂流场的代数迭代重建算法. 光电子激光，2006，17(10)：1259～1263

81 SAKAUE Shoji, KOMADA Kazuya, NISHIOKA Michio. Quantitative Optical Measurements of Supersonic Turbulent Boundary Layer Using a Conventional Schlieren System. Nagare，2004，23(1)：47～56

82 NINOMIYA Nao, AKIYAMA Mitsunobu and SUGIYAMA Hitoshi. Three-Dimensional Measurement of High-Speed Air Flow by High-Speed Cameras and DP Matching Method. Transaction of the Visualization Society of Japan，2004，24(12)：70～75

83 NAKAMURA Hiroaki, MANABE Keiji, NISHIO Masatomi. Visualization and CFD Analysis around Hypersonic Space Plane. Transaction of the Visualization Society of Japan，2005，25(8)：39～44

84 魏润杰，申功炘. DPIV 系统研制及其应用. 流体力学实验与测量，2003，17(2)：88～92

85 卢家才，谢正武，王妍芃，林宗虎，王弥康. 气液两相流中旋涡诱发圆柱振动时的脉动升力研究. 应用力学学报，2000，17(1)：76～80

86 Marris A. A review of vortex streets, periodic wakes, and induced vibration phenomena. Journal of Basic Engineering, 1964(86)：185～196

87 Berger E, Wille R. Periodic flow phenomena. Annual Review of Fluid Mechanics，1972(4)：313～340

88 King R. A review of vortex shedding research and its application. Ocean Engineering, 1977 (4)：141～172

89 Williamson C H K, Roshko A. Vortex formation in the wake of an oscillating cylinder. Journal of Fluids and Structures, 1988 (2)：355～381

90 Govardhan R, Williamson C H K. Modes of vortex formation and frequency response for a freely-vibrating cylinder ，Journal of Fluid Mechanics, 2000(420)：85～130

91 Williamson C H K，Govardhan R. Vortex-induced vibration. Annual Review of Fluid Mechanics，2004(36)：413～455

92 夏雪湔，刘霄峰. 三维漩涡的干扰作用. 力学学报，1994，26(3)：257～265

93　陈文曲，任安禄，邓见. 下游圆柱涡致振动的升阻力特性及涡脱落模态分析. 浙江大学学报(工学版)，2005，39 (8)：1254～1259

94　邢桂菊，李晓杰，白敏丽. 热风炉系统振动管路的流体力学行为分析. 冶金能源，2004，23 (3)：26～30

95　Xing Guiju. The characteristics of frequency and power spectra of piping with resonance and limit resonance. Proceedings of the Second international Conference on Dynamics Vibration and Control，2006-08，Beijing

冶金工业出版社部分图书推荐

书名	作者	定价(元)
热工基础与工业窑炉	徐利华 等编	26.00
传热学	任世铮 编著	20.00
热能转换与利用(第2版)	汤学忠 主编	32.00
热工测量仪表(第3版)	张华 等编	38.00
燃料及燃烧(第2版)	韩昭沧 主编	29.50
冶金热工基础	朱光俊 主编	36.00
冶金热力学数据测定与计算方法	王海川 等编	28.00
燃烧合成	殷声 主编	49.00
加热炉(第2版)	蔡乔方 主编	32.00
化工过程及设备	郭年祥 主编	38.00
材料研究与测试方法	张国栋 主编	20.00
机械工程测试与数据处理技术	平鹏 主编	20.00
现代物理测试技术	梁志德 主编	29.00
材料成形实验技术	胡灶福 等编	16.00
无机非金属材料实验教程	王瑞生 等编	30.00
真空工艺与实验技术	张以忱 编著	45.00
化工基础实验化	马文瑾 编	19.00
冶金工程实验技术	陈伟庆 主编	39.00
金相实验技术	任怀亮 主编	35.00
化学工程与工艺综合设计实验教程	孙晓然 等编	12.00
分析化学实验教程	刘淑萍 等编	20.00
机械工程实验教程	贾晓鸣 等编	30.00
化工冶金模型实验研究及其测试技术	蔡志鹏 等著	30.00